高等职业教育土木建筑类专业新形态教材

建筑信息模型（BIM）建模技术

主　编　谷莹莹　王　晓　甄铁丽

副主编　徐　晓　鞠　佳　丁木涵

　　　　马庆峰

主　审　冯　钢

北京理工大学出版社
BEIJING INSTITUTE OF TECHNOLOGY PRESS

内 容 提 要

本书以真实工程项目为载体，系统地阐述了 Revit 建筑模型创建的流程及操作要点，深入浅出，难易适当，并配有大量实操题目供读者进一步深入拓展。本书共分为十七个工作任务，主要内容包括认识 BIM 技术，Revit 用户界面，Revit 图元基本操作，标高的绘制，轴网的绘制，柱子的绘制，族的创建，建筑墙的绘制，门窗的绘制，幕墙的绘制，体量的创建，楼板的创建，楼梯、台阶和栏杆扶手的绘制，屋顶的绘制，房间与面积的创建，出图管理与工程量统计，渲染与漫游。全书内容知识点全面、语言通俗易懂，具有较强的实践性、操作性。

本书适用于开设 BIM 课程的相关高职院校和应用型本科院校的建筑工程类专业，同时也可以作为 Revit 软件自学爱好者的参考用书。

图书在版编目（CIP）数据

建筑信息模型（BIM）建模技术 / 谷莹莹，王晓，甄铁丽主编.--北京：北京理工大学出版社，2022.10

ISBN 978-7-5763-1782-4

Ⅰ.①建… Ⅱ.①谷… ②王… ③甄… Ⅲ.①建筑设计－计算机辅助设计－应用软件 Ⅳ.①TU201.4

中国版本图书馆CIP数据核字（2022）第195515号

出版发行 / 北京理工大学出版社有限责任公司
社 址 / 北京市海淀区中关村南大街 5 号
邮 编 / 100081
电 话 / （010）68914775（总编室）
（010）82562903（教材售后服务热线）
（010）68944723（其他图书服务热线）
网 址 / http：//www.bitpress.com.cn
经 销 / 全国各地新华书店
印 刷 / 北京紫瑞利印刷有限公司
开 本 / 787 毫米 ×1092 毫米 1/16
印 张 / 17
字 数 / 412 千字
版 次 / 2022 年 10 月第 1 版 2022 年 10 月第 1 次印刷
定 价 / 58.00 元

责任编辑 / 钟 博
文案编辑 / 钟 博
责任校对 / 周瑞红
责任印制 / 王美丽

前言

Preface

随着大数据、云计算、物联网、GIS 等信息科技的冲击，跨界整合社会资源将是建筑行业需要面对的问题，BIM 作为建筑业转型升级的新技术，必然引起行业格局的变化。BIM（Building Information Modeling）——建筑信息模型以三维信息数字模型作为基础，集成了项目从设计、施工、运营直至建筑全寿命周期的所有相关信息，业主、设计团队、施工单位和设施运营部门等各方人员可以基于 BIM 进行协同工作，能够使建筑工程在全生命周期的建设中有效地提高效率，降低成本与风险，使建筑创作走向建筑创新，使智能建造走向智慧建造。

本书按照“立德树人为根本、能力培养为本位、职业活动为导向、专业技能为核心”的总体思路，聚焦建筑工程项目管理科学化、精细化、绿色化发展，融入建筑信息模型（BIM）职业技能等级考核标准和全国 BIM 技能等级考试内容，重构模块化课程内容。本书基于对建筑信息模型（BIM）技术员典型工作任务和核心职业能力的分析，以小别墅真实工程项目为载体，按照 Revit 建模流程，划分为十七个工作任务，通过任务情境—任务目标—任务分析—任务实施—任务评价—任务拓展六步，使读者可以掌握 Revit 建模基本操作。

本书可按照 48 ～ 72 学时安排授课。工作任务一～工作任务三主要讲述 BIM 的含义、Revit 软件的用户界面和基本操作。工作任务四～工作任务十四围绕小别墅工程，系统讲述 Revit 软件中标高、轴网、柱子、墙体、幕墙、楼板、楼梯、屋顶等的绘制，详细介绍族的概念和体量的创建。工作任务十五～工作任务十七主要介绍房间与面积的创建、出图管理、工程量统计等内容。通过本书的学习，读者能够实现从零开始到 Revit 建筑模型创建的过程。

为方便读者学习，本书还通过添加二维码的方式在书中知识点旁边链接了大量的学习资源，同时提供了 PPT 课件、课程标准等教学资源。

本书由济南工程职业技术学院和山东一砖一瓦项目管理咨询有限公司共同编写，在编写过程中引用了大量专业文献和资料，在此对有关文献的作者和资料的整理者表示深深的感谢。

由于编者水平有限，书中难免存在疏漏和不足之处，恳请广大读者批评指正。

编　者

目录

Contents

工作任务一　认识 BIM 技术……001

1.1　BIM 的含义……002

1.2　BIM 技术的特点……004

1.3　BIM 技术的应用……007

工作任务二　Revit 用户界面……011

2.1　“文件”选项卡……013

2.2　快速访问工具栏……013

2.3　信息中心……014

2.4　功能区……015

2.5　选项栏……016

2.6　属性面板……016

2.7　项目浏览器……017

2.8　视图控制栏……018

2.9　状态栏……018

2.10　绘图区域……019

工作任务三　Revit 图元基本操作……022

3.1　选择图元……024

3.2　编辑图元……027

3.3　辅助操作……033

3.4　快捷键操作命令……035

工作任务四　标高的绘制 040
4.1　标高的分类 042
4.2　创建标高 042
4.3　编辑标高 047

工作任务五　轴网的绘制 051
5.1　绘制轴网 053
5.2　调整轴网 056

工作任务六　柱子的绘制 062
6.1　建筑柱和结构柱的区别 063
6.2　建筑柱 065
6.3　结构柱 071

工作任务七　族的创建 076
7.1　族的分类 077
7.2　三维模型族 079

工作任务八　建筑墙的绘制 090
8.1　Revit 中墙的分类 091
8.2　创建基本墙 094
8.3　创建复合墙 097
8.4　创建叠层墙 100
8.5　墙饰条与分隔条 102
8.6　小别墅墙体的创建 105

工作任务九　门窗的绘制 113
9.1　门的编辑与插入 114
9.2　窗的编辑与插入 118
9.3　小别墅门窗的创建 121

工作任务十　幕墙的绘制 127
10.1　幕墙的分类 129

10.2 幕墙的构成……130
10.3 绘制常规幕墙……132
10.4 小别墅幕墙绘制……138

工作任务十一 体量的创建……143
11.1 创建体量族……144
11.2 内建体量……155
11.3 体量的应用……156

工作任务十二 楼板的创建……169
12.1 楼板基本知识……170
12.2 绘制建筑楼板……172
12.3 小别墅一层楼板的绘制……173
12.4 楼板边的绘制……179

工作任务十三 楼梯、台阶、栏杆扶手的绘制……183
13.1 创建楼梯……185
13.2 创建台阶……192
13.3 创建栏杆扶手……198

工作任务十四 屋顶的绘制……205
14.1 迹线屋顶……208
14.2 拉伸屋顶……210
14.3 创建小别墅屋顶……212

工作任务十五 房间与面积的创建……217
15.1 房间的创建与标记……218
15.2 房间颜色……223
15.3 房间面积……226
15.4 小别墅房间的创建……228

工作任务十六 出图管理与工程量统计……233
16.1 施工图设计……234

16.2 创建明细表……241

工作任务十七 渲染与漫游……246

17.1 设置构件材质……247

17.2 渲染……250

17.3 创建相机视图……251

17.4 漫游……252

17.5 小别墅渲染和漫游的创建……254

参考文献……260

工作任务一　认识 BIM 技术

任务情境

火神山医院 10 天建成！半个月完成两年工作量！

一所可容纳 1 000 张床位的火神山医院，总共用了 10 天时间建设完成，2020 年 2 月 2 日正式交付，总建筑面积为 3.39 万 m^2，以小时计算的建设进度，在万众瞩目下演绎了新时代的中国速度（图 1–1）。对于 10 天建成的“奇迹”，BIM 技术功不可没。其中，建设主要是采用了行业最前沿的装配式建筑和 BIM 技术，最大限度地采用拼装式工业化成品，大幅减少现场作业的工作量，节约了大量的时间。这个建造“奇迹”应用的 BIM 技术，无疑是建筑行业的发展的核心方向，未来将会在建筑行业中发挥更大的作用。

图 1–1　火神山医院

能量关键词

团结协作、民族精神、科技创新

众志成城、团结一心是中华民族精神的象征，中国速度的背后，是我国建造技术的创新。勤劳、勇敢的中华民族用智慧创造了一个又一个世界奇迹。在这短短的几十年里，我们努力奋斗，让中国变成了世界第二大经济体，这在世界历史上堪称一个伟大的奇迹。我们有着民族复兴的共同目标，有着坚定的信仰，有着不惧一切的民族精神。我们是历史的书写者，是时代的见证者，更是影响世界的践行者。

任务目标

认识 BIM 技术

教学目标	
知识目标	1. 了解 BIM 的产生和发展； 2. 掌握 BIM 的内涵； 3. 熟悉 BIM 技术的主要特点； 4. 掌握 BIM 技术的应用
能力目标	能够深层次理解 BIM 的内涵
素质目标	1. 培养团队协作、沟通意识； 2. 培养精益求精、一丝不苟的职业精神； 3. 培养创新能力

任务分析

BIM 技术作为建筑信息化的重要组成部分，在建筑行业转型升级过程中起着怎样的作用？

任务实施

1.1 BIM 的含义

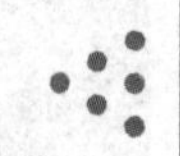

BIM（Building Information Modeling）——建筑信息模型，以三维信息数字模型作为基础，集成了项目从设计、施工、运营直至建筑全寿命周期的所有相关信息，对工程项目信息作出详尽的表达。建筑信息模型是数字技术在建筑工程中的直接应用，使设计人员和工程技术人员能够对各种建筑信息做出正确的应对，并为协同工作提供坚实的基础，能够使建筑工程在全生命周期的建设中有效地提高效率，大量地降低成本与风险。

视频：BIM 的含义

引用美国国家 BIM 标准（NBIMS）对 BIM 的定义，BIM 有以下三个层次的含义：

（1）BIM 是一个设施（建设项目）物理和功能特性的数字表达；

（2）BIM 是一个共享的知识资源，是一个分享有关这个设施的信息，为该设施从概念到拆除的全生命周期中的所有决策提供可靠依据的过程；

（3）在设施不同阶段，不同利益相关方通过在 BIM 中插入、提取、更新和修改信息，支持和反映其各自职责的协同作业。

【思考】BIM 技术的关键是什么？

BIM 的核心是通过建立虚拟的建筑工程三维模型，利用数字化技术，为这个模型提供完整的、与实际情况一致的建筑工程信息库。该信息库不仅包含描述建筑物构件的几何信息、专业属性及状态信息，还包含了非构件对象（如空间、运动行为）的状态信息。借助这个包含建筑工程信息的三维模型，大大提高了建筑工程的信息集成化程度，从而为建筑工程项目的相关利益方提供一个工程信息交换和共享的平台。图 1–2 所示为某 11 层建筑模型，图 1–3 所示为某群体建筑模型。

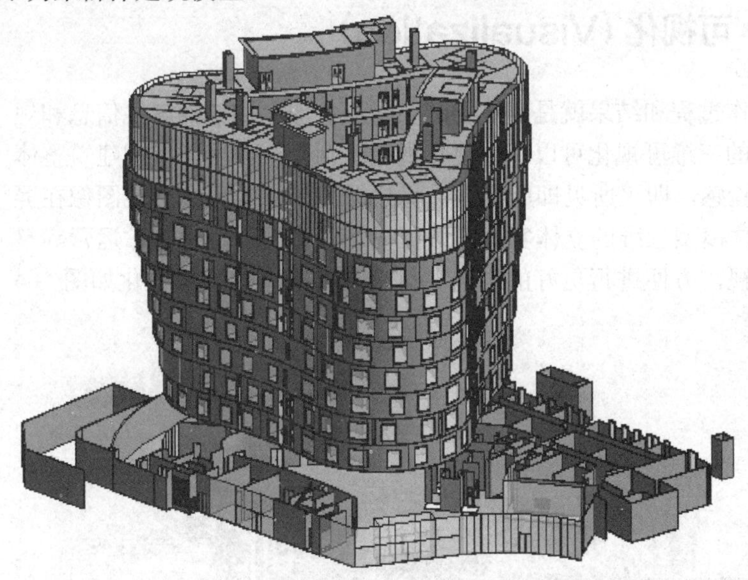

图 1–2　某 11 层建筑模型

图 1–3　某群体建筑模型

BIM 技术的应用实现了“做功能好的项目，做没有错的项目，做没有意外的工作，做精细化的预算，做性能好的项目”。

1.2 BIM 技术的特点

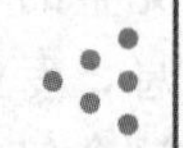

1.2.1 可视化 (Visualization)

视频：BIM 的技术特点

BIM 的工作过程和结果就是建筑物的实际形状加上构件的属性信息和规则信息。BIM 的三维可视化可以让人更直观地看到建筑环境，增加建筑整体的真实性及体验感，即“所见即所得”，将数据图纸转换成图形或图像在屏幕上显示出来，模型三维的立体实物图形可视，项目设计、建造、运营等整个建设过程可视，方便进行更好的沟通、讨论与决策。模型可视化如图 1–4 所示。

图 1–4 模型可视化

1.2.2 协调性（Coordination）

在设计过程中，各专业设计师常会存在沟通不到位的情况，从而导致各专业项目信息出现“不兼容”现象，特别是在管线设计中，常会出现暖通、给排水、强弱电、消防等碰撞问题，如管道与结构冲突、各个房间出现冷热不均、预留的洞口没留或尺寸不对等情况。像这种碰撞问题很难在平面图纸中进行识别，而使用 BIM 建筑信息模型可在建筑物建造前期对各专业的碰撞问题进行协调，并生成报告，在施工前就解决，减少不合理变更方案或问题变更方案。图 1-5 所示为 BIM 的协调性，图 1-6 所示为 BIM 参与方。

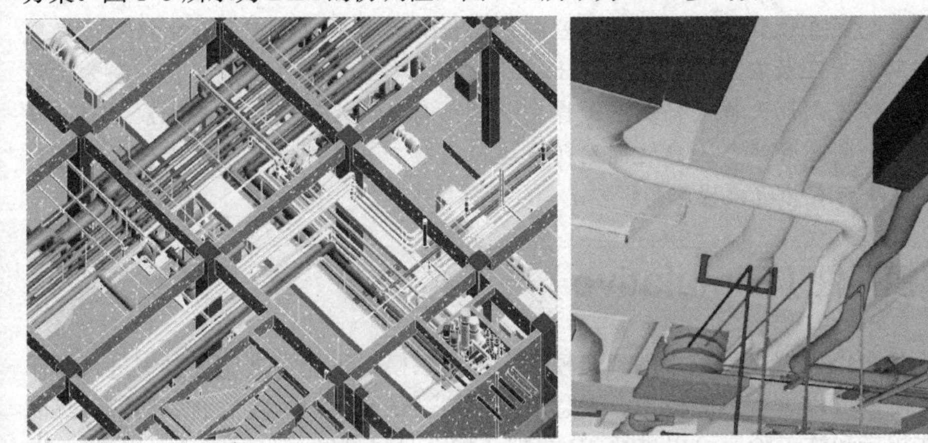

图 1-5　BIM 的协调性

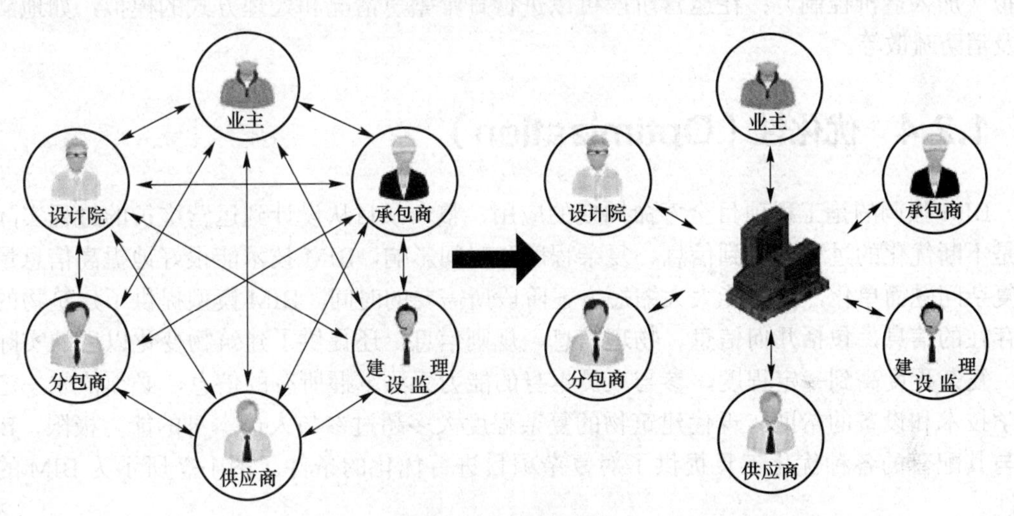

图 1-6　BIM 参与方

知识链接

根据美国建筑行业研究院于 2007 年颁布的美国国家 BIM 标准，建筑业无效工作（浪费）占比高达 57%。BIM 就是解决建筑业资源浪费，开启建筑业低碳经济时代的有效方法。美国斯坦福大学在总结 BIM 技术价值时发现，使用 BIM 技术可以消除 40% 的预算外变更，通过及早发现和解决冲突可降低 10% 的合同价格。碰撞检查则是利用 BIM 技术消除变更与返工的一项主要工作，包括硬碰撞和间隙碰撞。硬碰撞：实体在空间上存在交集。这种碰撞类型在设计阶段极为常见，发生在结构梁、空调管道和给排水管道三者之间。间隙碰撞：实体与实体在空间上并不存在交集，但两者之间的距离 D 比设定的公差 T 小时即被认定为碰撞。该类型碰撞检测主要出于对安全、施工便利等方面的考虑，相同专业之间有最小间距要求，不同专业之间也需设定最小间距要求，还需检查管道设备是否遮挡墙上安装的插座、开关等。

对于大型复杂的工程项目，采用BIM技术进行碰撞检查有着明显的优势及意义。在此过程中可发现大量隐藏在设计中的问题，这些都是在传统的单专业校审过程中很难被发现的。BIM模型将所有专业放在同一模型中，土建及设备全专业建模并协调优化，全方位的三维模型可在任意位置剖切大样及轴测图大样，观察并调整该处管线的标高关系。BIM软件可全面检测管线之间、管线与土建之间的所有碰撞问题，并反馈给各专业设计人员进行调整，理论上可消除所有管线碰撞问题。

1.2.3 模拟性（Simulative）

BIM技术不仅可以模拟设计出来的建筑模型，还可以模拟不能在真实场景中进行操作的事物。在设计阶段可以进行节能模拟、紧急疏散模拟、日照模拟、自然通风模拟、热能传导模拟等；在招标和施工阶段可以进行4D模拟（加上时间进度），同时还可以进行5D模拟（加入造价控制）；在运营阶段可以进行日常紧急情况和处理方式的模拟，如地震逃生及消防疏散等。

1.2.4 优化性（Optimization）

BIM强调的是工程项目全寿命周期的应用，整个项目从设计到运营维护的过程实际上就是不断优化的过程。受到信息、复杂程度和时间影响，BIM技术能很好地提高信息量，将复杂问题简单化，同时能大大缩短方案阶段所需要的时间。BIM模型提供了建筑物的实际存在的信息，包括几何信息、物理信息、规则信息，还提供了建筑物变化以后的实际存在。复杂程度高到一定程度，参与人员本身的能力无法掌握所有的信息，必须依靠一定的科学技术和设备的帮助。现代建筑物的复杂程度大多超过参与人员本身的能力极限，BIM及与其配套的各种优化工具提供了对复杂项目进行优化的条件。图1-7所示为BIM的优化性。

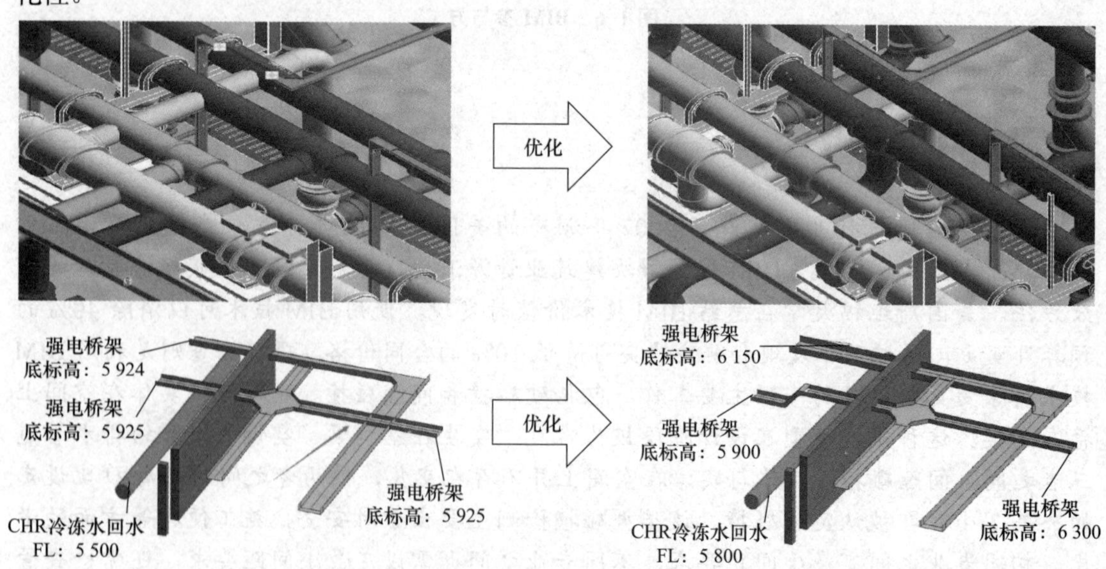

图1-7 BIM的优化性

1.2.5　可出图性（Graphability）

通过利用 BIM 技术创建出来的各种模型，可以直接生成 CAD 图纸，也可以生成如综合管线图、综合结构留洞图、碰撞检查纠错报告和建议改进方案等实用的施工图纸。目前，设计图纸主要还是以 CAD 软件作为设计工具，虽然较之前手工绘图效率大大提高，但是，在修改图纸方面还是有些烦琐，如一个地方需要修改，与之相关的平面图、立面图、剖面图、大样详图等图纸都需要一一修改。如果利用 BIM 技术，则只需要修改一处，与之相关的其他图纸都会自动进行修改，因为 BIM 中的各个图纸之间具有很强的关联性和联动性。图 1-8 所示为 BIM 的可出图性。

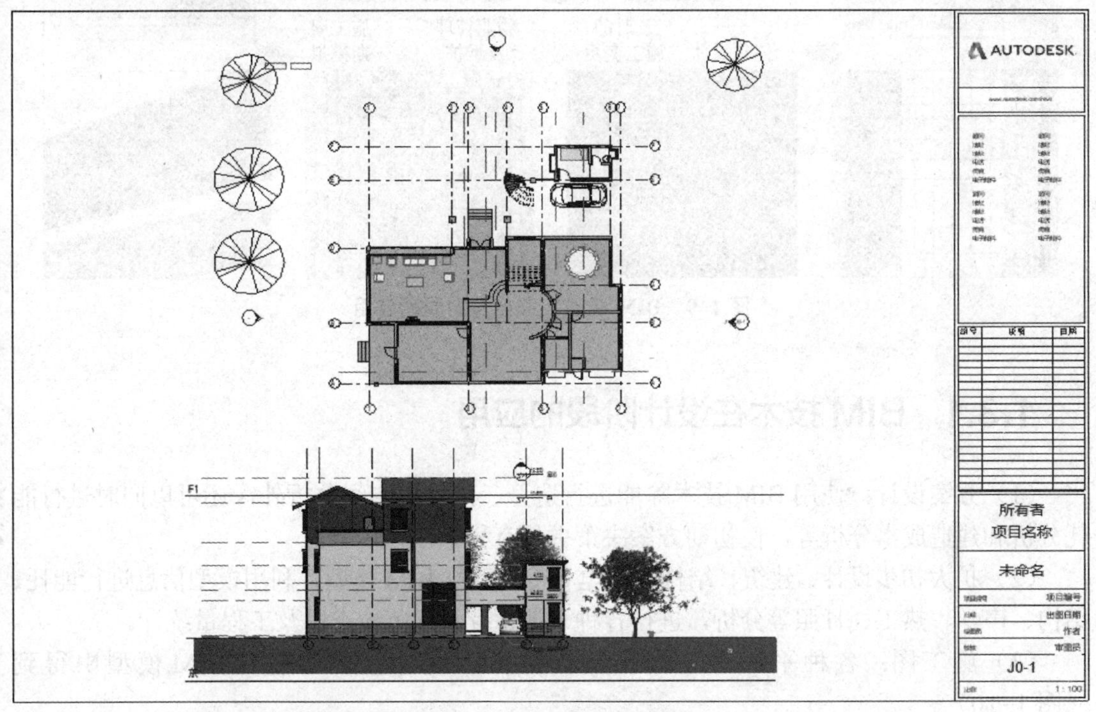

图 1-8　BIM 的可出图性

1.3　BIM 技术的应用

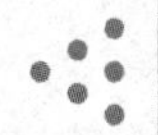

建筑工程全寿命周期包括设计阶段、施工阶段、运营维护阶段三大阶段。BIM 技术发展至今，也已经从单点和局部的应用发展到集成应用，从设计阶段应用发展到建筑工程全寿命周期应用（图 1-9）。

视频：BIM 技术的应用

图 1-9　BIM 建筑工程全寿命周期应用

1.3.1　BIM 技术在设计阶段的应用

（1）方案设计：使用 BIM 技术除能进行造型、体量和空间分析外，还可以同时进行能耗分析和建造成本分析等，使初期方案决策更具有科学性。

（2）扩大初步设计：建筑、结构、机电各专业建立 BIM 模型，利用模型信息进行能耗、结构、声学、热工、日照等分析，进行各种干涉检查和规范检查以及工程量统计。

（3）施工图：各种平面、立面、剖面图纸和统计报表都能从 BIM 模型中得到（图 1-10）。

（4）设计协同：在设计中有十个甚至几十个专业需要协调，包括设计计划、互提资料、校对审核、版本控制等。

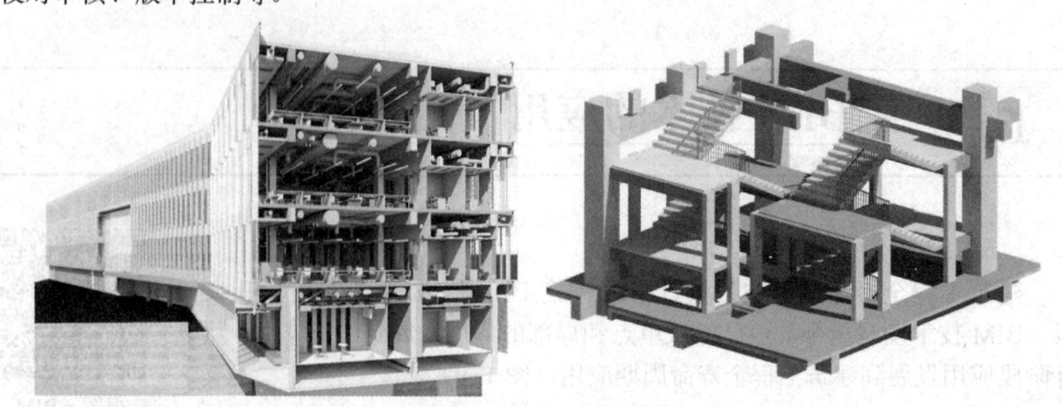
图 1-10　BIM 模型的创建

1.3.2 BIM 技术在施工阶段的应用

（1）碰撞检查，减少返工。利用 BIM 的三维技术在前期进行碰撞检查，直观地解决空间关系冲突，优化工程设计，减少在建筑施工阶段可能存在的错误和返工，而且可以优化净空，优化管线排布方案。

（2）模拟施工，有效协同。三维可视化功能加上时间维度，可以进行进度模拟施工，随时随地直观快速地将施工计划与实际进展进行对比，同时进行有效协同，使项目参建方都能对工程项目的各种问题和情况了如指掌，从而减少建筑质量问题、安全问题。

（3）三维渲染，宣传展示。三维渲染动画，可通过虚拟现实让客户有代入感，给人以真实感和直接的视觉冲击，配合投标演示及施工阶段实施方案的调整。建好的 BIM 模型可以作为二次渲染开发的模型基础，大大提高了三维渲染效果的精度与效率，给业主更为直观的宣传介绍，在投标阶段可以提升中标概率。

（4）数据共享。建筑过程的数据对后面几十年的运营管理都是最有价值的数据。可以把模拟的模型及数据共享给运营方和维护方。有了 BIM 这样一个信息交流平台，可以使业主、管理公司、施工单位、施工班组等众多单位在同一个平台上实现数据共享，使沟通更为便捷、协作更为紧密、管理更为有效。

1.3.3 BIM 技术在运营维护阶段的应用

（1）空间管理。空间管理主要应用于照明、消防等各系统和设备空间定位。获取各系统和设备空间位置信息，把原有编号或文字表示变成三维图形位置，直观形象且方便查找。

（2）设施管理。设施管理主要包括设施的装修、空间规划和维护操作。美国国家标准与技术协会于 2004 年进行了一次研究，业主和运营商在持续设施运营和维护方面耗费的成本几乎占总成本的 2/3。而 BIM 能够提供关于建筑项目的协调一致的、可计算的信息，因此，该信息非常值得共享和重复使用，且业主和运营商可降低缺乏互操作性所导致的成本损失。

（3）隐蔽工程管理。在建筑设计阶段会有一些隐蔽的管线信息是施工单位不关注的，或者说这些资料信息只有少数人知道。特别是随着建筑物使用年限的增加，人员更换频繁，这些安全隐患日益突出，甚至有时直接酿成悲剧。基于 BIM 技术的运维可以管理复杂的地下管网，如污水管、排水管、网线、电线及相关管井，并且可以在图上直接获得相对位置关系。在改建或二次装修的时候可以避开现有管网位置，便于管网维修、更换设备和定位。

（4）节能减排管理。BIM 结合物联网技术的应用，使日常能源管理监控变得更加方便。安装具有传感功能的电表、水表、煤气表，可以实现建筑能耗数据的实时采集、传输、初步分析、定时定点上传等基本功能，并具有较强的扩展性。系统还可以实现室内温 / 湿度的远程监测，分析房间内的实时温 / 湿度变化，配合节能运行管理。

任务评价

技能点	完成情况	注意事项
BIM 的内涵		
BIM 技术的特点		
BIM 技术的应用		

通过完成上述任务，还学到了什么知识和技能？

任务拓展

1. BIM 的全称是什么？
2. 收集工程项目 BIM 技术应用案例，谈谈对 BIM 技术的认识和理解。
3. 目前主流的 BIM 平台有哪些？其各自有什么样的特点？

工作任务二 Revit 用户界面

任务情境

Autodesk Revit（图 2-1）是 Autodesk 公司于 2002 年推出的三维建模软件，目前该软件被全世界广泛应用于建筑工程设计。Autodesk 系列软件包括 Autodesk Revit Architecture、Autodesk Revit Structure、Revit MEP，它们被分别应用于工程建筑、结构、设备的设计。Autodesk Revit 软件（以下简称 Revit）为设计者提供了新型的三维设计方式，具备以下优点。

图 2-1　Autodesk Revit

（1）Revit 具有信息化的特点，即用户可以将所有工程信息以参数的形式存储到文档中。使用者可以通过修改模型的参数对工程模型进行参数化管理，业主方也可以通过查阅参数管理器进行设计信息管理。

（2）Revit 具有协调性与一体化的特点，为每个专业的设计人员创造了协作平台。

（3）Revit 中还有许多其他的三维扩展功能，如日照分析、模型渲染、参数修改、管线碰撞、工程量统计和施工模拟等。这些功能会给业主方与施工方带来巨大的经济利益。

（4）Revit 的设计符合大多设计人员的操作习惯，简单易学。同时，它独有的参数化功能方便设计人员对模型进行修改。

能量关键词

科技进步、精细管理

随着时代进步和技术发展，建筑行业已经从早期单纯依赖经验的无图时代进入数字时代。计算机辅助设计（CAD）技术的发展，实现了利用计算机完成电子图纸设计。进入信息时代，信息整合和共享技术的发展推动建设协同水平进一步提升，业内对建筑行业全生命周期的信息流传和业务协同需求急剧增加，BIM 软件应运而生，推进建筑业由粗放型向精细型发展，这是建筑业转变发展方式、提质增效、节能减排的必然要求。因此，作为建筑从业者，只有不断学习才能顺应时代的发展，才能在激烈的竞争中站稳脚跟，成为乘风破浪的成功者。

任务目标

认识 Revit 软件用户界面

教学目标	
知识目标	1. 熟悉 Revit 基本术语； 2. 掌握 Revit 用户界面的组成
能力目标	能够熟练使用 Revit 用户界面进行操作
素质目标	1. 培养团队协作、沟通意识； 2. 培养严谨细致、认真负责的职业精神； 3. 培养利用信息技术解决问题的能力

任务分析

打开 Revit 软件，认识用户界面。分析 Revit 软件的项目用户界面包括几个部分。

任务实施

双击桌面上的 Revit 图标，进入图 2-2 所示的开始界面。单击“新建”按钮，新建一个项目文件，进入绘图界面。

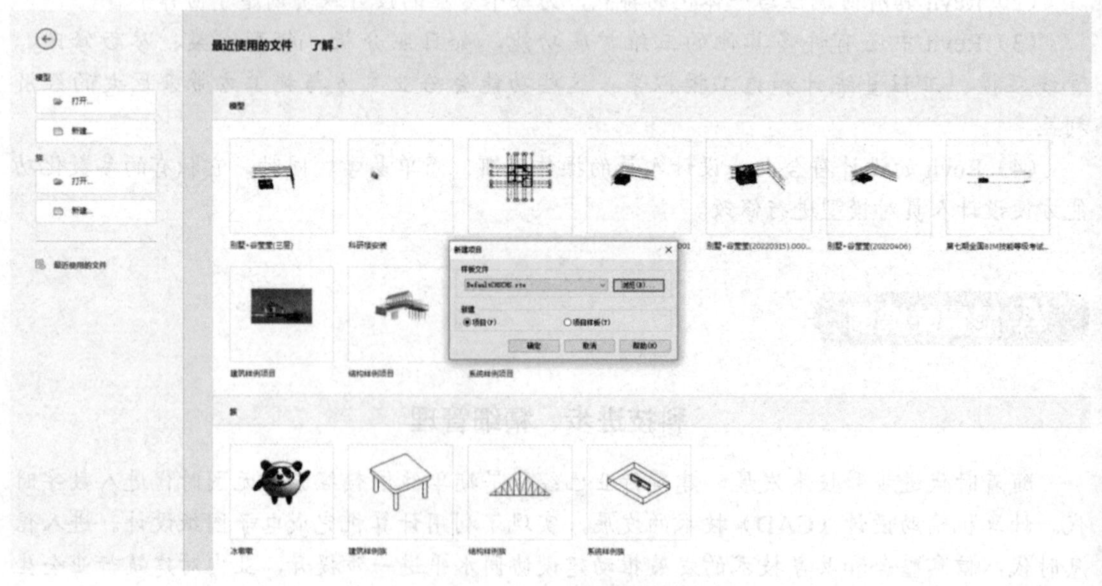

图 2-2　Revit 开始界面

【思考】项目文件格式________；项目样板文件格式________；族文件格式________；族样板文件格式________。

2.1 “文件”选项卡

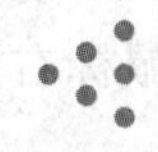

视频：Revit 用户界面

“文件”选项卡提供了一些常用的文件操作命令，如“新建”“打开”和“保存”等。另外，“文件”选项卡还允许使用更高级的工具（如“导出”和“发布”）来管理文件。单击“文件”选项卡，即可打开图 2-3 所示的“文件”下拉菜单。

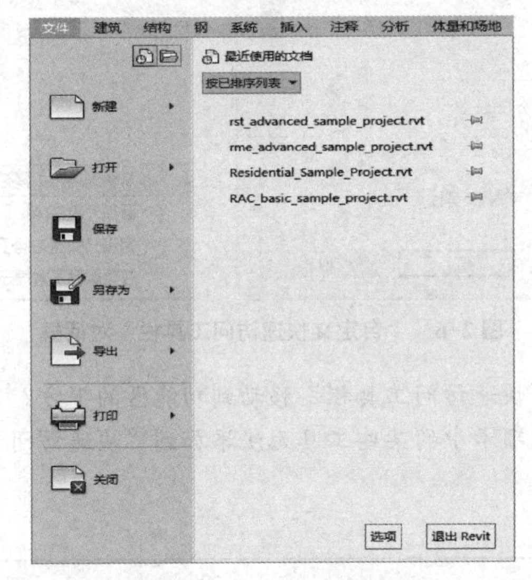

图 2-3　“文件”下拉菜单

2.2 快速访问工具栏

快速访问工具栏中默认放置了 Revit 中一些常用的工具按钮，如图 2-4 所示。

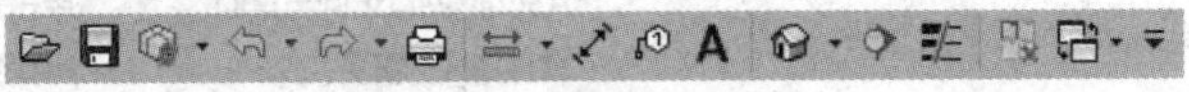

图 2-4　快速访问工具栏

动手做一：添加工具到快速访问工具栏

在功能区内浏览已显示要添加的工具。将鼠标光标放置该工具上，单击鼠标右键，然后选择“添加到快速访问工具栏”命令（图 2-5）。

图 2-5　添加到快速访问工具栏

动手做二：自定义快速访问工具栏

要快速修改“自定义快速访问工具栏”，可在“快速访问工具栏”的某个工具上单击鼠标右键，然后选择“从快速访问工具栏中删除”或“添加分隔符”命令（图 2-6）。

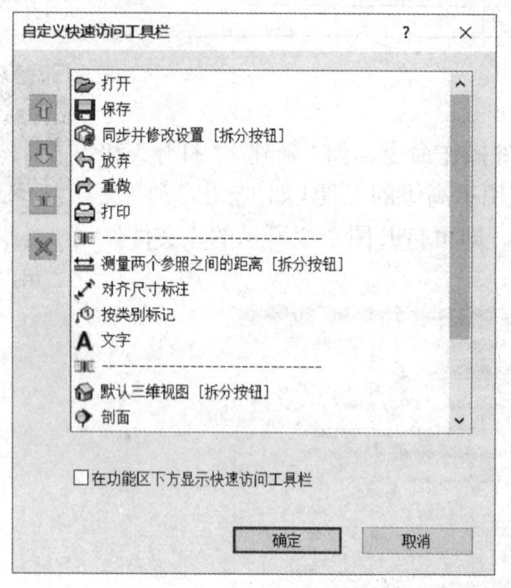

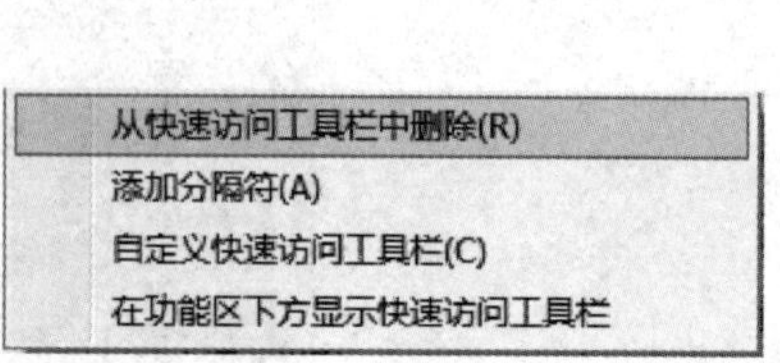

图 2-6　“自定义快速访问工具栏”对话框

【练一练】如何将“快速访问工具栏”移动到功能区的下方？

【小贴士】上下文选项卡中的某些工具无法添加到“快速访问工具栏”中。

2.3 信息中心

信息中心包括一些常用的数据交互访问工具，可以访问许多与产品相关的信息源，如图 2-7 所示。

图 2-7　信息中心

2.4 功能区

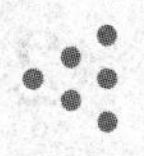

功能区提供创建项目或族所需的全部工具，如图 2-8 所示。每个选项卡中都包括多个面板，每个面板内有各种工具。单击面板上的工具，可以启用该工具。调整窗口的大小时，功能区中的工具会根据可用的空间自动调整大小。

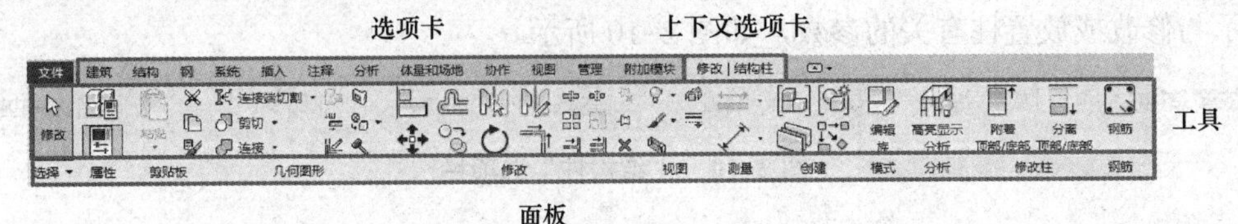

图 2-8　功能区

动手做：将面板放置到绘图区

选择面板上按住鼠标左键拖动，将其放置到绘图区域或桌面上，即可使其成为浮动面板，将光标移动到浮动面板的右上角位置，即可将面板返回到功能区，重新变为固定面板。

绘图小技巧

面板中图钉按钮的使用

面板标题旁如显示下拉按钮▼，则表示该面板可以展开，单击该下拉按钮，将显示相关的工具和控件，如图 2-9 所示，在默认情况下，单击面板以外的区域时，展开的面板会自动关闭，单击图钉按钮，面板在其功能区选项卡显示期间始终保持展开状态。

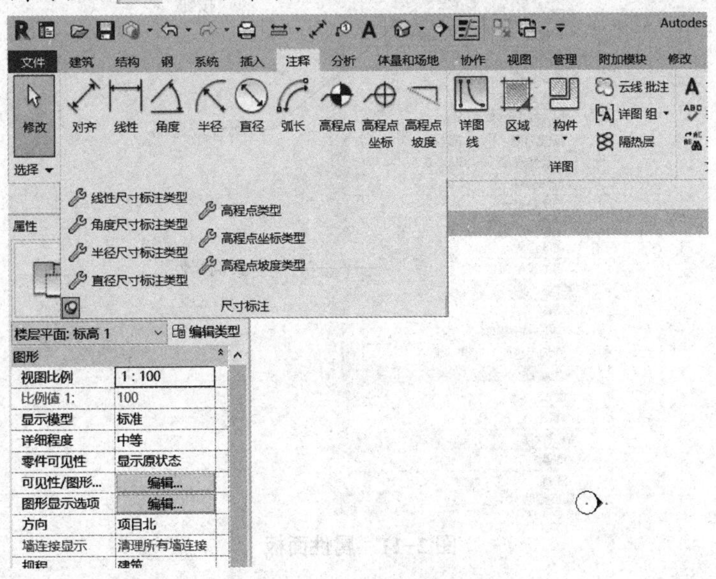

图 2-9　展开面板

2.5 选项栏

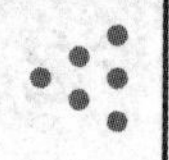

选项栏位于功能区下方、绘图区域的上方。选项栏的内容根据当前工具或选定图元的变化而变化，从中可以选择子命令或设置相关参数。例如。当选中“结构柱”时，选项栏便显示与修改或放置柱有关的参数，如图 2-10 所示。

修改 | 放置 结构柱 ☐放置后旋转 标高: 01 - Entry 高度: 02 - Fl 2500.0 ☑房间边界

图 2-10 “结构柱”选项栏

2.6 属性面板

当选择某个模型图元时，在属性面板中将会显示被选中图元的属性，通过属性面板可以查看和修改用来定义图元属性的参数。属性面板主要由类型选择器、属性过滤器、“编辑类型”按钮和实例属性四个部分组成，如图 2-11 所示。

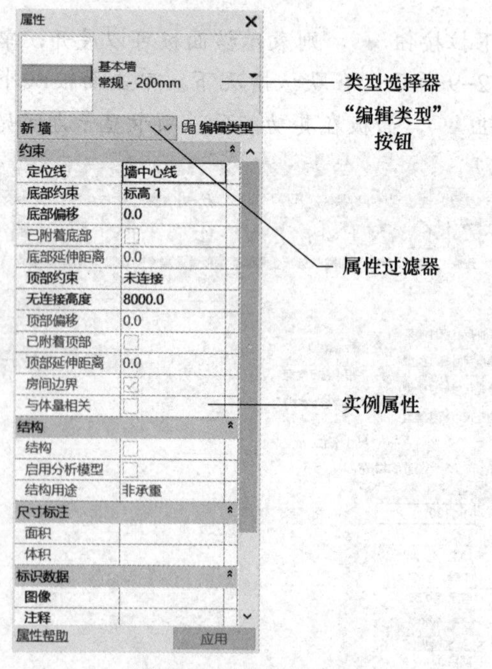

图 2-11 属性面板

知识链接

视频：类型属性和实例属性的区别

类型属性和实例属性的区别?

类型属性是反映同一种族类型的参数信息，修改类型属性值将会影响该族类型当期和将来的所有实例。实例属性反映的是被选中图元的专有信息，修改实例属性的参数值只会影响选择图元或将要放置的图元。

【练一练】属性面板不见了，怎么再次打开？

2.7 项目浏览器

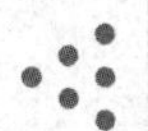

项目浏览器用于显示当前项目中所有视图、明细表、图纸、组和其他部分的逻辑层次。展开和折叠各分支时，将显示下一层项目，如图 2-12 所示。

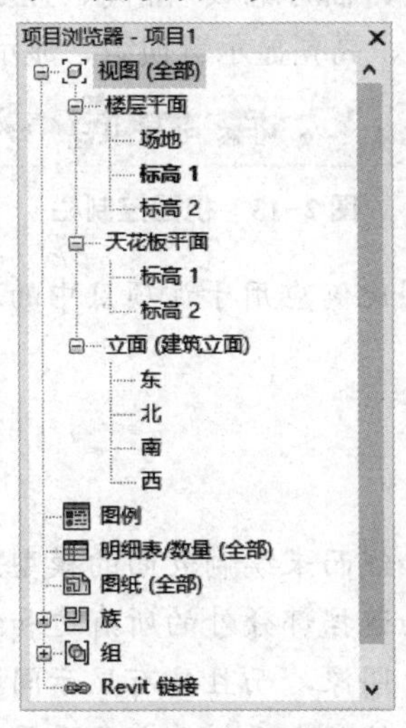

图 2-12　项目浏览器

双击视图名称，即可打开视图。用鼠标右键单击视图名称，可以选择“复制”“删除”和“重命名”命令。

绘图小技巧

调整项目浏览器中视图的排序方式

第一步：单击“视图”选项卡“用户界面”下拉列表中的“浏览器组织”按钮，弹出“浏览器组织”对话框。

第二步：单击“新建”，弹出“创建新的浏览器组织”对话框，将名称命名为示例，单击“确定”按钮。

第三步：在弹出的“浏览器组织属性”对话框中“过滤”一栏的过滤条件下拉窗口中选择图纸名称，在“成组和排序”一栏的成组条件下拉窗口中选择相关标高，否则按下拉窗口中选择类型，其他保持默认设置，单击“确定”按钮。

第四步：在视图窗口中勾选刚刚建完的示例，单击“确定”按钮。

2.8 视图控制栏

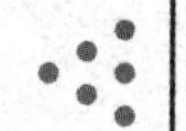

视图控制栏位于绘图区域下方、状态栏的上方，如图 2-13 所示。视图控制栏可以快速访问影响当前视图的功能。单击视图控制栏中的按钮，即可设置视图的比例、详细程度、视觉样式、打开 / 关闭日光路径、打开 / 关闭阴影、显示 / 渲染对话框、裁剪视图、显示 / 隐藏裁剪区域、解锁 / 锁定的三维视图、临时隐藏 / 隔离、显示隐藏的图元、工作共享显示、临时视图属性、显示或隐藏分析模型、高亮显示置换组、显示限制条件、预览可见性等。

1 : 100

图 2-13　视图控制栏

【小贴士】不能将自定义视图比例应用于该项目中的其他视图。

知识链接

线框：显示绘制了所有的边和线而未绘制表面的模型图像。

隐藏线：显示绘制了除被表面遮挡部分外的所有边和线的图像。

着色：显示处于着色模式下的图像，而且具有显示间接光及其阴影的选项。

一致的颜色：显示所有表面都按照表面材质颜色设置进行着色的图像。

真实：可在模型视图中即时显示真实材质外观。

2.9 状态栏

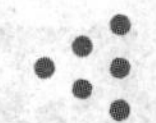

状态栏会提供有关要执行的操作的提示，状态栏沿应用程序窗口底部显示，如图 2-14 所示。鼠标光标停在某个图元或构件时，会使其高亮显示，同时状态栏会显示该图元或构

件的族和类型的名称。

图 2-14　状态栏

单击“视图”选项卡“用户界面”下拉列表，然后清除“状态栏”复选框，可以隐藏状态栏。

2.10　绘图区域

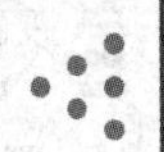

绘图区域是 Revit 软件进行建模操作的区域，绘图区域背景的默认颜色是白色，如图 2-15 所示。更改绘图区域背景色的步骤：单击“文件”选项卡下拉列表中的“选项”按钮。在“选项”对话框中单击“图形”选项卡，在“颜色”选项组中选择所需的背景色。

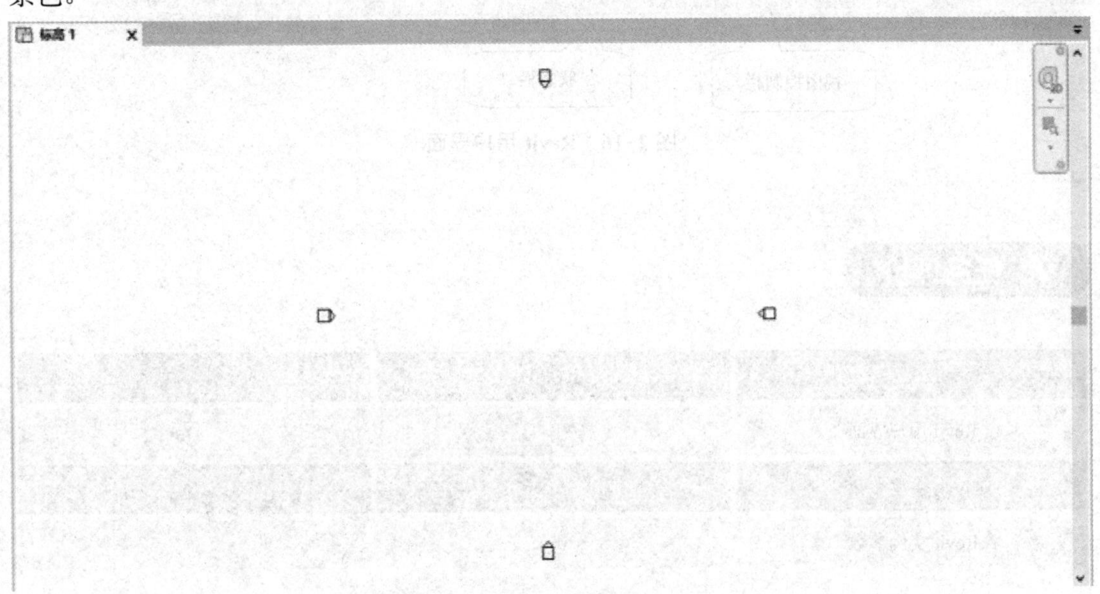

图 2-15　绘图区域

成果展示

成果展示如图 2-16 所示。

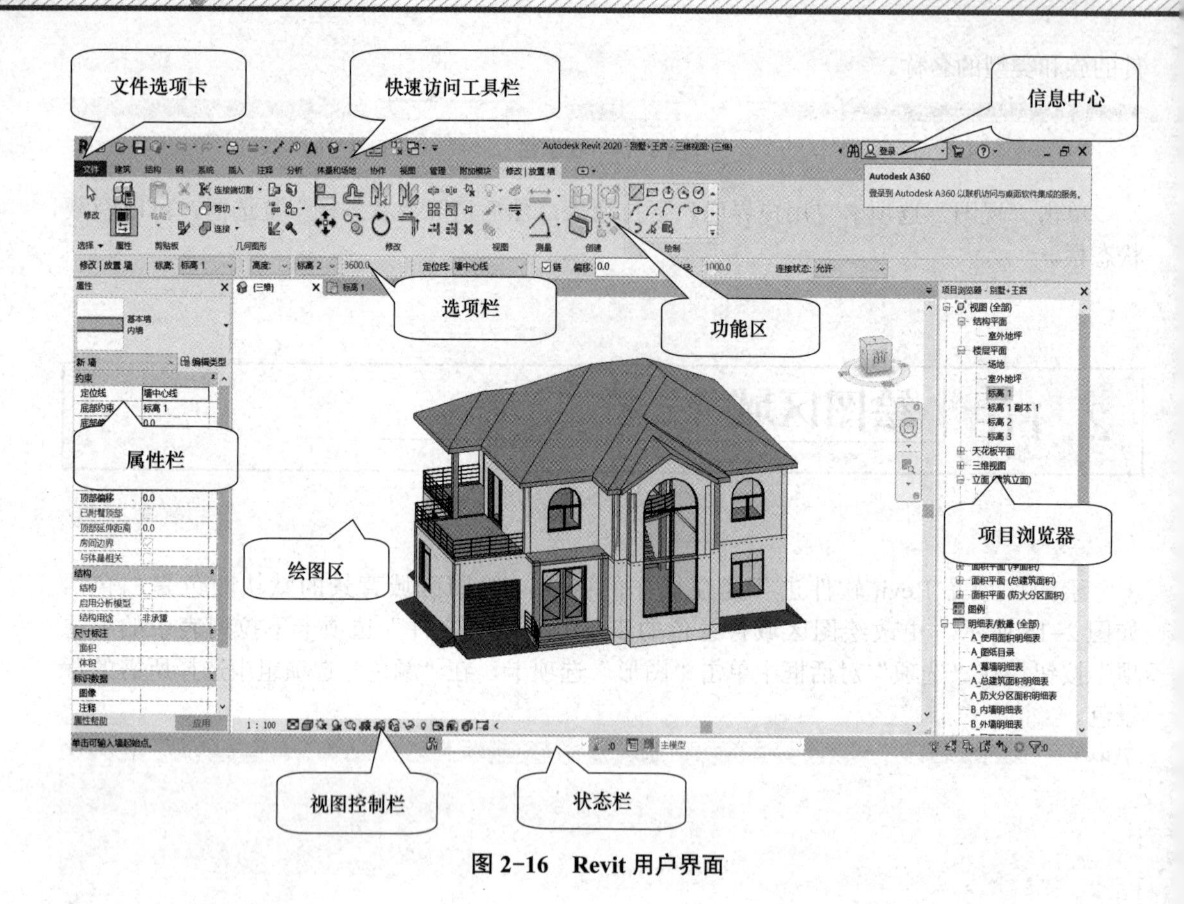

图 2-16 Revit 用户界面

任务评价

技能点	完成情况	注意事项
Revit 用户界面		
Revit 类型参数		
Revit 实例参数		

通过完成上述任务，还学到了什么知识和技能？

任务拓展

1. 在下列 Revit 用户界面中可以关闭的界面为（　　）。

   A. 绘图区域　　B. 项目浏览器　　C. 功能区　　D. 视图控制栏

2. Revit 族文件的文件扩展名为（　　）。

   A. rvp　　B. rvt　　C. rfa　　D. rft

3．在项目浏览器中选择了多个视图并单击鼠标右键，则可以同时对所有所选视图进行（　　）操作。

A．应用视图样板　　B．删除　　C．修改视图属性　　D．以上皆可

4．下列被应用于编辑墙的立面外形的视图为（　　）。

A．表格

B．图纸视图

C．3D 视图或是视平面平行于墙面的视图

D．楼层平面视图

工作任务三　Revit 图元基本操作

任务情境

上海中心大厦（Shanghai Tower）是上海市的一座巨型高层地标式摩天大楼，其设计高度超过附近的上海环球金融中心。上海中心大厦总建筑面积为 578 000 m^2，建筑主体为地上 127 层，地下 5 层，总高为 632 m，结构高度为 580 m，基地面积为 30 368 m^2，机动车停车位布置在地下，可停放 2 000 辆机动车。2008 年 11 月 29 日，上海中心大厦主楼桩基开工。2016 年 3 月 12 日，上海中心大厦建筑总体全部正式完工。2016 年 4 月 27 日，上海中心大厦举行建设者荣誉墙揭幕仪式并宣布分步试运营。2017 年 4 月 26 日，位于大楼第 118 层的“上海之巅”观光厅正式向公众开放。上海中心大厦 BIM 模型如图 3-1 所示。

图 3-1　上海中心大厦 BIM 模型

能量关键词

智慧建造、绿色建筑、以人为本

上海中心大厦犹如一艘航母，有力地整合了不同领域的先进理念和技术。在近 5 年时间里，设计师和建设者用激情与梦想，在科技、环保及运营管理等方面综合采用了 40 余项绿色建筑适用技术，在创造有形物理高度的同时，也打造了多项无形的建筑设计和施工的“智慧高度”，革新了现有超高层大楼的设计潮流。这幢集垂直社区、绿色社区、智慧社区和文化社区于一体的新生代高层建筑，在规划、设计、建设和未来运营管理方面借鉴了小陆家嘴地区 20 多年来超高层建设经验，并在“可持续发展”和“以人为本”的时代建筑理念下，对各领域的尖端技术进行了创造性应用，实现了多项看得见和看不见的业界“之最”。

任务目标

Revit 图元基本操作

教学目标	
知识目标	1．掌握单选、框选与滤选图元； 2．掌握新建、编辑图元； 3．熟悉其他辅助操作
能力目标	能够熟练使用编辑图元命令
素质目标	1．培养团队协作、沟通意识； 2．培养严谨细致、认真负责的职业精神

任务分析

打开软件，认识 Revit 图元修改和编辑工具。分析 Revit 提供了哪些图元修改和编辑工具。

任务实施

Revit 图元主要包括模型图元、基准图元和视图专用图元。模型图元是构成 Revit 信息模型最基本的图元，也是模型的物质基础，表示物理对象的各种图形元素，代表建筑物的各类构件。模型图元一般分为主体图元和构件图元两类，如图 3–2 所示。

(a)　(b)

图 3–2　模型图元

（a）主体图元；（b）构件图元

视频：Revit 图元

基准图元为项目文件中的其他建筑构件的放置提供了参考基准，用于定位模型图元位置的一类图元，如墙体的顶部与底部分别约束于两个不同的标高上，如图 3–3 所示。

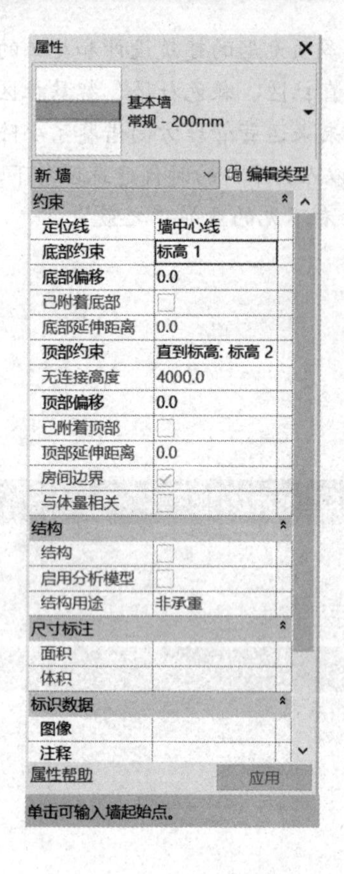

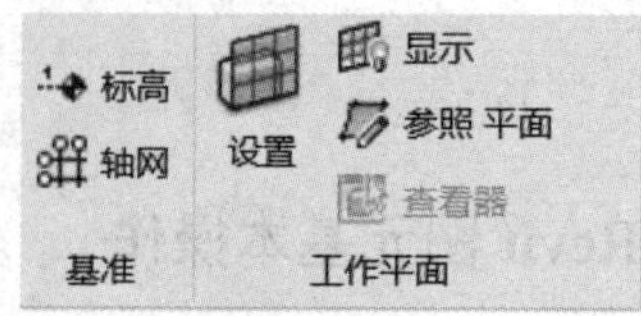

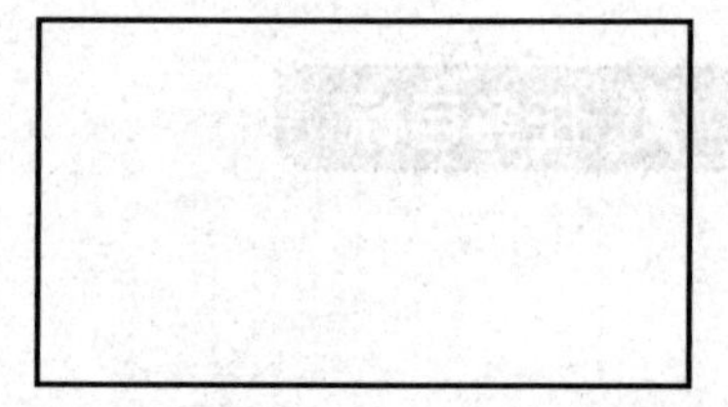

图 3-3 基准图元

视图专用图元是模型图元的图形表达，它向用户提供了直接观察建筑信息模型与模型互动的手段，专用于视图注释或模型详图，主要对模型进行描述或归档，分为注释图元和详图。视图专用图元决定了对模型的观察方式及不同图元的表现方法，包括楼层平面、天花板平面、三维视图、立面、剖面、详图视图、绘图视图、面积平面、报告等。

3.1 选择图元

在 Revit 中，必须先选择图元，再进行修改和编辑，对图元进行选择的方式主要包括点选、框选、类选和滤选等方式。

视频：选择图元

3.1.1 点选

移动鼠标光标至任意图元上，将高亮显示该预选图元，单击即可选中该图元。在选择时如果多个图元彼此重叠，可以移动鼠标光标至图元位置，循环按键盘的 Tab 键，将循环高亮显示各预选图元，当要选择的图元高亮显示时，单击即可选中图元。

Revit 默认按边选择图元，可以修改选择控制选项更改选择方式。例如，希望通过单击某个面而不是单击边来选中图元，可按图 3-4 所示，勾选“按面选择图元”选项。

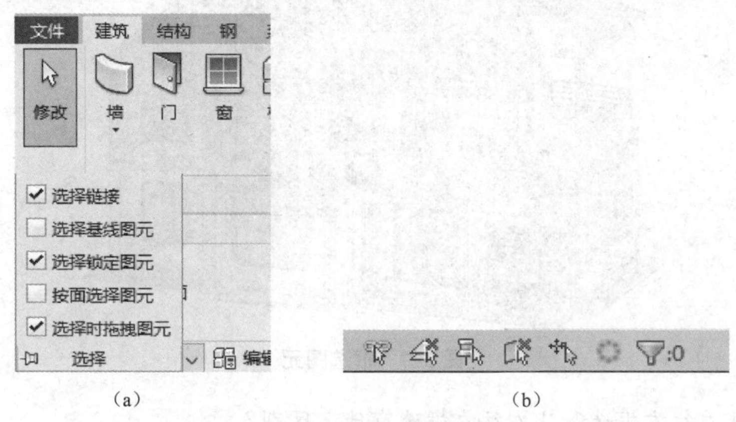

（a）　　（b）

图 3-4　勾选“按面选择图元”

（a）绘图区域左上方；（b）绘图区域右下方

【小贴士】“按面选择图元”选项不适用于视觉样式为“线框”的视图。

绘图小技巧

加选适用于在选中图元的基础上增加选择图元，按住键盘的 Ctrl 键，鼠标光标显示为加选样式，单击图元即可将增加到选项中，如图 3-5 所示。减选适用于在选中多个图元的基础上减少选择图元，按住键盘的 Shift 键，鼠标光标显示为减选样式，单击图元即可在选中图元中减少，如图 3-6 所示。

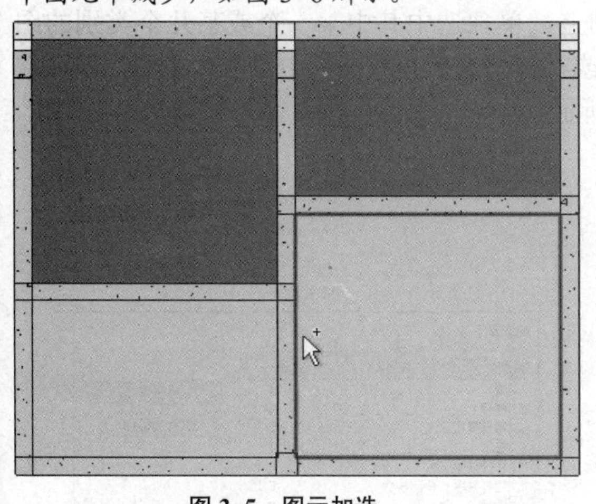

图 3-5　图元加选

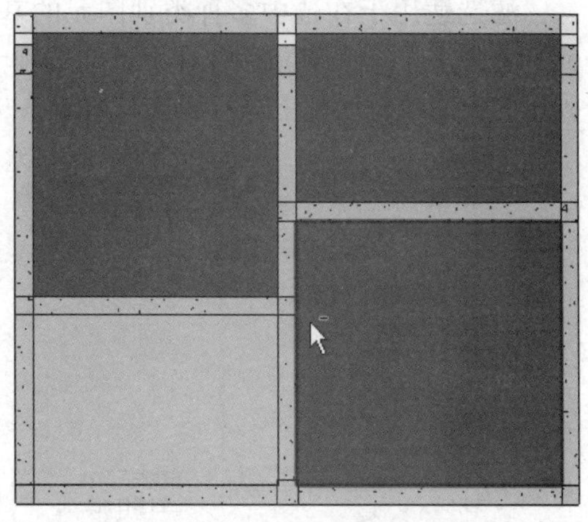

图 3-6　图元减选

3.1.2　框选

框选适用于选择多个图元。按住鼠标左键在视图区域从左往右按对角线方向拉框绘制形成矩形“实线范围框”，如图 3-7 所示。被实线范围框全部包围的图元才能被选中。

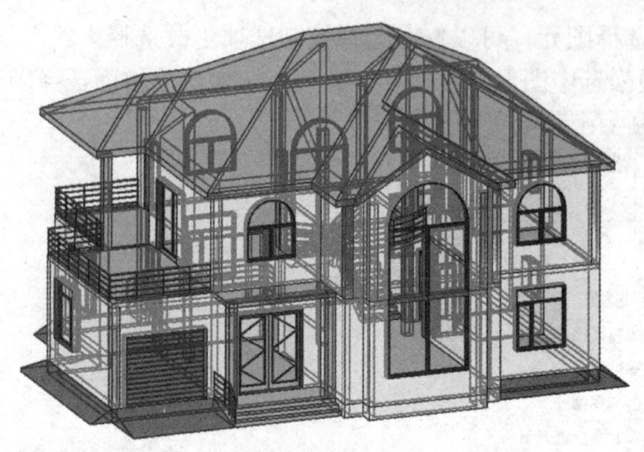

图 3-7　框选图元

【思考】从左往右框选和从右往左框选有什么区别？

3.1.3　类选

类选适用于全部选中某一类型的图元。选中一个图元后，单击鼠标右键，弹出右键快捷菜单，选择“选择全部实例”命令，即可在当前视图或整个项目中选中这一类型的图元（图 3-8）。对于有公共端点的图元，在连接的构件上单击鼠标右键，然后选择“连接的图元”选项，能把这些有公共端点连接的图元一起选中。

3.1.4　滤选

滤选适用于在选中多种类别图元的基础上，单独选中其中某一个或某几个类别的图元。选择多个图元对象后，在上下文选项卡或在屏幕右下角状态栏中单击过滤器，即可在弹出的过滤器对话框中进行滤选，如图 3-9 所示。

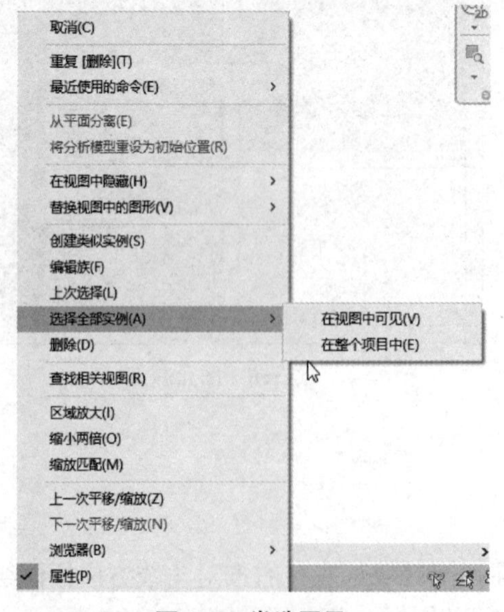

图 3-8　类选图元

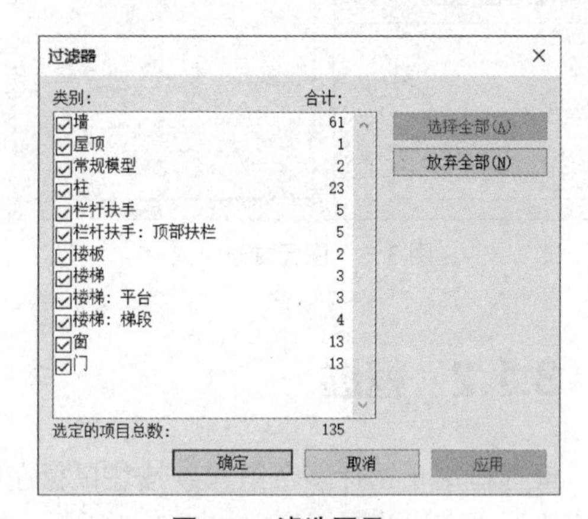

图 3-9　滤选图元

3.2 编辑图元

Revit 提供了图元的修改和编辑工具，主要集中在“修改”选项卡中，如图 3-10 所示。

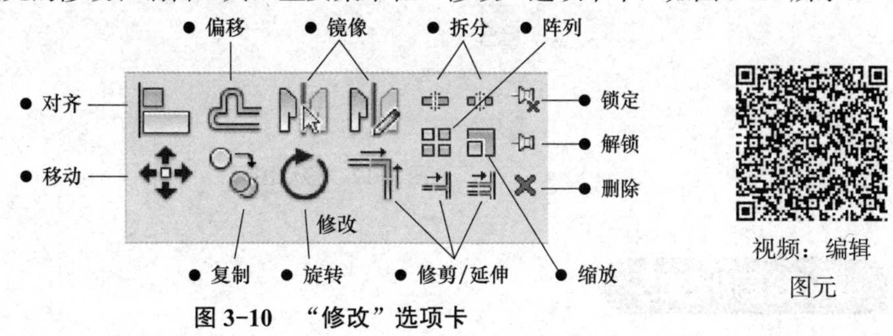

图 3-10 “修改”选项卡

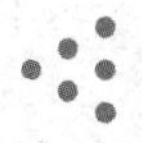

视频：编辑图元

3.2.1 对齐图元

“对齐”命令能将一个或多个图元与选定的图元对齐。单击“修改”选项卡“修改”面板中的“对齐”按钮，先单击选择对齐的目标位置，再单击选择要移动的对象图元，被选择的对象图元将自动对齐至目标位置。要将多个对象对齐至目标位置时，勾选选项栏中的“多重对齐”复选框即可。可以在二维视图、三维视图或立面视图中对齐图元。将“对齐”命令的快捷键默认为 AL。

【练一练】使用“对齐”命令，将图 3-11 中的柱子与墙体对齐。

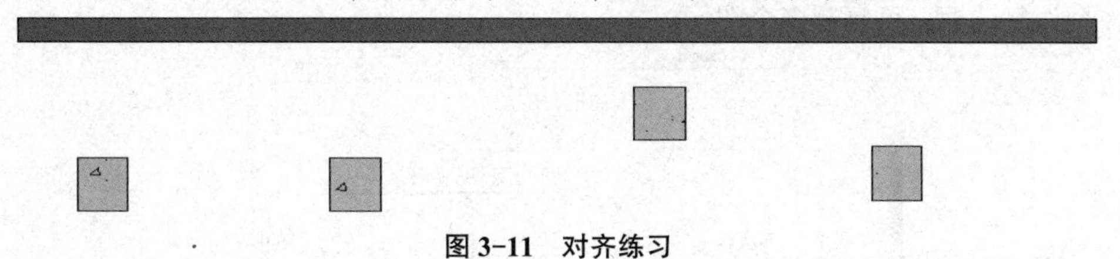

图 3-11 对齐练习

【小贴士】要启用新对齐需按 Esc 键一次；要退出对齐工具，按 Esc 键两次。

3.2.2 移动图元

“移动”命令能将一个或多个图元从一个位置移动到另一个位置。移动操作时，先选择要移动的对象图元，单击“修改”选项卡“修改”面板中的“移动”按钮，单击图元上的点作为移动的起点，移动时会虚线框预览显示移动的位置。进行精确移动时，需要输入图元移动的距离值，并按 Enter 键，即可将图元移动到指定位置，如图 3-12 所示。

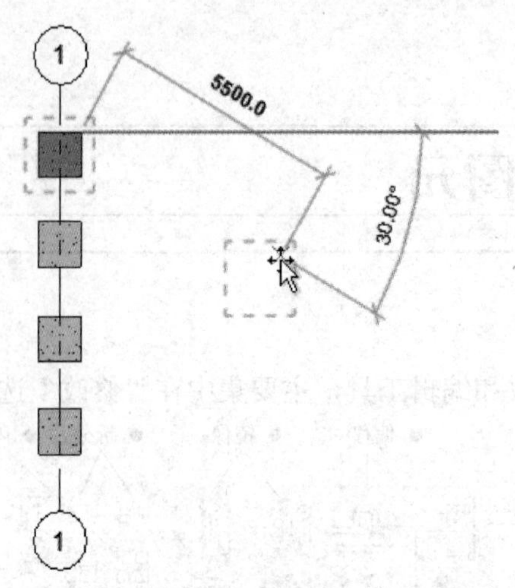

图 3-12　移动图元

绘图小技巧

在移动时，勾选选项栏中的“约束”复选框 修改 | 结构柱 ☑约束 ☐分开 ☐多个 ，限制图元沿着与其垂直或共线的矢量方向移动；勾选选项栏中的“分开”复选框 修改 | 结构柱 ☐约束 ☑分开 ☐多个 ，可在移动前中断所选图元与其他图元之间的关联。移动命令的快捷键默认为 MV。

3.2.3　复制图元

使用“复制”命令复制一个或多个选定图元，并可在图纸中放置这些副本。先选择要复制的图元，单击“修改”选项卡“修改”面板中的“复制”按钮，选中图元上的点作为复制的起点，移动鼠标光标将图元复制到适当的位置，如图 3-13 所示。如果勾选选项栏中的“多个”复选框，可复制多个图元。

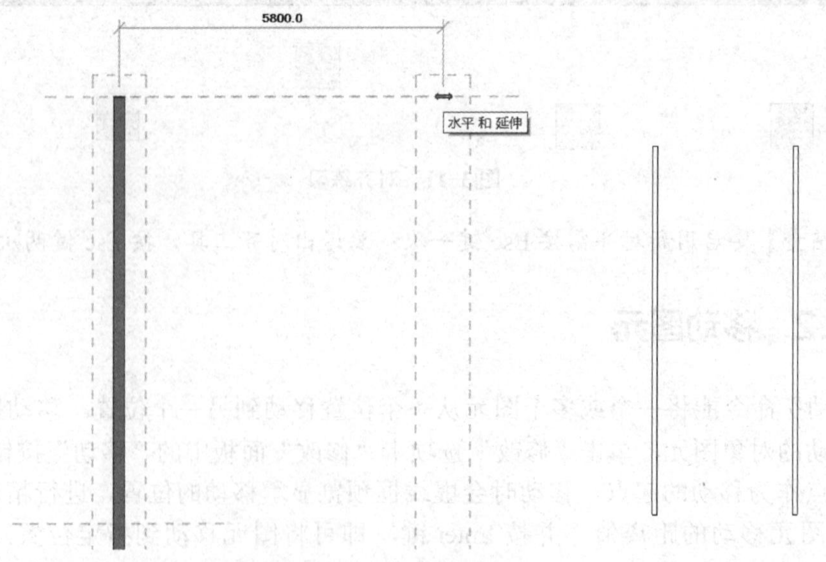

图 3-13　复制图元

【小贴士】“复制”和“复制到粘贴板”工具的使用：要复制某个选定图元并立即放置该图元时，可使用“复制”工具。在某些情况下，可使用“复制到粘贴板”工具，通过按组合键 Ctrl+C 和 Ctrl+V 来复制和粘贴图元，如需要在放置副本之前切换视图。复制命令的快捷键默认为 CO。

3.2.4　旋转图元

“旋转”命令可以使图元围绕轴旋转。选择要旋转的图元，单击“修改”选项卡“修改”面板中的“旋转”按钮，单击已指定的旋转的开始位置放射线，移动鼠标光标将图元旋转到适当位置。在楼层平面视图、天花板投影平面视图、立面视图和剖面视图中，图元会围绕垂直于这些视图的轴进行旋转，如图 3-14 所示。在三维视图中，该轴垂直于视图的工作平面。放置构件时，勾选选项栏中的“放置后旋转”复选框，则放置构件后直接进入“旋转”命令。“旋转”命令的快捷键默认为 RO。

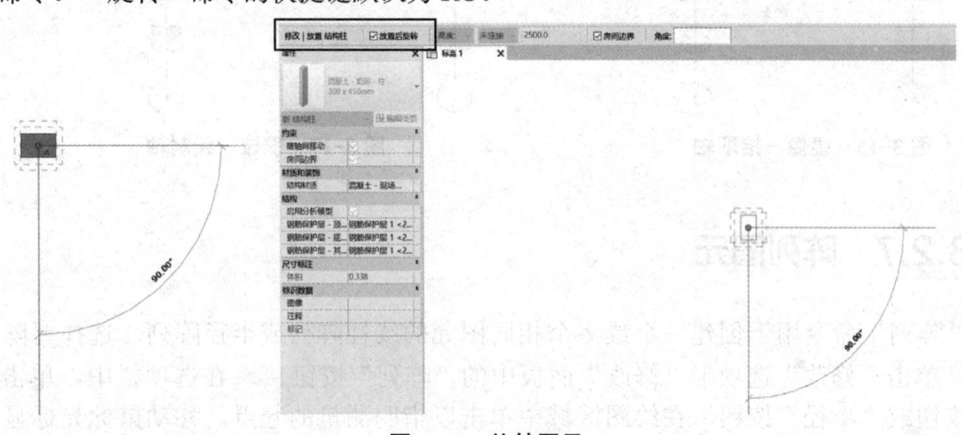

图 3-14　旋转图元

3.2.5　偏移图元

“偏移”命令可以对选定模型线、详图线、墙或梁沿与其长度垂直的方向复制或移动指定的距离。单击“修改”选项卡“修改”面板中的“偏移”按钮，单击需要偏移的图元，然后将其拖拽到所需距离并再次单击。开始拖拽后，将显示一个关联尺寸标注，可以输入特定的偏移距离。选择“数值方式”选项，在选项栏输入偏移值，根据需要移动光标，使其在所需偏移位置显示预览线，然后单击将图元移动到该位置，如图 3-15 所示。如果要创建并偏移所选图元的副本，需要勾选选项栏中的“复制”复选框。偏移命令的快捷键默认为 OF。

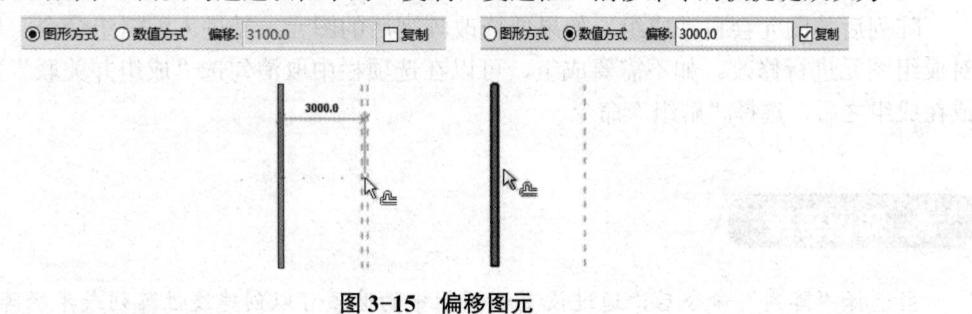

图 3-15　偏移图元

3.2.6 镜像图元

“镜像”命令使用一条线作为镜像轴来反转选定模型图元的位置，或者生成图元的一个副本并反转其位置。单击“修改”选项卡“修改”面板中的“镜像－拾取轴”或“镜像－绘制轴”按钮，单击需要镜像的图元，在“镜像－拾取轴”命令下，拾取现有直线作为镜像轴，如图 3–16 所示；在“镜像－绘制轴”命令下，需要绘制临时轴线作为镜像轴，如图 3–17 所示。仅反转图元位置而不生成其副本，则不勾选选项栏中的“复制”复选框。“镜像”命令的快捷键默认为 MM 和 DM。

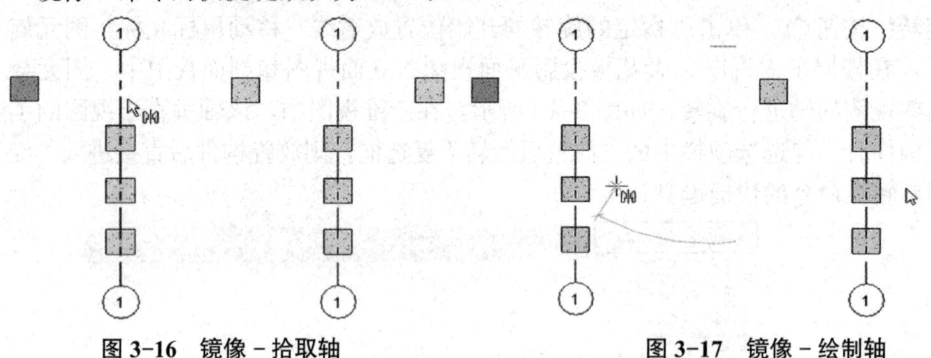

图 3–16　镜像－拾取轴　　图 3–17　镜像－绘制轴

3.2.7 阵列图元

“阵列”命令用于创建一个或多个相同图元的线性阵列或半径阵列。选择要阵列的图元，单击“修改”选项卡“修改”面板中的“阵列”按钮，在选项栏中，单击“线性”按钮或“半径”按钮，在绘图区域中单击以指明测量的起点，移动鼠标光标显示第二组成员尺寸或最后一个成员尺寸，单击确定间距尺寸，或直接输入尺寸值，完成阵列，如图 3–18 所示。阵列命令的快捷键默认为 AR。

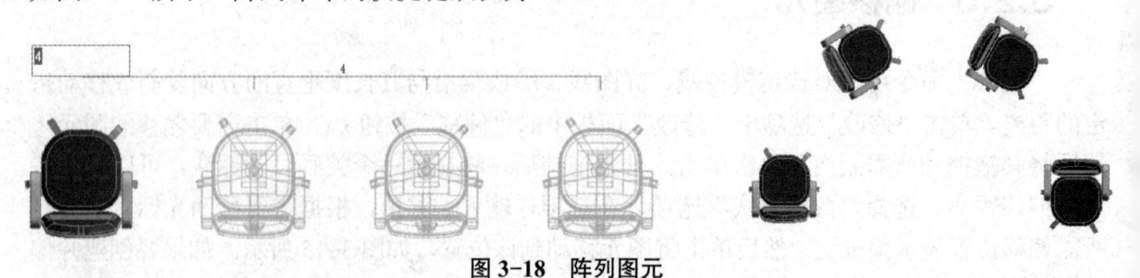

图 3–18　阵列图元

阵列后的图元会自动成组，如果要修改阵列后的图元，需进入编辑组命令，然后才能对成组图元进行修改。如不需要成组，可以在选项栏中取消勾选“成组并关联”复选框，或在成组之后，选择“解组”命令。

知识链接

当选择“阵列”命令后，通过设置选项栏中的选项可以创建线性阵列或半径阵列。

（1）线性。单击该按钮，将创建线性阵列。

（2）半径。单击该按钮，将创建半径阵列。

（3）成组并关联。将阵列的每个成员包括在一个组中，如果禁用该选项，Revit 将会创建指定数量的副本，而不会使它们成组。在放置后，每个副本都独立于其他副本。

（4）项目数。该选项用于指定阵列中所有选定图元的副本总数。

（5）移动到。该选项是用来设置阵列效果的，其中包括以下两个子选项。

1）第二个。该选项用于指定阵列中每个成员间的间距。其他阵列成员出现在第二个成员之后。

2）最后一个。该选项用于指定阵列的整个跨度。阵列成员会在第一个成员和最后一个成员之间以相等间隔分布。

（6）约束。该选项用于限制阵列成员沿着与所选的图元垂直或共线的矢量方向移动。

3.2.8　修剪 / 延伸为角

“修剪 / 延伸为角”命令延伸一个或多个图元至由相同的图元类型定义的边界；也可以延伸不平行的图元以形成角，或者在它们相交时对它们进行修剪以形成角，主要有三种方式，如下图 3–19 所示。“修剪 / 延伸为角”命令的快捷键默认为 TR。

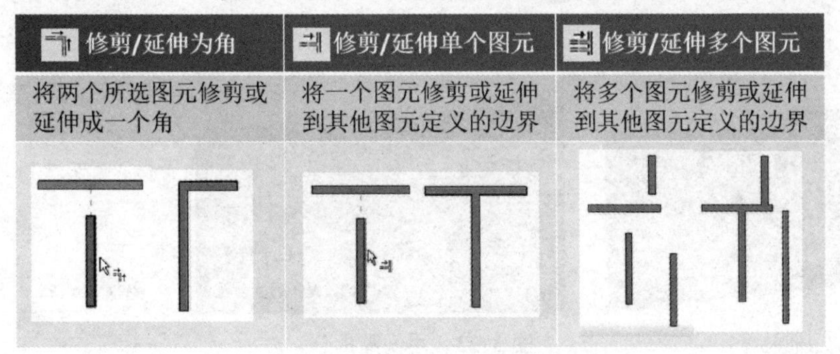

图 3–19　修剪 / 延伸为角

【练一练】使用“修剪 / 延伸为角”命令，将图 3–20 中的图元进行修剪 / 延伸为图 3–21 所示。

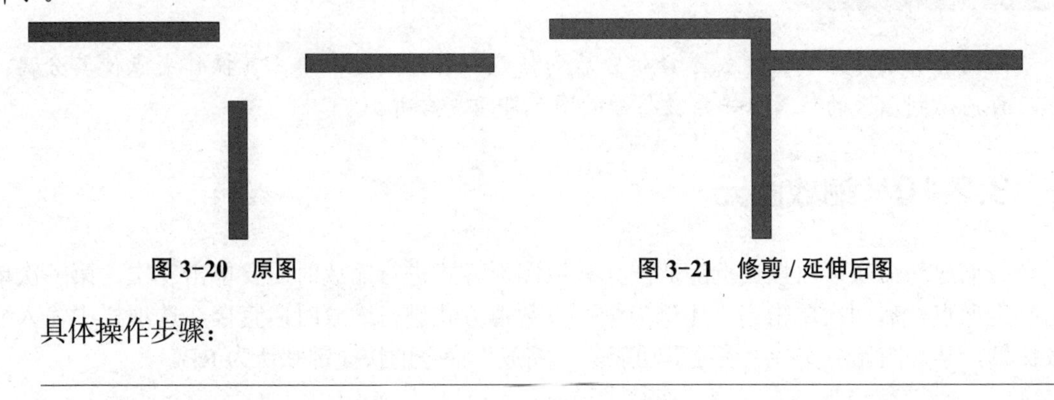

图 3–20　原图　　　　图 3–21　修剪 / 延伸后图

具体操作步骤：

____

____

____

3.2.9 拆分图元

通过“拆分”命令可将图元拆分为两个单独的部分，它包括“拆分图元”和“用间隙拆分”两种命令，可以在选定点剪切图元或删除两点之间的线段。在“拆分图元”命令下，在选项栏中勾选“删除内部线段”复选框，将删除所选两点之间的线段，如图 3–22 所示。在“用间隙拆分”命令下，“连接间隙”限制为 1.6 ～ 304.8mm。将鼠标光标放到墙上，然后单击“用间隙拆分”命令，放置间隙，该墙将拆分为两面单独的墙，如图 3–23 所示。拆分命令的快捷键默认为 SL。

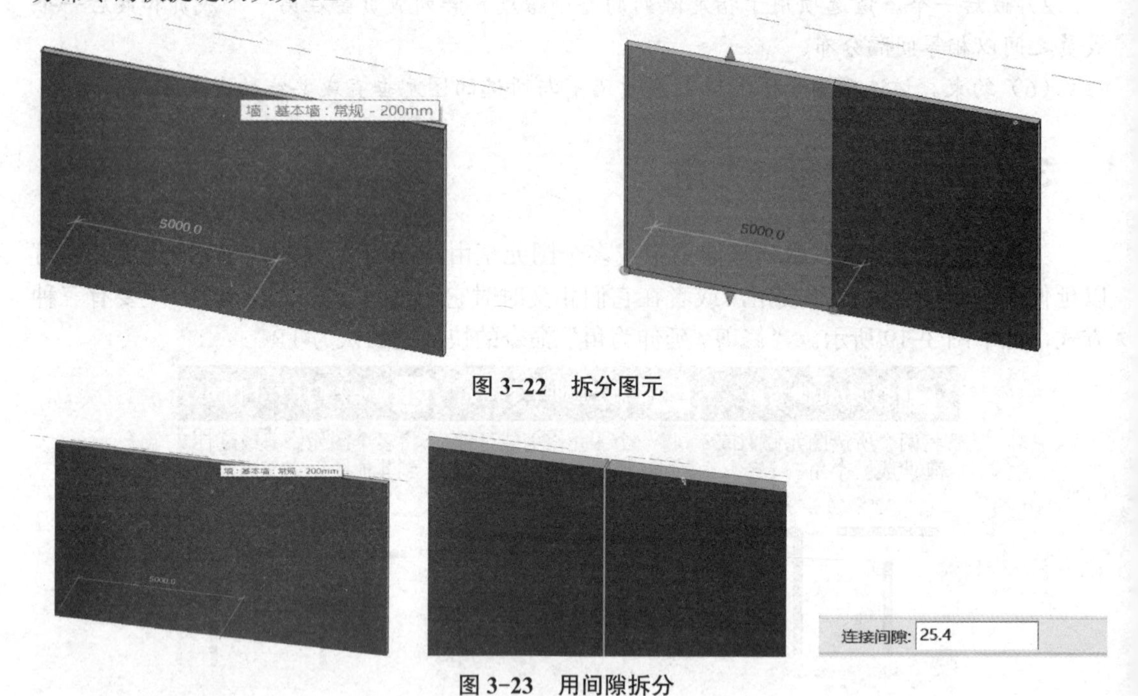

图 3–22 拆分图元

图 3–23 用间隙拆分

绘图小技巧

如何合并拆分后的图元？选择拆分后的任意一部分图元，单击其操作夹点使其分离，然后再拖动到原来的位置松手，被拆分的图元即重新合并。

3.2.10 缩放图元

“缩放”命令可以按比例缩放图元。以图形方式进行缩放时需要单击三次：第一次单击确定原点，后两次单击定义比例矢量。以数值方式进行缩放时，直接在选项栏中输入缩放比例，某些图元不支持“缩放”功能。“缩放”命令的快捷键默认为 RE。

绘图小技巧

将一段 3 m 的墙体缩放到 2 m

第一步：单击选中长度为 3 m 的墙，单击“缩放”按钮，如图 3-24 所示。

第二步：单击确定缩放原点，如图 3-25 所示。

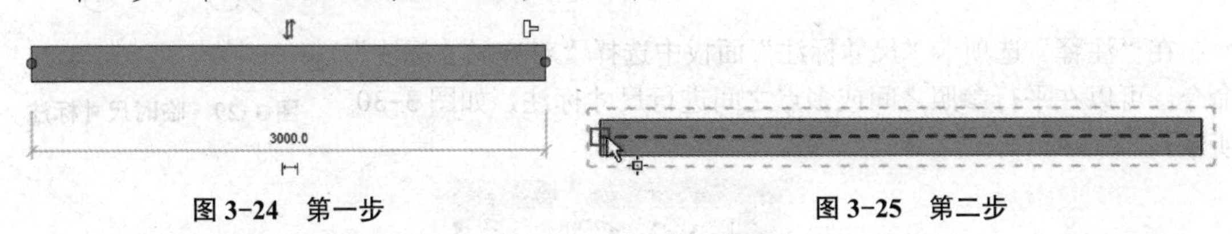

图 3-24　第一步　　　　图 3-25　第二步

第三步：单击距离原点 1.5 m 处的点，如图 3-26 所示。

第四步：单击距离原点 1 m 处的点，如图 3-27 所示。

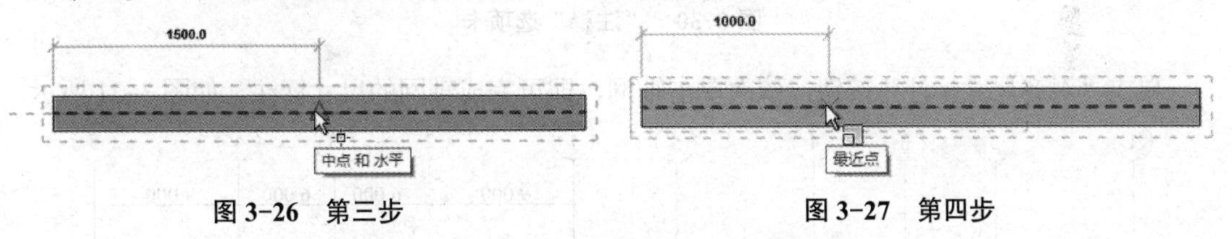

图 3-26　第三步　　　　图 3-27　第四步

第五步：墙变为 2 m，缩放为原来的 2/3，如图 3-28 所示。

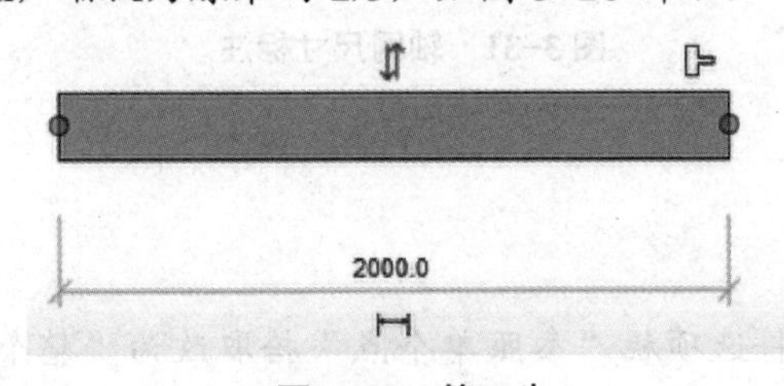

图 3-28　第五步

【小贴士】缩放工具适用于线、墙、图像、链接、DWG 和 DXF 导入、参照平面及尺寸标注的位置。

3.3　辅助操作

3.3.1　临时尺寸标注

视频：辅助操作

单击选中图元后，会出现一个蓝色高亮显示的尺寸标注显示被选中图元与周围图元之间的距离关系，即临时尺寸标注。单击数字可以修改图元之间的距离，拖曳标注两端的尺寸界限即可修改标注位置。更改临时尺寸标注的距离只对被选中图元起作用，不会影响周围参照图元的位置。单击临时尺寸标注数字下方的标志，将把临时尺寸标注转换为永久尺寸标注。临时尺寸标注如图 3-29 所示。

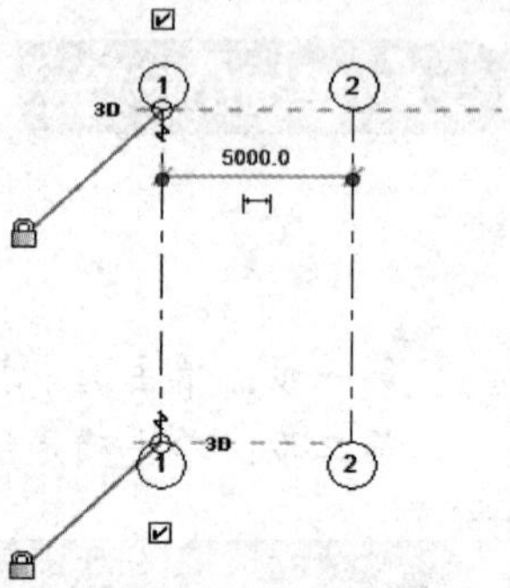

图 3-29　临时尺寸标注

3.3.2　永久尺寸标注

在“注释”选项卡“尺寸标注”面板中选择“对齐尺寸标注”命令，可以在平行参照之间或多点之间进行尺寸标注，如图 3-30 所示。

图 3-30　“注释”选项卡

单击“对齐尺寸标注”按钮，依次单击轴网，即可完成轴网的尺寸标注，如图 3-31 所示。

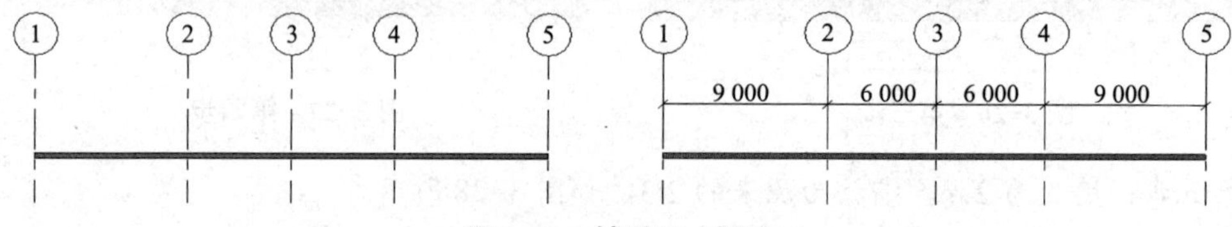

图 3-31　轴网尺寸标注

绘图小技巧

墙与轴线相交时，可将选项栏“参照单个点”拾取改为“整个墙”，并按需要修改自动尺寸标注选项，单击墙体，实现自动尺寸标注，如图 3-32 所示。

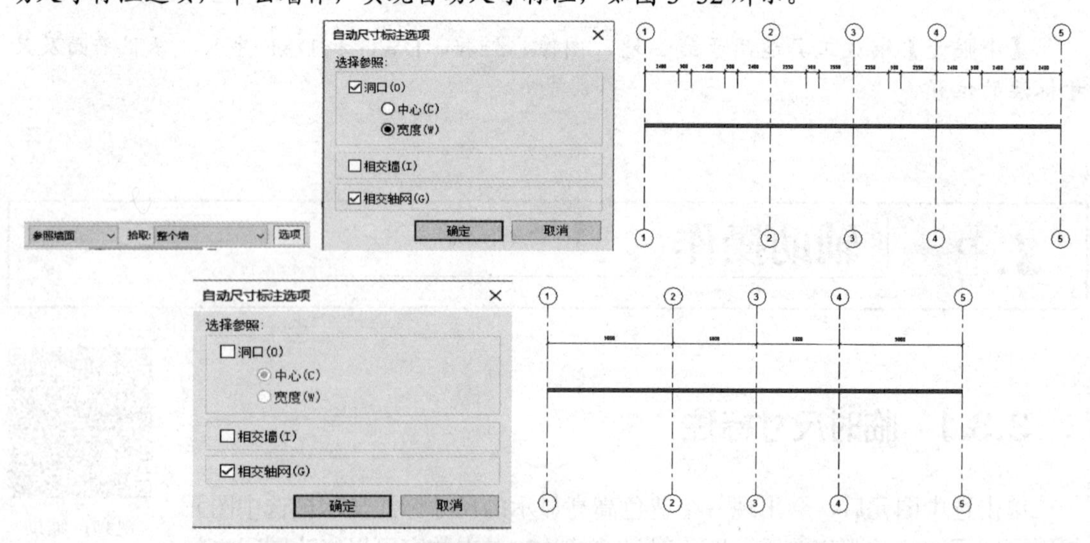

图 3-32　墙体尺寸标注

3.3.3　参照平面

参照平面是一个用作视图或绘制图元起始位置的虚拟二维表面。参照平面可以作为视图的原点，可以用来绘制图元，还可以用于放置基于工作平面的构件。在“建筑”“结构”“钢”“系统”任意选项卡下，在“工作平面”面板中选择“参照平面”命令，可以通过绘制或拾取的方式创建参照平面。

选择“工作平面”面板中的“拾取一个平面”命令，通过拾取平面指定新的工作平面，可以将参照平面设置为工作平面，如图 3-33 所示。

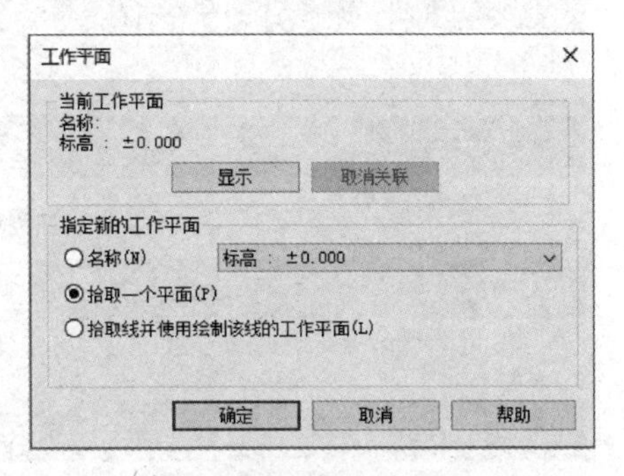

图 3-33　设置工作平面

3.4　快捷键操作命令

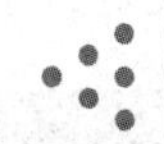

快捷键可提高工作效率，用户在任何时候都可以通过键盘输入快捷键直接进入对应的命令。在“文件”选项卡→“选项”→“用户界面”→“快捷键”对话框中，可查看并自定义快捷键。查看和自定义快捷键的快捷键为 KS。为了适应用户的使用习惯，快捷键可以导出并导入其他计算机，如图 3-34 所示。常用工具的快捷键见表 1-1～表 1-5。

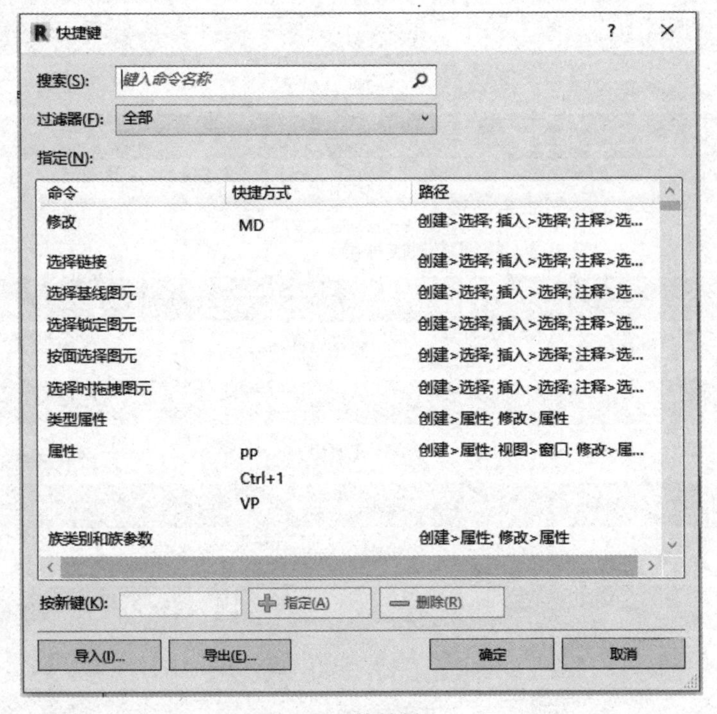

图 3-34　快捷键

视频：快捷键操作命令

表 1-1 修改工具快捷键

命令	快捷键	命令	快捷键
修改	MD	拆分图元	SL
对齐	AL	阵列	AR
移动	MV	缩放	RE
偏移	OF	解锁	UP
复制	CO/CC	锁定	PN
旋转	RO	删除	DE
镜像 - 拾取轴	MM	拆分面	SF
镜像 - 绘制轴	DM	定义新的旋转中心	R3
修剪 / 延伸为角	TR	选择全部实例	SA

表 1-2 绘图工具快捷键

命令	快捷键	命令	快捷键
标高	LL	模型线	LI
轴网	GR	参照平面	RP
建筑墙	WA	放置构件	CM
门	DR	创建组	GP
窗	WN	链接	LG
结构柱	CL	重复上一个命令	RC
结构楼板	SB	查找 / 替换	FR
房间	RM	创建类似	CS
标记房间	RT	填色	PT

表 1-3 视图控制快捷键

命令	快捷键	命令	快捷键
属性	PP/Ctrl+1/VP	图形显示选项	GD
系统浏览器	F9	光线追踪	RY
可见性 / 图形替换	VG/VV	区域放大	ZR/ZZ
细线	TL	缩放图纸大小	ZS
平铺视图	WT	缩放全部以匹配	ZA
视图范围	VR	漫游模式	3W
线框模式	WF	渲染	RR
隐藏线模式	HL	日光设置	SU

表 1-4 图元显示快捷键

命令	快捷键	命令	快捷键
临时隐藏图元	HH	隐藏类别	VH
临时隐藏类别	HC	取消隐藏图元	EU
切换显示隐藏图元模式	RH	取消隐藏类别	VU
重设临时隐藏 / 隔离	HR	隔离图元	HI
隐藏图元	EH	隔离类别	IC

表 1-5 捕捉工具快捷键

命令	快捷键	命令	快捷键
中心	SC	垂足	SP
中点	SM	捕捉远距离对象	SR
点	SX	端点	SE
象限点	SQ	捕捉到点云	PC
交点	SI	切点	ST
最近点	SN	关闭捕捉	SO

任务评价

技能点	完成情况	注意事项
图元的选择		
对齐命令		
移动命令		
复制命令		
旋转命令		
偏移命令		
镜像命令		
阵列命令		
修剪 / 延伸为角命令		
拆分命令		
尺寸标注		
绘制参照平面		

通过完成上述任务，还学到了什么知识和技能？

任务拓展

1．使用“移动”命令，将图 3-35 中的柱子与墙体对齐。

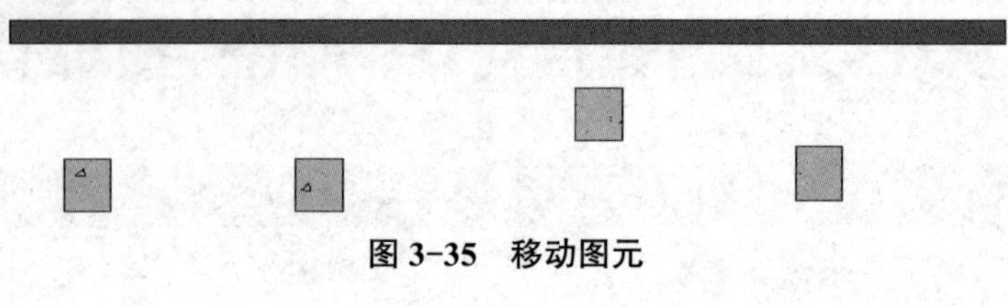

图 3-35　移动图元

具体操作步骤：

2．使用“旋转”命令，将图 3-36 中的图元旋转 45°。

图 3-36　旋转图元

具体操作步骤：

3．使用“镜像”命令，将图 3-37 中图元进行镜像。

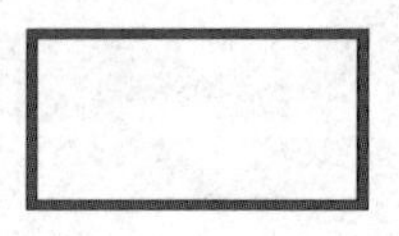

图 3-37　镜像图元

具体操作步骤：

每日一技

视频：视图范围与图元可见性

1．什么是 Revit 视图范围？
2．Revit 建模时绘制的构件在视图平面内是否可见？
3．Revit 中如何实现快速复制？

工作任务四　标高的绘制

任务情境

中国海拔的基准面在哪里

1956年，我国规定以青岛验潮站多年平均海平面为统一的高程起算面，称为黄海平均海平面或黄海基准面，后于1985年重新测算确定。作为一个国家或地区，必须统一一个高程基准面，以便确定某山或某物的高度。那么我国的高度基准面在哪里呢？它位于青岛大港1号码头西端青岛观象台的验潮站（图4-1），地理位置为东经120°18′40″、北纬36°05′15″。室内有一口直径为1 m、深10 m的验潮井，有3个直径分别为60 cm的进水管与大海相通。

图4-1　青岛大港1号码头西端青岛观象台的验潮站

根据验潮站长年获取的潮位资料，又经多次严谨的测量计算，最终确定将青岛验潮站海平面作为我国高程基准面。国家测绘局将位于青岛市观象山中巅的一幢小石屋里旱井底部一块球形标志物——水袋玛瑙的顶端（地理坐标为东经120°19′08″、北纬36°04′10″）确定为“中华人民共和国水准原点”。全国的海拔高度都以这一原点为坐标起点进行测量，然后加上72.260 m，得到海拔高度。例如，全世界最高峰珠穆朗玛峰的海拔高度便是从位于青岛的这一国家水准原点测量计算出来的，国家水准原点对于我国的生产建设、国防建设、科学研究均具有重要的科学意义和价值。

能量关键词

遵守标准、严谨细致、相对和绝对

全国统一的高程数据资料，不仅是研究地壳和地面垂直运动、海平面变化的基本数据，在城市建设、重大工程建设、国防施工、防汛水情预测等方面也发挥着重要的作用，水准原点具有重大科普价值。按基准面选取的不同，标高分为“绝对标高”和“相对标高”。在一定的时间和范围内是相对的东西，在另外的时间和范围内会成为绝对的东西。同样，在一定的时间和范围内是绝对的东西，在另外的时间和范围内也会成为相对的东西。纯粹的脱离绝对的相对和纯粹的脱离相对的绝对，都是不存在的。片面地强调相对而否认绝对，会走向相对主义。片面地强调绝对而否认相对，会走向绝对主义。

任务目标

完成小别墅项目标高体系的创建

教学目标	
知识目标	1. 掌握创建标高的方法。 （1）学习使用“标高”命令创建标高； （2）学习使用“复制”“阵列”命令快速创建标高； （3）学习使用“平面视图”命令创建标高对应平面视图。 2. 掌握编辑标高的方法。 （1）学习标高的批量设置； （2）学习标高的手动修改
技能目标	1. 能够创建小别墅标高体系； 2. 能够对小别墅标高进行编辑修改
素质目标	1. 培养团队协作、沟通意识； 2. 培养严谨细致、认真负责的职业精神； 3. 培养自主学习的意识

任务分析

翻阅图纸找到东、南、西、北任意一个立面图，以此为基础创建标高。分析图纸：小别墅项目的标高为多少。

任务实施

在 Revit 中，标高和轴网是建筑构件在立剖面和平面视图中定位的重要依据。标高作为建筑绘图中不可或缺的一部分，每一个窗户、门、阳台等构件的定位都与标高、轴网息息相关，标高用于反映建筑构件在高度方向上的定位情况。

绘图小技巧

在 Revit 中，是先创建标高还是轴网？一般先创建标高再绘制轴网，这样可以保证之后绘制的轴网系统在每一个标高视图中均可见。

4.1 标高的分类

按基准面选取的不同，标高分为“绝对标高”和“相对标高”。

（1）绝对标高。绝对标高是以一个国家或地区统一规定的基准面作为零点的标高。我国规定以青岛附近黄海夏季的平均海平面作为标高的零点，由其所计算的标高称为绝对标高。

（2）相对标高。相对标高以建筑物室内首层主要地面高度为零点，作为标高的起点，由其所计算的标高称为相对标高。

1）建筑标高。在相对标高中，凡是包括装饰层厚度的标高，称为建筑标高，注写在构件的装饰层面上。

2）结构标高。在相对标高中，凡是不包括装饰层厚度的标高，称为结构标高，注写在构件的底部，是构件的安装或施工高度。结构标高分为结构底标高和结构顶标高。

4.2 创建标高

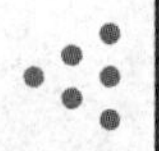

视频：标高的绘制

视频：小别墅标高的绘制

4.2.1 绘制标高

绘制标高是创建标高的基本方法之一，对于低层或尺寸变化差异过大的建筑构件，可直接创建标高。

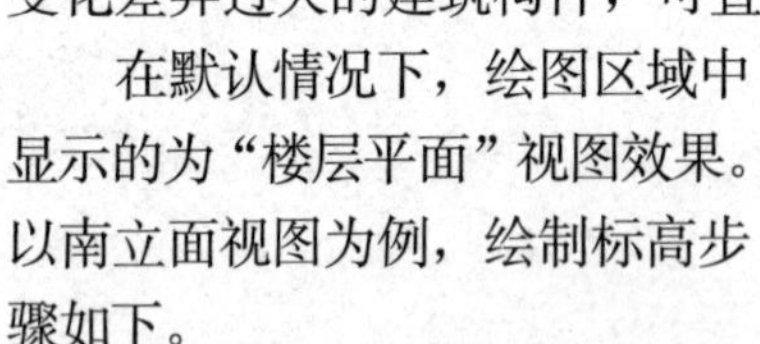

在默认情况下，绘图区域中显示的为“楼层平面”视图效果。以南立面视图为例，绘制标高步骤如下。

第一步：在“项目浏览器项目 1”中依次展开“视图（全部）”→“立面（建筑立面）”→“南”选项，在该视图中，倒三角为标高图标，图标上方的数值为标高值，标高数值旁的为标高名称（图 4–2）。

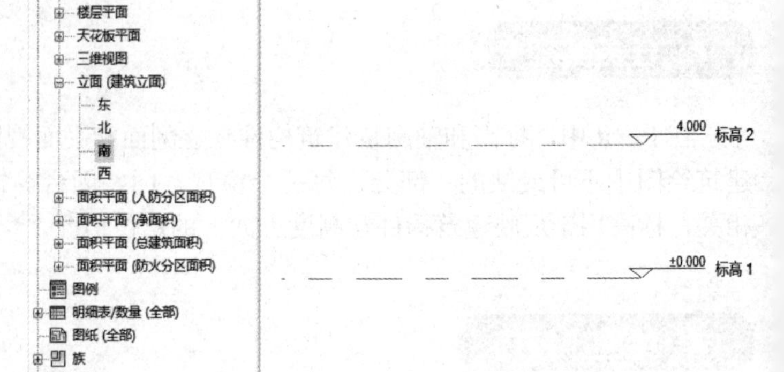

图 4–2　南立面视图

第二步：移动鼠标光标至标高 2 位置，双击标高值，进入标高值文本编辑状态，在文本框中输入“4.15”，按 Enter 键完成标高值的更改（图 4–3）。

图 4–3　更改标高值

【小贴士】 该项目样板的标高值是以“m”为单位的，标高值并不是任意设置的，而是根据建筑设计图中的建筑尺寸来设置的。

第三步：切换到“建筑”选项卡，在“基准”面板中单击“标高”按钮，或输入快捷键“LL”，切换至“修改 | 放置 标高”上下文选项卡（图 4–4）。

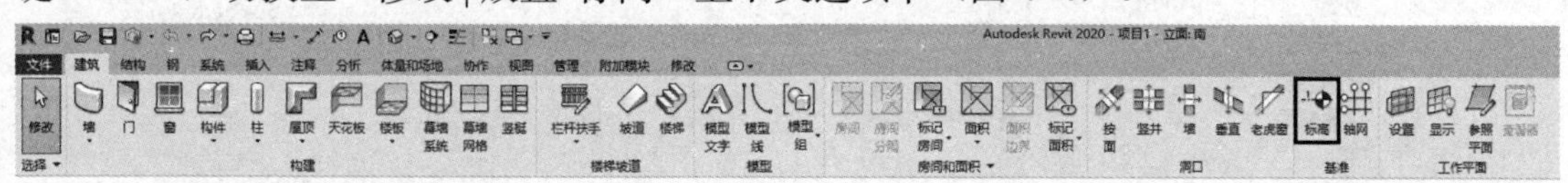

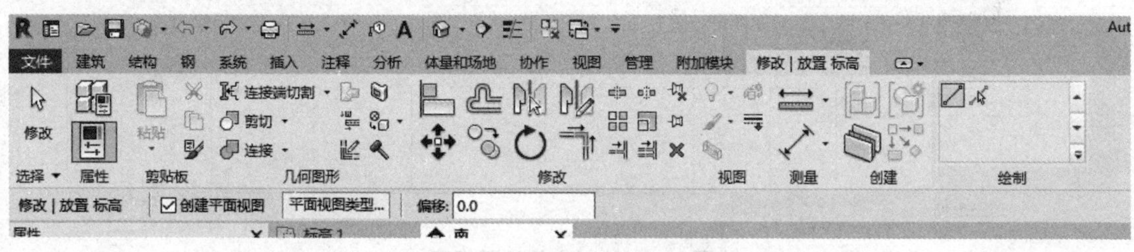

图 4–4　选择“标高”工具

第四步：单击“绘制”面板中的“直线”按钮确定绘制标高的工具，依次绘制“标高 3”“标高 4”“标高 5”，标高值分别为“7.450 m”“10.650 m”“12.550 m”，如图 4–5、图 4–6 所示。

图 4–5　其余标高线的绘制

图 4–6　标高 3、标高 4、标高 5 的绘制

绘图小技巧

在捕捉标高端点后，用户既可以通过移动光标来确定标高尺寸，也可以通过键盘中的数字键输入来精确确定标高尺寸。

第五步：依照上述同样方法，绘制室外地面标高（-0.100），如图 4-7 所示。

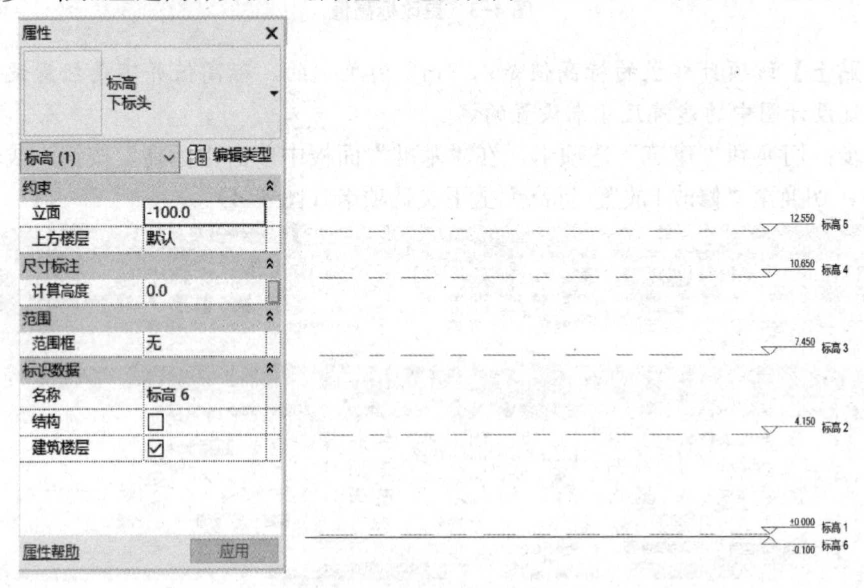

图 4-7 绘制室外地面标高

绘图小技巧

在选择标高绘制方法后，选项栏中会显示“创建平面视图”复选框。当勾选该复选框后，所创建的每个标高都是一个楼层。单击“平面视图类型”按钮，在弹出的“平面视图类型”对话框中，除“楼层平面”选项外，还包括“天花板平面”与“结构平面”选项（图 4-8）。如果禁用“创建平面视图”选项，则系统默认标高是非楼层的标高，而且不创建关联的平面视图。

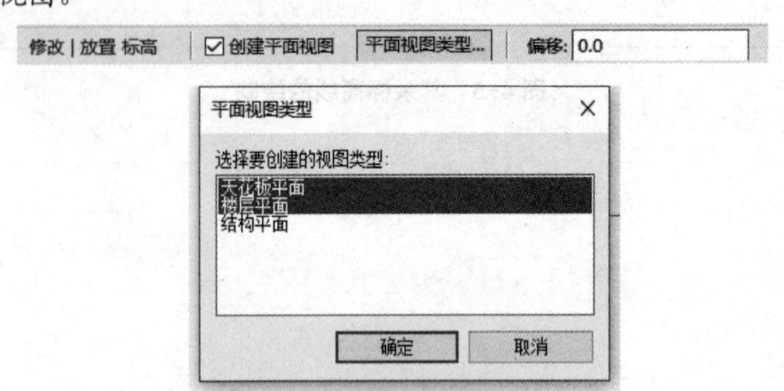

图 4-8 “平面视图类型”对话框

【练一练】如何将室外地面标高（-0.100）的样式从上标头改为下标头？

4.2.2　复制标高

视频：复制、阵列的应用

标高的创建除可以通过常用绘制方法实现外，还可以通过复制的方法实现。具体操作方法如下。

第一步：选择要复制的标高“标高 2”，这时功能区切换到“修改 | 标高”上下文选项卡，单击“修改”面板中的“复制”按钮，在选项栏中勾选“约束”和“多个”复选框，如图 4–9 所示。

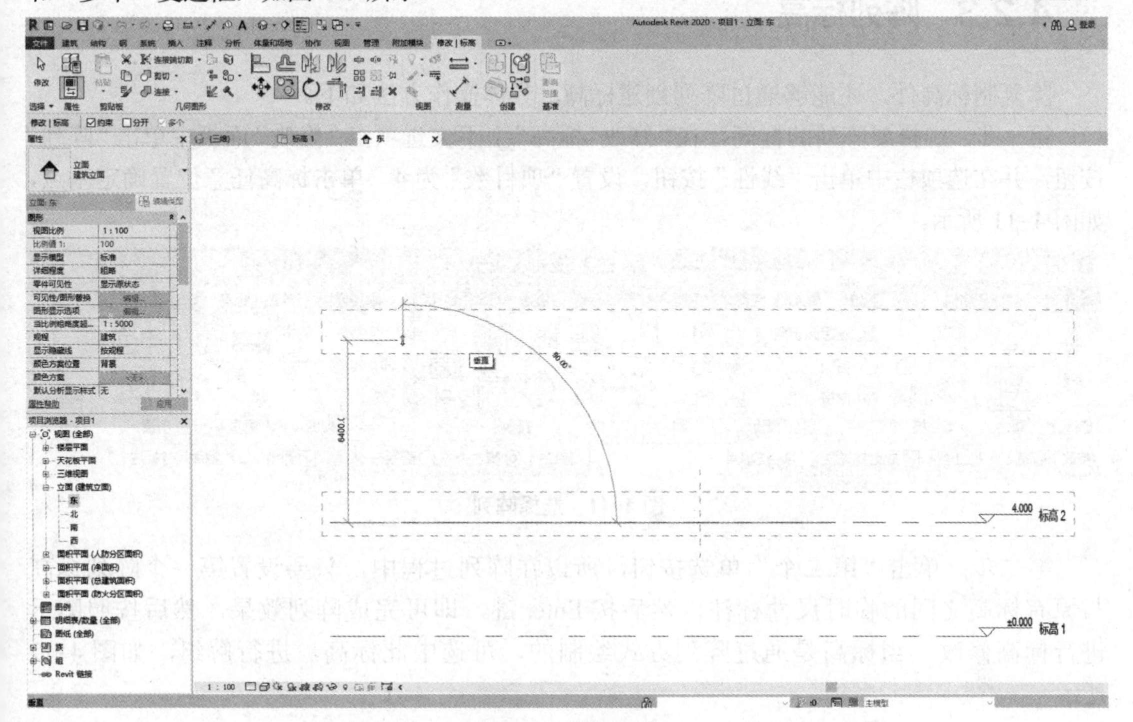

图 4–9　选择复制

第二步：向上移动光标，并显示临时尺寸标注。当临时尺寸标注显示为“3 300”时，单击或用数字键输入“3 300”按 Enter 键，即可复制标高，效果如图 4–10 所示。

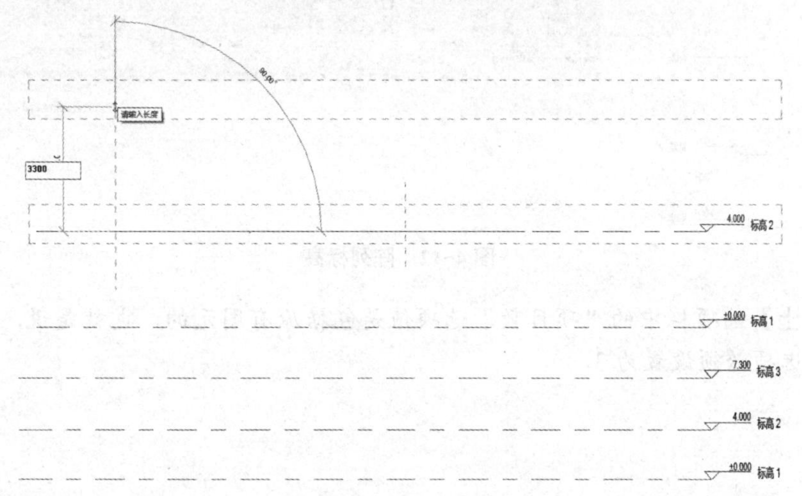

图 4–10　复制标高

勾选了“约束”复选框，因此在复制过程中只能够垂直或水平移动光标；若勾选“多个”复选框，则可以连续复制多个标高，要想取消复制，只需要连续按两次Esc键即可。

4.2.3 阵列标高

除复制标高外，还能够通过阵列创建标高，具体操作方法如下。

第一步：选择要阵列的标高，在“修改|标高”上下文选项卡“修改”面板中单击“阵列”按钮，并在选项栏中单击“线性”按钮，设置“项目数”为4，单击标高任意位置确定基点，如图4–11所示。

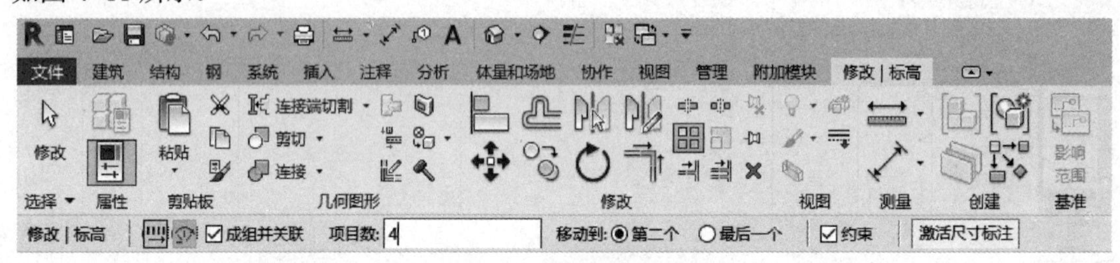

图4–11　选择阵列

第二步：单击“第二个”单选按钮，所以在阵列过程中，只要设置第一个阵列标高与原有标高之间的临时尺寸标注，然后按Enter键，即可完成阵列效果，然后按照图示进行标高修改。当标高是通过阵列方式绘制的，可选中此标高，进行解组，如图4–12所示。

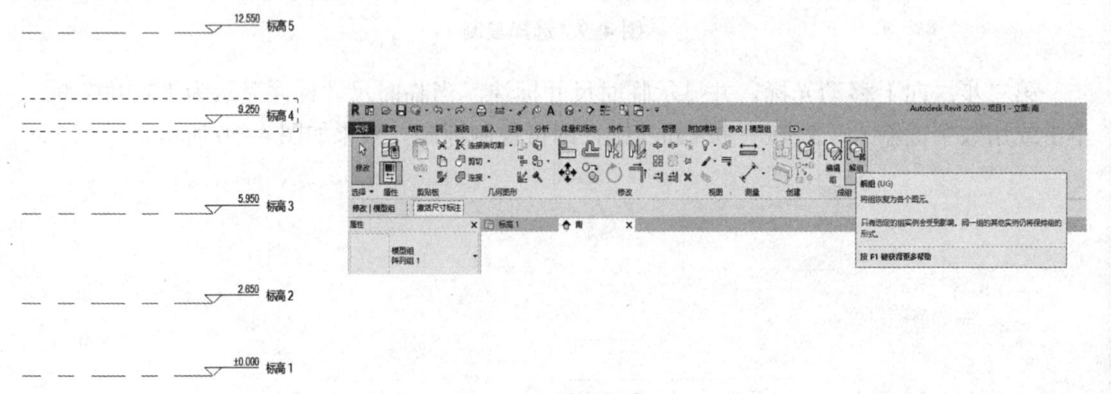

图4–12　阵列标高

【小贴士】选项栏中的“项目数”选项值是包括原有图元的，也就是说，当创建两个标高时，该选项必须设置为3。

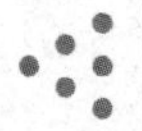

4.3 编辑标高

4.3.1 批量设置

视频：标高的修改

选择某个标高后，单击“属性”面板中的“编辑类型”按钮，弹出“类型属性”对话框，如图 4-13 所示。在该对话框中，不仅能够设置标高显示的颜色、线宽、线型图案，还能够设置端点符号显示与否。

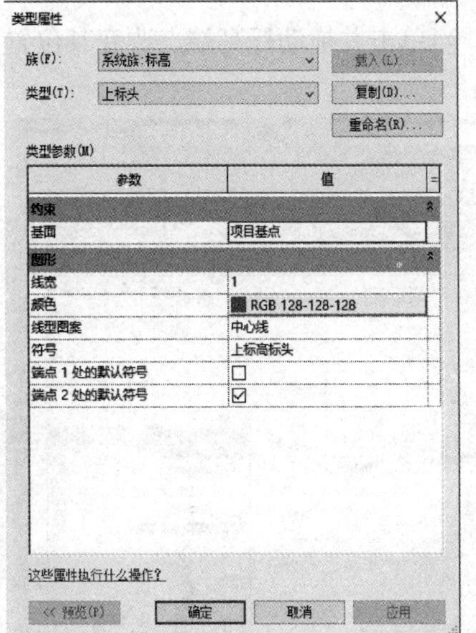

参数		设置
限制条件	基面	如果该选项设置为“项目基点”，则在某一标高上标注的高程基于项目原点；如果该选项设置为“测量点”，则在某一标高上标注的高程基于固定测量点
图形	线宽	设置标高线的线宽，可以使用“线宽”工具来修改线宽编号的定义
	颜色	设置标高线的颜色，可以从系统定义的颜色列表中选择颜色或自定义颜色
	线型图案	设置标高线的线型图案。线型图案可以为实线或虚线和圆点的组合，也可以从系统定义的值列表中选取，还可以自定义
	符号	确定标高线的标头是否显示编号中的标高号（标高标头–圆圈），显示标高号但不显示编号（标高标头–无编号）或不显示标高号（<无>）
	端点1处的默认符号	默认情况下，在标高线的左端点上放置编号。当选择标高线时，标高编号的旁边将显示复选框。若取消该复选框，则可隐藏编号；反之，可显示编号
	端点2处的默认符号	默认情况下，在标高线的右端点上放置编号

图 4-13　标高“类型属性”对话框

【练一练】将标高系统中某一条标高线的颜色修改成红色。

4.3.2 手动设置

标高除能够在“类型属性”对话框中统一设置外，还可以通过手动方式来设置标高的名称、显示位置及是否显示等。

1. 标高名称的修改

单击标高名称，即可在文本框中进行更改。按 Enter 键后，弹出“确认标高重命名”对话框，询问“是否希望重命名相应视图”，单击“是”按钮，即可在更改标高名称的同时更改相应视图的名称，如图 4-14 所示。

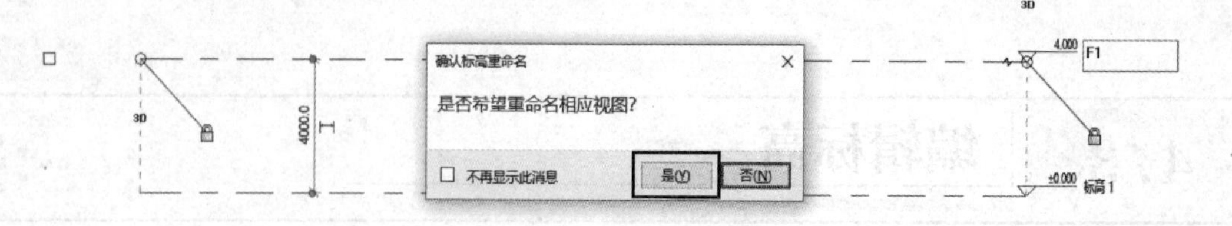

图 4-14　标高重命名

2．标高名称和参数的隐藏

标高名称除能够在“类型属性”对话框中统一设置显示与否外，还可以单独设置某个标高名称的显示与否。

选中该标高，单击其左侧的“隐藏编号”选项，即可隐藏该标高的名称与参数，如图 4-15 所示。要想重新显示名称与参数，只要再次单击“隐藏编号”选项即可。

3．标头对齐设置

在 Revit 中，当标高端点对齐时，会显示对齐符号。当单击并拖动标高端点改变其位置时，发现所有对齐的标高会同时移动，如图 4-16 所示。

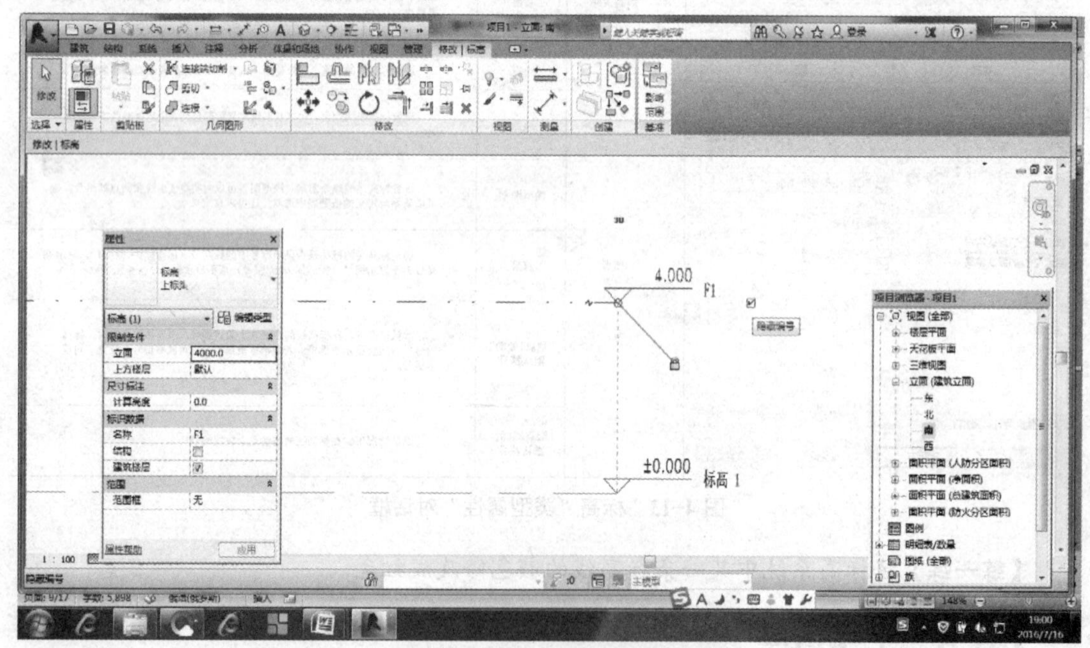

图 4-15　隐藏单个标高名称与参数

当单击对齐符号进行解锁后，再次单击标高端点并拖动，发现只有该标高被移动，其他标高不会随之移动。

图 4-16　同时移动标高端点

4．2D/3D 切换

如果处于 2D 状态，则表明所做修改只影响本视图，不影响其他视图；如果处于 3D 状态，则表明所做修改会影响其他视图。

成果展示

生成小别墅标高视图（图 4-17）。

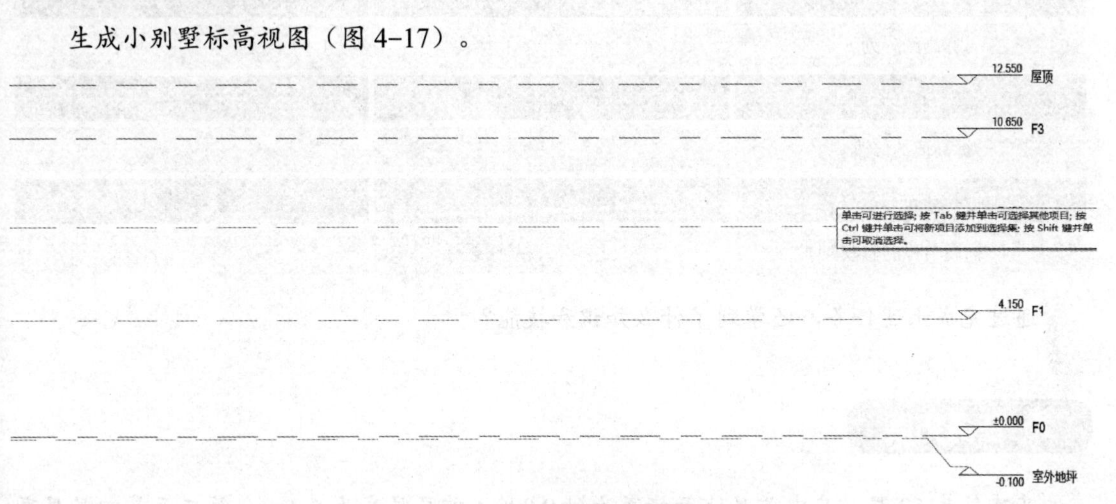

图 4-17　小别墅标高视图

绘图小技巧

当复制或阵列标高时，该标高的楼层平面在项目浏览器中不显示，如何解决？

选择“视图”选项卡→“创建”面板→“平面视图”→“楼层平面”选项，弹出“新建楼层平面”对话框，选中所有楼层平面，单击“确定”按钮，如图 4-18 所示。

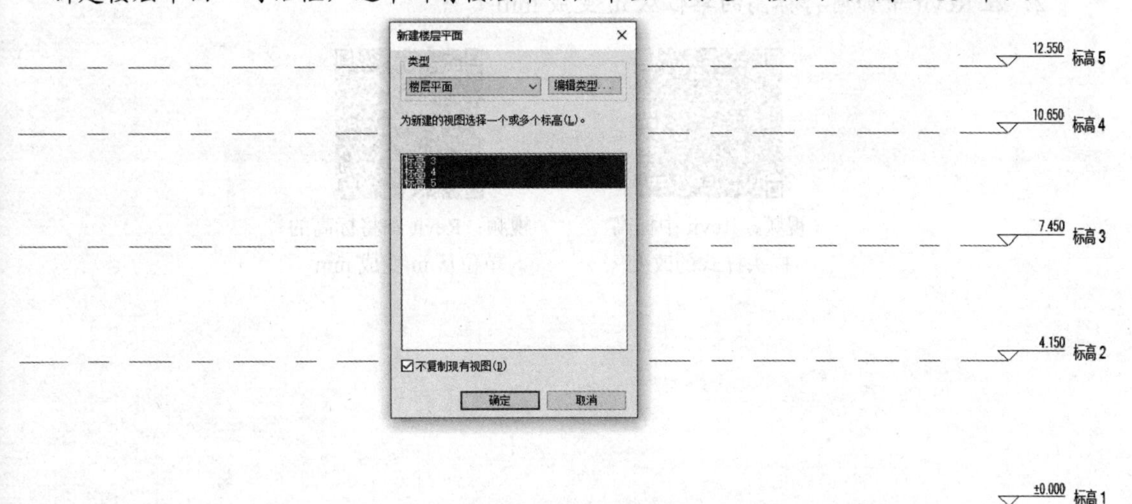

图 4-18　标高视图可见

任务评价

技能点	完成情况	注意事项
直接绘制标高		
标高的复制		
标高的阵列		
楼层平面视图可见		
标高值的修改		
标高样式的修改		
标高名称的修改		

通过完成上述任务，还学到了什么知识和技能？

任务拓展

某建筑共50层，其中首层地面标高为±0.000，首层层高为6.0 m，第二至第四层层高为4.8 m，第五层及以上层高均为4.2 m，请按要求建立项目标高，并建立每个标高的楼层平面视图，最终结果以“标高”为文件名进行保存。

每日一技

1. 在Revit中如何修改标高标头样式？
2. 在Revit中如何将标高的单位从m变成mm？

视频：Revit中标高标头样式的改变

视频：Revit中将标高的单位从m变成mm

工作任务五　轴网的绘制

任务情境

中轴线之美

为什么会有轴线？轴线源于几何，后进入美学，成为设计师的基本工具，其代表的是秩序、理性、庄严、宏伟。沿着北京市的中轴线走一走，你会发现中轴线不愧是古代北京城市建设中最突出的成就。它不仅是北京城市框架的脊梁，也是北京历史文化名城展示的重要窗口。坐落在中轴线上的故宫，更是中国建筑史上的杰出成就（图 5-1）。一条中轴线，代表了一部中国古代史。南起永定门、北至钟楼，全长达 7.8 km 的中轴线是世界上现存最长、最完整的古代城市轴线，被誉为北京城的灵魂和脊梁。

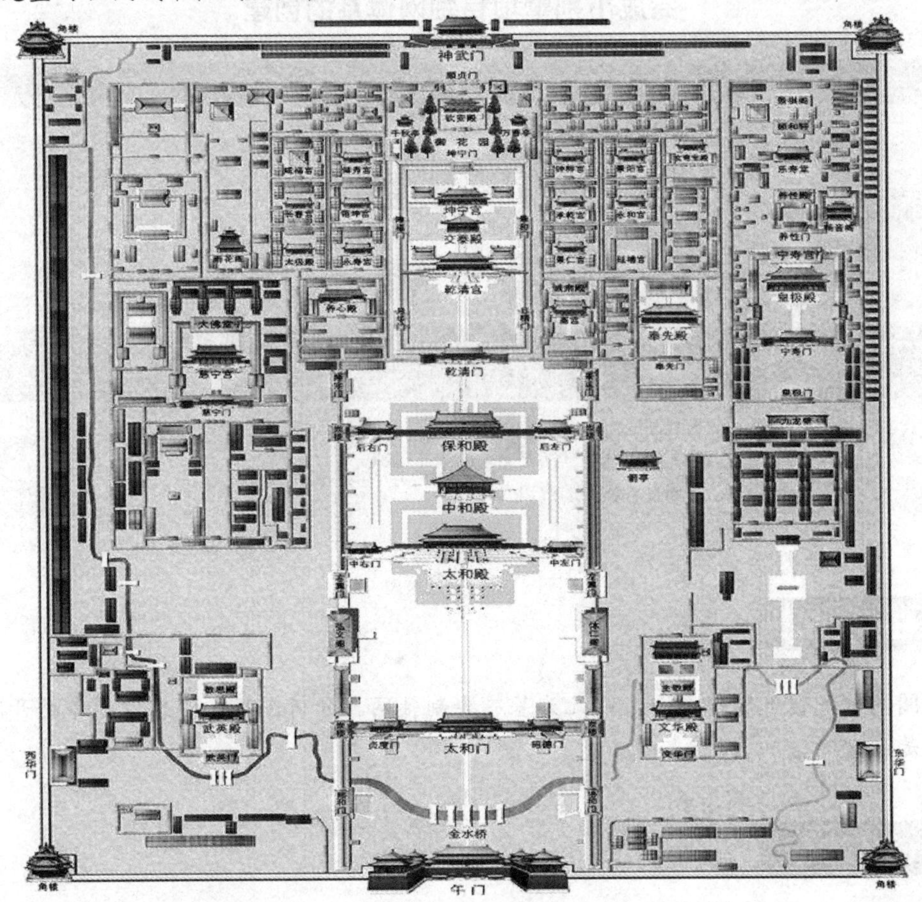

图 5-1　故宫平面图

能量关键词

文化自信、技艺传承

——摘自华夏经纬网《"故宫官式古建筑营造技艺"传承难以为继》

建筑是文化的载体，古建筑是传承文化的核心。古建筑作为一种文化精神的载体、一个民族生活的历史记录，是人类文化灵魂的栖息地。故宫在建造、维修的过程中，形成了一套完整的、具有严格形制的宫殿建筑施工技艺，被称为官式古建筑营造技艺。种技艺不仅保持着故宫古建筑的原貌，而且直接影响着中国古建筑营造技术的发展。因此，2008 年"官式古建筑营造技艺"被列入国家级非物质文化遗产。传统上，官式古建筑营造技艺包括"瓦、木、土、石、搭材、油漆、彩画、裱糊"等八大作，其下还细分了上百项传统工艺。在封建等级制度之下的古建筑从材料、用色到做法，都要严格遵循营造则例，代表最高等级的紫禁城无疑是这一整套营造技艺的登峰造极之作。

任务目标

完成小别墅项目轴网体系的创建

教学目标	
知识目标	1．掌握创建轴网的方法。 （1）学习使用"轴网"命令创建轴网； （2）学习使用"复制""阵列"命令快速创建轴网。 2．掌握调整轴网的方法。 （1）学习轴网的批量设置； （2）学习轴网的手动修改
技能目标	1．能够创建小别墅轴网体系； 2．能够对小别墅轴网进行调整修改
素质目标	1．培养团队协作、沟通意识； 2．培养严谨细致、认真负责的职业精神； 3．培养自主学习的意识

任务分析

翻阅图纸找到首层平面图，以此为基础绘制轴网。分析图纸：小别墅项目的开间和进深分别是多少。

任务实施

在 Revit 中，标高和轴网是建筑构件在立面、剖面和平面视图中定位的重要依据。轴网是由建筑轴线组成的网，是人为地在建筑图纸中为了标示构件的详细尺寸，按照一般的习惯标准虚设的。轴网标注在对称界面或截面构件的中心线上。通过轴网的创建与编辑，可以更加精确地设计与放置建筑物的构件。

轴网由定位轴线、标志尺寸和轴号组成，是建筑制图的主体框架。建筑物的主要支撑构件按照轴网进行定位排列，达到井然有序的效果。窗户、门、阳台等构件的定位都与轴网和标高息息相关。

知识链接

英文字母的I、O、Z不得用作轴线编号。

5.1 绘制轴网

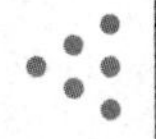

5.1.1 绘制轴网

视频：轴网的绘制

视频：小别墅轴网的绘制

绘制轴网是创建轴网的基本方法之一，在Revit中，使用“轴网”工具可以在建筑设计平面中放置轴网线。

第一步：选择“建筑”选项卡→“基准”面板→“轴网”选项，也可以直接输入快捷键“G+R”，如图5-2所示。

图5-2　绘制轴网

【小贴士】轴网只能在平面视图中绘制。

第二步：在“修改|放置 轴网”上下文选项卡“绘制”面板中，选择一个草图选项(可以选择直线、起点-终点-半径弧、圆心-端点弧、拾取线）进行绘制，如图5-3所示。

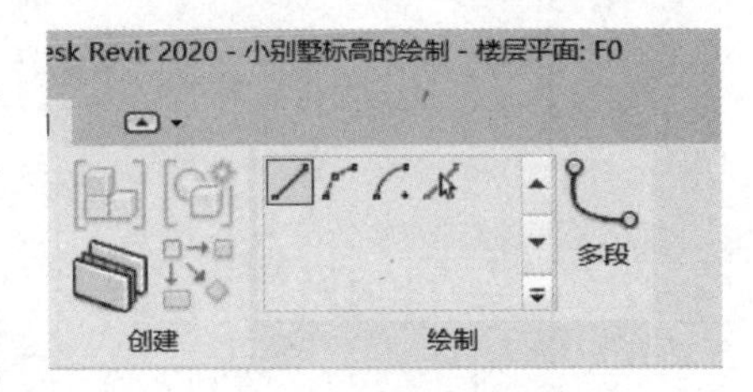

图5-3　绘制轴网

第三步：单击确定轴线的起点（图5-4），拖动鼠标光标向下移动，到适当位置时单击确定轴线的终点，完成一条垂直轴线的绘制，结果如图5-5所示。Revit会自动为每个轴线编号，要修改轴线编号，只需单击编号，输入新值，然后按Enter键即可。

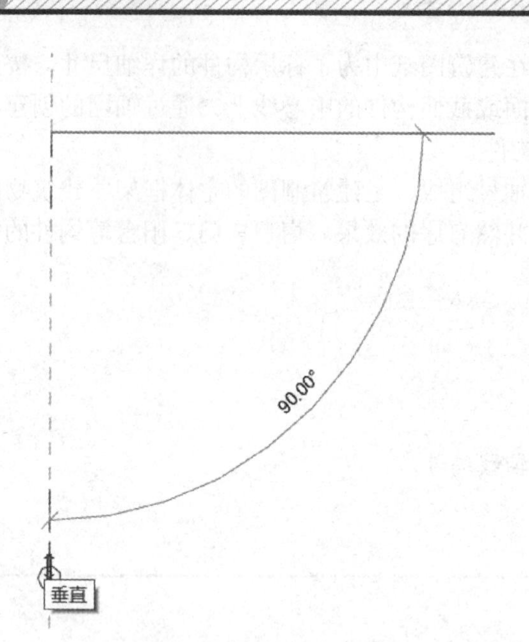

图 5-4　确定轴线起点

图 5-5　绘制垂直轴线

绘图小技巧

为保证轴线的水平和垂直，在绘制时可按住 Shift 键水平或垂直向上移动光标，即可完成轴线创建。

第四步：继续绘制其他轴线。第二条轴线的创建方法与标高的创建方法相似，只要将光标指向轴线的下端点，光标与现有轴线之间就会显示一个临时尺寸标注。当光标指向现有轴线的端点时，系统会自动捕捉端点。当确定尺寸值后单击确定轴线的下端点，并配合鼠标滚轮向上移动视图，确定上方的轴线端点后再次单击，即可完成第二条轴线的创建，如图 5-6 所示。完成创建后，连续按两次 Esc 键退出轴网的创建。

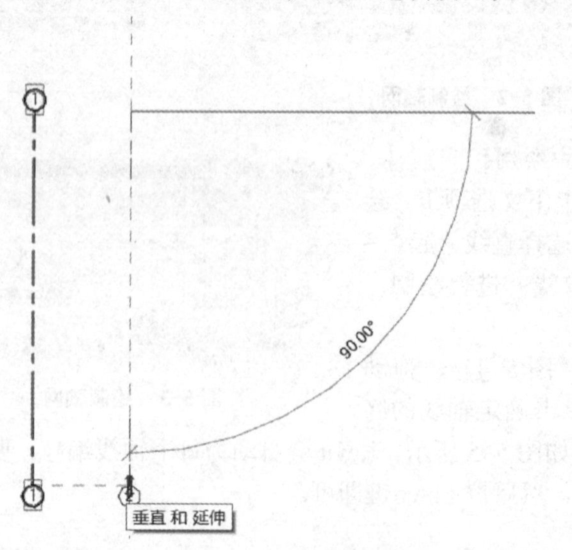

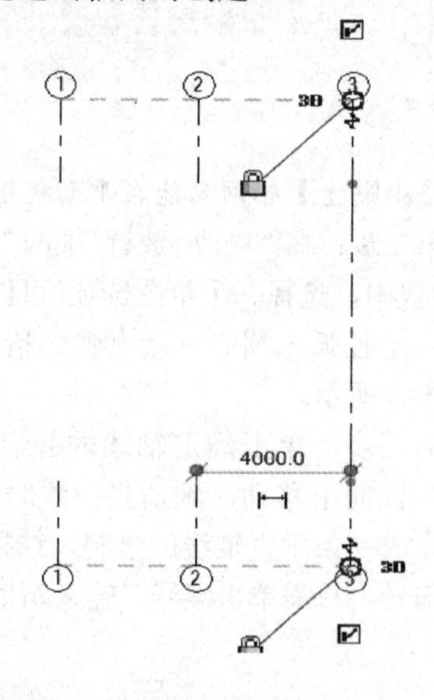

图 5-6　绘制其他轴线

5.1.2　复制轴线

首先选择将要复制的轴线，切换至“修改 | 轴网”上下文选项卡，单击“修改”面板中的“复制”按钮，并勾选选项栏中的“约束”和“多个”复选框，单击所选轴线的任意位置作为复制的基点，向右移动鼠标光标，当临时尺寸标注显示为“6 200”时单击，即可复制第一条轴线。继续向右移动鼠标光标，当临时尺寸标注再次显示为“1 200”时单击，复制第二条轴线，并依次复制其他轴线，如图 5-7 所示。

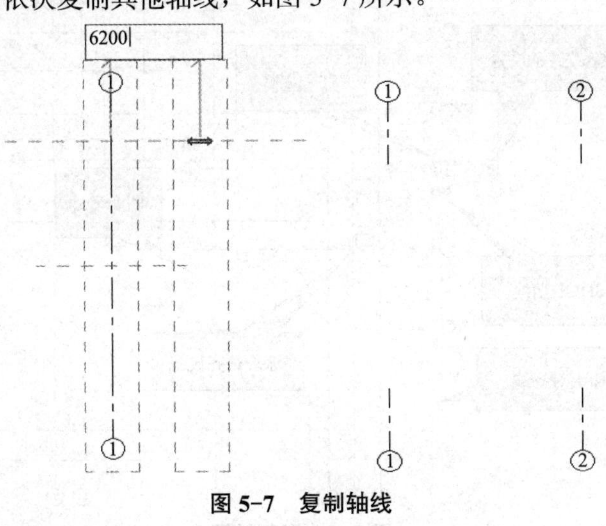

图 5-7　复制轴线

5.1.3　阵列轴网

选择轴线后切换至“修改 | 轴网”上下文选项卡，单击“修改”面板中的“阵列”按钮，在选项栏中单击“线性”按钮，设置“项目数”为 4，单击轴线的任意位置以确定基点；将鼠标光标向右移动，直接输入“6 200”来设置临时尺寸标注，按 Enter 键完成阵列操作，如图 5-8 所示。

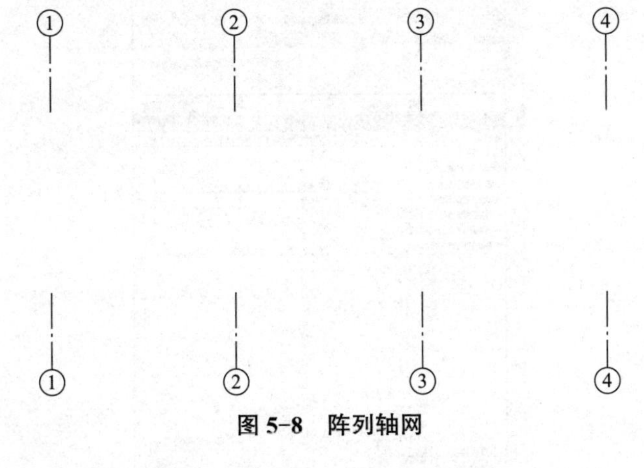

图 5-8　阵列轴网

【思考】阵列轴网的应用范围是什么？

5.2 调整轴网

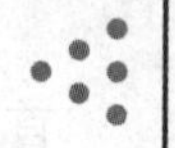

绘制完轴网后会发现轴网中有的地方不符合要求，需要进行修改，如图 5-9 所示。

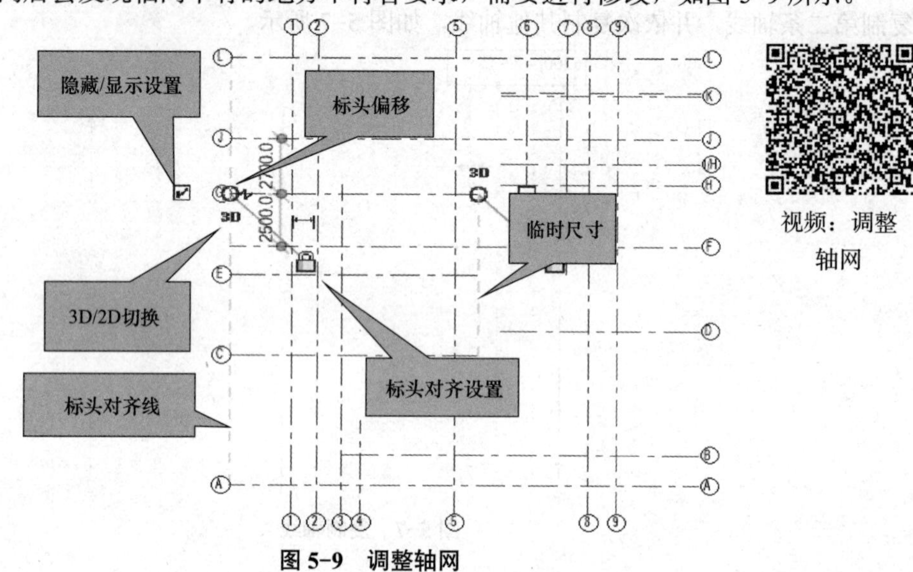

图 5-9 调整轴网

视频：调整轴网

5.2.1 批量设置

选择轴网后，单击“属性”面板中的“编辑类型”按钮，弹出“类型属性”对话框，如图 5-10 所示，其参数及设置见表 5-1。在该对话框中，不仅能够设置轴网显示的符号、中段、宽度、颜色，还能够设置轴号端点符号显示与否。

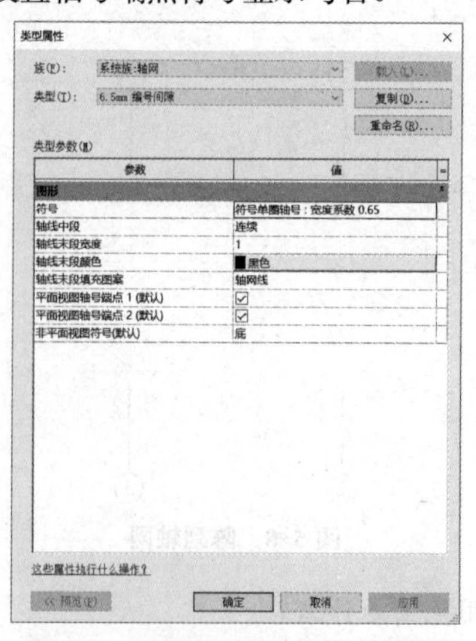

图 5-10 轴网“类型属性”对话框

表 5-1　轴网"类型属性"对话框数及设置

参数	设置
符号	用于轴线端点，该符号可以在编号中显示轴网号（轴网标头 - 圆）、显示轴网号但不显示编号（轴网标头 - 无编号）、无轴网编号或轴网号（无）
轴线中段	在轴线中显示的轴线中段的类型有"无""连续"和"自定义"三种
轴线中段宽度	如果"轴线中段"参数为"自定义"，则使用线宽来表示轴线中段的宽度
轴线中段颜色	如果"轴线中段"参数为"自定义"，则使用线颜色来表示轴线中段的线颜色，可选择系统中定义的颜色，或自定义颜色
轴线中段填充图案	如果"轴线中段"参数为"自定义"，则使用填充图案来表示轴线中段的填充图案，线型图案可以为实线或虚线和圆点的组合
轴线末段宽度	表示连续轴线的线宽，或者在"轴线中段"为"无"或"自定义"的情况下表示轴线末段的线宽
轴线末段颜色	表示连续轴线的线颜色，或者在"轴线中段"为"无"或"自定义"的情况下表示轴线末段的线颜色
轴线末段填充图案	表示连续轴线的线样式，或在"轴线中段"为"无"或"自定义"的情况下表示轴线末段的线样式
轴线末段长度	在"轴线中段"参数为"无"或"自定义"的情况下表示轴线末段的长度（图纸空间）
平面视图轴号端点 1（默认）	在平面视图中，在轴线的起点处显示编号的默认设置（在绘制轴线时，编号在其起点处显示）；如果需要，可以显示或隐藏视图中各轴线的编号

【练一练】将轴线轴头的颜色调整为绿色。

5.2.2　手动设置

轴网除能够在"类型属性"对话框中统一设置外，还可以通过手动方式来设置轴网的名称、显示位置及是否显示等。

1. 轴线标头位置的修改

解决轴线①和轴线②、轴线⑤和轴线⑥的标头干涉问题，选择轴线②，单击靠近标头位置的"添加弯头"标志（类似于倾斜的字母 N），出现弯头，拖动蓝色圆点即可调整偏移的程度。同理，调整轴线⑤和轴线⑥的标头位置，如图 5-11 所示。

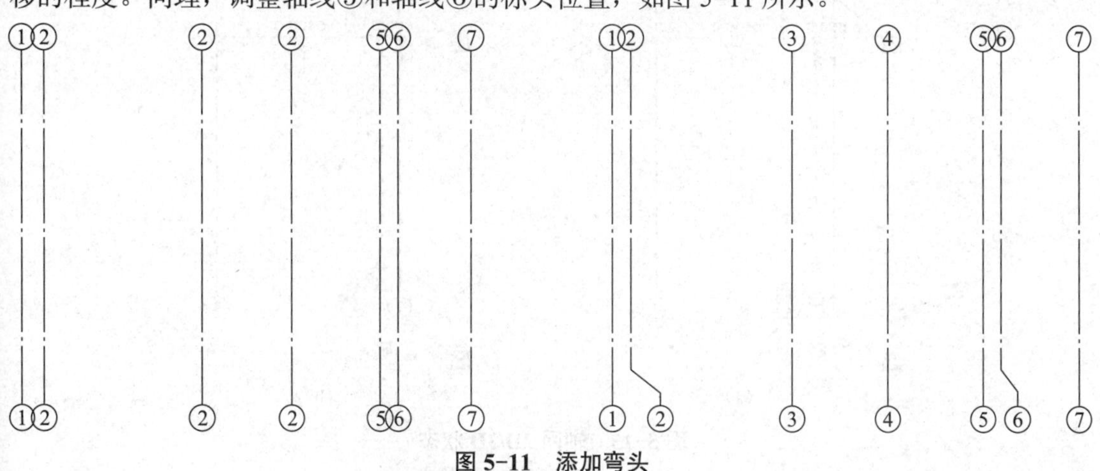

图 5-11　添加弯头

2. 轴网名称和参数的隐藏

轴网名称除能够在“类型属性”对话框中统一设置显示与否外，还可以单独设置某个轴网名称的显示与否。选中该轴线，单击其左侧的“隐藏编号”选项，即可隐藏该轴线的名称与参数。要想重新显示名称与参数，只要再次单击“隐藏编号”选项即可。

3. 轴线对齐设置

在 Revit 中，当轴线端点对齐时，会显示对齐符号。当单击并拖动标高端点改变其位置时，发现所有对齐的轴线都会同时移动，如图 5-12 所示。

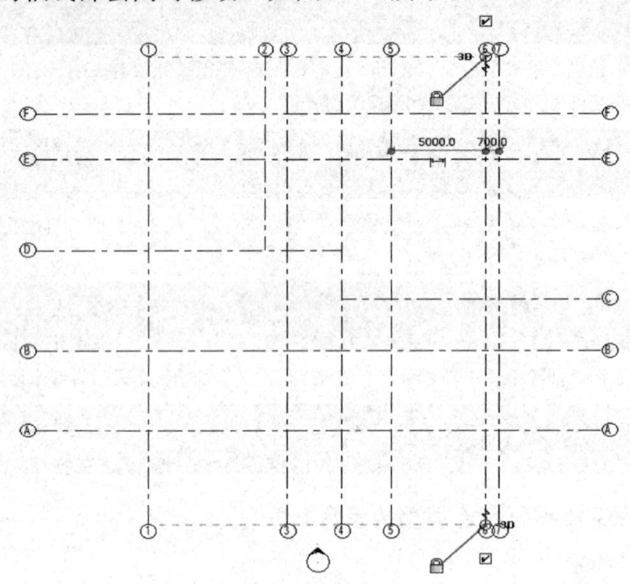

图 5-12　同时移动轴线端点

当单击对齐符号进行解锁后，再次单击轴线端点并拖动，发现只有该轴线被移动，其他轴线不会随之移动。

4. 2D/3D 切换

轴网可分为 2D 和 3D 两种状态，单击 2D 或 3D 可直接切换状态（图 5-13）。

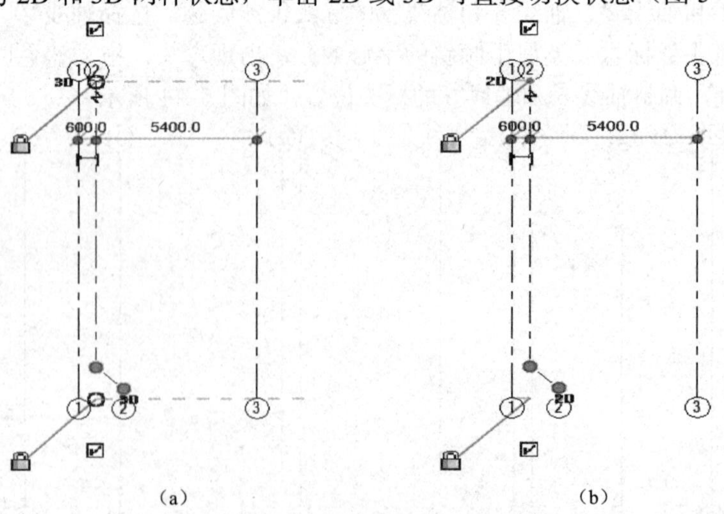

（a）　　　　（b）

图 5-13　轴网 2D/3D 状态

（a）3D 状态；（b）2D 状态

（1）在 3D 状态下，轴网的端点显示为空心圆；在 2D 状态下，轴网的端点显示为实心点。

（2）在 2D 状态下所做的修改仅影响本视图；在 3D 状态下所做的修改将影响所有平行视图。

（3）在 3D 状态下，若修改轴线的长度，则其他视图的轴线长度将对应修改，但是其他的修改均需通过“影响基准范围”对话框来实现；在 2D 状态下，通过“影响基准范围”对话框能将所有的修改都传递给与当前视图平行的视图。

成果展示

生成小别墅轴网体系（图 5-14）。

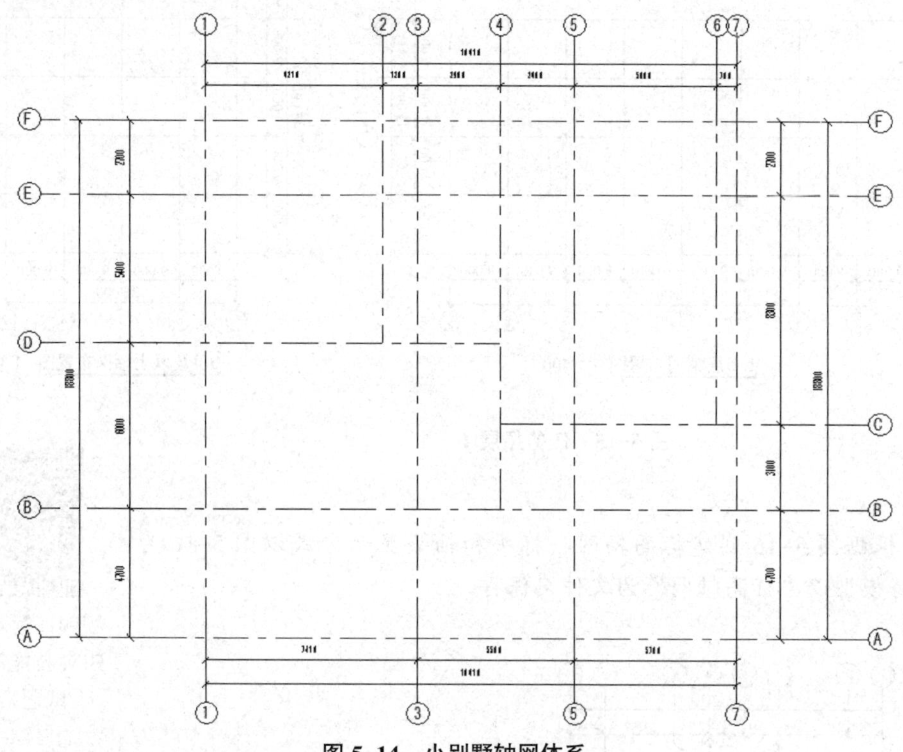

图 5-14　小别墅轴网体系

任务评价

技能点	完成情况	注意事项
直接绘制轴网		
轴网的复制		
轴网的阵列		
轴网名称的修改		
轴网样式的修改		

通过完成上述任务，还学到了什么知识和技能？

任务拓展

视频：第三期全国 BIM 技能等级考试一级试题第一题

1．某建筑共 50 层，其中首层地面标高为 ±0.000，首层层高为 6.0 m，第二至第四层层高为 4.8 m，第五层及以上层高均为 4.2 m，请按照图 5-15 绘制项目轴网，最终结果以“轴网”为文件名保存。【第三期全国 BIM 技能等级考试第一题】

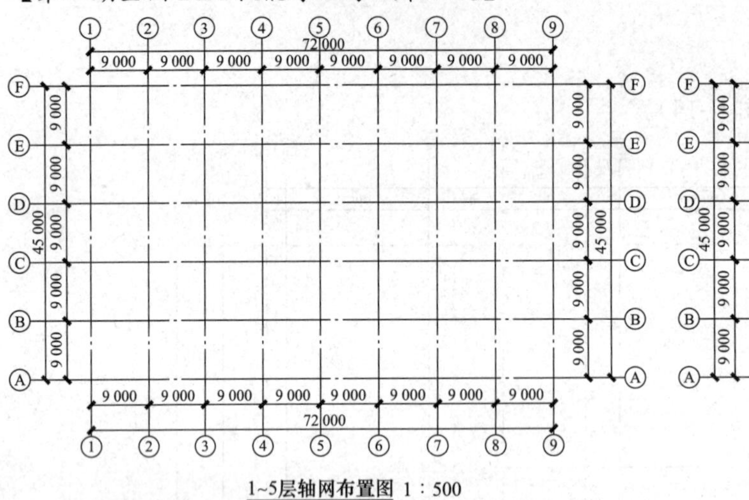

图 5-15　任务拓展 1

视频：第八期全国 BIM 技能等级一级试题第一题

2．根据图 5-16 创建标高轴网，标头和轴头显示方式以图 5-16 为准，请将模型以“标高轴网”为文件名保存。

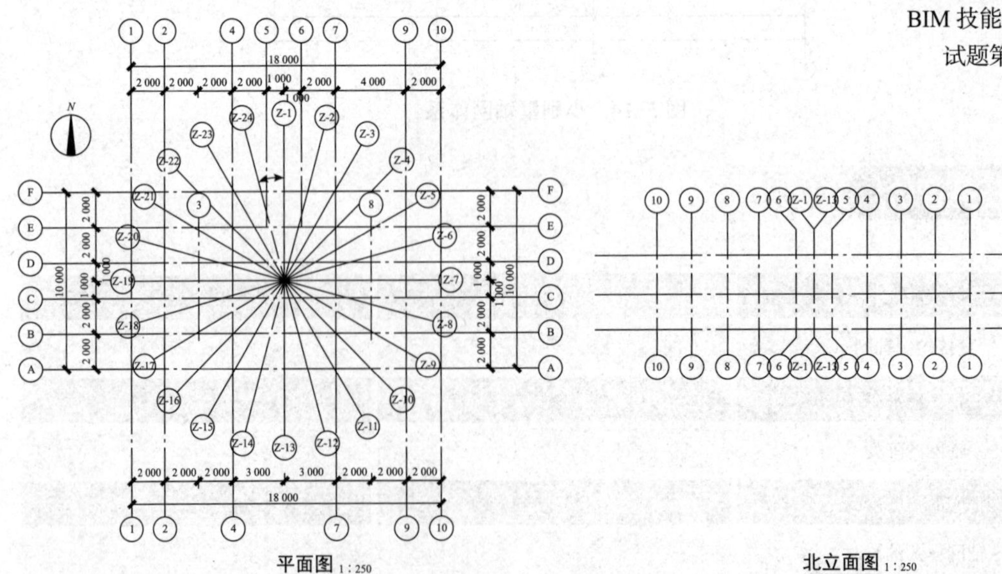

图 5-16　任务拓展 2

每日一技

1. 在 Revit 中轴网不可见如何调节？
2. 在 Revit 中如何修改轴网的颜色？

视频：Revit 中轴网不可见如何调节？

视频：Revit 中轴网颜色的修改

工作任务六　柱子的绘制

任务情境

构造柱的前世今生

1976 年，唐山发生了里氏 7.8 级地震，给人民群众造成了重大损失，如图 6-1 所示。

图 6-1　唐山大地震震后

唐山地震后，有 3 幢带有钢筋混凝土构造柱且与圈梁组成封闭边框的多层砌体房屋，震后其墙体虽有裂缝但未倒塌。其中，市第一招待所招待楼的客房，房屋墙体均有斜向或交叉裂缝，滑移错位明显，四、五层纵墙大多倒塌，而设有构造柱的楼梯间，横墙虽也每层均有斜裂缝，但滑移错位较一般横墙小得多，纵墙未倒塌，仅三层有裂缝，靠内廊的两根构造柱均有破坏，以三层柱头最严重，靠外纵墙的构造柱破坏较轻。由此可见，钢筋混凝土构造柱在多层砌体房屋的抗震中起到了不可低估的作用。此后，多层砌体房屋应按抗开裂和抗倒塌的双重准则进行设防，而设置钢筋混凝土构造柱则是其中一项重要的抗震构造措施。

能量关键词

安全第一、预防为主

作为建筑行业的一员，应将“施工质量安全是关系到社会和谐与稳定发展的头等大事”这一理念深深地刻画在心中，深刻认识到“安全第一，预防为主”安全生产方针的重要性，努力学习并掌握专业技能，将来为我国的建筑行业贡献自己的力量。

任务目标

完成小别墅项目柱子的绘制

教学目标	
知识目标	1. 了解 Revit 软件中建筑柱与结构柱的区别； 2. 掌握建筑柱的绘制方法； 3. 掌握结构柱的绘制方法
技能目标	能够绘制小别墅柱子
素质目标	1. 培养团队协作、沟通意识； 2. 培养严谨细致、认真负责的职业精神； 3. 培养质量安全意识

任务分析

翻阅图纸找到首层平面图，以此为基础绘制柱子。分析图纸：小别墅柱子的尺寸分别是多少。

任务实施

在 Revit 中，主要包括建筑柱和结构柱两种柱。

6.1 建筑柱和结构柱的区别

建筑柱主要用来装饰和维护，可以使用建筑柱围绕结构柱创建柱框外围模型，并将其用于装饰应用。建筑柱将继承连接到的其他图元的材质，如图 6-2 所示。

视频：Revit 中建筑柱与结构柱的区别

结构柱就是所谓的承重柱，在结构中承受梁和板传来的荷载，并将荷载传给地基基础，它是主要的竖向受力构件，如图 6-3 所示。

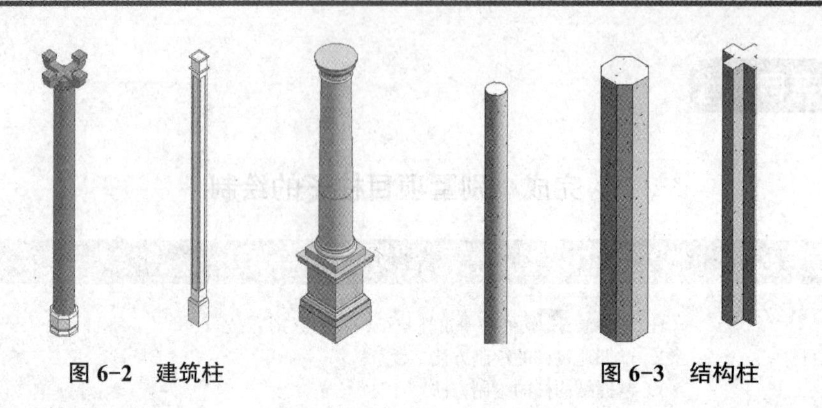

图 6-2　建筑柱　　　　图 6-3　结构柱

6.1.1　属性差异

建筑柱的作用主要在于装饰功能，而结构柱则有承受荷载的作用，针对这个差异，Revit 中的结构柱有一个可用于数据交换的分析模型，相比建筑柱多了一个分析属性（图 6-4）。

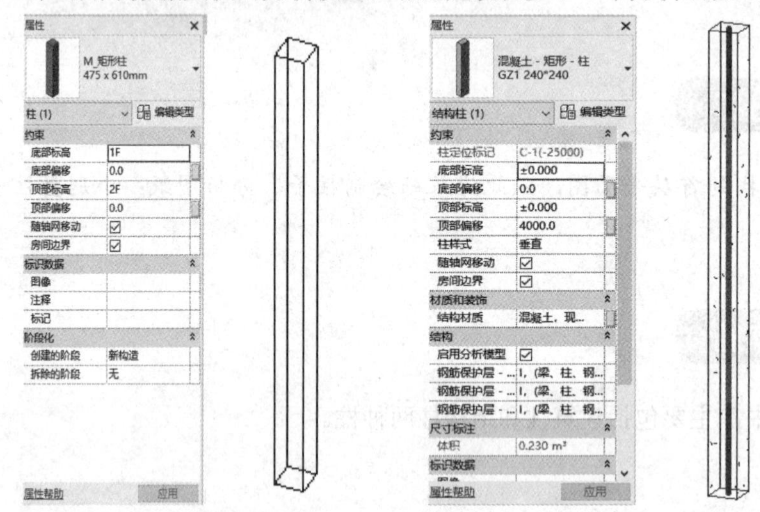

图 6-4　建筑柱与结构柱的属性差异

6.1.2　样式差异

在 Revit 中，建筑柱只能垂直于平面放置，而结构柱由于在部分大型建筑结构中会使用部分斜柱，因此，结构柱在样式上又分成两种，分别是垂直柱和斜柱，相比建筑柱多了一种斜柱的放置方式。

6.1.3　连接方式差异

建筑柱属于建筑图元，结构柱属于结构图元，因此与对象连接存在差异。

结构柱能与结构图元连接，而建筑柱不能。

建筑柱能与建筑墙连接，并且建筑墙上的面层能够自动延伸到建筑柱上形成包络，而结构柱则保持独立。

6.2 建筑柱

6.2.1 建筑柱的绘制

第一步：选择“建筑”选项卡→“构建”面板→“柱”下拉列表→“柱：建筑”选项，切换至“修改 | 放置 柱”上下文选项卡并打开选项栏，如图 6-5 所示。

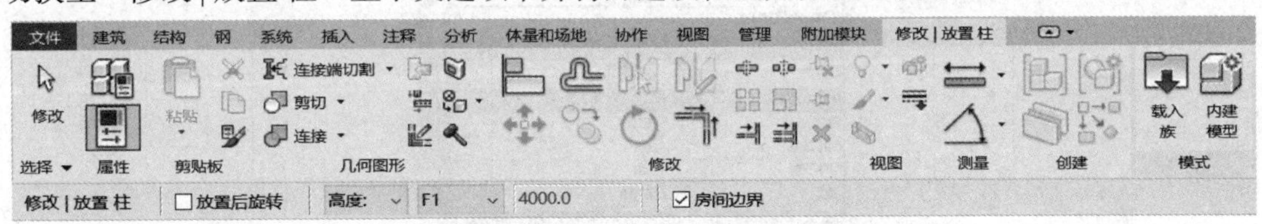

图 6-5　“修改 | 放置 柱”选项卡和选项栏

第二步：在选项栏设置建筑柱的参数，主要包括：

放置后旋转：放置柱后，将直接进入旋转编辑状态；

深度：从当前视图标高线向下绘制柱子；

高度：从当前视图标高线向上绘制柱子；

标高 / 未连接：选择柱的顶部标高，或者选择“未连接”，直接指定柱的高度；

房间边界：可将柱限制条件改为房间边界条件。

第三步：在“属性”面板的类型下拉列表中选择建筑柱的类型，系统默认的只有“矩形柱”，可以单击“模式”面板下的“载入族”按钮，弹出“载入族”对话框，在 China →“建筑”→“柱”文件夹中选择需要的柱，如图 6-6 所示。

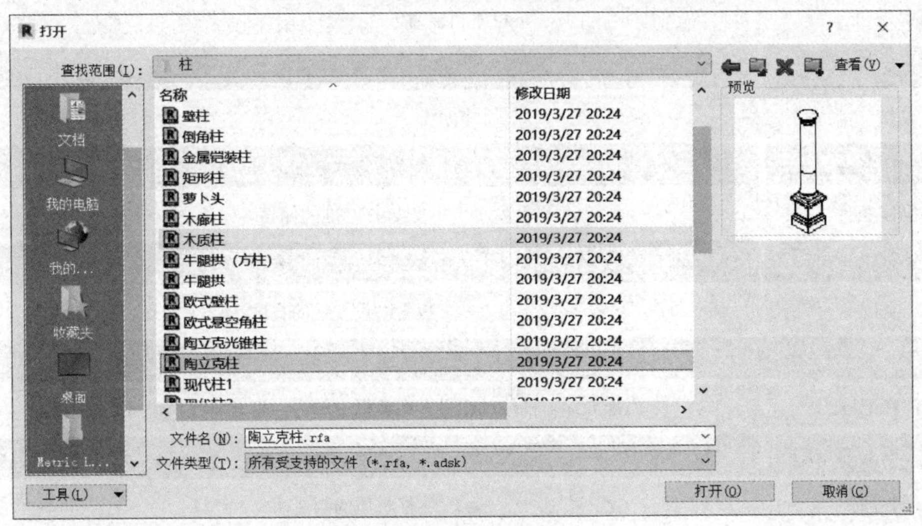

图 6-6　选择需要的柱

第四步：单击“打开”按钮，加载所选取的柱，将其放置在合适的位置。

知识链接

在“建筑柱”属性面板中单击“编辑类型”按钮，即可弹出“类型属性”对话框，如图 6-7、表 6-1 所示，并对建筑柱的类型属性进行修改。

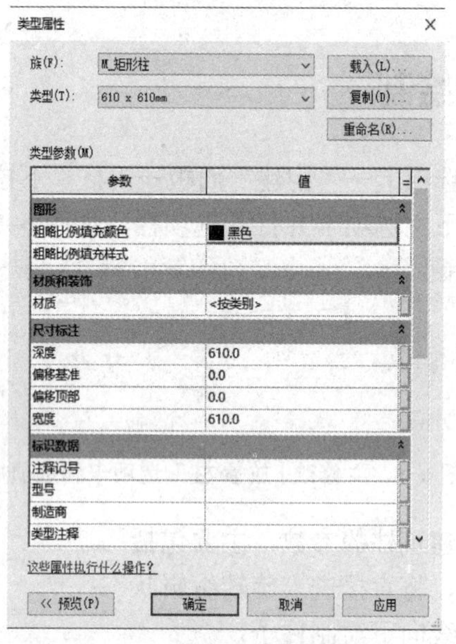

图 6-7　建筑柱的类型属性

表 6-1　建筑柱的类型属性

参数	设置
粗略比例填充颜色	指定在任一粗略平面视图中，粗略比例填充样式的颜色
粗略比例填充样式	指定在任一粗略平面视图中，柱内显示的截面填充图案
材质和装饰	
材质	柱的材质
尺寸标注	
深度	放置时设置柱的深度
偏移基准	设置柱基准的偏移
偏移顶部	设置柱顶部的偏移
宽度	放置时设置柱的宽度
标识数据	
注释记号	添加或编辑柱注释记号，在值框中单击，打开“注释记号”对话框
模型	柱的模型类型
制造商	柱材质的制造商
类型注释	指定柱的建筑或设计注释
类型标记	此值指定特定柱。对于项目中的每个柱，此值必须唯一

绘图小技巧

如何控制在插入建筑柱时不与墙自动合并？定义建筑柱族时，单击其“属性”→“族类别和族参数”按钮，在弹出的“族类别和族参数”对话框中取消勾选“将几何图形自动连接到墙”选项（图 6-8）。

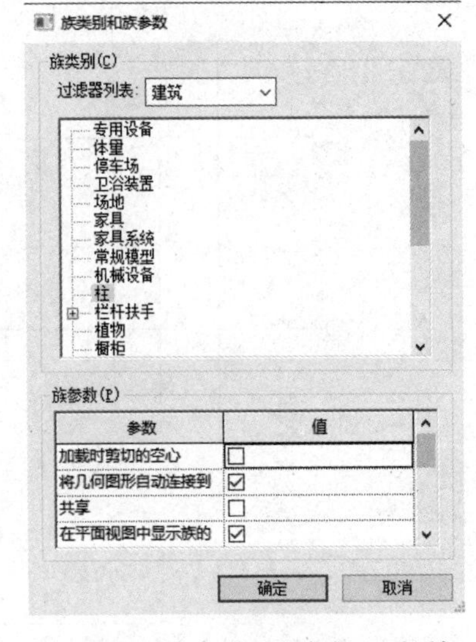

图 6-8　“族类别和族参数”对话框

6.2.2　小别墅门柱、圆柱的绘制

1. 小别墅门柱的绘制

视频：小别墅建筑柱的绘制

第一步：选择“建筑”选项卡→“构建”面板→“柱”下拉列表→“柱：建筑”选项，切换至“修改 | 放置 柱”上下文选项卡并打开选项栏。

第二步：单击“属性”面板中的“编辑类型”按钮，弹出“类型属性”对话框，新建“门柱 500×500 mm”类型，修改“宽度”为 500 mm，“深度”为 500 mm，材质为“棕黄色釉面砖”，其他采用默认设置，如图 6-9 所示，单击“确定”按钮。

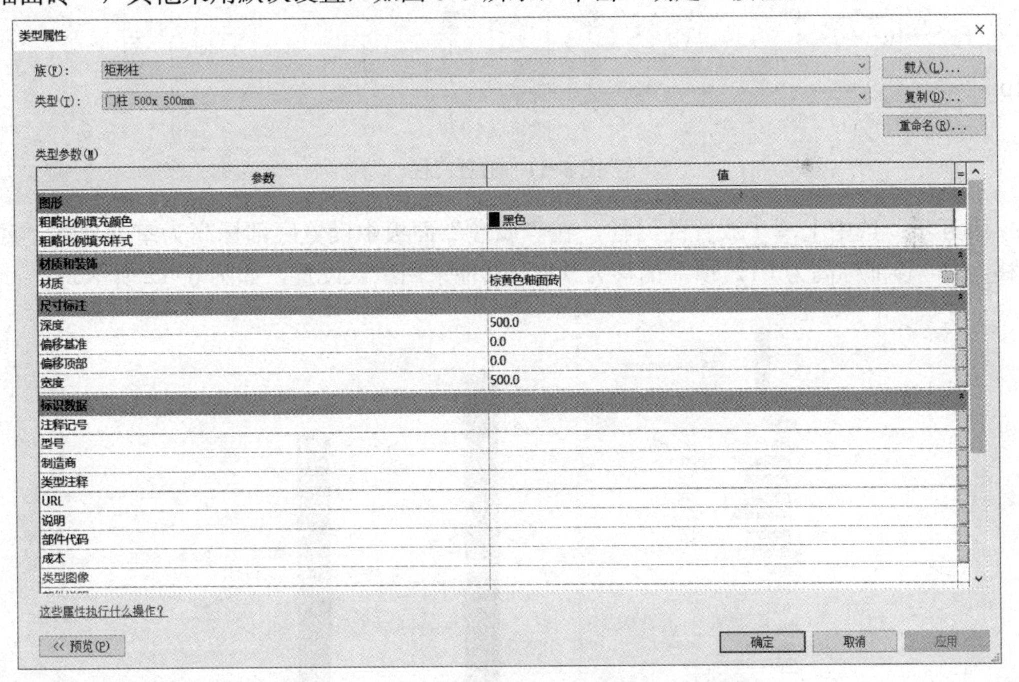

图 6-9　门柱 500×500 mm“类型属性”对话框

第三步：在“建筑”选项卡“工作平面”面板中单击“参照平面”按钮，切换至“修改 | 放置 参照平面”上下文选项卡，单击“拾取线”按钮，修改偏移值为 2 300 mm，拾取Ⓓ轴创建参照平面，如图 6-10 所示。

第四步：在绘图区中轴线②、轴线④和参照平面交点处单击，放置门柱，如图 6-11 所示。

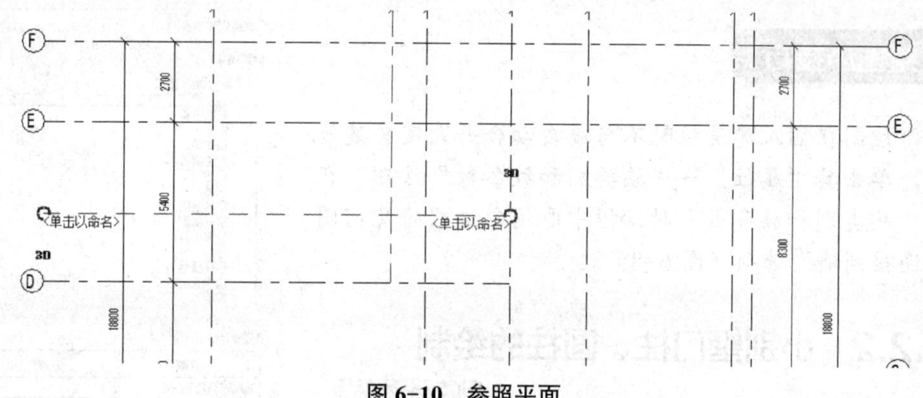

图 6-10　参照平面

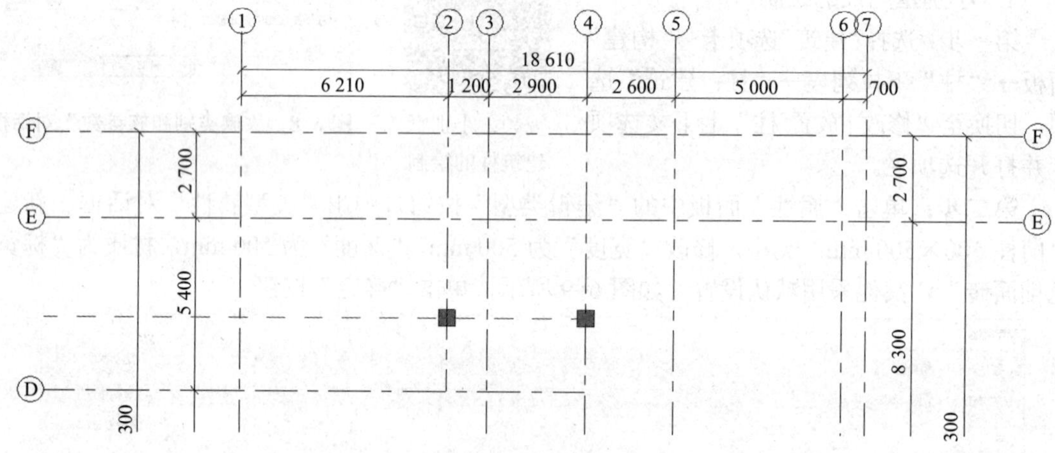

图 6-11　放置门柱

第五步：选中上一步放置的门柱，在“属性”面板中设置底部标高为室外地坪，底部偏移为 0，顶部标高为 F1，顶部偏移为 900，其他采用默认设置，如图 6-12 所示。

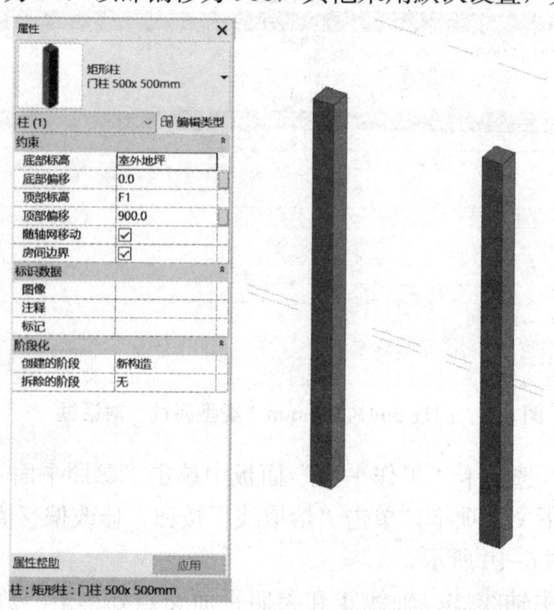

图 6-12　设置“门柱 500×500 mm”属性参数

知识链接

柱子的实例属性知多少

柱子的实例属性见表 6-2。

表 6-2　柱子的实例属性

实例属性	限制条件
底部标高	指定柱基准所在的标高，默认标高是标高 1
底部偏移	指定距底部标高的距离，默认值为 0
顶部标高	指定柱顶部所在的标高，默认值为 1
顶部偏移	指定距顶部标高的距离，默认值为 0
随轴网移动	柱随网格线移动
偏移顶部	设置柱顶部的偏移
房间边界	确定此柱是否是房间边界
标识数据	
注释	指定柱实例的注释
标记	出于参照目的，将标记应用于任何柱。对于项目中的每个柱，此值必须唯一。如果此值已被使用，Revit 会发出警告信息，但允许继续使用它
阶段化	
创建的阶段	创建柱的阶段
拆除的阶段	拆除柱的阶段

2. 小别墅圆柱的绘制

第一步：选择“建筑”选项卡→“构建”面板→“柱”下拉列表→“柱：建筑”选项，切换至“修改 | 放置 柱”上下文选项卡和选项栏。

第二步：单击“插入”选项卡“从库中载入”面板中的“载入族”按钮，弹出“载入族”对话框，在“China”→“建筑”→“柱”文件夹中选择“圆柱 .rfa”，单击“打开”按钮，打开族文件。

第三步：单击“属性”面板中的“编辑类型”按钮，弹出“类型属性”对话框，新建“圆柱 500 mm”类型，修改“直径”为 500，材质为“白色高级涂料”，其他采用默认设置，如图 6-13 所示，单击“确定”按钮。

第四步：在“建筑”选项卡“工作平面”面板中单击“参照平面”按钮，切换至“修改 | 放置参照平面”上下文选项卡，选择“拾取线”命令，修改偏移值为 550，拾取⑤轴创建参照平面，如图 6-14 所示。

第五步：在绘图区中轴线Ⓔ和参照平面交点处单击，放置建筑柱，如图 6-15 所示。

第六步：选中上部放置的圆柱，在“属性”面板中设置底部标高为室外地坪，底部偏移为 0，顶部标高为 F1，顶部偏移为 1 000，其他采用默认设置，如图 6-16 所示。

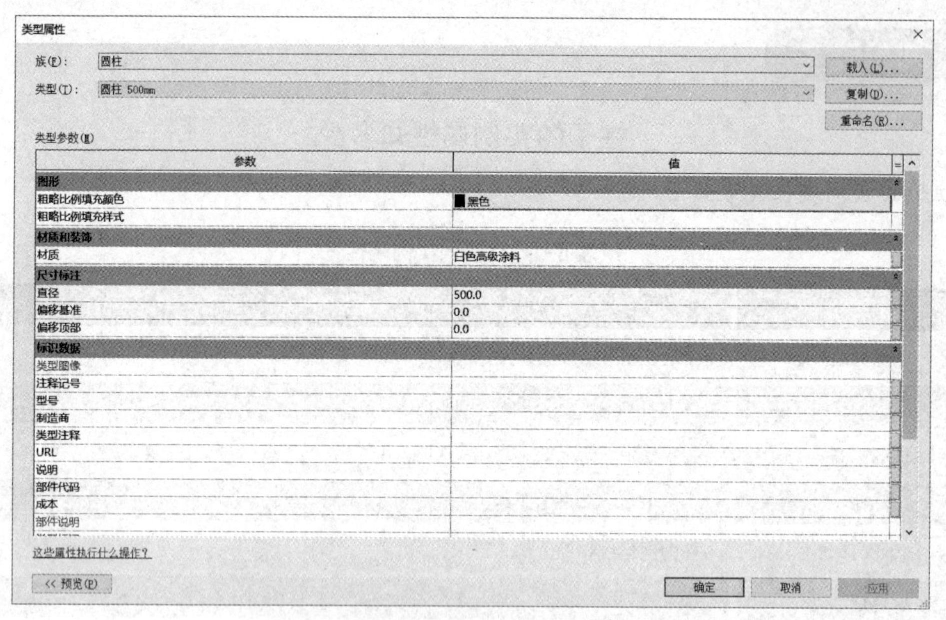

图 6-13 圆柱 500 mm“类型属性”对话框

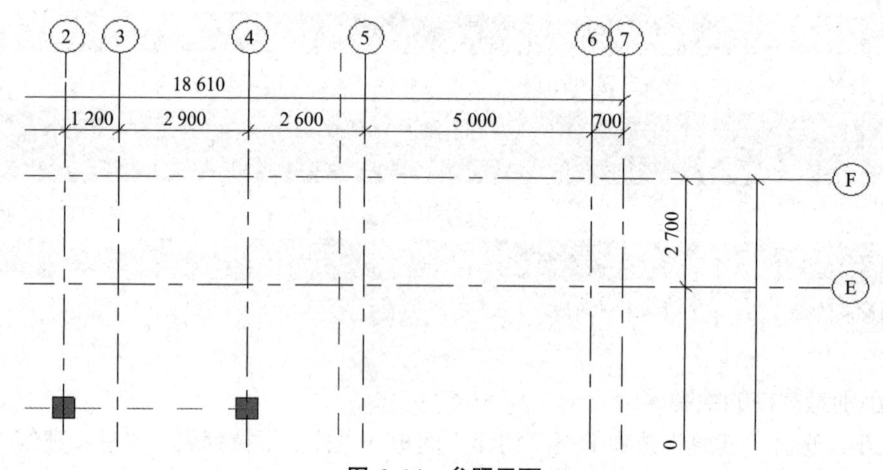

图 6-14 参照平面

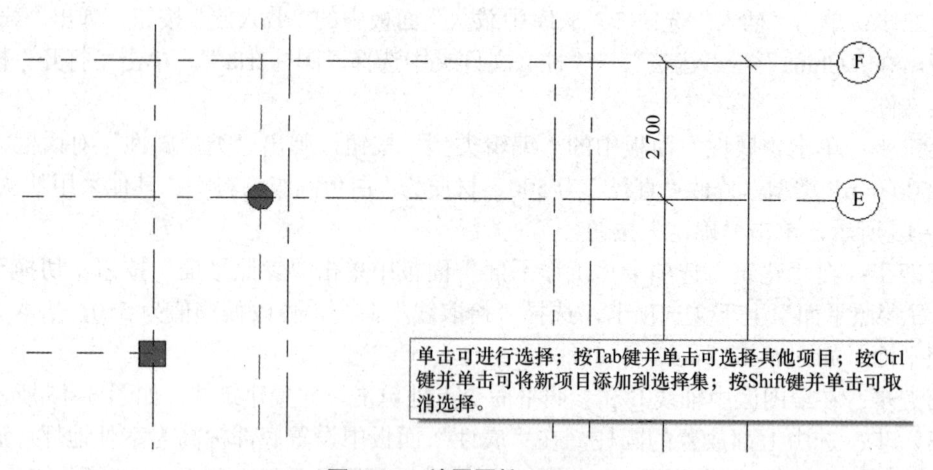

图 6-15 放置圆柱 500 mm

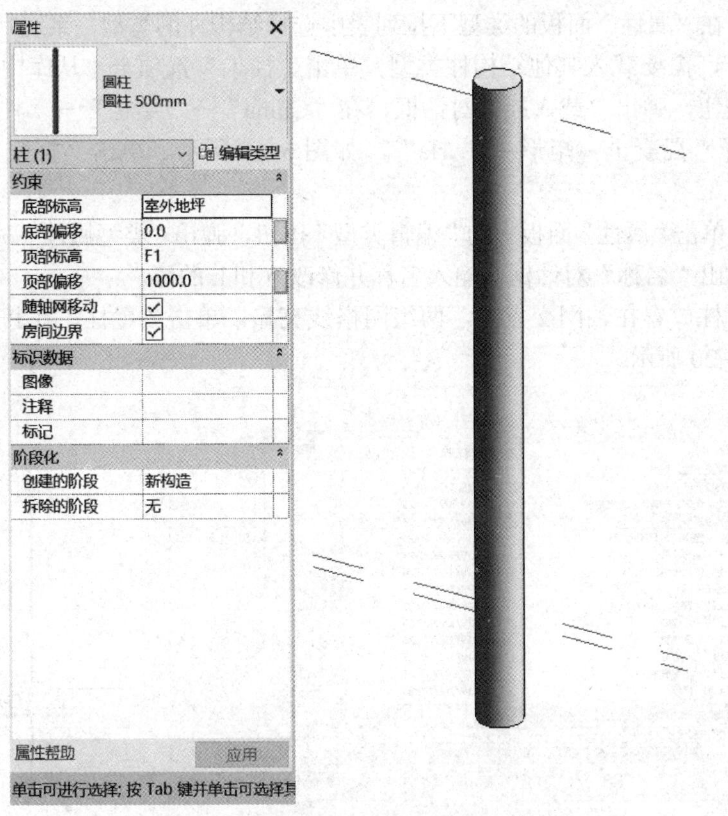

图 6-16　设置圆柱 500 mm 属性参数

6.3　结构柱

6.3.1　结构柱的绘制

第一步：选择“建筑”选项卡→“构建”面板→“柱”下拉列表→“柱：结构”选项，切换至“修改 | 放置 结构柱”上下文选项卡和选项栏，如图 6-17 所示。

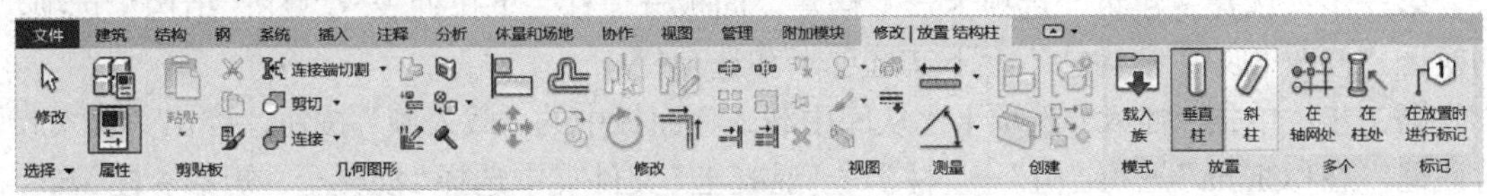

图 6-17　“修改 | 放置 结构柱”选项卡

第二步：在选项栏中设置结构柱的参数，如放置后是否旋转、结构柱的深度或高度等（图 6-18）。

图 6-18　“修改 | 放置 结构柱”选项栏

第三步：在“属性”面板的类型下拉列表中选择结构柱的类型，系统默认的只有“UC-普通柱 - 柱”，需要载入其他结构柱类型。单击“插入”选项卡“从库中载入”面板中的“载入族”按钮，弹出“载入族”对话框，在“China”→“结构”→“柱”→“混凝土”文件夹中选择“混凝土 - 矩形 - 柱 .rfa”，如图 6-19 所示。单击“打开”按钮，打开族文件。

第四步：单击“属性”面板中的“编辑类型”按钮，弹出“类型属性”对话框，单击“复制”按钮，弹出“名称”对话框，输入名称并修改 b 和 h 的值。

第五步：柱放置在轴网交点时，两组网格线亮显，单击放置柱，在其他轴网交点处放置柱，如图 6-20 所示。

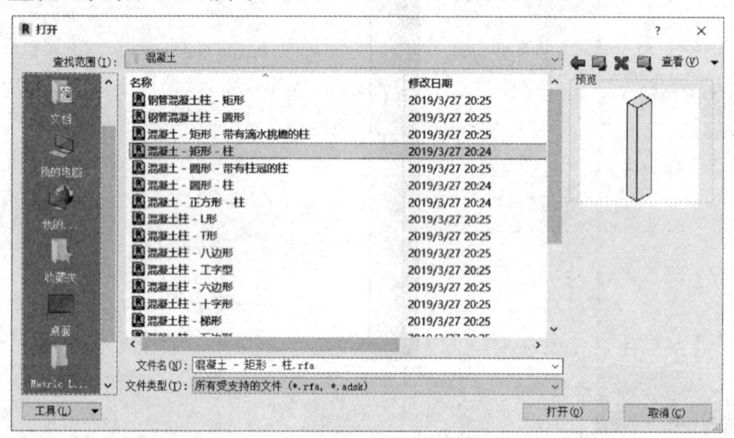

图 6-19　文件夹中选择“柱”

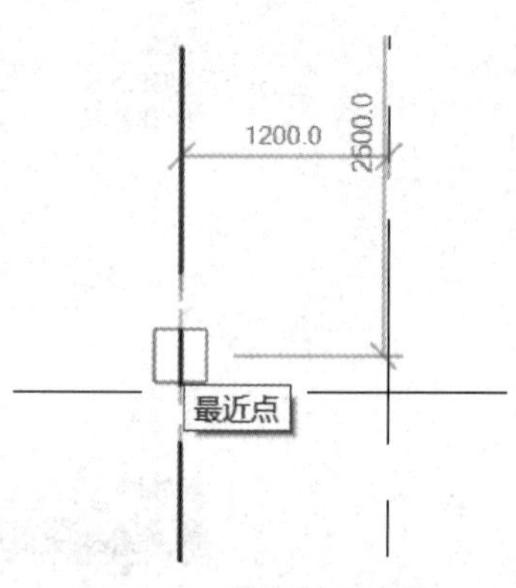

图 6-20　捕捉轴网交点

绘图小技巧

放置柱时，使用空格键可以更改柱的方向，每次按空格键时，柱将会发生旋转，以便与选定位置的相交轴网对齐，在不存在任何轴网的情况下，按空格键时会使柱旋转 90°。

6.3.2　小别墅结构柱的绘制

第一步：选择“建筑”选项卡→“构建”面板→“柱”下拉列表→“柱：结构”选项，切换至“修改 | 放置 结构柱”上下文选项卡和选项栏。

第二步：单击“插入”选项卡“从库中载入”面板中的“载入族”按钮，弹出“载入族”对话框，在“China”→“结构”→“柱”→“混凝土”文件夹中选择“混凝土 - 矩形 - 柱 .rfa”，单击“打开”按钮，打开族文件。

第三步：单击“属性”面板中的“编辑类型”按钮，弹出“类型属性”对话框单击“复制”按钮，弹出“名称”对话框，输入名称为“300×300 mm”，更改 b 和 h 的值，均为 300，单击“确定”按钮，如图 6-21 所示。

第四步：在Ⓓ轴线和①轴线交点处放置结构柱，如图 6-22 所示。

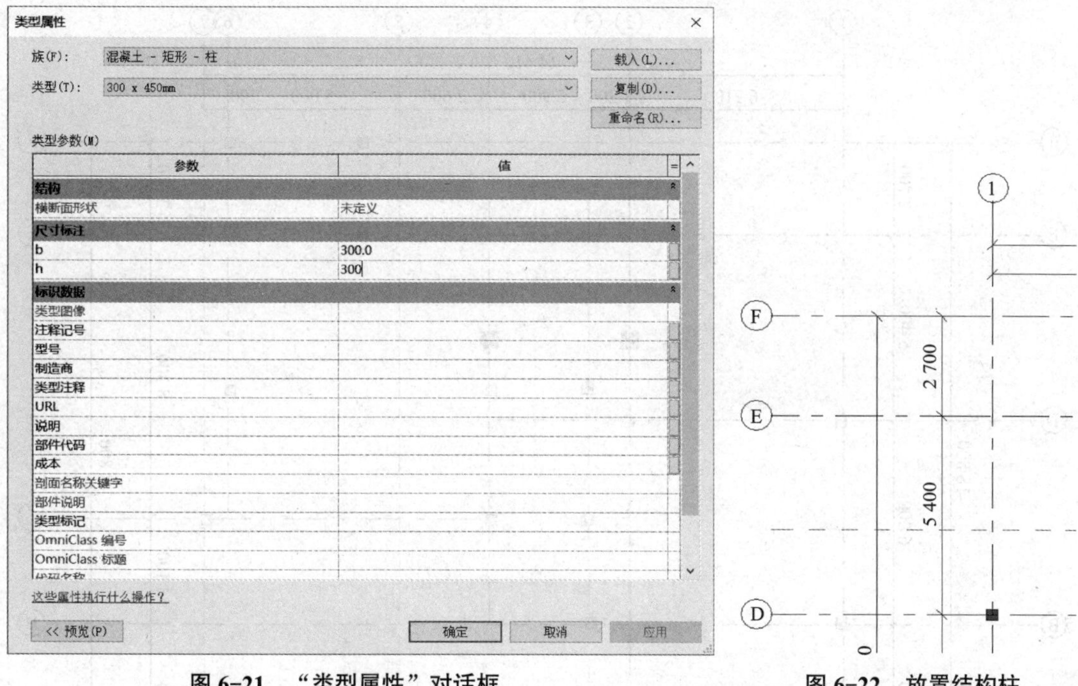

图 6-21　“类型属性”对话框　　　　图 6-22　放置结构柱

第五步：选中结构柱，单击“修改”选项卡“修改”面板中的“移动”按钮，单击结构柱的一点作为移动的起点，向右移动鼠标光标，输入 50 的距离，再单击结构柱的另外一点作为移动的起点，向下移动鼠标光标，输入 50 的距离，将结构柱移动到合适的位置，如图 6-23 所示。

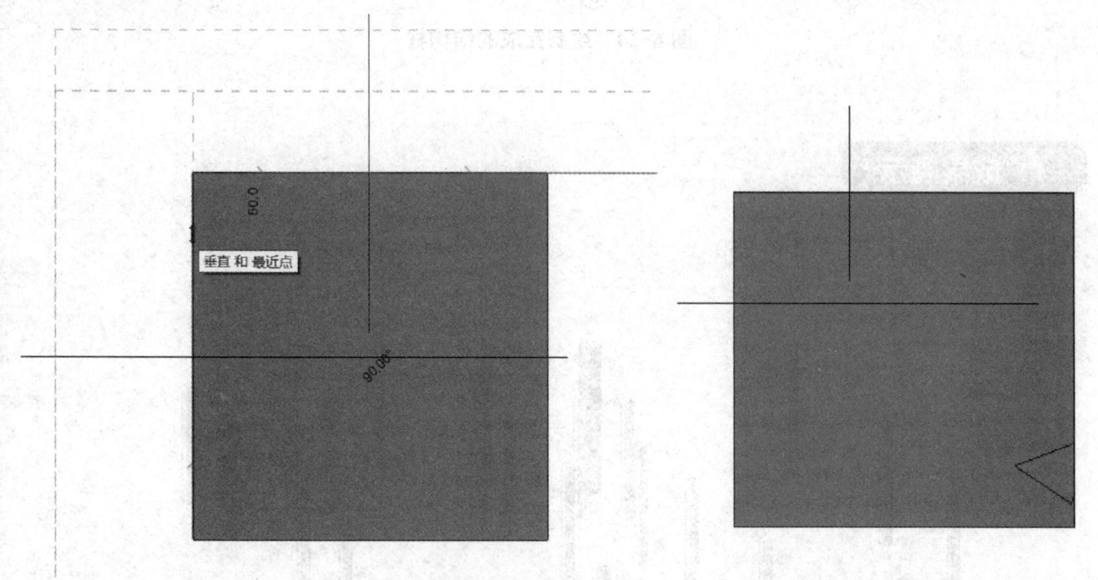

图 6-23　移动结构柱

第六步：参照“一层墙柱定位图”中柱子的位置，依次单击放置项目结构柱，对于结构柱在平面上的具体定位，可以使用对齐或移动工具，保证结构柱位于合理的位置，绘制完成的结构柱如图 6-24 所示。

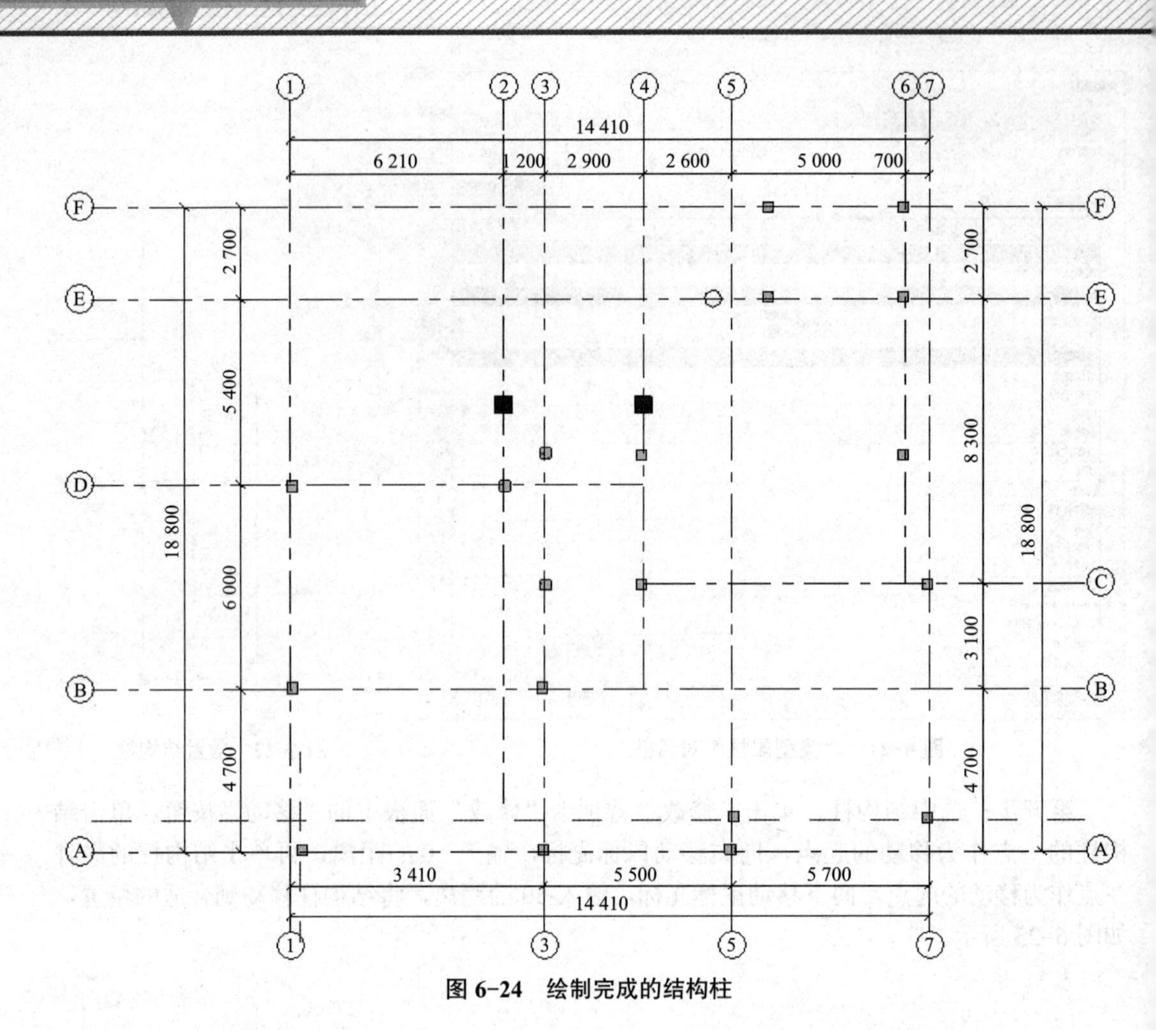

图 6-24　绘制完成的结构柱

成果展示

生成小别墅柱子（图 6-25）。

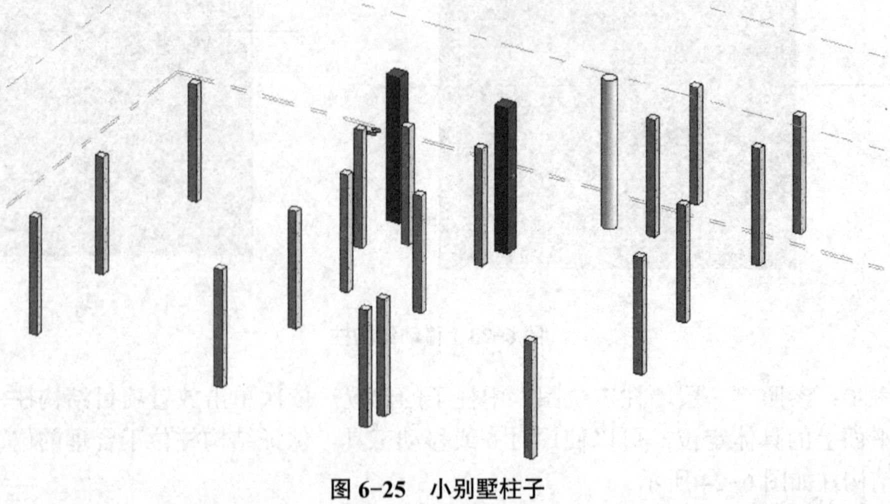

图 6-25　小别墅柱子

任务评价

技能点	完成情况	注意事项
定义建筑柱		
布置建筑柱		
编辑建筑柱		
定义结构柱		
布置结构柱		
编辑结构柱		

通过完成上述任务，还学到了什么知识和技能？

任务拓展

1．在平面视图中已经布置了柱，但是画的柱为什么在视图中不显示？
2．练习创建小别墅工程的柱子。

每日一技

1．在 Revit 中如何插入斜柱？
2．在 Revit 中如何灵活使用命令“在轴网处”绘制结构柱？

视频：Revit 斜柱的绘制

视频：Revit 中如何灵活使用命令“在轴网处”绘制结构柱？

工作任务七　族的创建

任务情境

从线到面——绘制草图，轻松构建三维模型

除了日益复杂的建筑功能要求外，人类在建筑创造过程中，对于美感的追求也越来越受到重视，图7-1所示形态各异的形体正是用Revit绘制实现的，它们从图纸跳转到了模型。BIM技术被认为是继CAD之后，建筑业的第二次“科技革命”，在以往建设项目的全寿命周期内，建筑信息一直存在着不断流失的现象。第一，项目越来越复杂，而二维技术已经无法实现部分功能，如北京的鸟巢，从立面上看是一些杂乱无章的、错综复杂的钢网架结构，从平面上看又是一些错综复杂的钢网架结构，设计师要想很好地表达其设计意图，以及将设计意图传达给建设者，就需要使用三维技术来实现。第二，对未来产品质量的要求越来越高，复杂的形体、低能源消耗、高质量室内环境、高安全性能要求等超高的建筑物要求，缺乏有效的技术手段。第三，造价和工期控制越来越严格，而实际工程建设中却出现频繁的错漏碰缺和设计变更，造成工期延误和费用增加。随着全球化竞争加剧，中国建筑行业想要走向世界，想要谋求发展，就需要向技术和管理要效益！

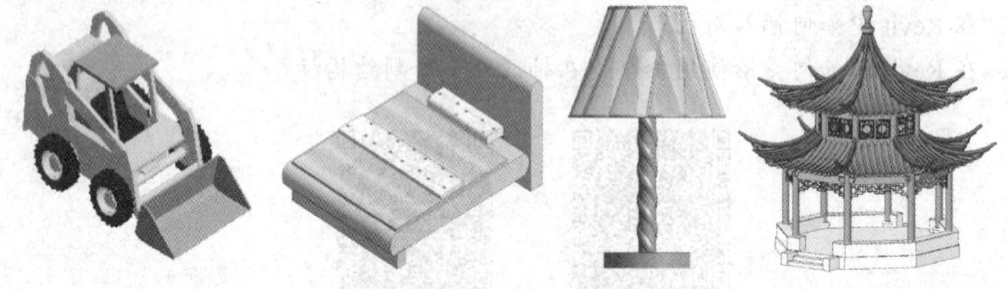

图7-1　Revit族模型

能量关键词

建筑美感、科技进步

中国建筑在世界上分布地域最广，有着独特的传统风格。建筑的审美标准不仅要求使人感官愉悦，更重要的是能够恰当地表现形象本身所包含的伦理的、政治的内容，要以功能内容和工程实践为直接来源，重视环境的内在意境甚于单纯的造型美观。例如，都城的构图表现出“体象乎天地，经纬乎阴阳，据坤灵之正位，仿太紫之圆方”的威仪；宫殿表现出“天子以四海为家，非壮丽无以重威”的气派。

任务目标

完成族三维模型的创建

教学目标	
知识目标	1. 掌握拉伸命令的应用； 2. 熟悉旋转命令的应用； 3. 掌握放样命令的应用； 4. 熟悉融合命令的应用； 5. 熟悉放样融合命令的应用
技能目标	1. 能够精准识读建筑工程图纸； 2. 能够创建族三维模型
素质目标	1. 培养团队协作、沟通意识； 2. 培养认真负责的工作态度和严谨细致的工作作风； 3. 培养自主学习、动手动脑的意识

任务分析

根据已知平面图创建族三维模型。

任务实施

族是 Revit 中一个非常重要的构成要素，是项目的基本元素，Revit 中的所有图元都是基于族的，Revit 的族文件以“rft”“rfa”为后缀。Revit 提供的族编辑器可以让用户自定义各种类型的族，而根据需要灵活定义族是准确、高效完成项目的基础。每个族图元能够在其内定义多种类型，根据族创建者的设计，每种类型可以具有不同的尺寸、形状、材质设置或其他参数变量。

7.1　族的分类

族是 Revit 的重要基础。Revit 的任何单一图元都由某一个特定的族产生，如一扇门、一扇墙、一个尺寸标注、一个图框。由一个族产生的各图元均具有相似的属性或参数。

视频：Revit 族概述

图 7-2 所示为族的分类。

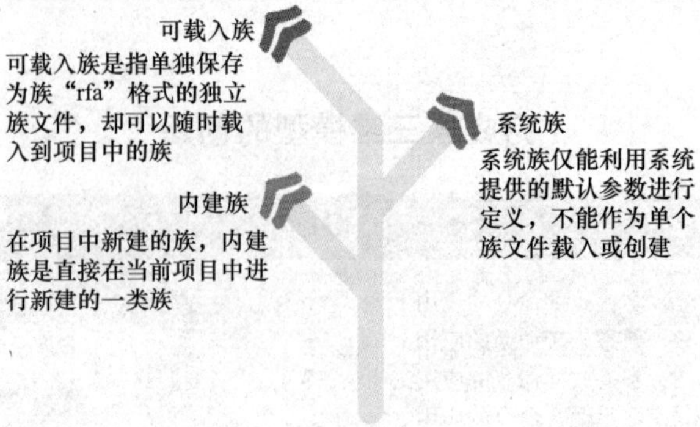

可载入族

可载入族是指单独保存为族“rfa”格式的独立族文件，却可以随时载入到项目中的族

系统族

系统族仅能利用系统提供的默认参数进行定义，不能作为单个族文件载入或创建

内建族

在项目中新建的族，内建族是直接在当前项目中进行新建的一类族

图 7-2　族的分类

7.1.1　系统族

系统族可以创建在建筑现场装配的图元，如墙、屋顶、楼板、风管、管道等。系统族还包含项目和系统设置，而这些设置会影响项目环境，如标高、轴网、图纸和视口等类型。系统族是在 Revit 中预定义的，不能将其从外部文件中载入项目，也不能将其保存到项目之外的位置。Revit 不允许用户创建、复制、修改或删除系统族，但可以复制或修改系统族中的类型，以便创建自定义的系统族类型。系统族中可以只保留一个系统族类型，除此以外的其他系统族类型都可以删除，因为每个族至少需要一个类型才能创建新系统族类。

7.1.2　可载入族

可载入族是在外部 rfa 文件中创建的，可导入或载入项目，也可作为嵌套族加载到其他族中，其本身具有高度可自定义的特征。可载入族是用于创建下列构建的族，如窗、门、橱柜、装置、家具等一些常规的自定义的主视图元。通常使用族编辑器根据各种族样板创建新的构件族，还可对现有的族进行复制和修改。可载入族可以位于项目环境之外，不仅可以载入项目，从一个项目传递到另一个项目中，而且还可以根据需要从项目文件保存到用户设定的族文件库中，方便在创建其他项目的时候使用。

7.1.3　内建族

内建族是用户需要创建当前项目专有的独特构件时所创建的独特图元。用户可以创建内建几何图形，以便参照其他项目的几何图形，使其在所参照的几何图形发生变化时进行相应大小或其他调整。可以在项目中创建多个内建族，并且可以将同一内建族的多个副本放置在项目中。但是，与系统族和可载入族不同的是，用户不能通过复制内建族类型来创建多种类型。

7.2 三维模型族

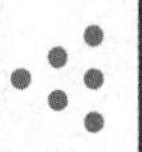

在“族编辑器”中可以创建实心几何图形和空心几何图形。基于二维截面轮廓得到的实心几何图形，通过布尔运算可以剪切得到空心几何图形。

7.2.1 拉伸

视频：创建拉伸模型

在工作平面上绘制二维轮廓，然后拉伸该轮廓使其与绘制它的平面垂直而得到拉伸模型。单击“创建”选项卡“形状”面板中的“拉伸”按钮，切换至“修改 | 创建拉伸”上下文选项卡，如图 7-3 所示。

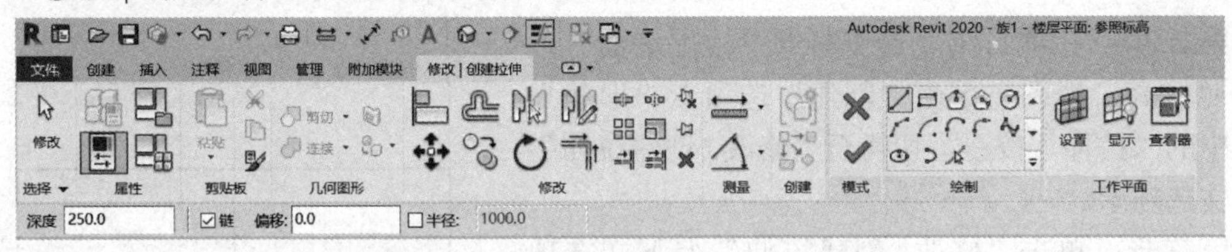

图 7-3　“修改 | 创建拉伸”上下文选项卡

动手做：创建拉伸模型。

具体要求：采用拉伸命令，创建一个长方体，长 1 600 mm，宽 1 000 mm，高 400 mm，如图 7-4 所示。

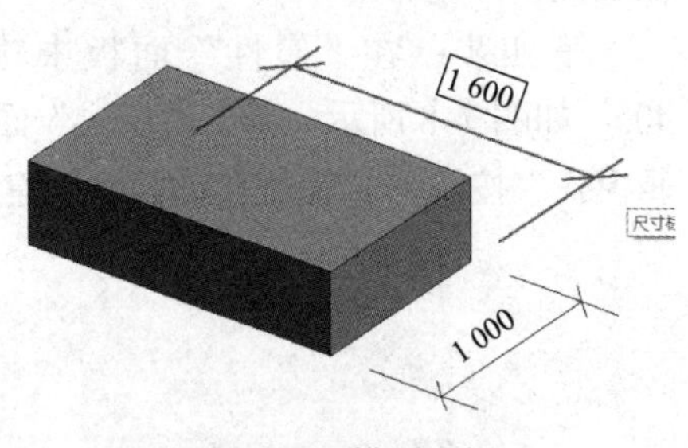

图 7-4　模型示例

具体操作步骤如下。

第一步：在开始界面执行“族”→“新建”或选择“文件”→“族”→“新建”命令，弹出“新族 - 选择样板文件”对话框，选择“公制常规模型 .rft”为样板族，如图 7-5 所示，单击“打开”按钮进入族编辑器，如图 7-6 所示。

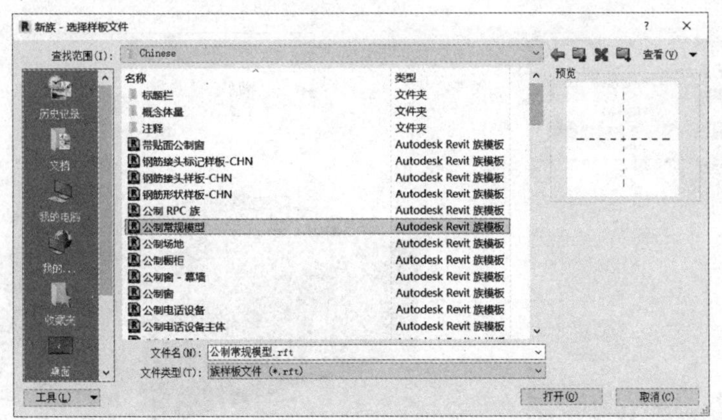

图 7-5　“新族 - 选择样板文件”对话框

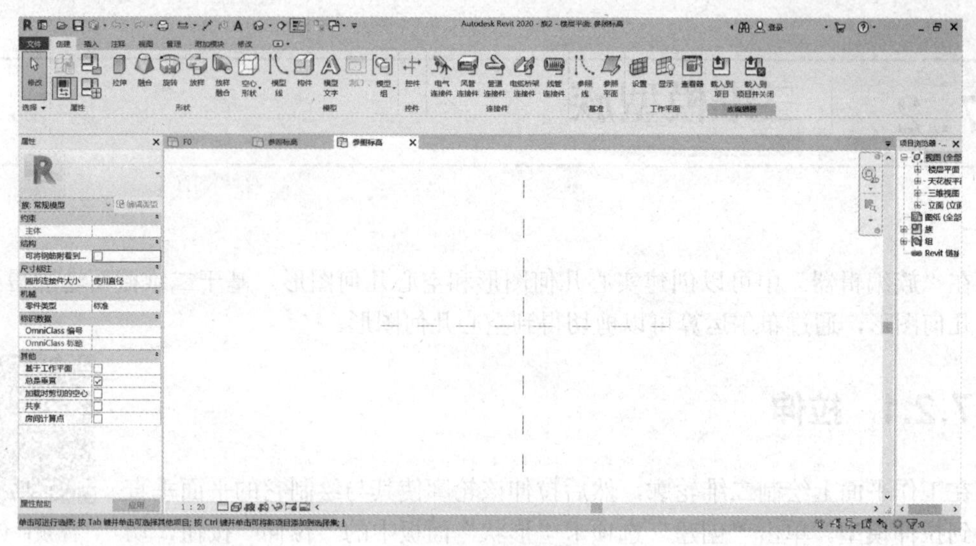

图 7-6　族编辑器

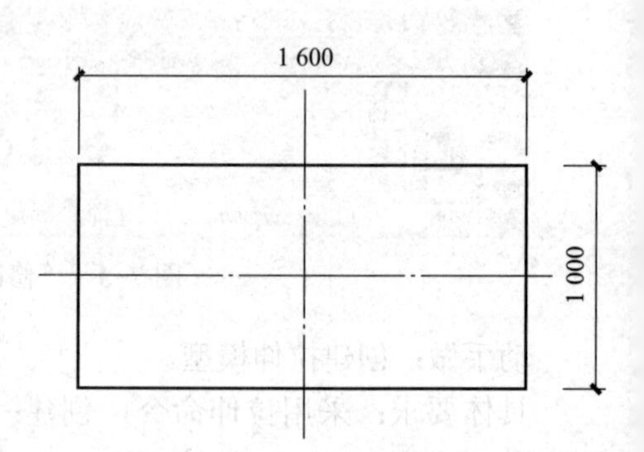

图 7-7　长方形截面

第二步：在项目浏览器中打开“楼层平面”→“参照标高”视图，单击“创建”选项卡“形状”面板中的“拉伸”按钮，切换至“修改 | 创建拉伸”上下文选项卡。

第三步：单击“修改 | 创建拉伸”上下文选项卡“绘制”面板中的“矩形”按钮，绘制长方形截面如图 7-7 所示。

第四步：在“属性”面板中输入拉伸终点为 400，如图 7-8 所示，单击“模式”面板中的“完成编辑模式”按钮 ✔，完成拉伸模型创建，如图 7-9 所示。

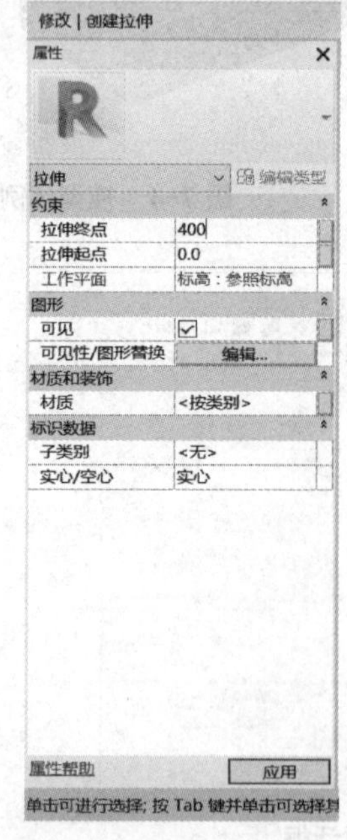

图 7-8　“属性”面板

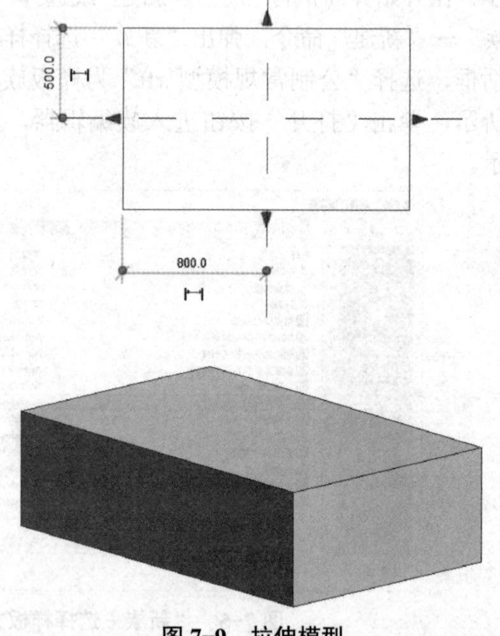

图 7-9　拉伸模型

绘图小技巧

要从默认起点 0.0 拉伸轮廓，则在“约束”→“拉伸终点”文本框中输入一个正 / 负值作为拉伸深度。在“材质和装饰”中单击“材质”字段，单击“浏览”按钮，打开材质浏览器，指定材质。

视频：创建空心拉伸模型

视频：砌块砖

【思考】如何创建空心拉伸模型？

【练一练】根据图 7-10 提供的投影图及尺寸建立镂空混凝土砌块模型，投影图中所有的镂空图案的倒圆角半径均为 10 mm，请将模型文件以“砌块”为文件名保存到文件夹中。

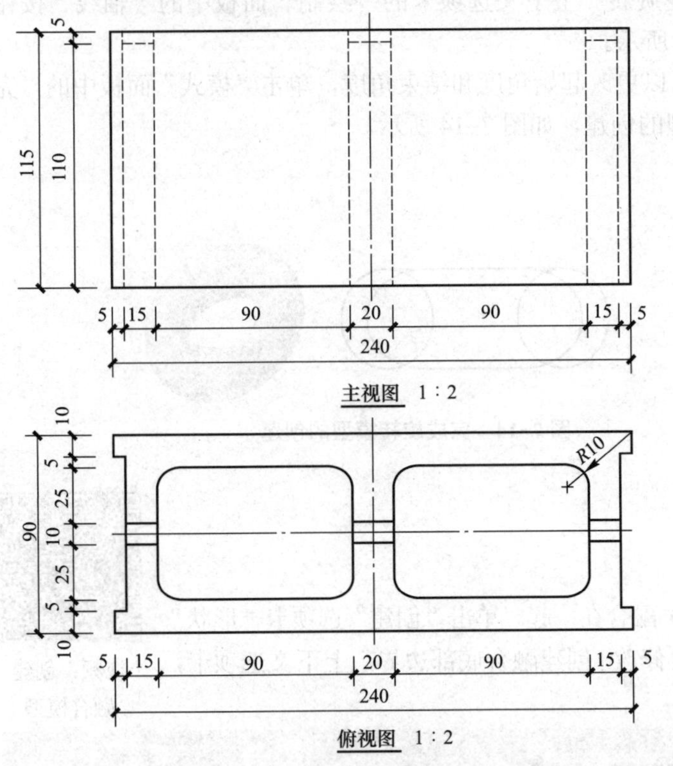

图 7-10　混凝土砌块投影图

视频：创建旋转模型

7.2.2 旋转

旋转是围绕进某个形状行轴旋转而创建的形状。单击“创建”选项卡“形状”面板中的“旋转”按钮，弹出“修改 | 创建旋转”上下文选项卡，如图 7-11 所示。

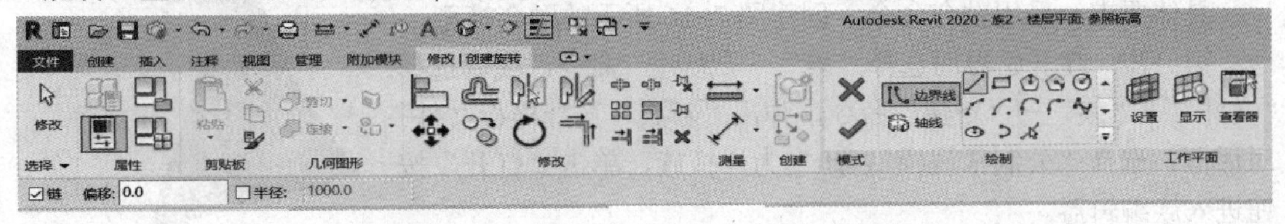

图 7-11　“修改 | 创建旋转”上下文选项卡

动手做：创建旋转模型。

具体要求：使用“旋转”命令创建圆环，如图 7-12 所示。

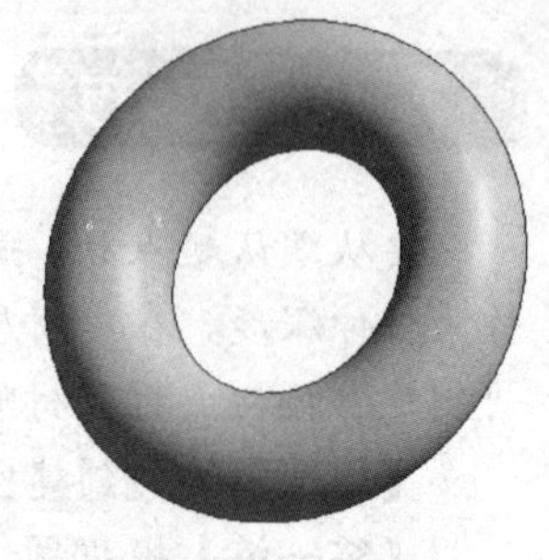

图 7-12　圆环

第一步：在开始界面选择“族”→“新建”命令，或者选择“文件”→“族”→“新建”命令，弹出“新族－选择样板文件”对话框，选择“公制常规模型 .rft”为样板族，单击“打开”按钮进入族编辑器。

第二步：在项目浏览器中打开“楼层平面”→“参照标高”视图，单击“创建”选项卡“形状”面板中的“旋转”按钮，切换至“修改 | 创建旋转”上下文选项卡。

第三步：单击“修改 | 创建旋转”上下文选项卡的“绘制”面板中的“圆形”按钮，绘制旋转截面，单击“修改 | 创建旋转”上下文选项卡的“绘制”面板中的“轴线”按钮 轴线，绘制竖直轴线，如图 7-13 所示。

第四步：在“属性”面板中可以更改起始角度和结束角度，单击“模式”面板中的“完成编辑模式”按钮，完成旋转模型的创建，如图 7-14 所示。

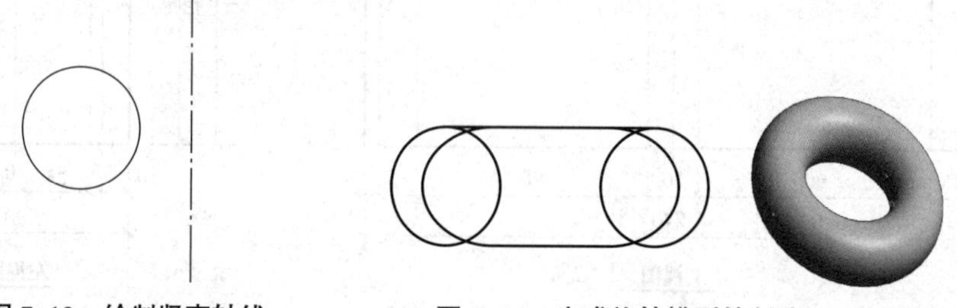

图 7-13　绘制竖直轴线　　　图 7-14　完成旋转模型的创建

7.2.3　融合

视频：创建融合模型

融合工具可将两个轮廓（边界）融合在一起。单击“创建”选项卡“形状”面板中的“融合”按钮，弹出“修改 | 创建融合底部边界”上下文选项卡，如图 7-15 所示。

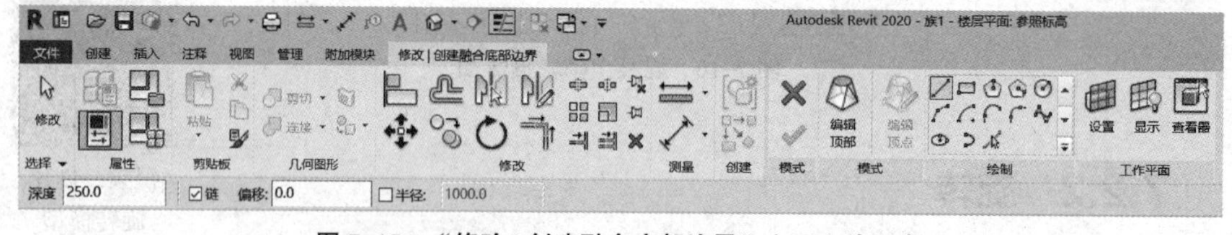

图 7-15　“修改 | 创建融合底部边界”上下文选项卡

动手做：创建融合模型。

具体要求：采用融合命令，创建图 7-16 所示的融合模型。

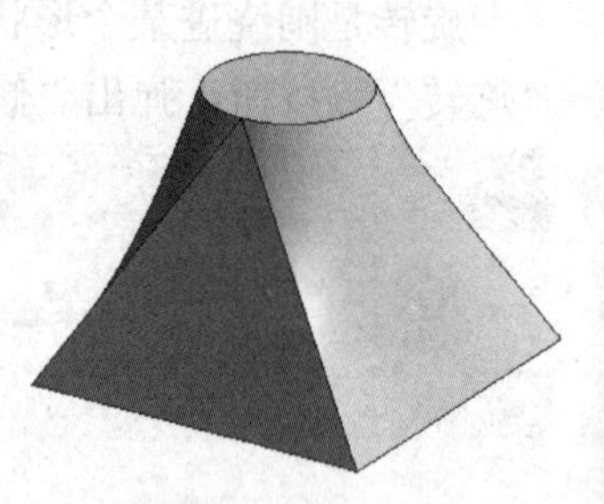

图 7-16　融合模型

第一步：在开始界面选择“族”→“新建”命令，或者选择“文件”→“族”→“新建”命令，弹出“新族－选择样板文件”对话框，选择“公制常规模型 .rft”为样板族，单击“打开”按钮进入族编辑器。

第二步：在“项目浏览器”中打开“楼层平面”→“参

照标高”视图，单击“创建”选项卡“形状”面板中的“融合”按钮，切换至“修改 | 创建融合底部边界”上下文选项卡。

第三步：单击“修改 | 创建融合底部边界”上下文选项卡“绘制”面板中的矩形按钮，绘制边长为 1 000 mm 的正方形，如图 7-17 所示。

第四步：单击“模式”面板中的“编辑顶部”按钮，再单击“绘制”面板中的“圆形”按钮，绘制半径为 300 mm 的圆，如图 7-18 所示。

图 7-17　绘制底部边界

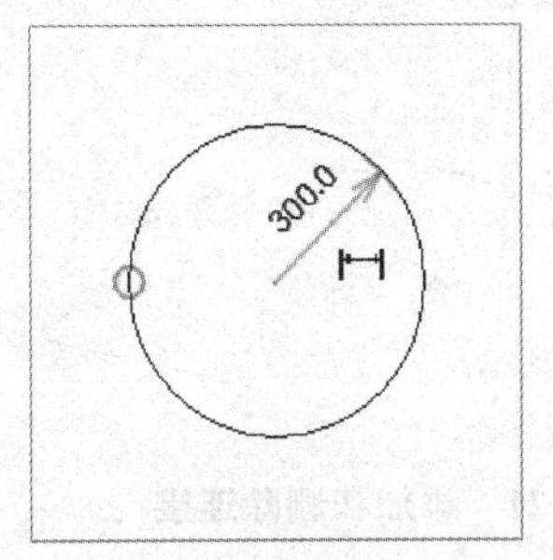

图 7-18　绘制顶部边界

第五步：在“属性”面板的第二端点中输入“1 000”，如图 7-19 所示，单击“模式”面板中的“完成编辑模式”按钮，结果如图 7-20 所示。

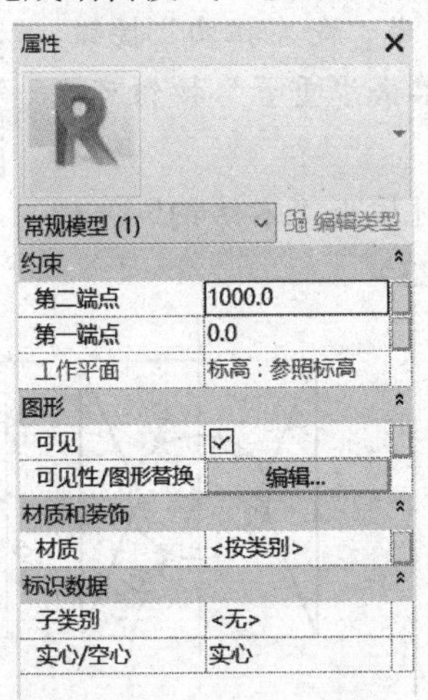

图 7-19　“属性”面板

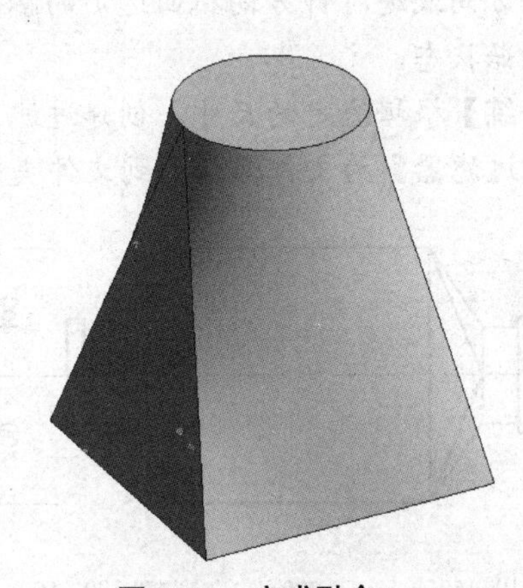

图 7-20　完成融合

【小贴士】如果希望在创建实心融合后对其进行尺寸标注，可以从融合体顶部线到融合体底部线之间进行尺寸标注。无法从融合体基面线到融合体顶部线之间进行尺寸标注。

绘图小技巧

Revit 常规模型族的融合中“编辑顶点”的使用方法如下。

（1）创建完成融合之后，选中形状，单击“模式”面板上的“编辑顶部”或“编辑底部”按钮，继续单击“模式”面板上的“编辑顶点”按钮，进入“编辑顶点”选项卡。

（2）带有蓝色开放式远点控制柄是一个添加和删除连接的切换开关，单击即可进行切换（图 7-21）。

（3）编辑顶点连接，可以控制融合体中的扭曲量，要在另一个融合草图上显示顶点，需单击当前未选择的底部控件或顶部控件（图 7-22）。

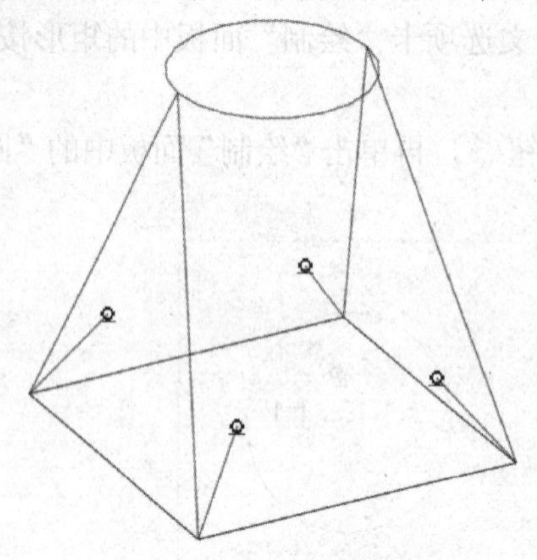

图 7-21　添加和删除连接

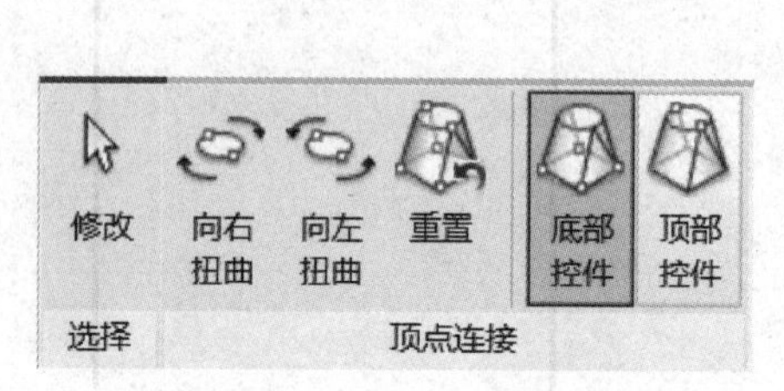

图 7-22　底部或顶部控件

（4）单击某个蓝色开放式远点控制柄，该线变为一条连接实线。一个填充的蓝色控制柄会显示在连接线上。单击实心体控制柄以删除连接，则该线将恢复为带有蓝色开放式圆点控制柄的虚线。当单击控制柄时，可能有一些边缘会消失，并会出现另外一些边缘。在“顶点连接”面板上，单击“向右扭曲”或“向左扭曲”按钮，可以顺时针方向或逆时针方向扭曲选定的融合边界。单击“重置”按钮可恢复顶点到原始状态。

视频：过滤器模型

【练一练】根据给定的尺寸，创建过滤器模型，材质为“不锈钢”，请将模型以“过滤器”为文件名保存到文件夹中（图 7-23）。

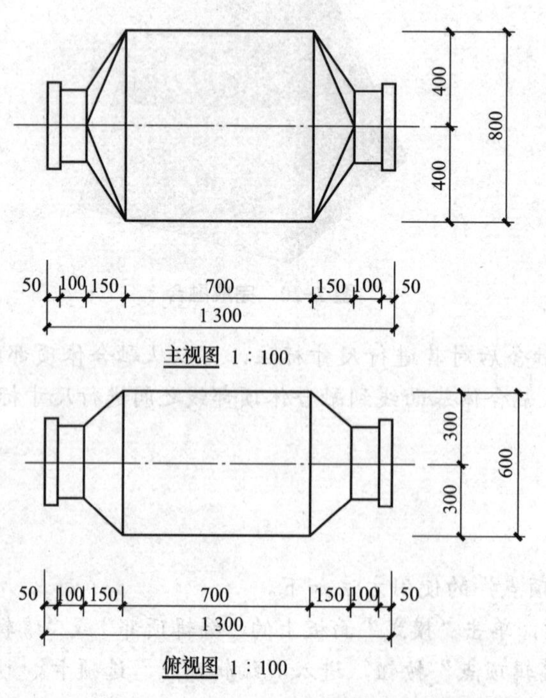

图 7-23　过滤器尺寸

7.2.4　放样

视频：创建放样模型

通过沿路径放样二维轮廓来创建三维模型。路径既可以是单一的闭合路径，也可以是单一的开放路径，但不能有多条路径。轮廓草图可以是单个闭合环形，也可以是不相交的多个闭合环形。

单击“创建”选项卡“形状”面板中的“放样”按钮，切换至“修改|放样”上下文选项卡，如图 7–24 所示。

图 7–24　“修改|放样”上下文选项卡

动手做：创建放样模型。

具体要求：采用放样命令，创建图 7–25 所示的放样模型。

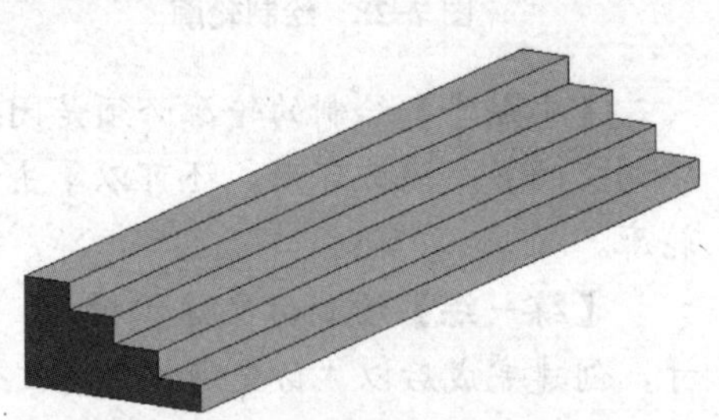

图 7–25　放样模型

第一步：在开始界面选择“族”→“新建”命令，或者选择“文件”→“族”→“新建”命令，弹出“新族－选择样板文件”对话框，选择“公制常规模型.rft”为样板族，单击“打开”按钮进入族编辑器。

第二步：在“项目浏览器”中打开“楼层平面”→“参照标高”视图，单击“创建”选项卡“形状”面板中的“放样”按钮，切换至“修改|放样”上下文选项卡。

第三步：单击“修改|放样”上下文选项卡“放样”面板中的“绘制路径”按钮，切换至“修改|放样－绘制路径”上下文选项卡，单击“绘制”面板中的“直线”按钮，绘制图 7–26 所示的放样路径。单击“完成编辑模式”按钮，完成路径绘制。如果选择现有路径，则单击“拾取路径”按钮。

第四步：单击“修改|放样”上下文选项卡“放样”面板中的“编辑轮廓”按钮，弹出图 7–27 所示的“转到视图”对话框，选择“立面：右”视图绘制轮廓，如果在平面视图中绘制路径，则选择立面视图绘制轮廓，单击“打开视图”按钮，将视图切换至右立面图。

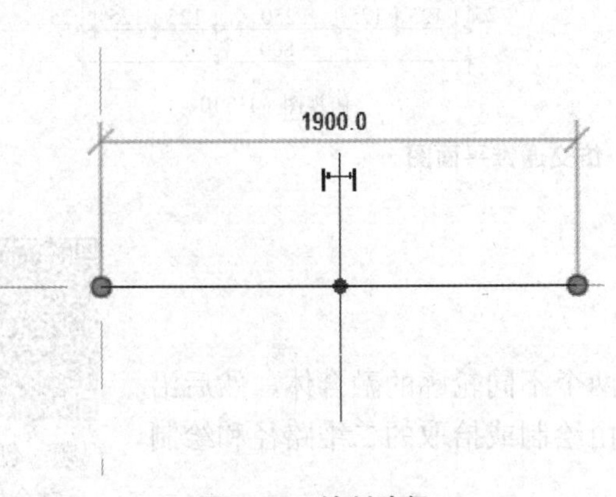

图 7–26　绘制路径

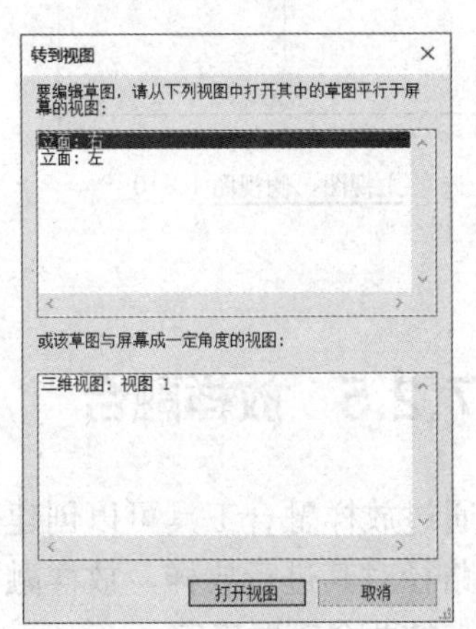

图 7–27　“转到视图”对话框

第五步：单击“绘制”面板中的“直线”按钮，在靠近轮廓平面和路径的交点附近绘制轮廓，如图 7–28 所示，单击“模式”面板中的“完成编辑模式”按钮，结果如图 7–29 所示。

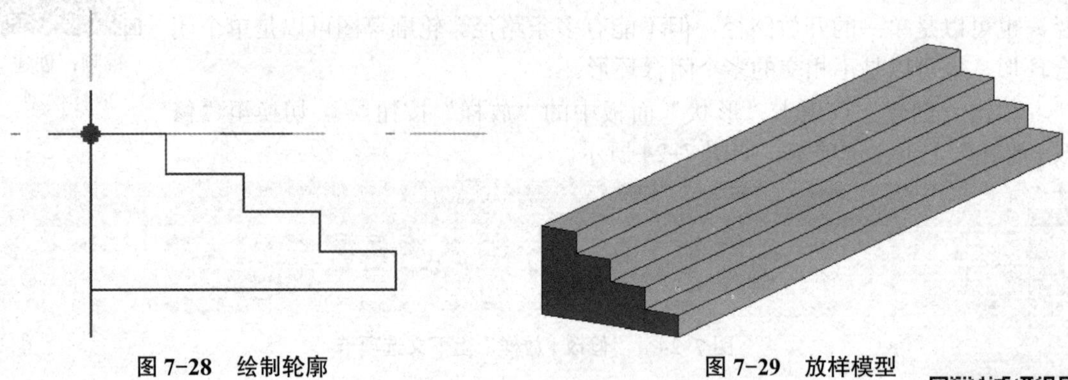

图 7–28　绘制轮廓　　　　图 7–29　放样模型

【小贴士】绘制的轮廓必须是闭合环，可以是单个闭合环形，也可以是不相交的多个闭合环形。还可以单击“载入截面”按钮，载入已经绘制好的轮廓。

视频：仿交通锥模型

【练一练】绘制仿交通锥模型，具体尺寸见图 7–30 中给定的投影图尺寸，创建完成后以“仿交通锥”为文件名进行保存。

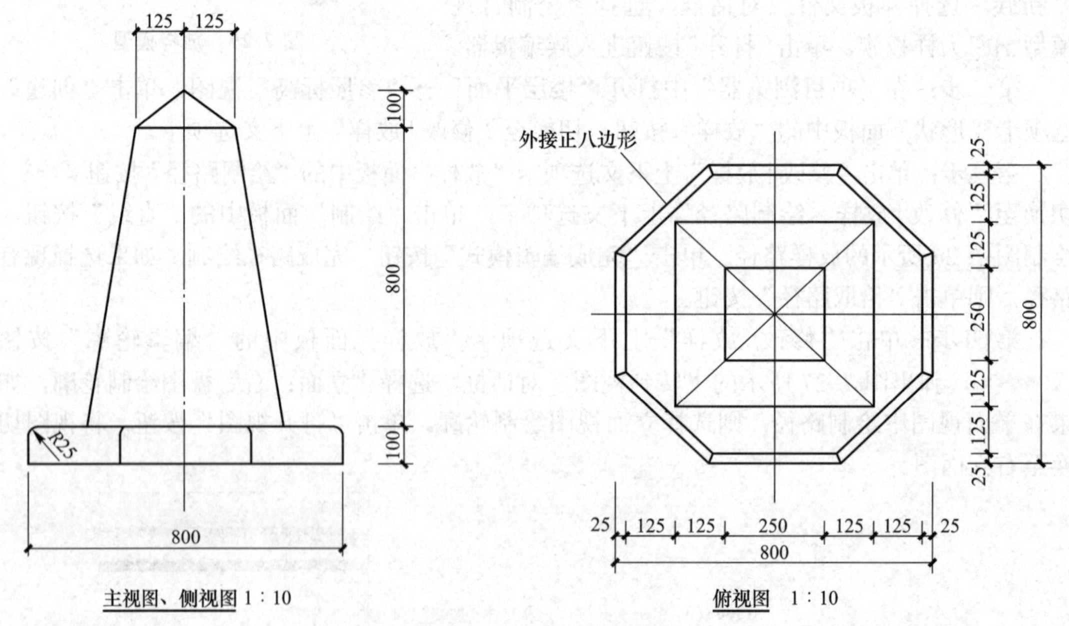

图 7–30　仿交通锥平面图

7.2.5　放样融合

视频：创建放样融合模型

通过放样融合工具可以创建一个具有两个不同轮廓的融合体，然后沿某个路径对其进行放样，放样融合的造型由绘制或拾取的二维路径和绘制或载入的两个轮廓确定。

【练一练】采用放样融合命令，创建图 7-31 所示的模型。（形体一致即可）

图 7-31　放样融合模型

总结具体绘制步骤：

成果展示

生成族三维模型（图 7-32）。

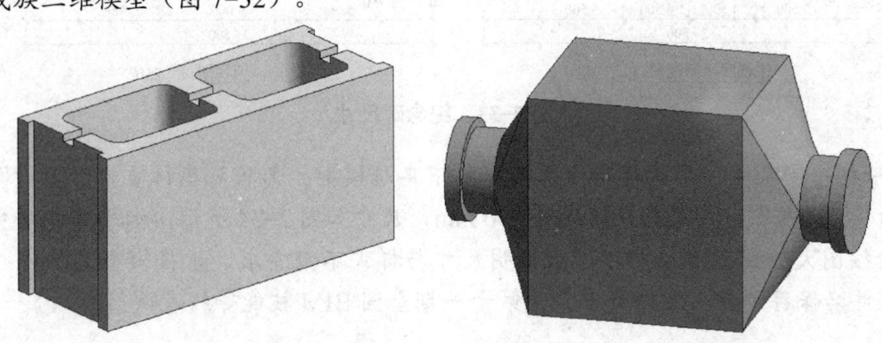

图 7-32　三维模型

任务评价

技能点	完成情况	注意事项
拉伸命令		
旋转命令		
融合命令		
放样命令		
放样融合命令		
空心形状的绘制		

通过完成上述任务，还学到了什么知识和技能？

视频：纪念碑

任务拓展

1. 根据给定的投影图及尺寸（图 7-33），用构建集方式创建模型，请将模型文件以“纪念碑”为文件名保存到考生文件夹中。【第十三期全国BIM技能等级考试第二题】

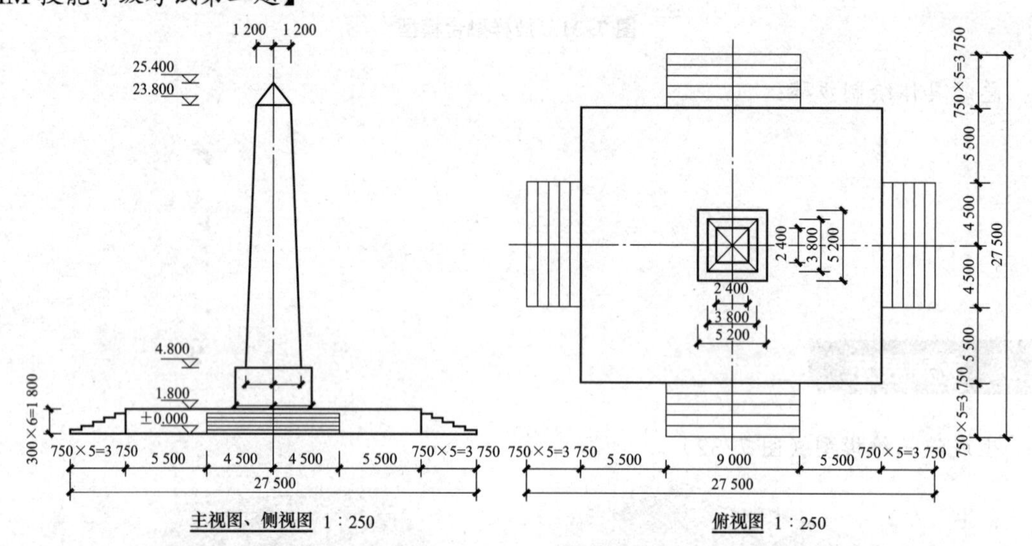

图 7-33　纪念碑尺寸

2. 根据给定尺寸，用构建集方式创建以下鸟居模型。鸟居基座材质为“石材”，其余材质均为“胡桃木”，鸟居额束厚度为 150 mm，尺寸如图 7-34 所示，水平方向居中放置，垂直方向按图大致位置准确即可，未标明尺寸与样式不做要求，请将模型文件以“神社鸟居”为文件名保存到考生文件夹中。【第十一期全国 BIM 技能等级考试第三题】

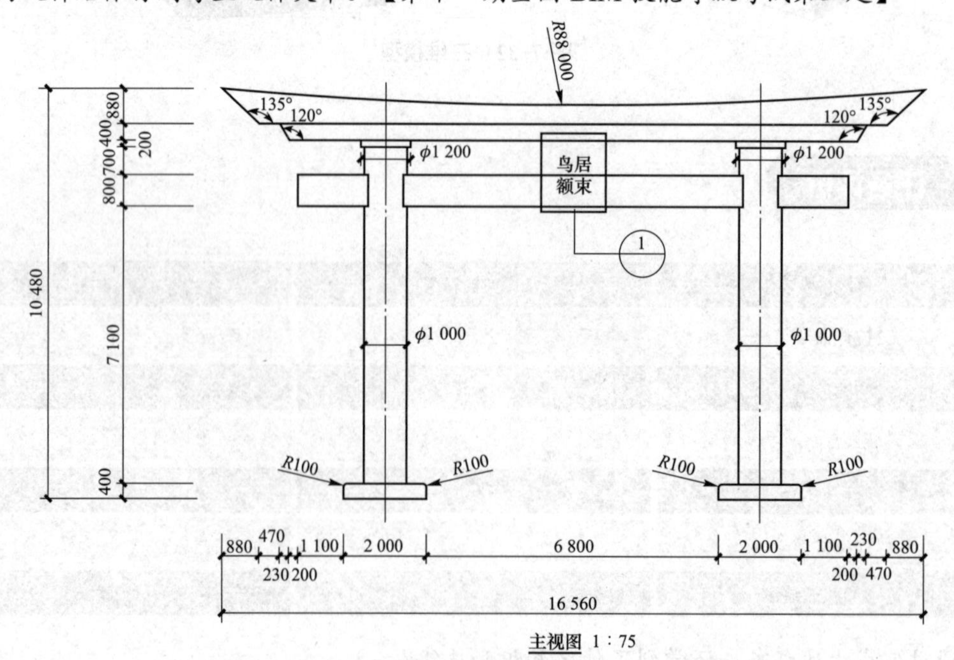

图 7-34　鸟居基座尺寸

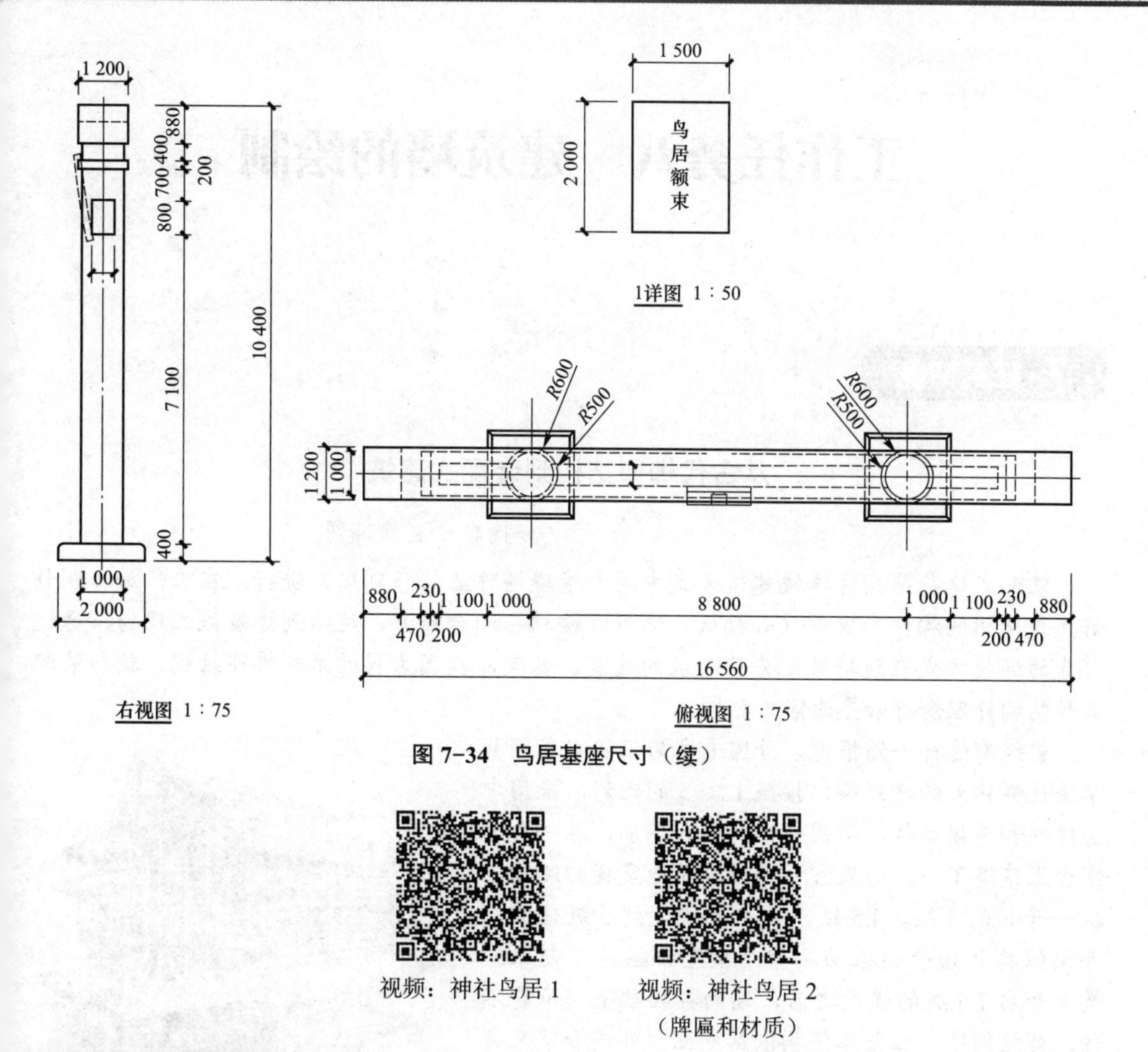

图 7-34　鸟居基座尺寸（续）

视频：神社鸟居 1

视频：神社鸟居 2（牌匾和材质）

每日一技

1. 在 Revit 中如何使族里的空心拉伸剪切项目中的构件？
2. 在 Revit 中如何创建门标记族？

视频：Revit 中如何使族里的空心拉伸剪切项目中的构件

视频：Revit 中如何创建门标记族？

工作任务八　建筑墙的绘制

任务情境

从古代榫卯结构到装配式建筑

——摘自预制建筑网

装配式建筑是指将传统建造方式中的大量现场作业转移到工厂进行，在工厂加工制作好建筑所用的构件和配件（如楼板、墙板、楼梯、阳台等），运输到建筑施工现场，通过可靠的连接方式在现场装配安装而成的建筑。其实，我国古代的木制榫卯结构，就与装配式预制构件理念有着异曲同工之妙。

曾经有这样一篇报道，外国专家为了研究我国紫禁城这样伟大的建筑群，按照 1 ∶ 5 的比例，采用中国榫卯和斗拱结构，不用一根钉子和钢筋，在一个地震台上建造了一座寿康宫，并进行了地震模拟测试。从一开始的 4 级、4.5 级，再“升级”到 5 级地震，斗拱结构开始受到振动，整个模型都摇晃了起来。接着开启 7.5 级的强度之后，墙面摇摇欲坠，承受不住，轰然倒塌，但整体架构依然屹立。外国专家又将地震的力度加大到 9.5 级，当加到 10.1 级时，整个模型似乎已经快要坍塌了！但是 30 秒之后，它依旧稳稳地立在那里，只是发生了轻微的位置偏移。

图 8-1　中式建筑解剖图

图 8-1 所示为中式建筑解剖图，图 8-2 所示为榫卯结构，图 8-3 所示为装配式墙体。

图 8-2　榫卯结构

图 8-3　装配式墙体

能量关键词

文化传承

"榫卯万年牢。"我们传承古建文化的智慧，用创新驱动榫卯结构，使其重新焕发活力，使榫卯连接装配整体式剪力墙结构成为受力性能优良、建造过程效率高、效益高的新型结构体系。

任务目标

完成小别墅项目建筑墙的绘制

教学目标	
知识目标	1. 了解 Revit 中墙体的分类； 2. 掌握基本墙的绘制方法； 3. 掌握复合墙和叠层墙的绘制方法； 4. 掌握 Revit 中的墙面装饰做法
技能目标	能够绘制小别墅项目建筑墙
素质目标	1. 培养团队协作、沟通意识； 2. 培养严谨细致、认真负责的职业精神； 3. 培养质量安全意识

任务分析

翻阅图纸找到首层平面图，以此为基础绘制建筑墙。分析图纸：小别墅建筑墙外墙、内墙的尺寸分别是多少，墙面的装饰做法是什么。

任务实施

8.1 Revit 中墙的分类

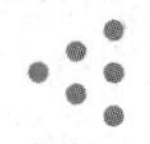

8.1.1　墙体的分类

墙体按结构竖向的受力情况不同可分为承重墙和非承重墙。承重墙是指直接承受楼板及屋顶传下来的荷载的墙。非承重墙可分为两种：一种是自承重墙，它不承受外来荷载，而仅承受自身重量并将其传至基础；另一种是隔墙，它起分隔房间的作用，不承受外来荷载，并把自身重量传给梁或楼板。在框架结构中，非承重墙可以分为填充墙和幕墙。填充墙是位于框架梁、柱之间的墙体。当墙体悬挂于框架梁、柱的外侧起围护作用时，其称为幕墙。幕墙的自重由其连接固定部位的梁、柱承担。墙体的受力情况，如图 8-4 所示。

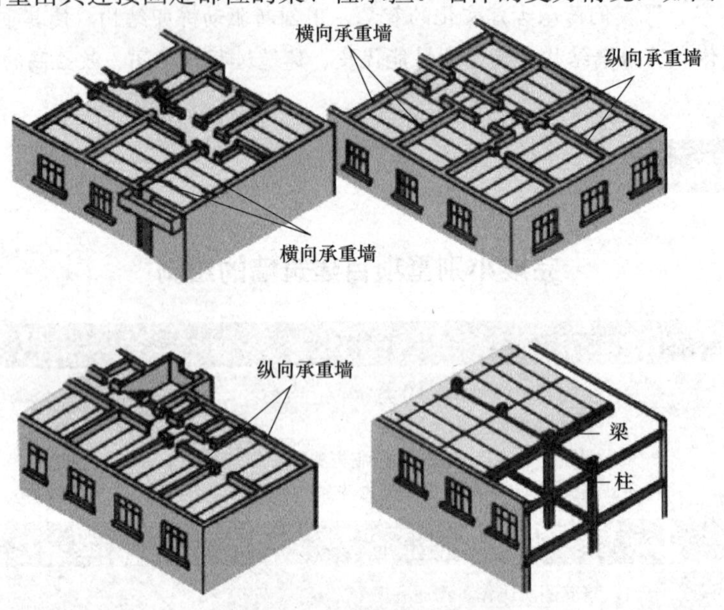

图 8-4　墙体的受力情况

墙体按其在平面上所处位置的不同可分为外墙和内墙。位于房屋周边的墙体统称为外墙，外墙起挡风、遮雨、保温、隔热等围护作用；位于房屋内部的墙体统称为内墙，内墙主要起分隔室内空间的作用。沿着建筑物短轴方向布置的墙体称为横墙，横墙有内横墙和外横墙之分，外横墙又称为山墙。沿着建筑物长轴方向布置的墙体称为纵墙，纵墙有内纵墙和外纵墙之分，外纵墙又称为檐墙。窗与窗之间和窗与门之间的墙称为窗间墙，窗台下面的墙称为窗下墙，屋顶上部的墙称为女儿墙。不同位置、方向的墙体名称如图 8-5 所示。

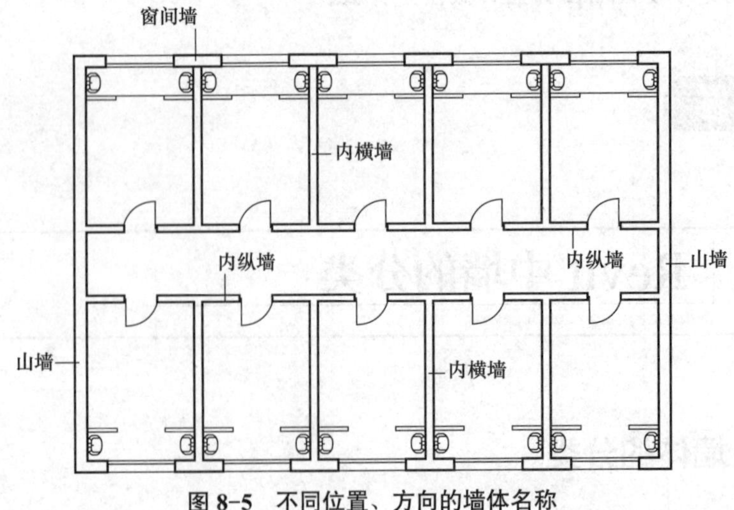

图 8-5　不同位置、方向的墙体名称

墙体按材料及构造方式的不同可分为实体墙、空体墙和组合墙三种。实体墙由单一材料组成，如砖墙、砌块墙等。空体墙也由单一材料组成，既可由单一材料砌成内部空墙，也可用具有孔洞的材料建造，如空心砌块墙等。组合墙由两种以上材料组合而成，如钢筋混凝土和加气混凝土构成复合板材墙。其中，钢筋混凝土起承重作用，加气混凝土起保温、隔热作用。

8.1.2 Revit 中墙体的分类

视频：Revit 中墙体的分类

在 Revit 中创建墙体模型可以通过功能区中的“墙”命令来创建，单击下拉按钮，下拉列表出现五个子命令：“墙：建筑”“墙：结构”“面墙”“墙：饰条”和“墙：分隔条”。

其中，前三个子命令用于创建墙主体，后两个子命令用于在墙体上添加装饰构件。

（1）“墙：建筑”：主要用于绘制建筑中的隔墙。

（2）“墙：结构”：绘制方法与结构墙完全相同，但使用结构墙体工具创建的墙体，可以在结构专业中为墙图元指定结构受力计算模型，并为墙配置钢筋。因此，该命令可以用于创建剪力墙等墙图元。

（3）“面墙”：根据体量或常规模型表面生成墙体图元。

（4）“墙：饰条”和“墙：分隔条”只有在三维视图下才能激活亮显，用于墙体绘制完后添加。

在 Revit 中，建筑墙体（墙：建筑）可以绘制基本墙、叠层墙、幕墙三种类型的墙体（图 8-6）。

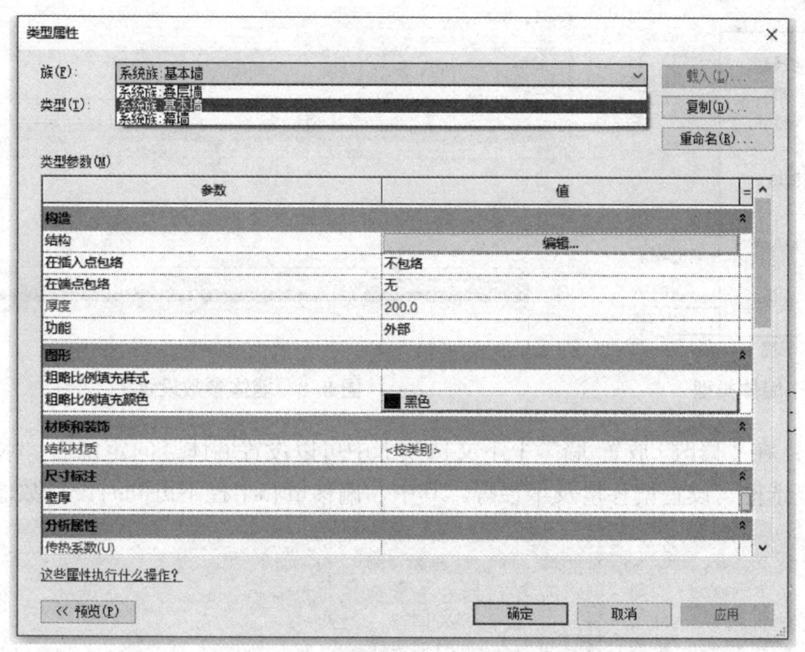

图 8-6　墙体的类型属性

（1）基本墙：可以创建墙体构造层次上下一致的简单内墙或外墙，在建模过程中使用频率较高。

（2）叠层墙：当同一面墙上下分成不同厚度、不同结构和材质时，可以使用叠层墙来创建。

（3）幕墙：一种外墙，附着到建筑结构，而且不承担建筑的楼板或屋顶荷载。

8.2 创建基本墙

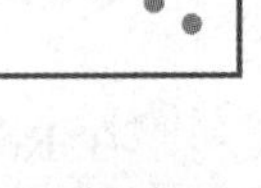

视频：创建基本墙

Revit 的墙模型不仅显示墙形状，还记录墙的详细做法和参数。创建基本墙通常是先定义墙体的类型、墙厚、做法、材质、功能等，再指定墙体的平面位置、高度参数。具体步骤如下。

第一步：单击功能区“建筑”选项卡“构件”面板中的“墙”下拉按钮，显示创建墙体的基本命令（图 8–7），选择要创建的墙体。

第二步：单击“属性”面板中的“编辑类型”按钮，弹出“类型属性”对话框，单击“结构”后的“编辑”按钮，弹出“编辑部件”对话框，系统默认的墙体已有的功能只有结构一部分，在此基础上可插入其他的功能结构层，来完善墙体的构造（图 8–8）。

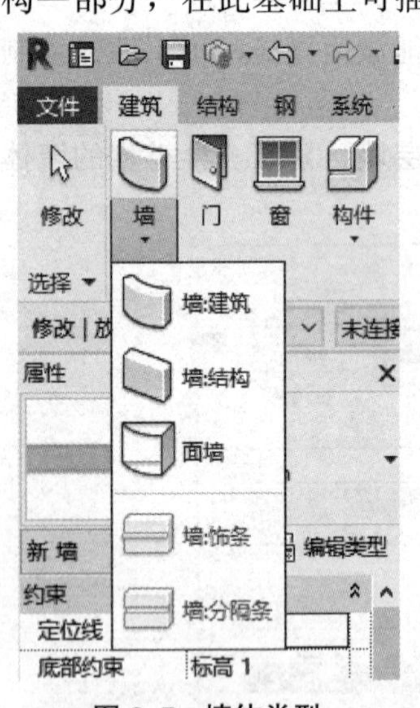

图 8–7　墙体类型

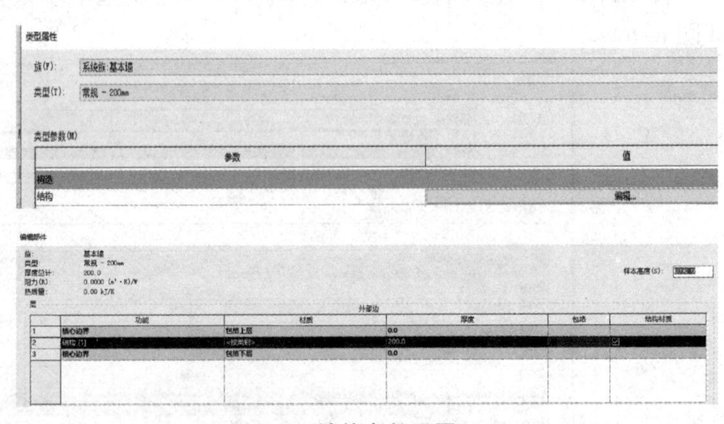

图 8–8　墙体参数设置

第三步：在“修改 | 放置 墙”上下文选项卡中可以设置墙体竖向定位面、水平定位线、勾选“链”复选框、设置偏移量及半径等。其中，偏移量和半径不可同时设置数值（图 8–9）。

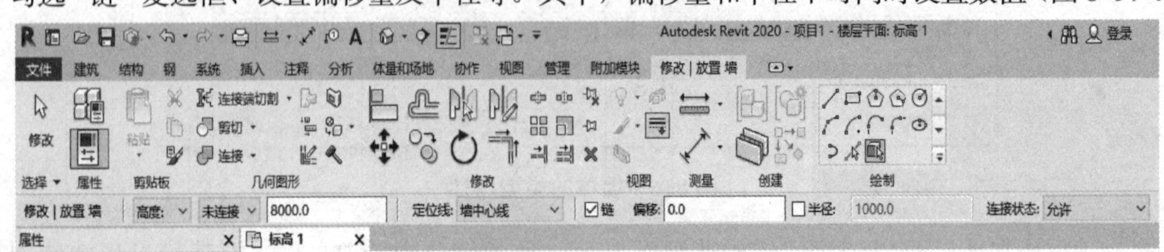

图 8–9　“修改 | 放置 墙”上下文选项卡

（1）“高度”和“深度”分别指从当前视图向上和当前视图向下。

（2）“未连接”下拉列表框中列出了各个标高楼层，如选择未连接，8 000 就是此墙体的高度。

（3）“定位线”为指定使用墙的某个垂直平面来定义墙。

（4）勾选“链”复选框，可以连续绘制墙体。

（5）“偏移”表示绘制墙体时，墙体距离捕捉点的距离。

（6）“半径”表示两面直墙的端点的连接处不是折线，而是根据设定的半径值（如 1 000 mm）自动生成圆弧墙，如图 8-10 所示。

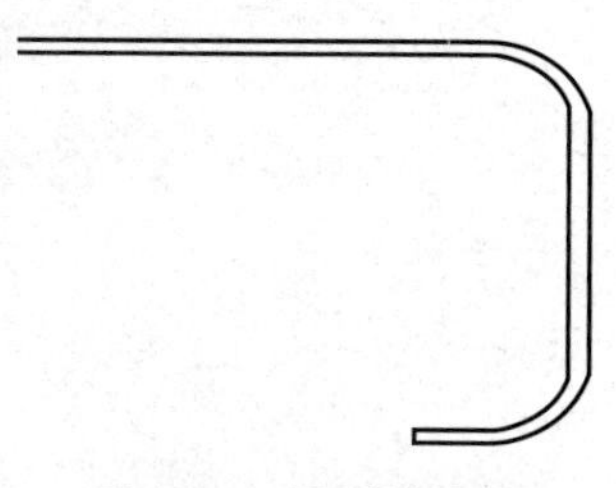

图 8-10　圆弧墙绘制

第四步：在“属性”面板中可以设置墙体的定位线、底部约束、底部偏移、顶部约束等墙体的实例属性（图 8-11）。

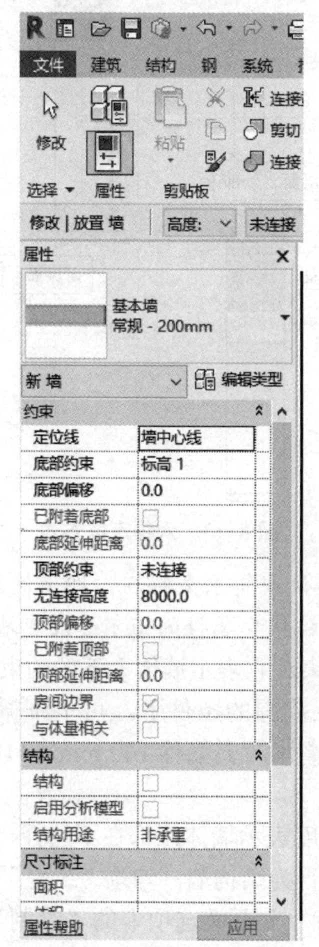

图 8-11　墙实例属性

（1）定位线。墙结构如图 8-12 所示，其定位方式包括“墙中心线（默认）”“核心层”“面层面：外部”“面层面：内部”“核心面：外部”“核心面：内部”六种，如图 8-13 所示。在 Revit 术语中，墙的核心层是指其主结构层。当顺时针绘制墙时，其外部面（面层面：外部）在默认情况下位于外部，其外部面（面层面：内部）在默认情况下位于内部。

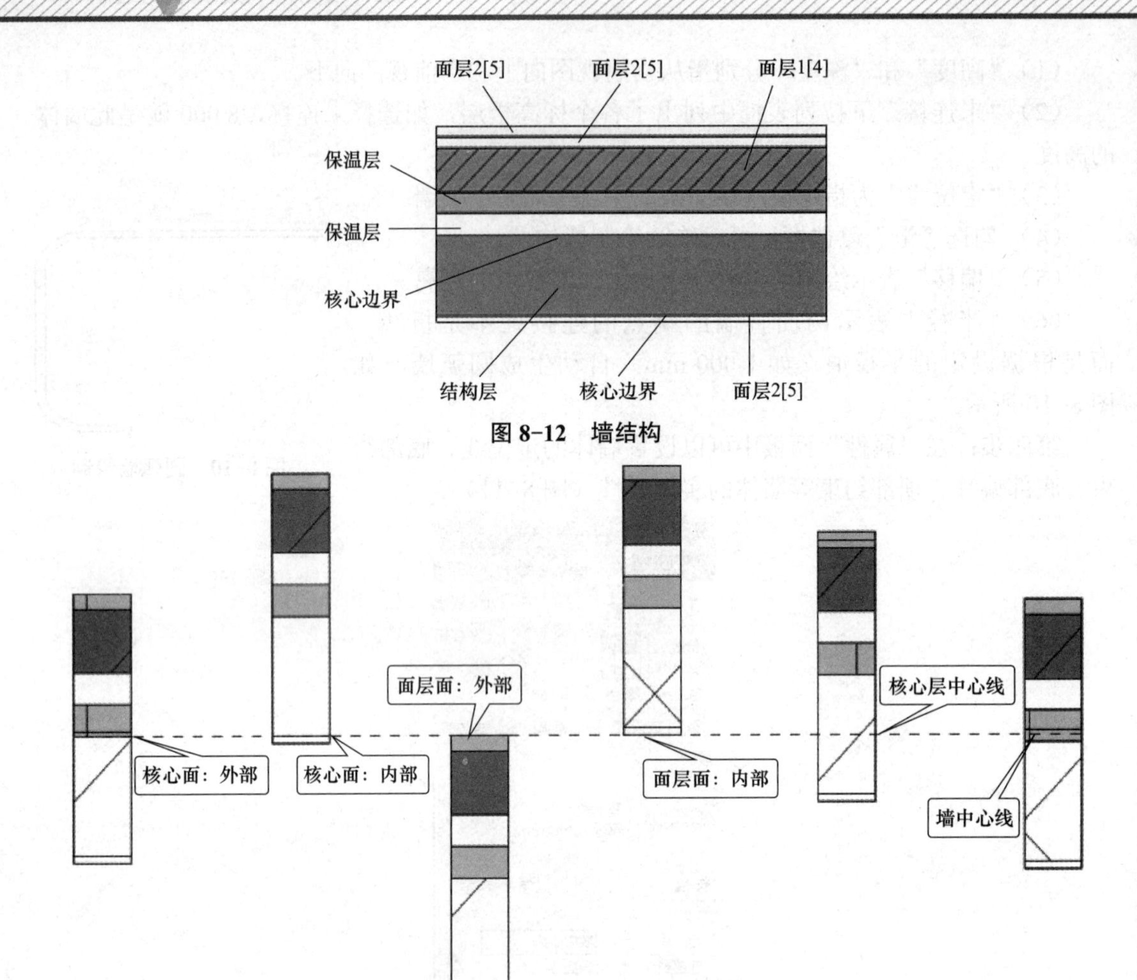

图 8-12　墙结构

图 8-13　六种定位方式

【小贴士】放置墙后，其定位线将永久存在，即使修改其类型的结构或修改为其他类型也是如此。修改现有墙的“定位线”属性的值不会改变墙的位置。

（2）底部限制条件 / 顶部约束。它表示墙体上下的约束范围。

（3）底 / 顶部偏移。在约束范围的条件下，可上下微调墙体的高度，如果同时偏移 100 mm，表示墙体高度不变，整体向上偏移 100 mm。+100 表示向上偏移 100 mm，-100 表示向下偏移 100 mm。

（3）无连接高度。无连接高度表示墙体顶部在不选择“顶部约束”时的高度。

（4）结构。结构表示该墙是否为结构墙。勾选“结构”复选框，可进行后期受力分析。

第五步：在“修改 | 放置 墙”上下文选项卡的“绘制”面板中可以选择直线、弧线、矩形、圆形等来创建墙体。除可以利用面板中的“墙”命令来绘制墙外，也可以用快捷键 WA 进行创建（图 8-14）。

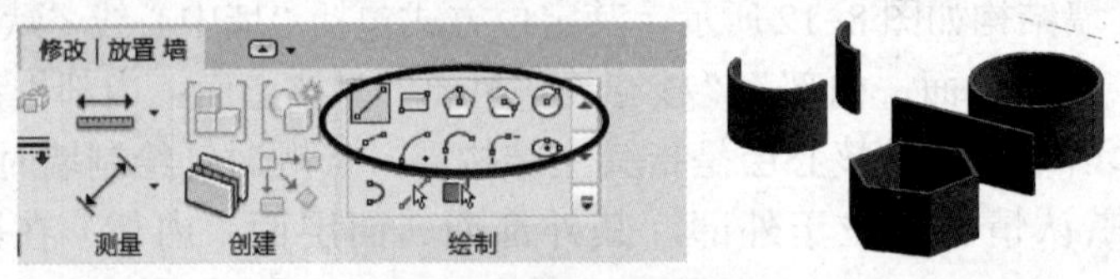

图 8-14　墙体绘制命令

绘图小技巧

绘制墙体的三种方法如下。

（1）绘制墙：使用默认的“线”工具，通过在图形中指定起点和终点来放置直墙分段。或者指定起点，沿所需方向移动光标，然后输入墙长度值。

（2）沿着现有的线放置墙：使用“拾取线”命令，沿着在图形中选择的线来放置墙分段。如果有导入的二维“.dwg”平面图作为底图，用鼠标光标拾取“.dwg”平面图中的墙线，自动生成 Revit 墙体［图 8-15（a）］。

（3）将墙放置在现有面上：使用“拾取面”命令，在图形中选择的体量面或常规模型面上创建墙［图 8-15（b）］。

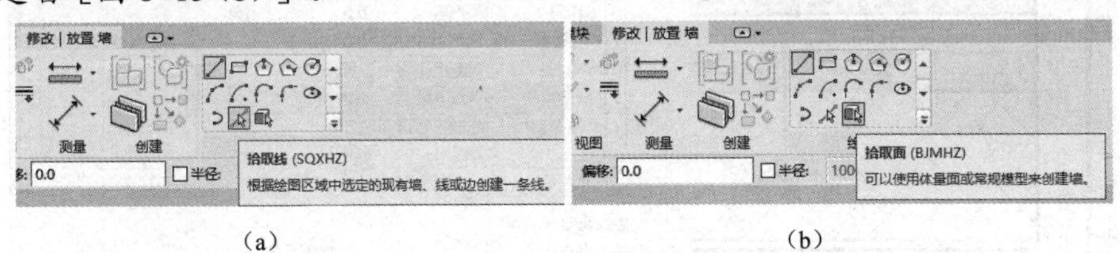

（a）　　　　　　（b）

图 8-15　放置墙体

（a）“拾取线”创建墙；（b）“拾取面”创建墙

【思考】如何切换墙体的内部 / 外部？

8.3 创建复合墙

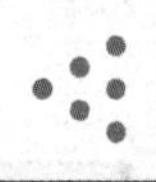

复合墙板是使用集中材料制成的多层板，复合墙板的面层有石棉水泥板、石膏板、铝板等。复合墙板充分利用材料的性能，大多具有强度高、耐久性、隔声性能好等优点，且安装、拆卸简便，有利于建筑产业化。

视频：创建复合墙

使用层或区域可以修改墙类型以定义垂直复合墙的结构，具体步骤如下。

第一步：单击“建筑”选项卡“构件”面板中的“墙”按钮，切换至“修改 | 放置 墙”上下文选项卡并打开选项栏。

第二步：在“属性”面板中选择“常规 -200 mm”类型墙体，单击“编辑类型”按钮，弹出“类型属性”对话框，单击“复制”按钮（图 8-16），弹出“名称”对话框，输入名称为“复合墙”，单击“确定”按钮，新建复合墙并返回到“类型属性”对话框。

图 8-16　复制基本墙

第三步：单击“结构”后的“编辑”按钮，弹出“编辑部件”对话框（图 8-17），单击“插入”按钮，插入一个构造层，选择功能为“面层 2［5］”，并单击“向下”按钮移至核心边界下方，单击“材质”中的浏览器按钮，弹出“材质浏览器”对话框，选择“松散 - 石膏”材质，单击“确定”按钮。内 / 外部边表示墙的内、外两侧，可根据需要添加墙体的内部结构构造。

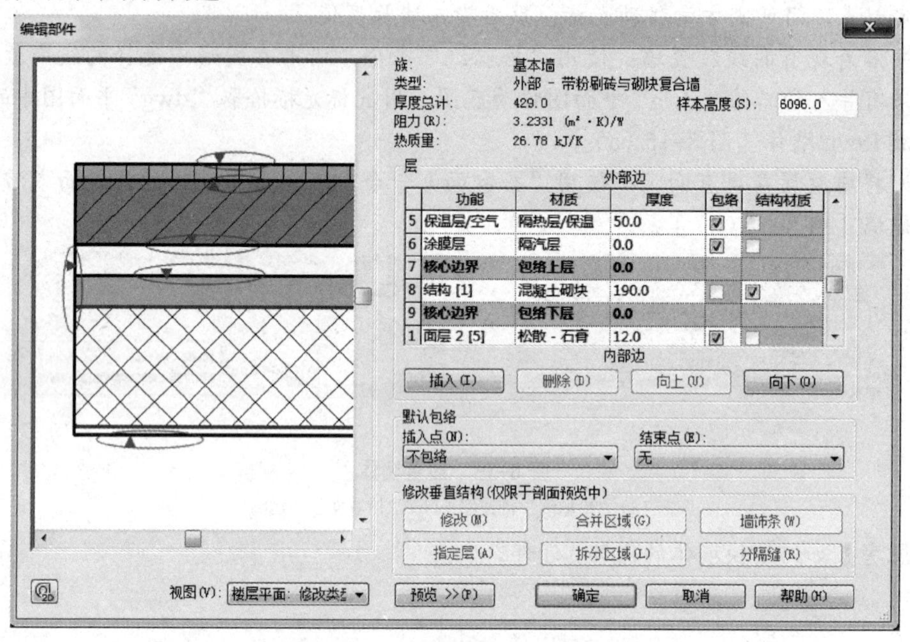

图 8-17　“编辑部件”对话框

知识链接

Revit 提供了六种层，分别为结构［1］、衬底［2］、保温层 / 空气层［3］、涂膜层、面层 1［4］、面层 2［5］。

（1）结构［1］：支撑其余墙、楼板或屋顶的层。

（2）衬底［2］：作为其他材质基础的材质（如胶合板或石膏板）。

（3）保温层 / 空气层［3］：隔绝并防止空气渗透。

（4）涂膜层：通常用于防止水蒸气渗透的薄膜，涂膜层的厚度应该为零。

（5）面层 1［4］：面层 1 通常是外层。

（6）面层 2［5］：面层 2 通常是内层。

【小贴士】 Revit 中六种层的功能的优先顺序如下。

优先级 1：结构层具有最高优先级。

优先级 5：面层 2 具有最低优先级。

其中，优先连接优先级高的层，然后连接优先级最低的层。例如，假设连接两个复合墙，第一面墙中优先级 1 的层会连接到第二面墙中优先级 1 的层上。优先级 1 的层可穿过其他优先级较低的层与另一个优先级 1 的层连接。优先级低的层不能穿过优先级相同或优先级较高的层进行连接。

第四步：修改垂直结构。单击下方的“预览”按钮后，选择“剖面：修改类型属性”视图后才会亮显。利用“拆分区域”按钮拆分面层，在面层上会有一条高亮显示的预览拆分线，放置好高度后单击“修改”按钮，在“编辑部件”对话框中再次插入新建面层2（图8–18），修改面层材质，单击该面层2前的数字序号，选中新建的面层，然后单击“指定层”按钮，在视图中单击拆分后的某一段面层（图8–19）。

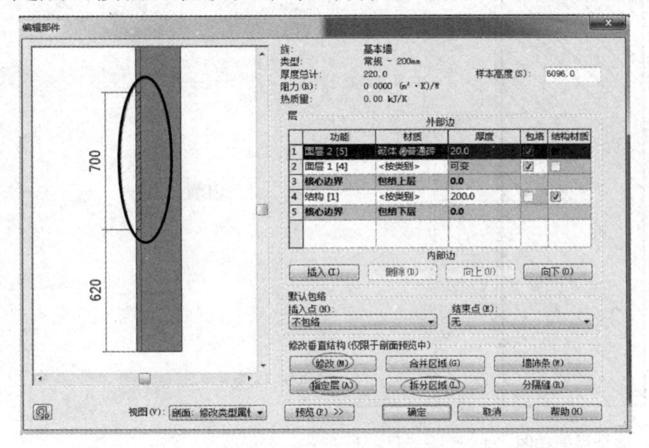

图8–18　修改垂直结构

图8–19　拆分面层

知识链接

修改：单击此按钮，在预览窗格中高亮显示并选择示例墙的外边界或区域之间的边界。

指定层：单击此按钮，将对话框中的行指定给图层或预览窗格中的区域。例如，可以将饰面层1拆分为若干个区域，然后将另一个面层行指定给其中某些区域，并创建交叉的图案。

合并区域：在水平方向或垂直方向上将墙区域合并成新区域。

拆分区域：在水平方向或垂直方向上将一个墙层（或区域）分割成多个新区域。

墙饰条：控制墙饰条的放置和显示。

分隔缝：控制墙分隔缝的放置和显示。

绘图小技巧

拆分区域后，选择拆分边界会显示蓝色控制箭头，可调节拆分线的高度。

【练一练】按照图8–20所示，新建项目文件，创建如下墙类型，并将其命名为“等级考试－外墙”。以标高1到标高2为墙高，创建半径为5 000 mm（以墙核心层内侧为基准）的圆形墙体。最终结果以“墙体”为文件名保存在文件夹中。

视频：第三期全国BIM技能等级考试一级试题第2题

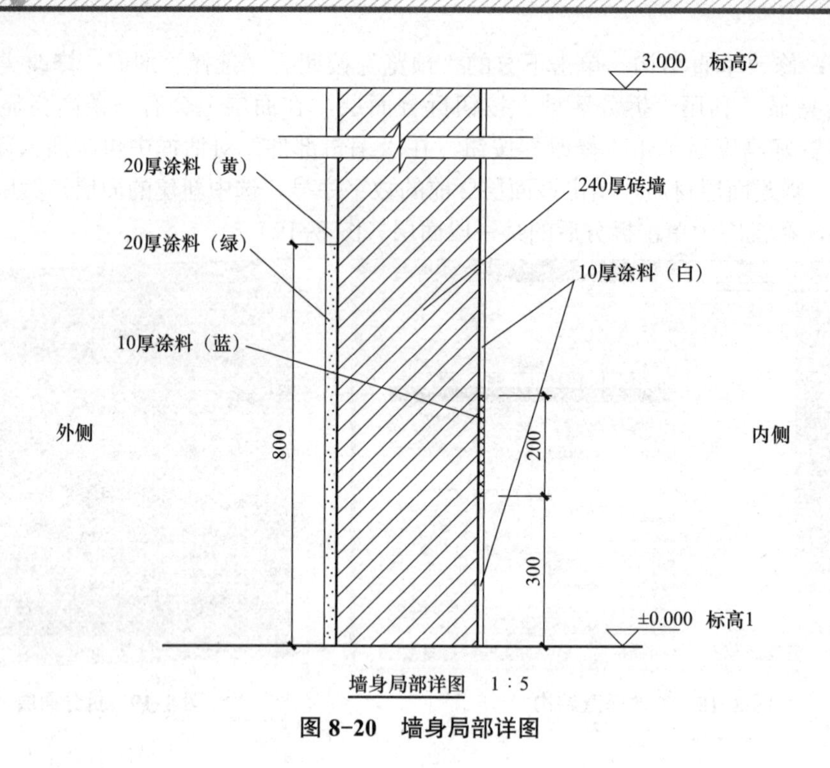

图 8-20 墙身局部详图

8.4 创建叠层墙

视频：创建叠层墙

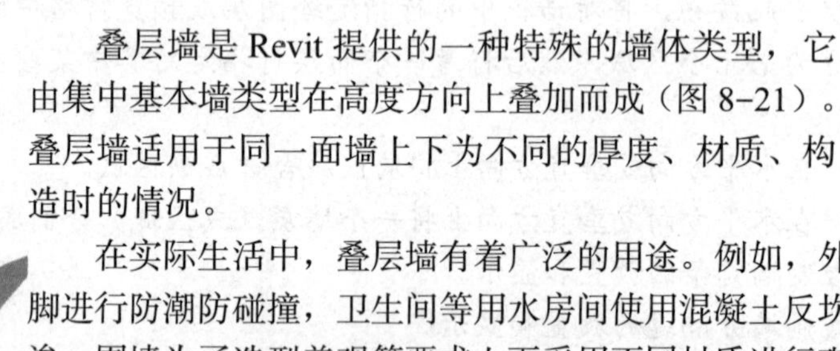

叠层墙是 Revit 提供的一种特殊的墙体类型，它由集中基本墙类型在高度方向上叠加而成（图 8-21）。叠层墙适用于同一面墙上下为不同的厚度、材质、构造时的情况。

图 8-21 叠层墙

在实际生活中，叠层墙有着广泛的用途。例如，外墙底部使用勒脚进行防潮防碰撞，卫生间等用水房间使用混凝土反坎进行防潮、防渗，围墙为了造型美观等要求上下采用不同材质进行砌筑。虽然这些节点的处理也可以使用装饰或分段等方式进行创建，但是使用叠层墙则可以更快速、便捷地完成设计工作。

8.4.1 创建叠层墙族类型

（1）叠层墙的构造是使用已有的基本墙进行编辑的。在墙的属性编辑器里，单击“编辑类型”按钮，在弹出的“类型属性”对话框中，单击“族”下拉按钮，选择“系统族：叠层墙”选项（图 8-22）。

（2）在“叠层墙”系统族中默认选择“外部 - 砌块勒脚砖墙”叠层墙样式。单击“结构”后的“编辑”按钮，弹出“编辑部件”对话框（图 8-23、图 8-24）。

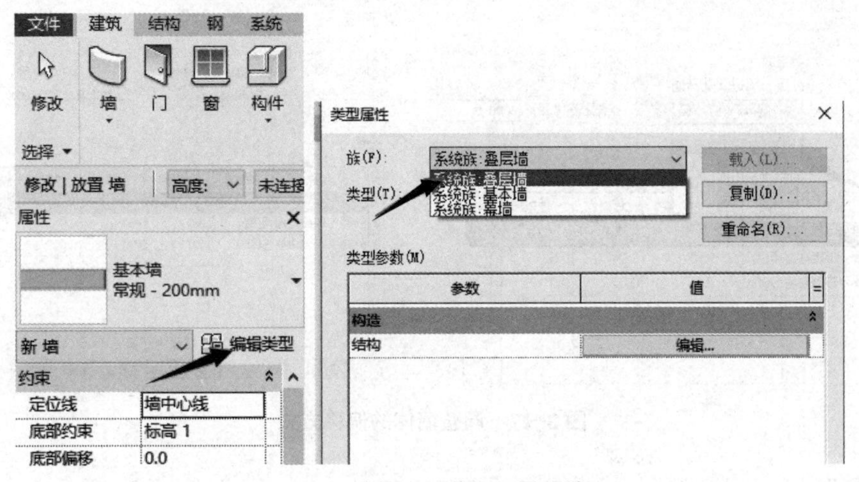

图 8-22　选择“系统族：叠层墙”

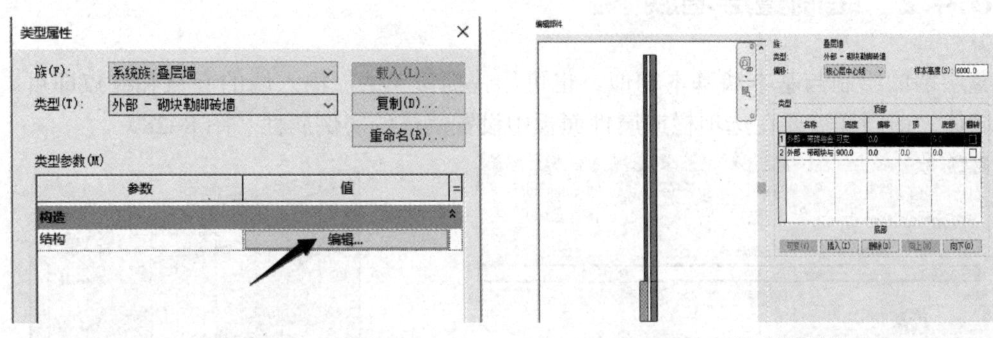

图 8-23　“类型属性”对话框　　图 8-24　“编辑部件”对话框

（3）在“编辑部件”对话框中单击类型表格底部的“插入”按钮，可选择不同材质的墙体，并调整墙体的顺序。单击“编辑部件”右下角的“预览”按钮，可以预览墙体断面，可对叠层墙做进一步调整（图 8-25、图 8-26）。

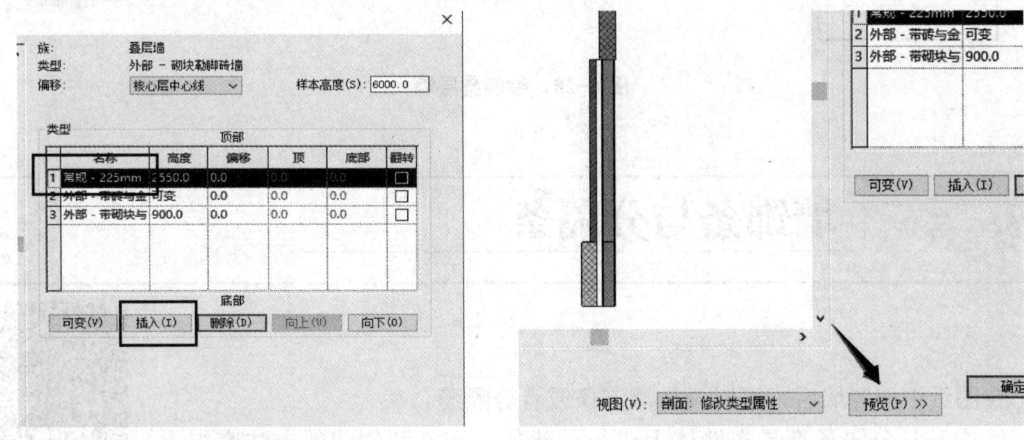

图 8-25　编辑墙类型　　图 8-26　预览叠层墙

（4）调整墙体的偏移方式。将偏移选项切换为“核心层中心线”或其他偏移方式，墙体会根据新的规则进行对齐；此外，还可以调整表格中偏移列的数值，将叠层墙调整至合理位置（图 8-27）。

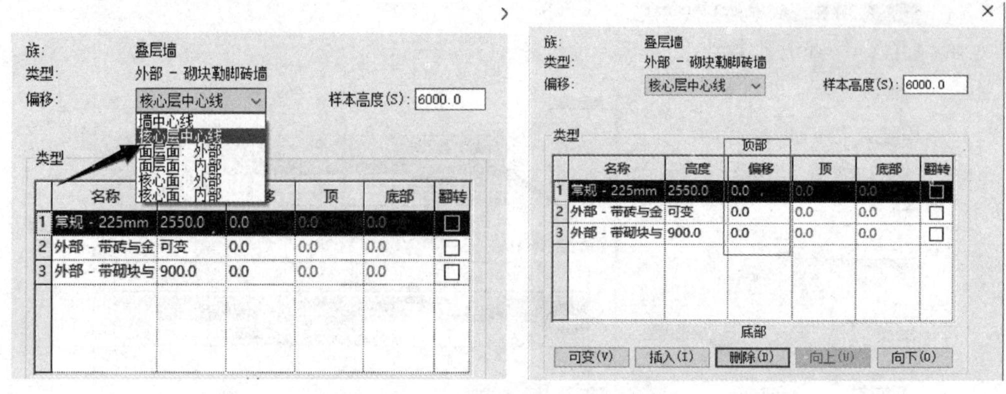

图 8-27　调整墙体的偏移方式

8.4.2　绘制叠层墙族

叠层墙的绘制与基本墙基本相似，也可用快捷键 WA，输入墙的起点和终点即可。在创建墙体之前同样需要在选项栏或属性面板中设置墙体的实例属性（图 8-28）。

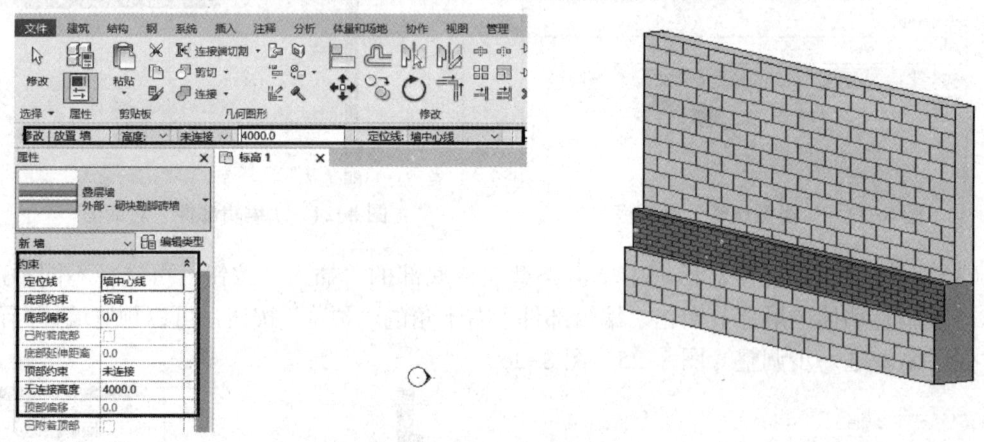

图 8-28　绘制叠层墙

8.5　墙饰条与分隔条

视频：创建墙饰条与分隔条

在图纸中放置墙后，可以添加墙饰条或者分隔缝。

墙饰条与分隔条都是在墙体上进行创建的。定义和创建的方法有以下两种。

（1）在墙体类型属性的“结构”中进行定义。新建一个墙体，单击“属性”面板中的“编辑类型”按钮，弹出“类型属性”对话框，单击“结构”后的“编辑”按钮，弹出“编辑部件”对话框，在“修改垂直结构（仅限于剖面预览中）”选项组中，单击“墙饰条”按钮或“分隔条”按钮，在面层上创建墙饰条 / 分隔条（图 8–29）。

【小贴士】只有在剖面视图中，才能添加墙饰条 / 分隔条，否则，墙饰条 / 分隔条等是灰色显示，不能设置。

单击“墙饰条”按钮，出现墙饰条的基本参数，包括轮廓、材质、距离、自、边、偏移、翻转、收进、剪切墙等参数，可以进行设置（图 8–30）。

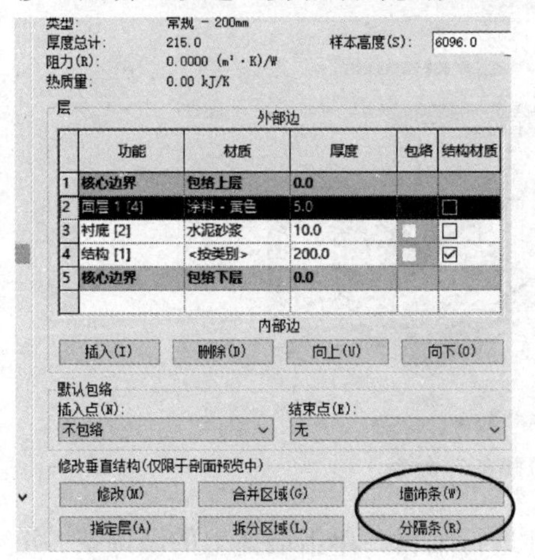

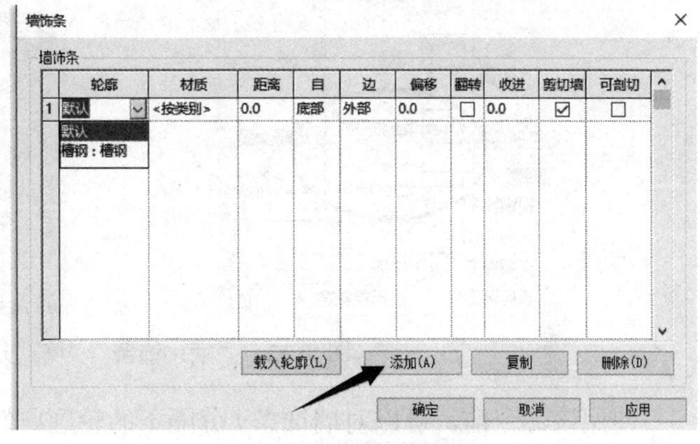

图 8–29　创建墙饰条和分隔条　　图 8–30　添加墙饰条

知识链接

轮廓：指定用于创建墙饰条的轮廓族。

材质：设置墙饰条的材质。

收进：制定墙饰条从每个相交的墙附属件收进的距离。

剪切墙：勾选此复选框，设置在几何图形和主体墙发生重叠时，墙饰条是否会从主体墙中剪切掉几何图形。

单击“载入轮廓”按钮，可以在 Revit 自带的族库中载入需要的轮廓，如图 8–31 所示。

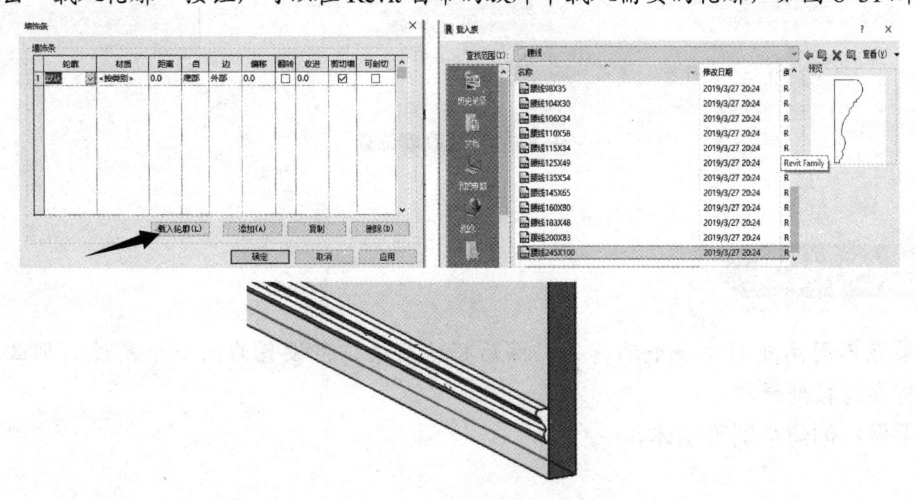

图 8–31　载入墙饰条轮廓

（2）直接使用功能区上的“墙：饰条”“墙：分隔条”命令在墙体上进行装饰（图 8-32）。

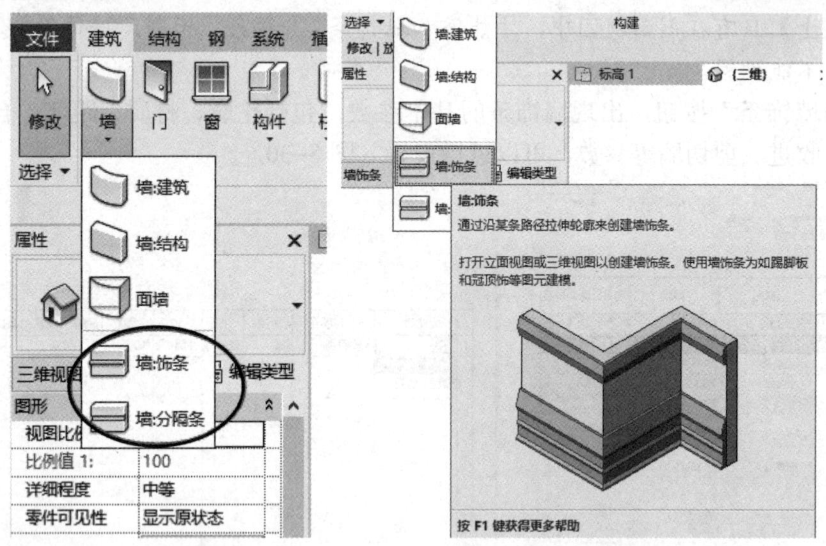

图 8-32　“墙：饰条”“墙：分隔条”命令

使用该命令前，可以对墙饰条 / 分隔条的轮廓属性进行编辑。单击墙体上的墙饰条 / 分隔条，可以直接进行编辑，设置偏移等参数（图 8-33）。

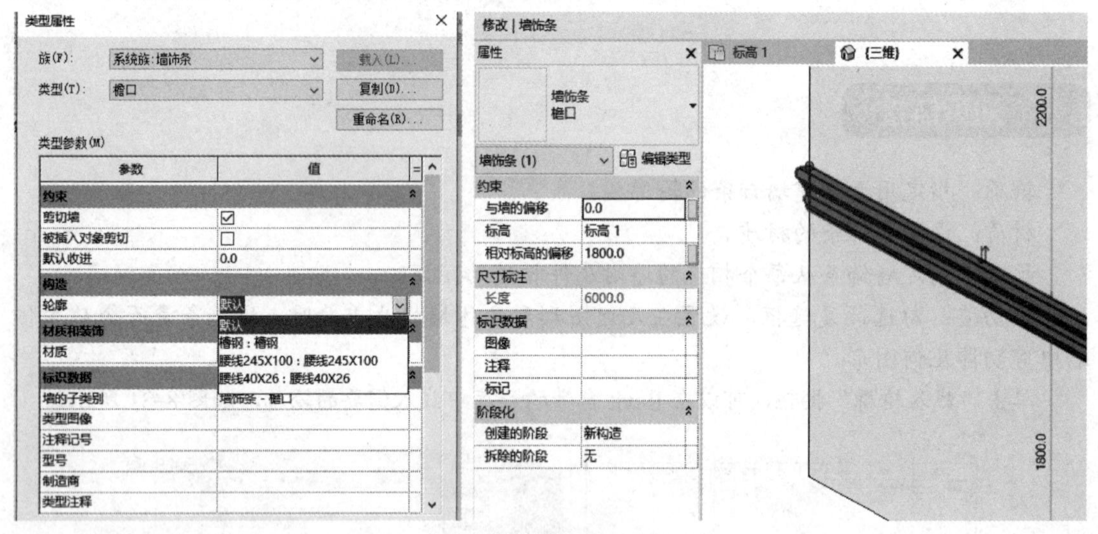

图 8-33　修改墙饰条

绘图小技巧

如果在不同高度创建多个墙饰条，然后将这些墙饰条设置为同一个高度，那么，这些墙饰条将在连接处斜接。

动手做：创建小别墅墙体。

8.6　小别墅墙体的创建

视频：小别墅一层外墙的绘制

8.6.1　小别墅层外墙的创建

第一步：将视图切换至楼层平面室外地坪。

第二步：单击“建筑”选项卡“构建”面板中的“墙”按钮，在“属性”面板中选择“基本墙常规 -200 mm”类型，单击“编辑类型”按钮，弹出“类型属性”对话框，单击“复制”按钮，在弹出的“名称”对话框中新建墙的名称命名为“一层外墙 200 mm”。

第三步：单击“类型参数”“结构”后的“编辑”按钮（图 8-34），弹出“编辑部件”对话框，单击材质框中的“浏览”按钮，在弹出的“材质浏览器 - 混凝土砌块”对话框中选择“混凝土砌块”材质，勾选“使用选染外观”复选框（图 8-35），单击“确定”按钮，返回到“编辑部件”对话框中，完成材质的设置。

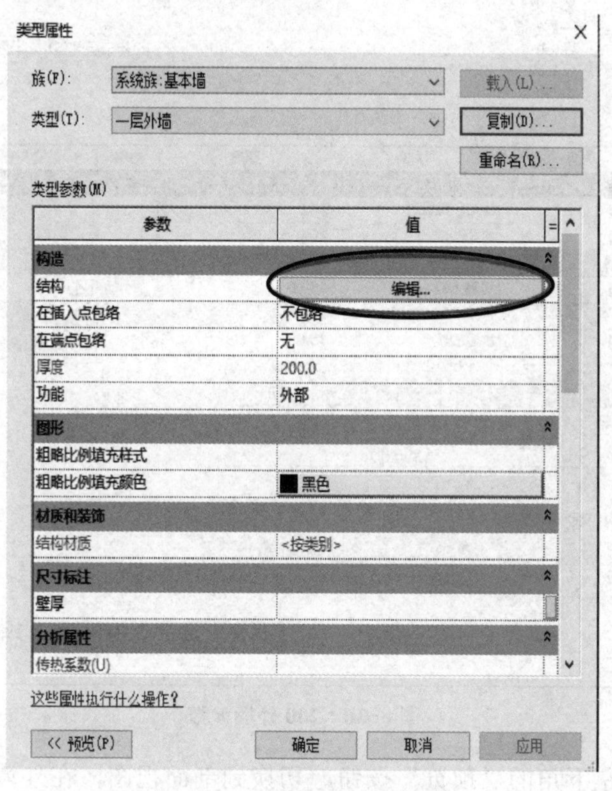

图 8-34　新建一层 200 外墙

第四步：单击“插入”按钮，插入“衬底［2］”，单击“向上”按钮，将其调整到第一栏，然后设置材质为“水泥砂浆”，输入厚度为 15。采用此方法，设置其他层，如图 8-36 所示。

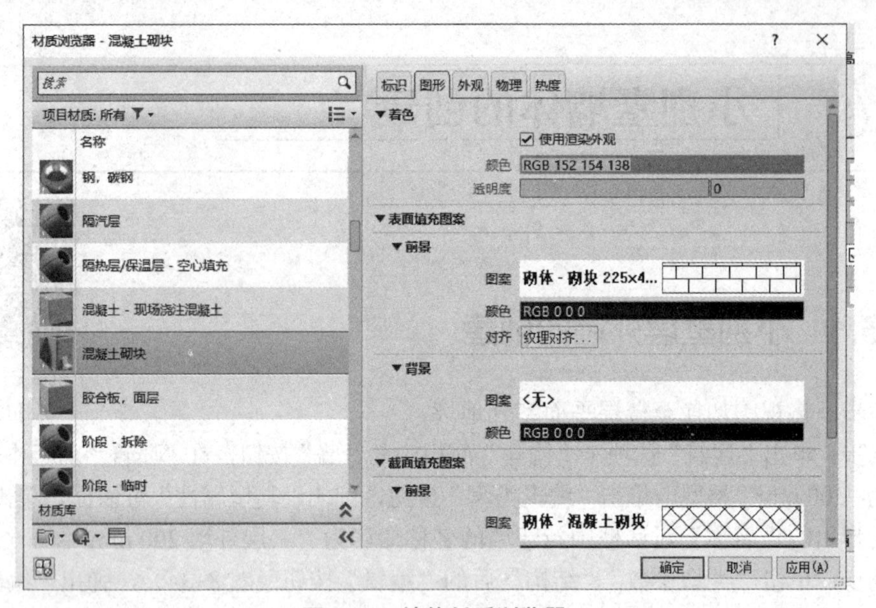

图 8-35　墙体材质浏览器

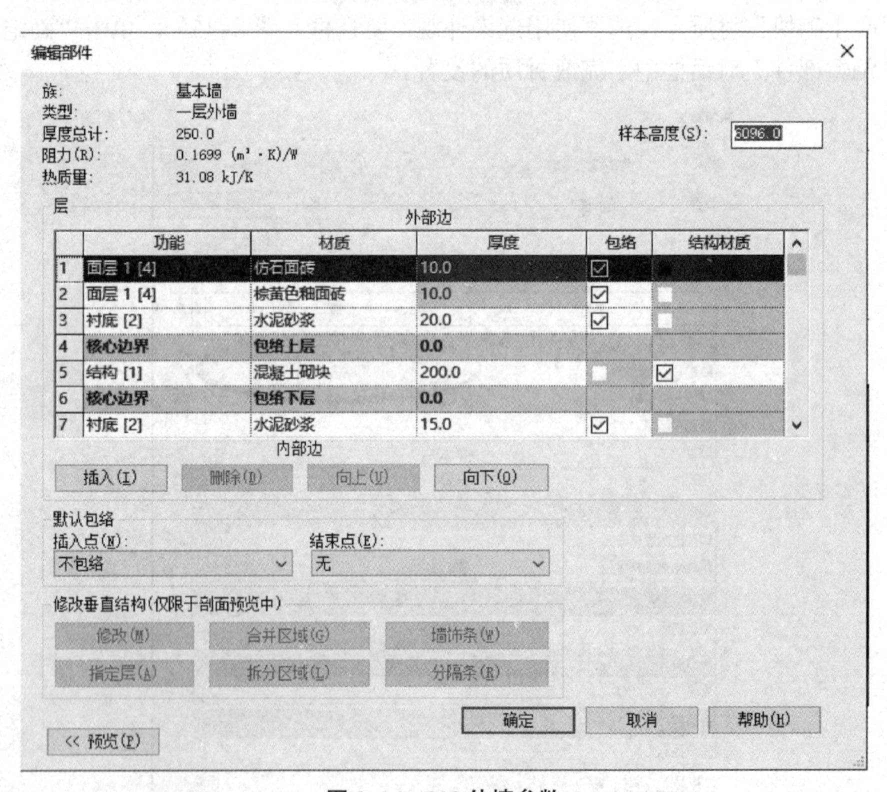

图 8-36　200 外墙参数

第五步：单击左下角的“预览”按钮，切换到剖面视图，在外墙外部边继续插入面层，设置材质为“仿石面砖”，单击“拆分区域”按钮，在左侧剖面视图中，对棕黄色釉面砖面层拆分 950 mm。继续单击仿石面砖面层，单击“指定层”按钮，再单击剖面视图中拆分出来的部分，呈蓝色亮显，说明已经拆分成功，并对拆分部分设置新的材质（图 8-37）。

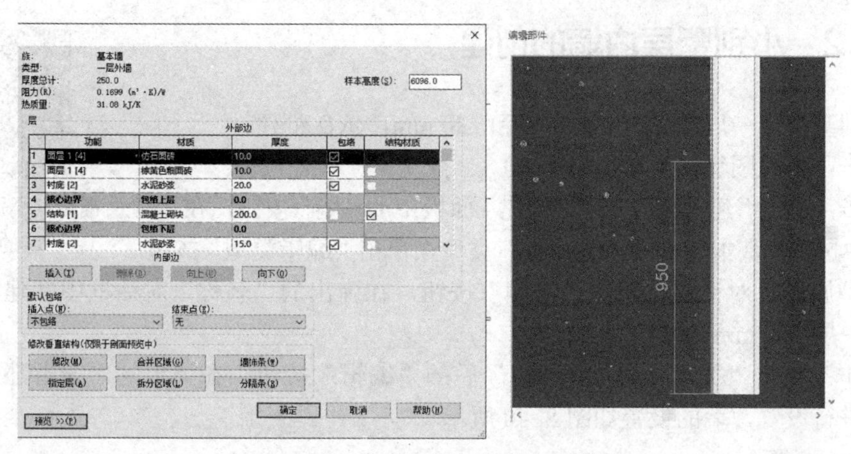

图 8-37　拆分“仿石面砖”区域

第六步：在“属性”面板中设置定位线为“墙中心线”，底部约束条件为“室外地坪”，顶部约束条件为“直到标高：F1”，其他采用默认设置（图 8-38）。

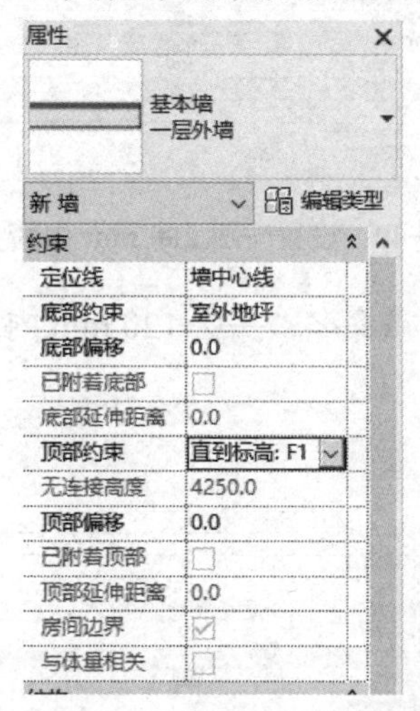

图 8-38　“属性”面板

第七步：单击“修改 | 放置”上下文选项卡“绘制”面板中的“直线”按钮，移动光标单击选择 CAD 图上外墙的起点，顺时针依次绘制外墙中心线，绘制完成的一层外墙如图 8-39 所示。

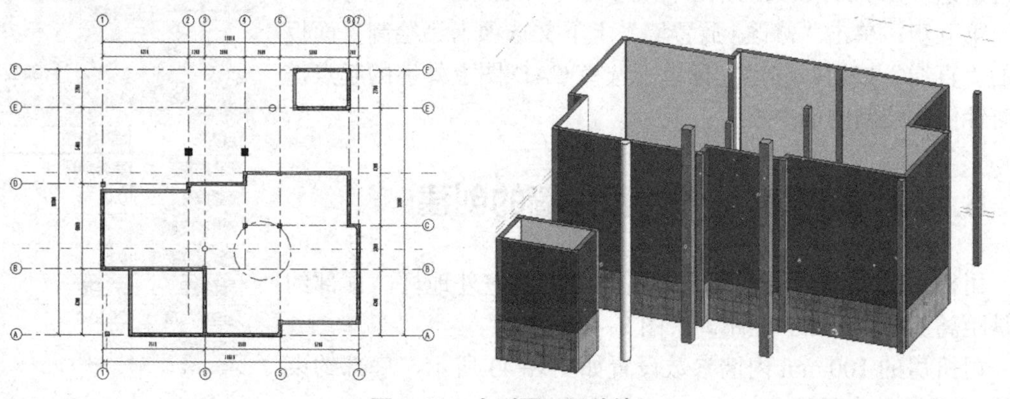

图 8-39　小别墅一层外墙

8.6.2 小别墅层内墙的创建

视频：小别墅一层内墙的绘制

在小别墅中，一层内墙有 200 mm 和 120 mm，依次创建。

第一步：将视图切换至楼层平面 F0。

第二步：单击“建筑”选项卡“构建”面板中的“墙”按钮，在“属性”面板中选择“基本墙常规 -200 mm”类型，单击“编辑类型”按钮，弹出“类型属性”对话框，单击“复制”按钮，在弹出的“名称”对话框中新建墙的名称命名为“一层 200 mm 内墙”。

第三步：单击“类型参数”“结构”后的“编辑”按钮，在弹出的“编辑部件”对话框中对墙进行设置，墙的设置如图 8-40 所示。

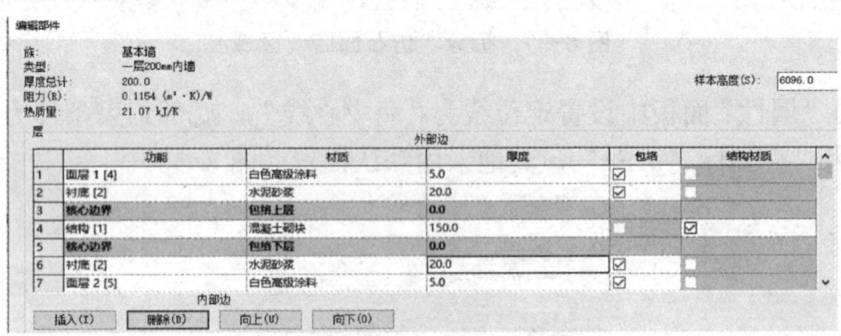
编辑部件

族：基本墙
类型：一层200mm内墙
厚度总计：200.0
阻力(R)：0.1154 (m²·K)/W
热质量：21.07 kJ/K
样本高度(S)：6096.0

层　外部边

	功能	材质	厚度	包络	结构材质
1	面层 1 [4]	白色高级涂料	5.0	☑	☐
2	衬底 [2]	水泥砂浆	20.0	☑	☐
3	核心边界	包络上层	0.0		
4	结构 [1]	混凝土砌块	150.0	☐	☑
5	核心边界	包络下层	0.0		
6	衬底 [2]	水泥砂浆	20.0	☑	☐
7	面层 2 [5]	白色高级涂料	5.0	☑	☐

内部边

插入(I)　删除(D)　向上(U)　向下(O)

图 8-40　设置一层 200 mm 内墙参数

复制“一层 200 mm 内墙”，重命名“一层 120 mm 内墙”，墙的设置如图 8-41 所示。

编辑部件

族：基本墙
类型：一层120mm内墙
厚度总计：120.0
阻力(R)：0.0615 (m²·K)/W
热质量：11.24 kJ/K
样本高度(S)：6096.0

层　外部边

	功能	材质	厚度	包络	结构材质
1	面层 1 [4]	白色高级涂料	5.0	☑	☐
2	衬底 [2]	水泥砂浆	15.0	☑	☐
3	核心边界	包络上层	0.0		
4	结构 [1]	混凝土砌块	80.0	☐	☑
5	核心边界	包络下层	0.0		
6	衬底 [2]	水泥砂浆	15.0	☑	☐
7	面层 2 [5]	白色高级涂料	5.0	☑	☐

内部边

插入(I)　删除(D)　向上(U)　向下(O)

图 8-41　设置一层 120 mm 隔墙参数

第四步：在“属性”面板中，设置定位线为墙中心线，墙底约束条件为 F0，顶部约束条件为 F1。

第五步：单击“修改 | 放置墙”上下文选项卡“绘制”面板中的“直线”按钮，移动光标单击选择 CAD 图上外墙的起点，顺时针依次绘制内墙中心线。

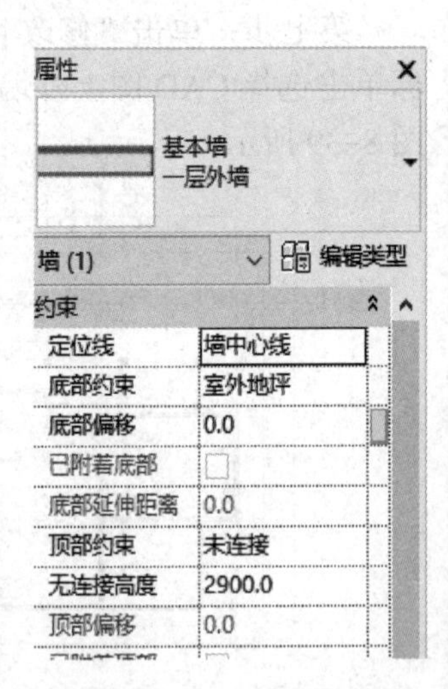

图 8-42　“属性”面板

8.6.3 司机房层外墙和内墙的创建

司机房的外墙约束条件为：底部约束是室外地坪，顶部约束是距离 F0 2 900 mm 的距离（图 8-42）。

司机房的 100 mm 内墙参数设置如图 8-43 所示，底部约束是 F0，顶部约束是距离 F0 2 800 mm 的距离。

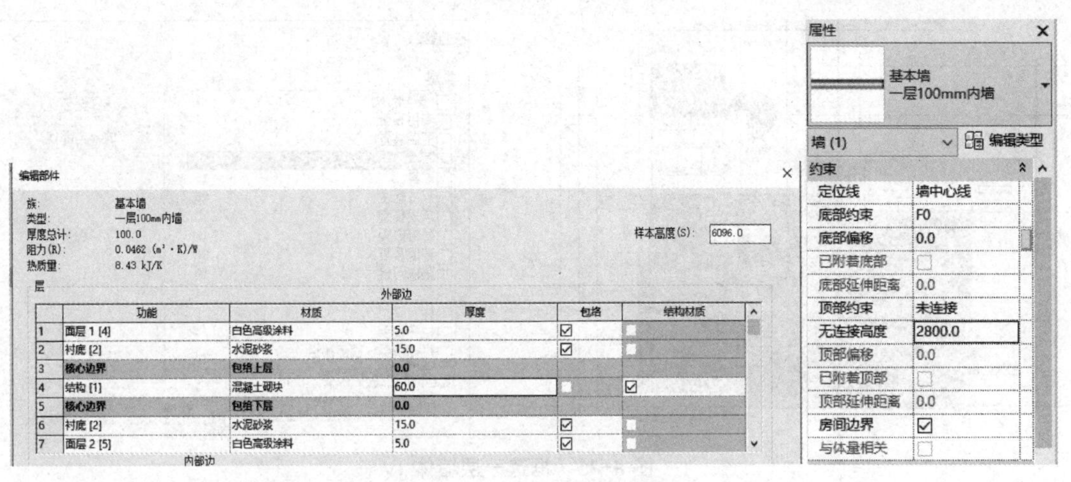

图 8-43　设置司机房内墙

至此，小别墅一层的基本墙已经绘制完毕，如图 8-44 所示。

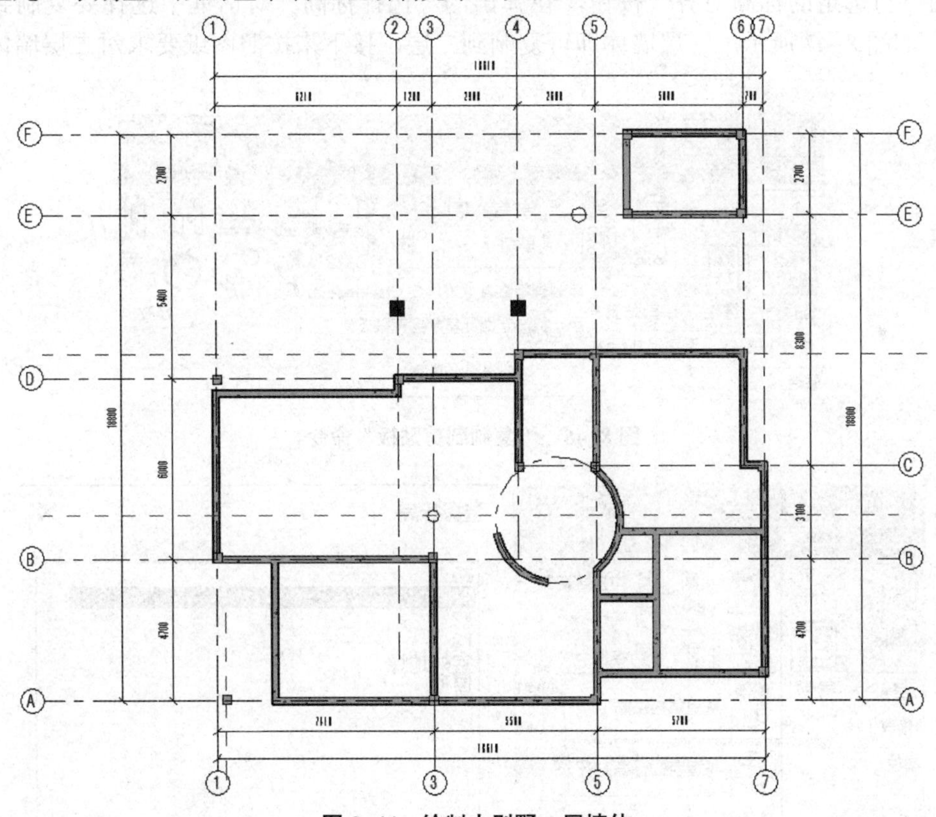

图 8-44　绘制小别墅一层墙体

8.6.4　小别墅二层墙体的创建

第一步：在 F0 平面视图中，框选全部，切换至“修改 | 选择多个”上下文选项卡，单击“过滤器”按钮，勾选要复制的构件“墙”，单击“确定”按钮，如图 8-45 所示。

视频：小别墅二层墙体的绘制

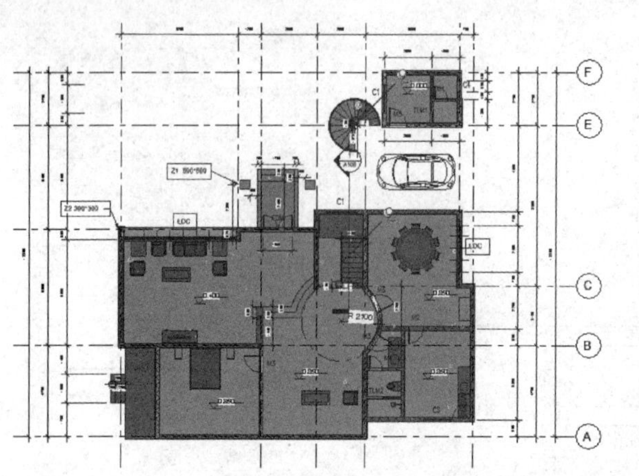

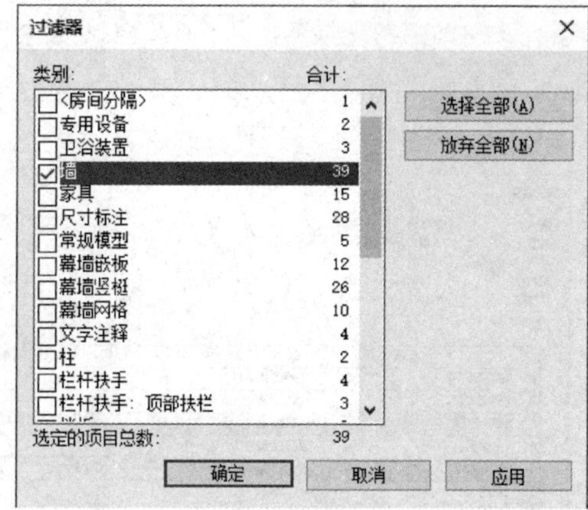

图 8-45 框选一层墙体

第二步：单击功能区“复制到剪贴板”按钮，如图 8-46 所示。单击“粘贴”下拉列表中的“与选定的标高对齐”按钮，在弹出的“选择标高”对话框中选择要复制到的标高 F1，如图 8-47 所示，一层墙体即可复制到二层，接下来按照图纸要求对二层墙体进行修改。

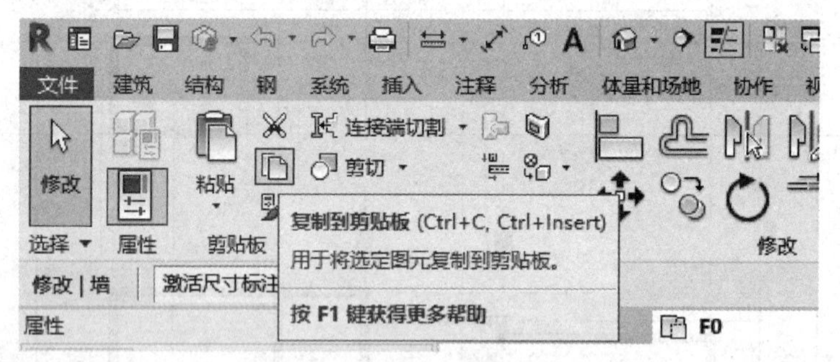

图 8-46 “复制到剪贴板”命令

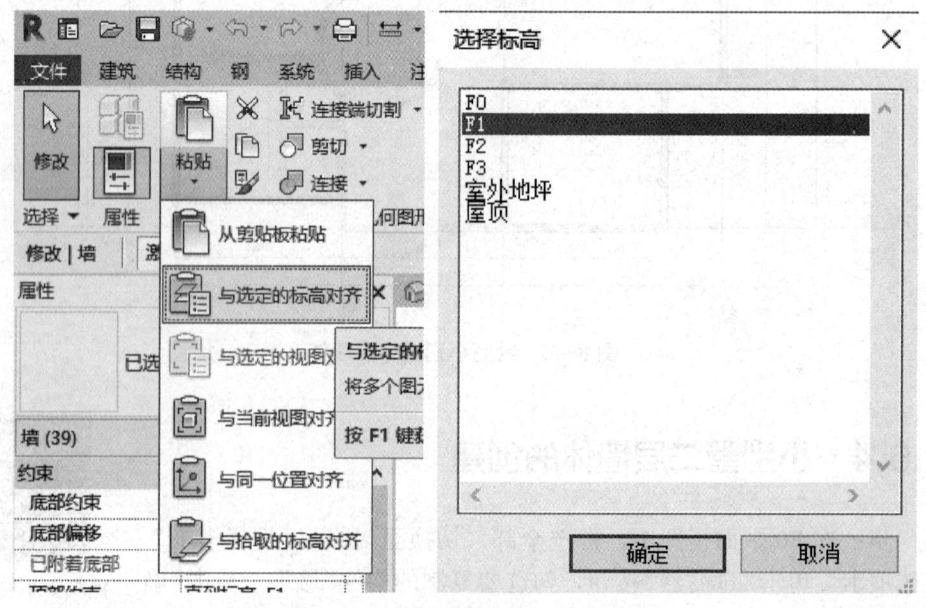

图 8-47 “与选定标高对齐”命令

成果展示

小别墅一层、二层墙体如图 8-48 所示。

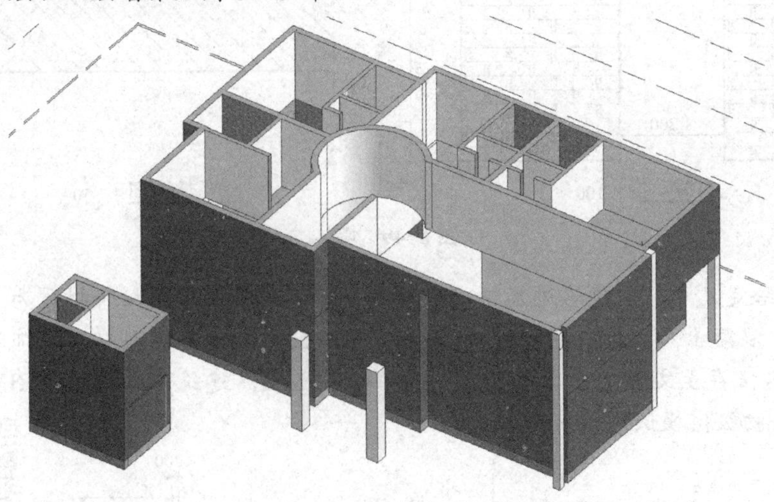

图 8-48　小别墅一层、二层墙体

任务评价

技能点	完成情况	注意事项
绘制基本墙		
绘制复合墙		
绘制叠层墙		
绘制墙饰条和分隔条		

通过完成上述任务，还学到了什么知识和技能？

任务拓展

1. 绘制图 8-49 所示墙体，自定义墙体的类型、高度、厚度及长度，材质为灰色普通砖，并参照图 8-49 所标注的尺寸在墙体上开一个拱门洞。以内建常规模型的方式沿洞口生成装饰门框，门框轮廓材质为樱桃木，样式见 1-1 剖面图。创建完成后以“拱门墙 + 考生姓名”为文件名保存至文件夹中。【2019 年第一期“1+X”建筑信息模型（BIM）职业技能等级考试——初级实操试题第一题】

视频：2019 年“1+X”职业技能等级考试第一期

要求：（1）绘制墙体，完成洞口创建。

（2）正确使用内建模型工具绘制装饰门框。

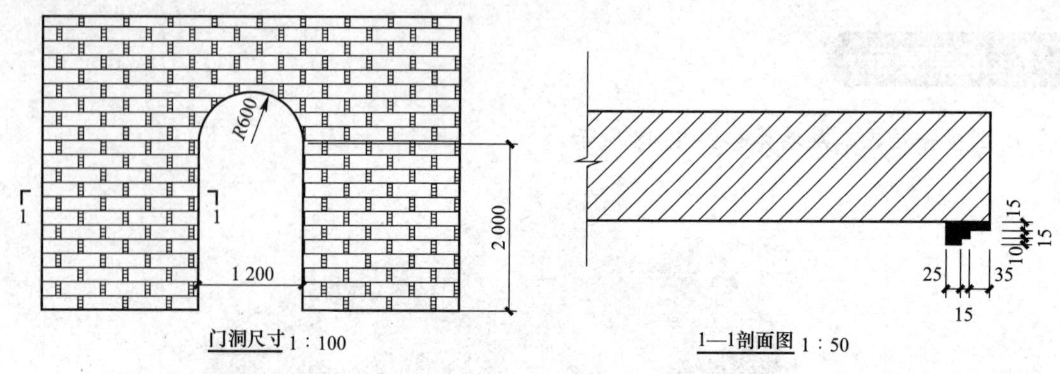

图 8-49 墙体

2．根据给定尺寸，创建路边装饰门洞模型，门洞内框及中间拉杆材质为“不锈钢”，其余材质为“混凝土”，拉杆半径 R=15 mm（图 8-50）。请将模型以“装饰门洞＋考生姓名”为文件名保存至文件夹中。【2020 年第四期“1+X”建筑信息模型（BIM）职业技能等级考试——初级实操试题第一题】

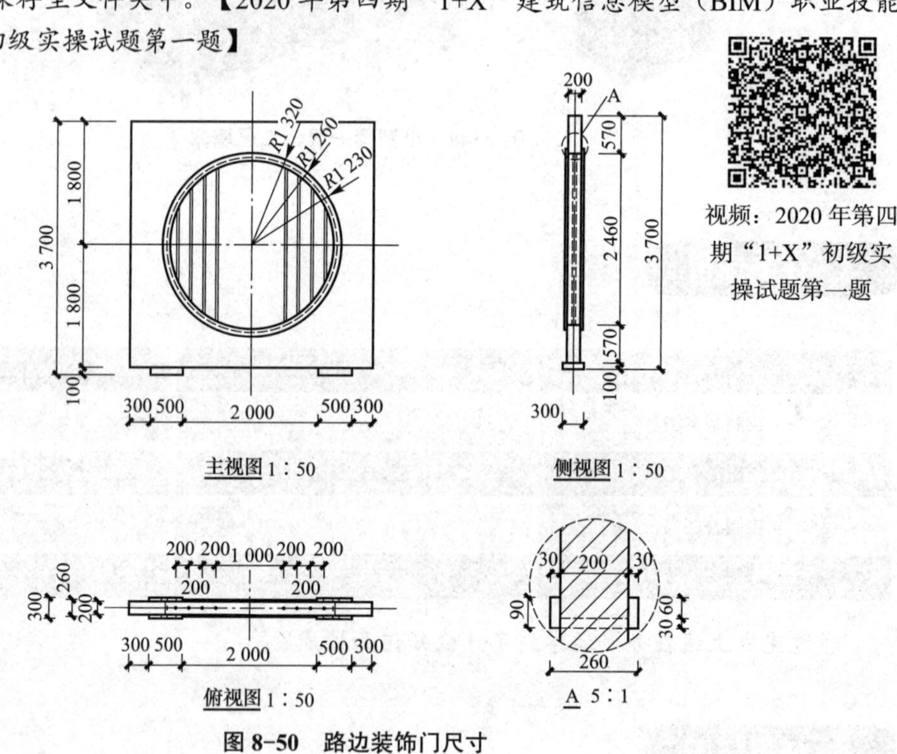

图 8-50 路边装饰门尺寸

3．完成小别墅三层墙体的绘制。

每日一技

1．在 Revit 中如何修改墙形状？

2．在 Revit 中如何自动取消墙体连接？

视频：Revit 如何修改墙形状

视频：Revit 中如何自动取消墙体连接

工作任务九　门窗的绘制

任务情境

门窗的演变历史

“天地玄黄，宇宙洪荒。人文之初，营造之始，既现门窗。”自从人们有了生活的地方，门窗就成为人们日常生活中的重要组成部分。从茅草棚屋到高楼大厦，门窗总是伴随着人类。门是内外的屏障，窗是内外的沟通（图 9-1～图 9-6）。门窗不仅实现了通风、采光、出入等功能，更是精神的寄托和文化的沉淀。在漫长历史的长河中，门窗从小到大，从简单到坚实，从经济到审美，再到完美、舒适，人类对门窗的改进表明了标志了人类自身的进步。

图 9-1　史前时代 | 门窗尚未存在

图 9-2　汉唐时代 | 门窗的线条设计

图 9-3　明清时代 | 门窗注重雕工

图 9-4　民国时代 | 门窗材质的变化

图 9-5　新时代 | 铝合金门窗成为主流

图 9-6　现代 | 智能门窗成为发展趋势

能量关键词

文化沉淀、科技进步

纵观我国门窗发展的历史，门窗承载了记忆，凝结了文化，在经历了漫长的演变后，从材质、样式到性能彻底改头换面，变成了全新的、更适应现代社会的面貌，并随着科学技术的发展不断进步。

任务目标

完成小别墅门窗的绘制

教学目标	
知识目标	1. 掌握 Revit 中门窗的布置方法； 2. 掌握门窗的标记
技能目标	能够绘制小别墅的门窗
素质目标	1. 培养团队协作、沟通意识； 2. 培养严谨细致、认真负责的职业精神； 3. 培养质量安全意识

任务分析

翻阅图纸找到首层平面图，以此为基础绘制门窗。分析图纸：小别墅的门窗表、立面图、门窗大样图，观察门、窗的尺寸分别是多少，样式是什么。

任务实施

视频：可载入族

在 Revit 中，门窗属于可载入族，是基于墙体的构件。

9.1 门的编辑与插入

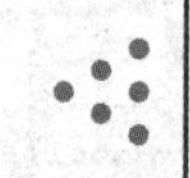

视频：插入与编辑常规门

在 Revit 中，门属于可载入族，是基于墙的构件。在 Revit 中，门的创建与编辑一般是在项目环境中载入已经做好的门族，通过编辑类型属性可以得到不同型号的门族。门必须放置于墙、屋顶等主体图元上，它可以自动识别墙体并且只能插入到墙体构件上。

9.1.1 门的编辑

门的属性包括实例属性和类型属性，通过修改门的实例属性和类型属性，可以调整门的尺寸、造型和标记。

1. 实例属性

在视图中选择门后，视图“属性”面板自动转成门“属性”面板，在“属性”面板中可设置门的“顶高度”及“底高度”，该“属性”面板中的参数为该扇门窗的实例参数（图 9–7）。

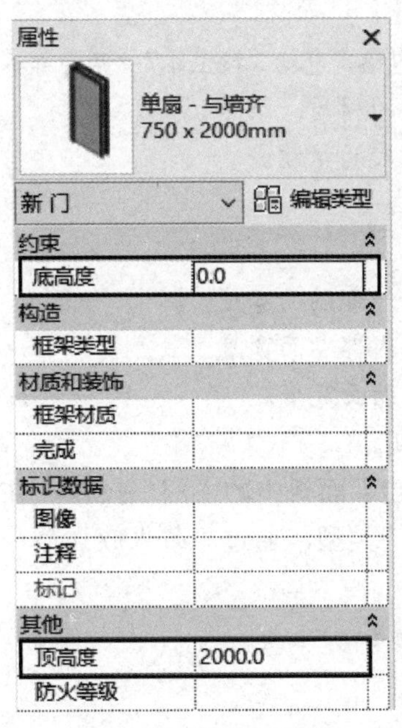

图 9–7　门的实例属性

2. 类型属性

在“属性”面板中单击“编辑类型”按钮，在弹出的“类型属性”对话框中可更改其构造类型、功能、材质、尺寸标注和其他属性，在该对话框中可复制和重命名另一个新的不同名称和尺寸的门（图 9–8）。

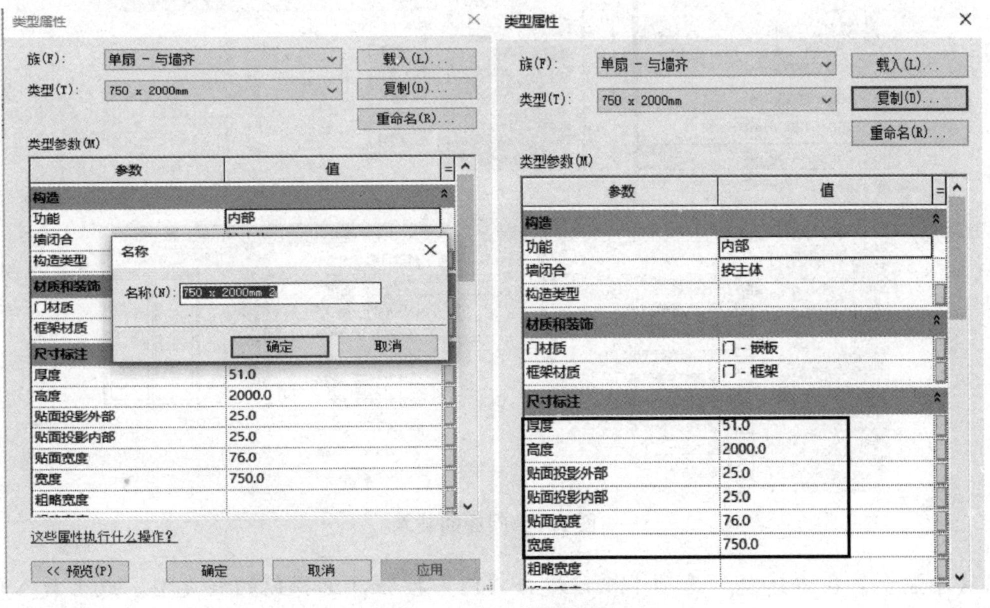

图 9–8　门的类型属性

知识链接

（1）功能：指示门是内部的（默认值）还是外部的。功能可用在计划中并创建过滤器，以便在导出模型时对其进行简化。

（2）墙闭合：门周围的层包络，包括“按主体”“两者都不”“内部”“外部”和“两者”。

（3）门材质：显示门嵌板的材质。

（4）框架材质：显示门框架的材质。

（5）厚度：设置门的厚度。

（6）高度：设置门的高度。

（7）贴面投影外部：设置外部贴面宽度。

（8）贴面投影内部：设置内部贴面宽度。

（9）贴面宽度：设置门的贴面宽度。

（10）宽度：设置门的宽度。

单击“建筑”选项卡“构建”面板中的“门”按钮，在类型选择器下拉列表中选择所需的门类型，如果需要更多的门类型，通过“载入族”命令从族库载入或和新建墙一样新建不同尺寸的门（图 9–9）。

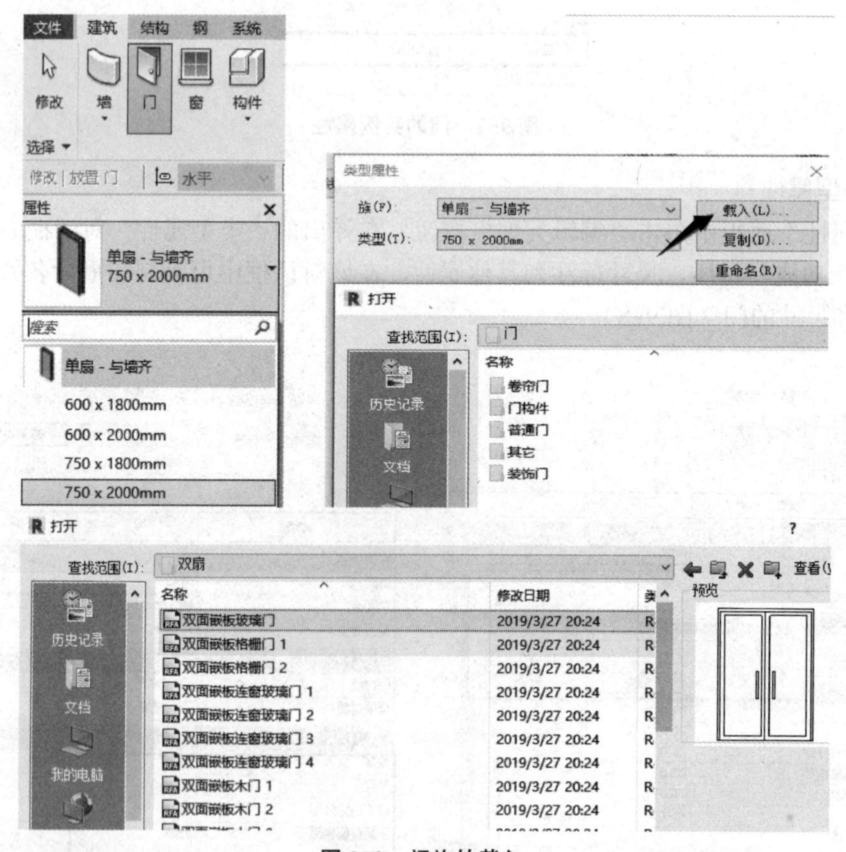

图 9–9　门族的载入

【小贴士】在“建筑”选项卡中，单击“门”按钮，选择门的族类型，或者载入门族类型，可用快捷键 DR，在墙体上捕捉插入点位置即可。

9.1.2　门的插入

将门靠近墙，Revit 自动剪切洞口并放置门，放置时可单击“修改 | 放置 门”上下文选项卡“标记”面板中的“在放置时进行标记”按钮，在放置门时会显示门标记（图 9-10）。

图 9-10　放置时进行标记

单击门，可在墙上精确门的位置（图 9-11）。放置门以后，根据室内布局设置和空间布置情况，可单击上、下、左、右，修改门的开门方向、打开位置等，也可在键盘上按 Space 键设置。

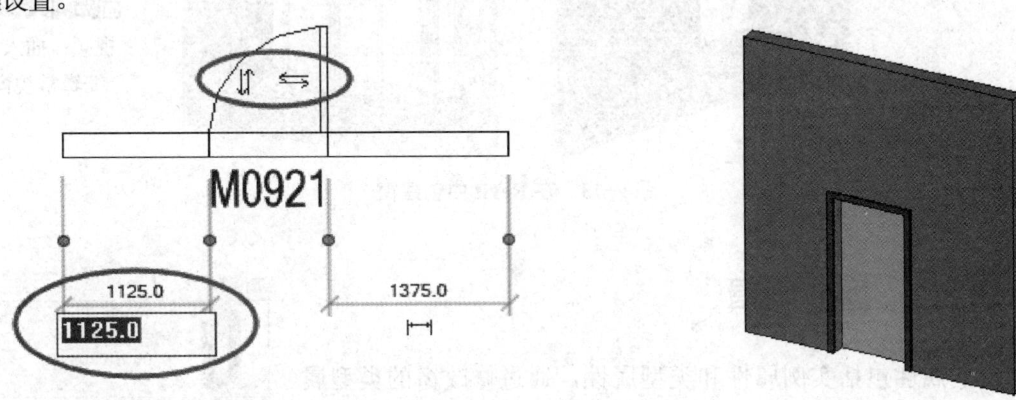

图 9-11　门的精确布置和翻转门方向

【思考】如果门在绘制时没有进行手动标记，应如何处理？

知识链接

门洞的添加可以通过编辑墙体轮廓来实现，但以这种方式添加的洞口需要另外给洞口做贴面处理，比较麻烦，因此，可以直接使用门洞族来添加洞口。单击“插入”面板载入族里的门洞。图 9-12 所示为门洞的绘制。

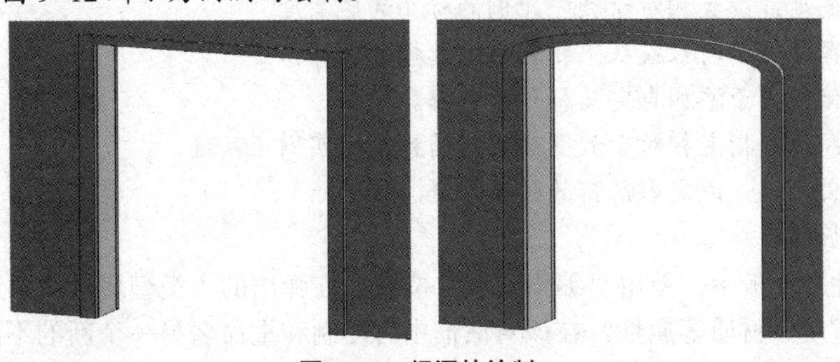

图 9-12　门洞的绘制

9.2 窗的编辑与插入

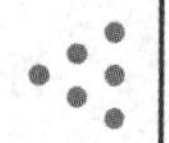

在 Revit 中，窗属于可载入族，是基于墙的构件。在 Revit 中窗的创建与编辑一般是在项目环境中载入已经做好的窗族，通过编辑类型属性可以得到不同型号的窗族。窗必须放置于墙、屋顶等主体图元，它可以自动识别墙体并且只能插入到墙体构件上（图 9–13）。

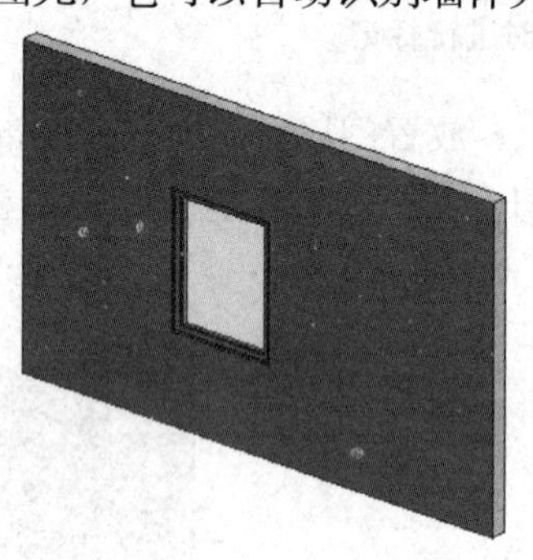

图 9–13　在 Revit 中创建窗

视频：插入与编辑常规窗

9.2.1 窗的编辑

窗的属性包括实例属性和类型属性，通过修改窗的类型属性和实例属性，可以调整窗的尺寸、造型和标记。

1. 实例属性

在视图中选择窗后，视图“属性”面板自动转成窗“属性”面板，在“属性”面板中可以设置窗的“底高度”，该“属性”面板中的参数为该扇窗的实例参数（图 9–14）。

属性

固定
0406 x 1830mm

新 窗　编辑类型

约束	
底高度	305.0
标识数据	
图像	
注释	
标记	
其他	
顶高度	2135.0
防火等级	

图 9–14　窗的实例属性

知识链接

（1）底高度：设置相对于放置比例的标高的底高度。

（2）注释：显示输入或从下拉列表中选择的注释。

（3）标记：用于添加自定义标识的数据。

（4）顶高度：指定相对于放置此实例的标高的实例顶高度。

（5）防火等级：设定当前窗的防火等级。

2. 类型属性

在“属性”面板中，单击“编辑类型”按钮，在弹出的“类型属性”对话框中可设置窗的高度、宽度、材质等属性，在该对话框中可复制和重命名另一个新的不同名称和尺寸的窗（图 9–15）。

【小贴士】编辑窗的实例属性时还要注意“顶高度”的值，“顶高度”是根据底高度和窗高自动计算的，窗的“顶高度”不能高于梁底标高。

单击“建筑”选项卡“构建”面板中的“窗”按钮，在类型选择器下拉列表中选择所需的窗类型，如果需要更多的窗类型，通过“载入族”命令从族库载入或者和新建墙一样新建不同尺寸的窗（图 9–16）。

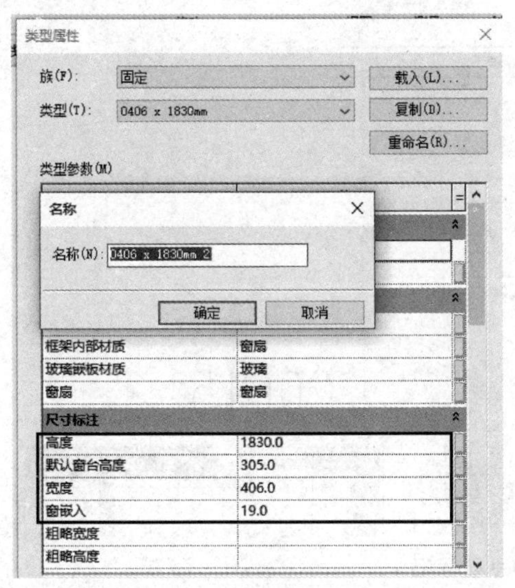

图 9–15　窗的类型属性

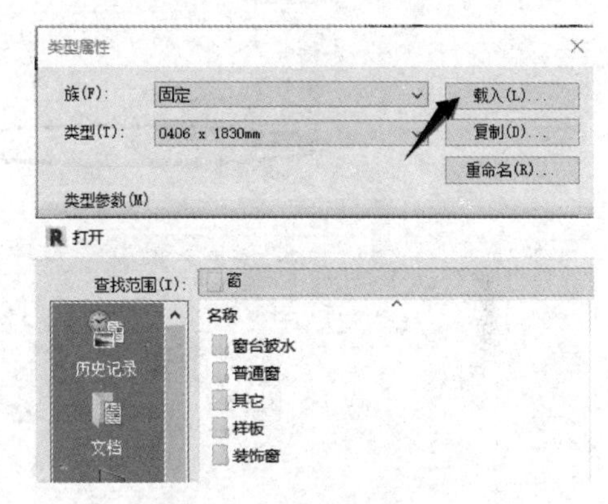

图 9–16　窗族的载入

载入族的方式也可通过“插入”面板下的“载入族”命令进行载入，自动定位到 Revit 自带族库的“窗”文件夹，选择需要载入的族即可（图 9–17）。

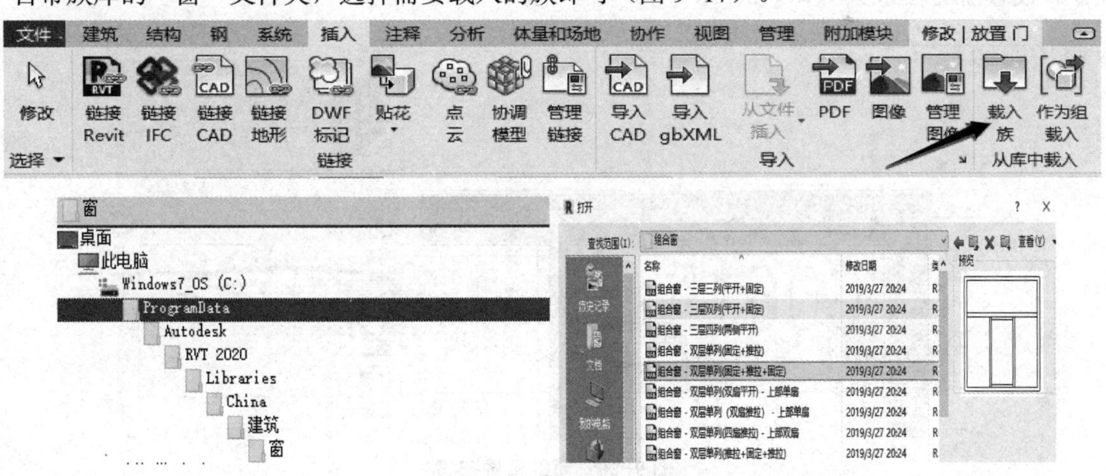

图 9–17　“载入族”命令

9.2.2　窗的插入

在“建筑”选项卡下，单击“窗”按钮，选择窗的族类型，或载入窗族类型，可用快捷键 WN，在墙体上捕捉插入点位置即可（图 9–18）。

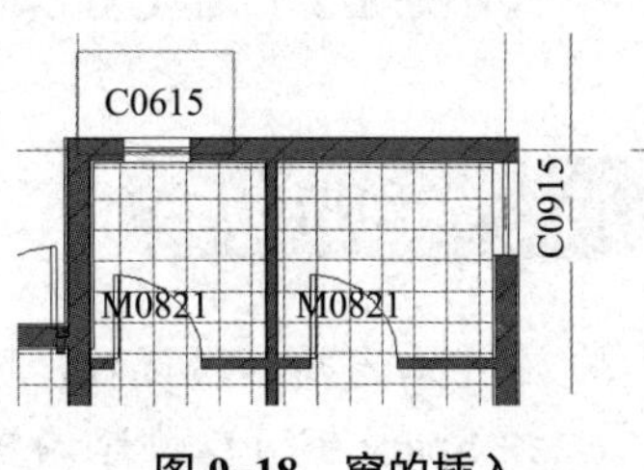

图 9–18　窗的插入

将窗靠近墙，Revit 自动剪切洞口并放置门窗，放置时可在“修改 | 放置 窗”上下文选项卡中单击“在放置时进行标记”按钮（图 9–19）。

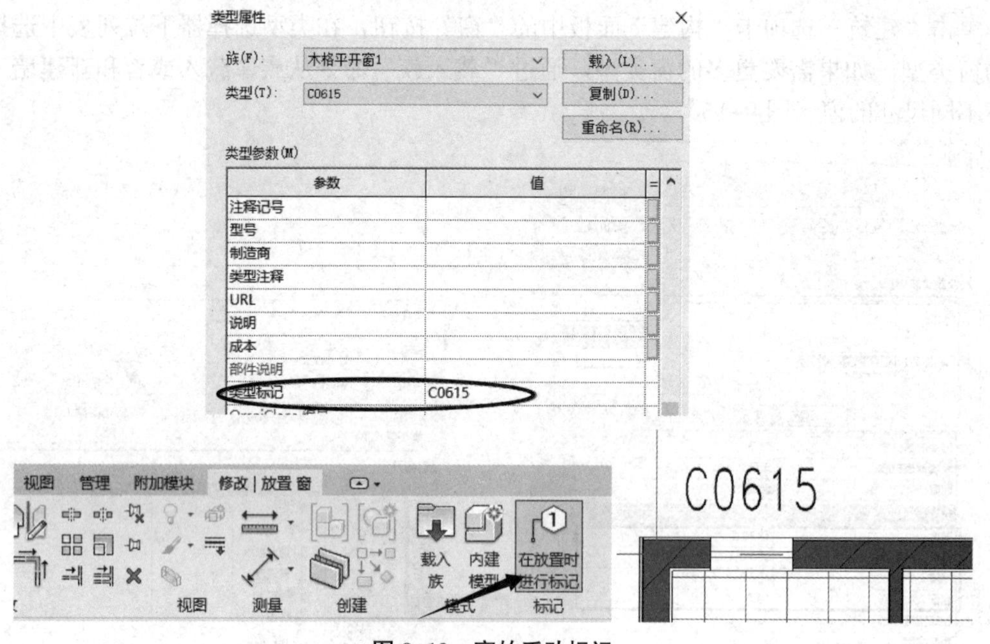

图 9–19　窗的手动标记

单击窗，可在墙上精确窗的位置。放置窗以后，根据室内布局设置和空间布置情况，可单击上、下，修改窗的打开方向等，也可在键盘上按 Space 键设置。在左侧属性编辑器中，设置窗的底高度（图 9–20）。

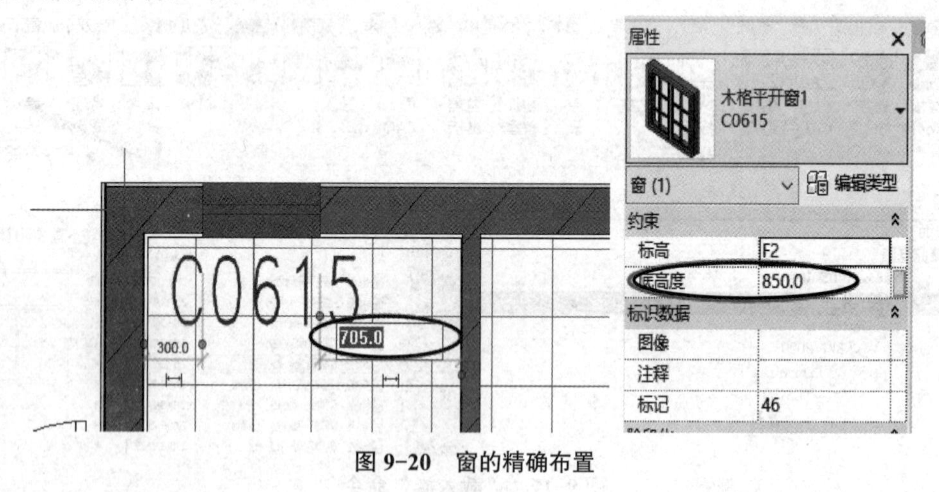

图 9–20　窗的精确布置

【小贴士】门窗是基于墙体放置的，删除墙体，门窗也随之被删除。

绘图小技巧

在平面中插入门窗时，输入“SM”，门窗会自动定义在墙体的中心位置。

按 Space 键可以快速调整门开启的方向。

9.3 小别墅门窗的创建

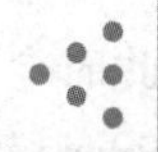

9.3.1 小别墅一层门的创建

视频：小别墅一层门的创建

在小别墅一层中，包括门 M1、M3、FDM、TLM2（表 9-1）。

表 9-1　一层门统计表

门名称	尺寸 /（mm×mm）	备注
M1	700×2 100	夹板门
M3	900×2 400	夹板门
FDM	1 500×2 400	子母门
TLM2	1 200×2 100	推拉门

第一步：将视图切换至楼层平面 F0。

第二步：单击“建筑”选项卡“构建”面板中的“门”按钮，切换至“修改 | 放置 门”上下文选项卡。

第三步：在“属性”面板中单击“编辑类型”按钮，弹出“类型属性”对话框。单击“载入族”按钮，弹出“载入族”对话框，选择“China”→“建筑”→“门”→“平开门”→“单扇”→“单嵌板木门”选项，单击“复制”按钮，弹出“名称”对话框，将名称命令为“M1：2 100 mm×700 mm”，修改尺寸，高度为 2 100 mm，宽度为 700 mm，在类型参数中，将“类型标记”修改为 M1（图 9-21）。

类型属性

族(F)：单扇 - 与墙齐　　载入(L)...

类型(T)：M1　　复制(D)...

重命名(R)...

类型参数(M)

参数	值
类型注释	
URL	
说明	
部件代码	
防火等级	
成本	
类型图像	
部件说明	
类型标记	M1
OmniClass 编号	23.30.10.00
OmniClass 标题	Doors
代码名称	

图 9-21　创建“M1：2 100 mm×700 mm”

单击“确定”按钮后，在 M1 的“属性”面板中，将底高度设置为 850（图 9-22）。

第三步：根据 CAD 图纸上门的位置，在 Revit 中墙上单击，插入门。将光标放在门上，此时会出现门与周围墙体距离的蓝色相对尺寸，可以通过调整尺寸修改门的精确位置，按 Space 键可以控制门的开启方向（图 9-23）。

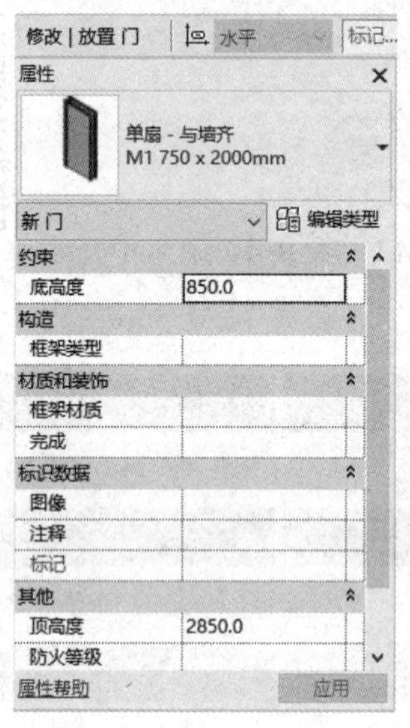

图 9-22　修改门的属性

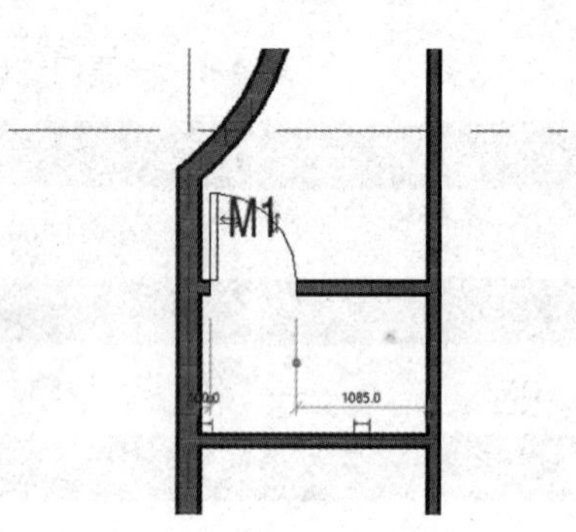

图 9-23　布置 M1

第四步：同理，分别创建 M3、FDM、TLM2，如果系统族中没有类似的门样式，可通过载入族的方式载入门，如图 9-24 所示。

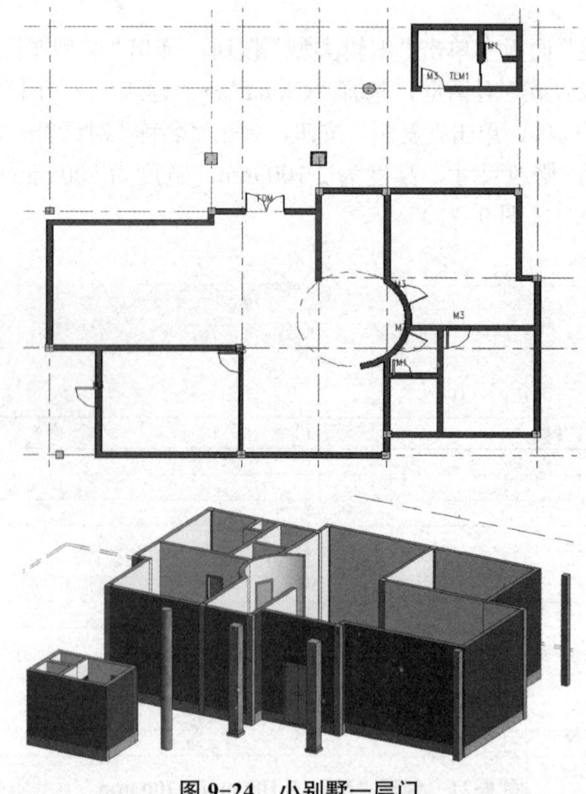

图 9-24　小别墅一层门

9.3.2　小别墅一层窗的创建

视频：小别墅一层窗的创建

在小别墅一层中，包括C1-1、TC1、TC2、TC3、TC4、TC5、TC6（表9-2）。

表9-2　一层窗统计表

窗名称	尺寸/（mm×mm）	备注
C1-1	1 500×1 500	推拉窗
TC1	600×1 500	凸窗，推拉窗
TC2	1 000×1 600	凸窗，推拉窗
TC3	1 200×1 600	凸窗，推拉窗
TC4	1 500×1 600	凸窗，推拉窗
TC6	3 000×1 600	凸窗，推拉窗

第一步：将视图切换至楼层平面F0。

第二步：单击“建筑”选项卡“构建”面板中的“窗”按钮，单击“属性”面板中的“编辑类型”按钮，在弹出的“类型属性”对话框中单击“载入”按钮，载入推拉窗（图9-25）。

单击“复制”按钮，弹出“名称”对话框，将名称重命名为“C1-1”，修改尺寸，高度为1 500 mm，宽度为1 500 mm，在类型参数中，将“类型标记”修改为C1-1。

单击“确定”按钮后，在C1-1的“属性”面板中，底高度设置为900 mm（图9-26）。

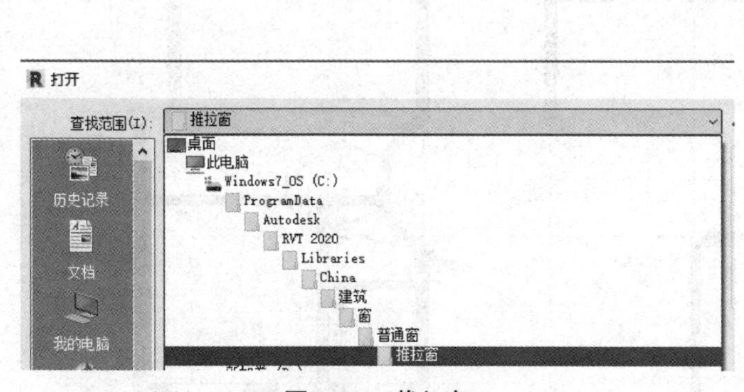

图9-25　载入窗

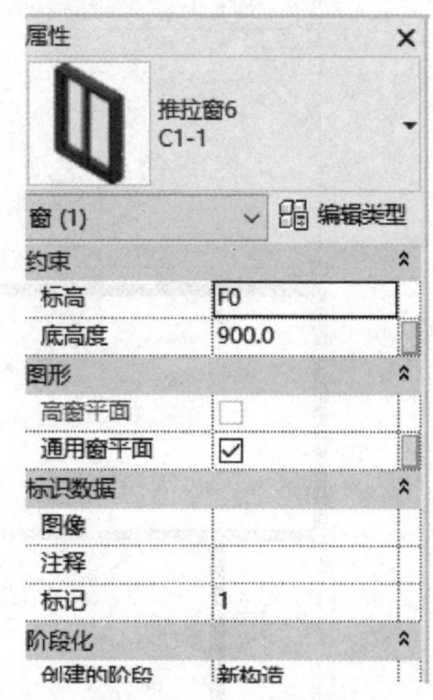

图9-26　窗的属性修改

然后，在选项栏中选择“在放置时进行标记”命令，以便对窗进行自动标记。

第三步：根据CAD图纸上窗的位置，在Revit中墙上单击，插入窗。将光标放在窗上，此时会出现窗与周围墙体距离的蓝色相对尺寸，可以通过调整尺寸修改窗的精确位置，按

Space 键可以控制窗的开启方向（图 9–27）。

第四步：单击“建筑”选项卡“构建”面板中的“窗”按钮，单击“属性”面板中的“编辑类型”按钮，在弹出的“类型属性”对话框中单击“载入”按钮，载入凸窗。

单击“复制”按钮，弹出“名称”对话框，将名称重命名为 TC2，修改尺寸，高度为 1 500 mm，宽度为 1 500 mm，在类型参数中，将“类型标记”修改为 TC2，尺寸设置如图 9–28 所示。

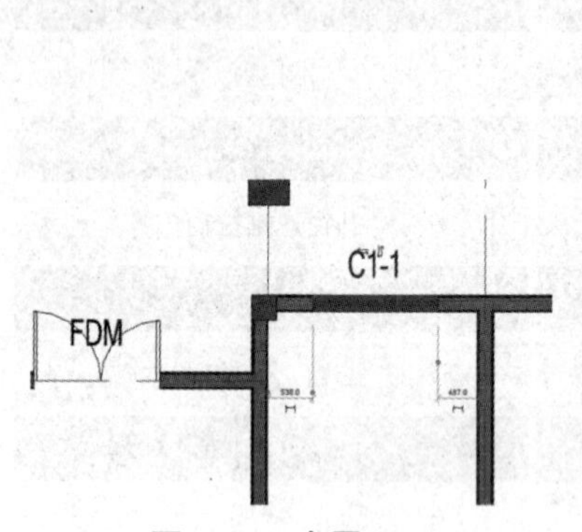

图 9–27　布置 C1–1

类型参数(M)

参数	值
构造类型	
材质和装饰	
窗板材质	金属 - 铝 - 深青色
玻璃	玻璃
框架材质	金属 - 铝 - 深青色
尺寸标注	
窗台外挑偏移	140.0
粗略宽度	1000.0
粗略高度	1600.0
高度	1600.0
框架宽度	50.0
框架厚度	80.0
上部窗扇高度	600.0
宽度	1160.0
窗台外挑宽度	300.0

图 9–28　修改 TC2 类型参数

单击“确定”按钮后，在 TC2 的属性中，设置底高度为 1 750。根据 CAD 图纸上窗的位置，在 Revit 中墙上单击，插入窗。同理，分别创建 TC4、TC6，司机房的 TC1 和 TC3，完成的小别墅一层窗如图 9–29 所示。

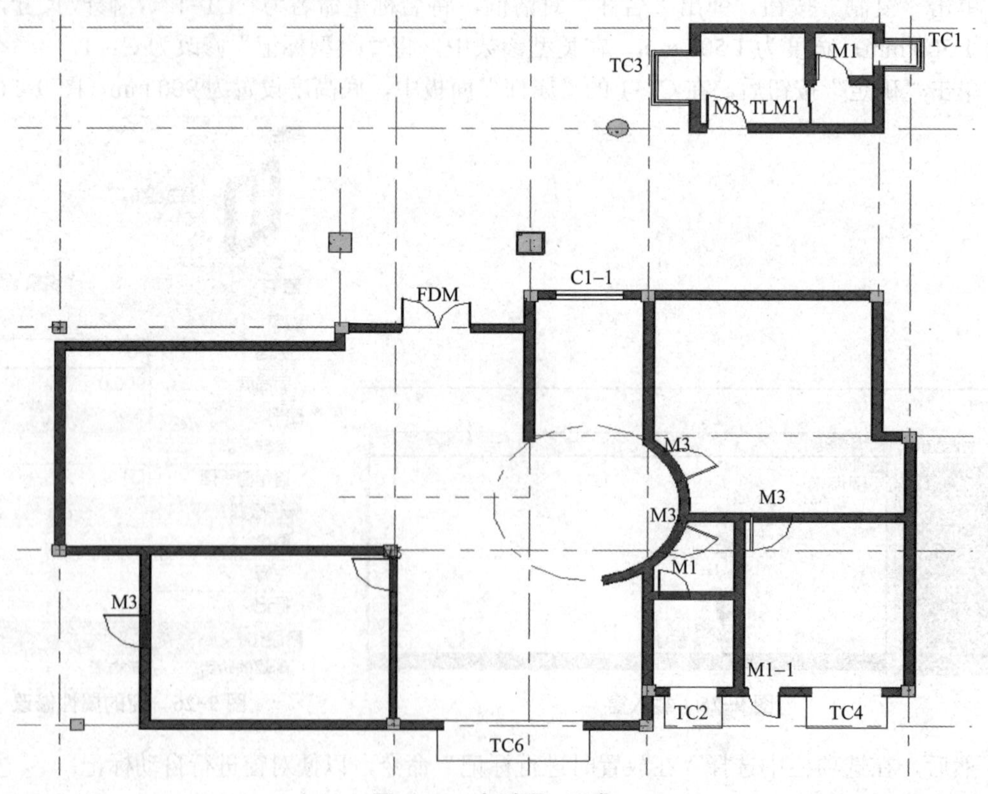

图 9–29　小别墅一层窗

成果展示

小别墅一层门窗如图 9-30 所示。

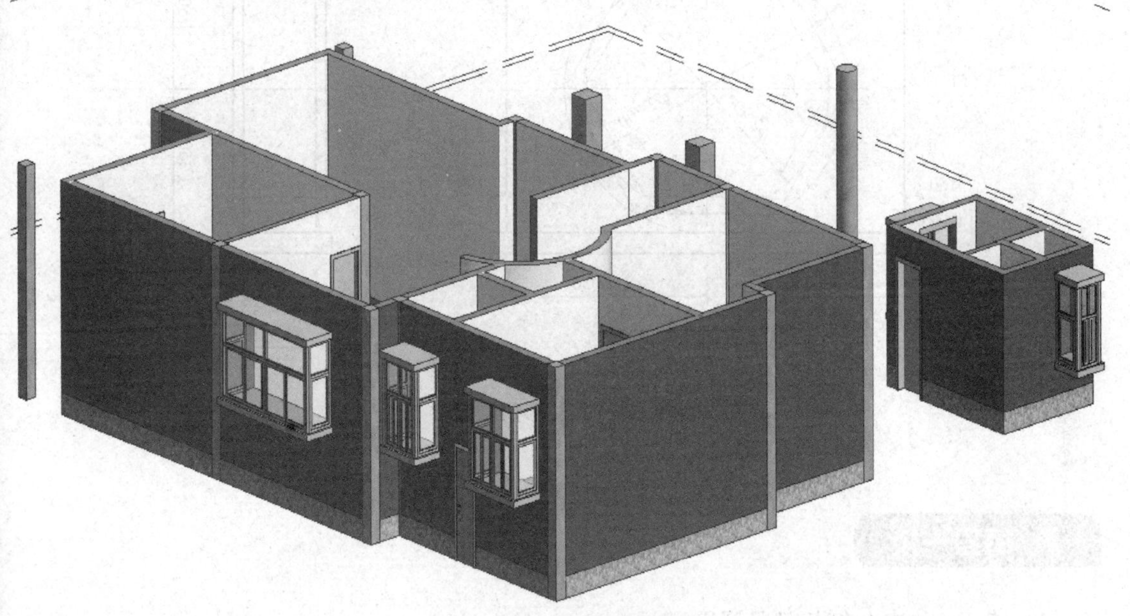

图 9-30　小别墅一层门窗

任务评价

技能点	完成情况	注意事项
门的布置		
窗的布置		
门窗的标记		

通过完成上述任务，还学到了什么知识和技能？

任务拓展

根据给定尺寸建立六边形门洞模型（图 9-31），请将模型文件以“六边形门洞”为文件名进行保存。【第十四期全国 BIM 技能等级考试第一题】

视频：第十四期全国 BIM 技能等级考试第一题—六边形门洞

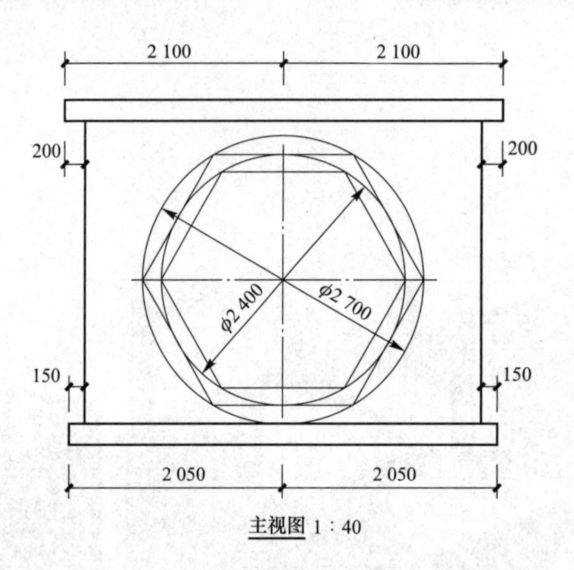

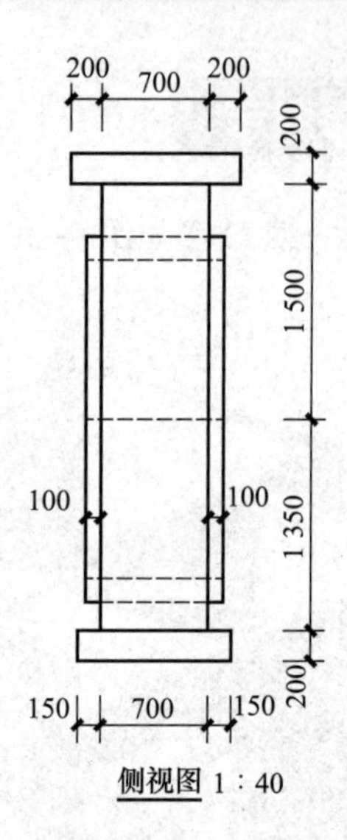

图 9-31　六边形门洞尺寸

每日一技

1. 在 Revit 中如何标记门窗？
2. 在 Revit 中如何对门窗进行精确布置？

视频：Revit 中门窗的标记

视频：门窗的精确布置

工作任务十　幕墙的绘制

任务情境

幕墙之美

——摘自《国家会展中心（上海）幕墙BIM应用技术》（王孝俊、吉乃木沙）

国家会展中心（上海）是国内最大的单体幕墙建筑，其幕墙形式为框架式幕墙和钢结构幕墙，建筑幕墙面积达到26万m^2。该工程幕墙面板造型为四叶草建筑造型体，其结构造型多为弧形曲面，幕墙面板种类为多元化面板（图10-1）。幕墙立柱形式种类较多，这对幕墙板块、龙骨下料加工图的准确性及对现场施工提出了更高的要求。常规的二维制图很难满足工期、施工难度的要求，应业主要求采用BIM技术进行三维建模，划分幕墙立面分格，进行材料下单、加工制作、工期进度模拟并解决土建、钢结构、机电安装碰撞问题。

图10-1　国家会展中心（上海）

通过BIM模型定位幕墙龙骨细部节点，根据幕墙深化图和BIM模型进行碰撞检查，找出各个专业之间相互矛盾的地方，并及时讨论，做出调整，避免返工而延误工期（图10-2、图10-3）。

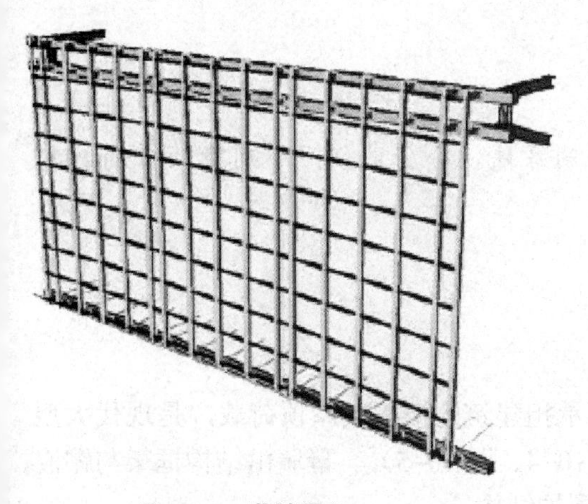

图10-2　幕墙骨架

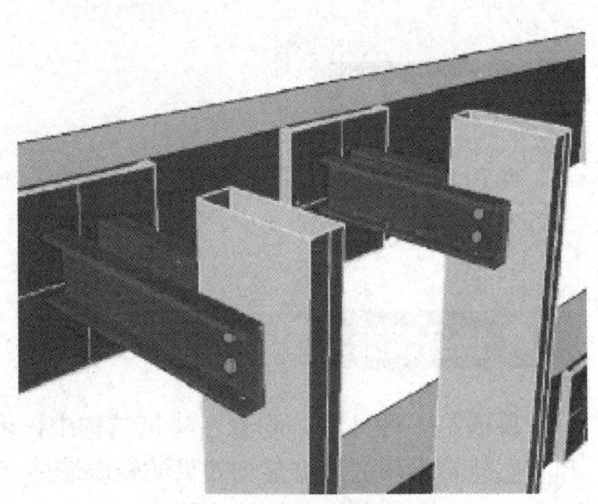

图10-3　BIM模型碰撞检查

能量关键词

事前预控、调控

（1）将幕墙BIM模型与土建BIM模型进行合并，核对现场预埋是否符合幕墙施工的要求，通过BIM进行预留预埋图纸的设计，交付土建用于预留预埋施工。

（2）根据现场提供的返尺标注，产生大小横竖不同的尺寸，在幕墙平面图和幕墙立面图上对幕墙板块进行面板分格板划分。

（3）在运用BIM模型辅助深化和施工过程中，协调项目施工各参与方，对于图纸深化过程中出现的疑难问题，配合业主管理方和设计单位，运用BIM模型讨论并验证解决方案。

任务目标

完成小别墅项目幕墙的创建

教学目标	
知识目标	1. 熟悉幕墙网格、幕墙竖梃和幕墙嵌板的定义； 2. 掌握幕墙网格的添加和删除方法； 3. 掌握幕墙竖梃的添加和删除方法； 4. 掌握幕墙嵌板的替换方法
技能目标	1. 能够绘制幕墙网格； 2. 能够绘制幕墙竖梃； 3. 能够替换幕墙嵌板
素质目标	1. 培养团队协作、沟通意识； 2. 培养严谨细致、认真负责的职业精神

任务分析

翻阅图纸找到首层平面图，以此为基础绘制幕墙。分析图纸：小别墅项目的LDC（落地窗）尺寸分别是多少。

任务实施

幕墙是一种外墙，附着在建筑结构中，但不承担建筑的楼板或屋顶荷载，是现代大型和高层建筑常用的带有装饰效果的轻质墙体（图10-4、图10-5）。幕墙由结构框架与镶嵌板材组成，是不承担主体结构荷载与作用的建筑围护结构。

在Revit中，幕墙是预定义系统族类型的实例，幕墙嵌板具备可自由定制的特性，其中嵌板样式同幕墙网格划分之间自动维持边界约束的特点，使幕墙具有很好的应用拓展。

图 10-4　上海中心大厦幕墙

图 10-5　北京大兴国际机场幕墙

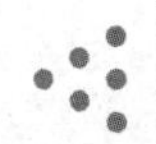

10.1 幕墙的分类

视频：Revit 幕墙分类及构成要素

在 Revit 中，幕墙按创建方法的不同，分为常规幕墙和幕墙系统两大类（图 10-6）。常规幕墙属于墙体的一种，而幕墙系统则属于构件。

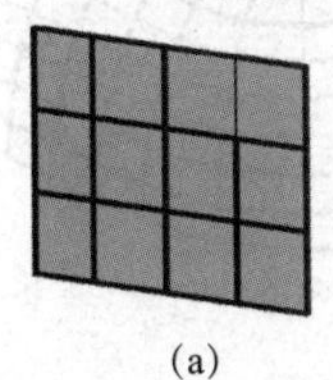
(a)

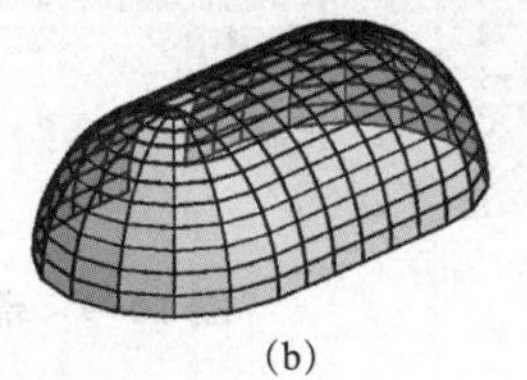
(b)

图 10-6　幕墙的分类
（a）常规幕墙；（b）幕墙系统

（1）常规幕墙是墙体的一种特殊类型，其绘制方法和常规墙体相同，并具有常规墙体的各种属性，可以像编辑常规墙体一样使用“附着”“编辑轮廓”等命令进行编辑。Revit 中默认的常规幕墙有幕墙、外部玻璃、店面三种类型（图 10-7）。其中，外部玻璃、店面是在幕墙“类型属性”对话框中通过对“幕墙网格”和“竖梃”的相应设置来创建的。

1）幕墙是指一整块玻璃，没有预设网格，做弯曲的幕墙时显示的还是直的幕墙，只有添加网格后才会弯曲［图 10-8（a）］。

2）外部玻璃是有预设网格的，并且网格间距比较大，网格间距可以调整［图 10-8（b）］。

3）店面也是有预设网格的，并且网格间距比较小，网格间距可以调整［图 10-8（c）］。

（2）幕墙系统可通过创建体量面或常规模型来绘制，一般在幕墙的数量多、面积较大或曲面不规则的情况下使用（图 10-9）。

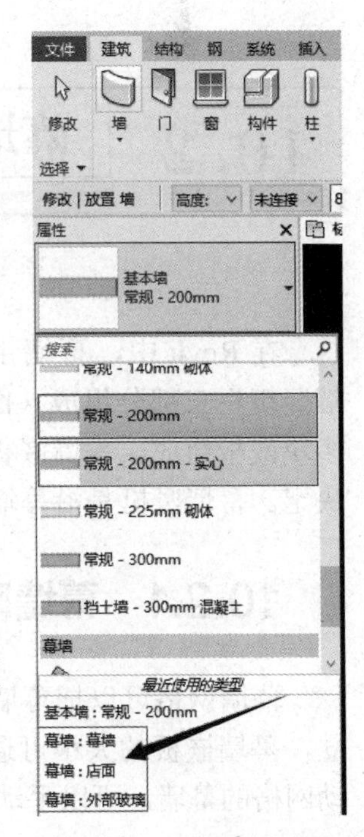

图 10-7　选择幕墙类型

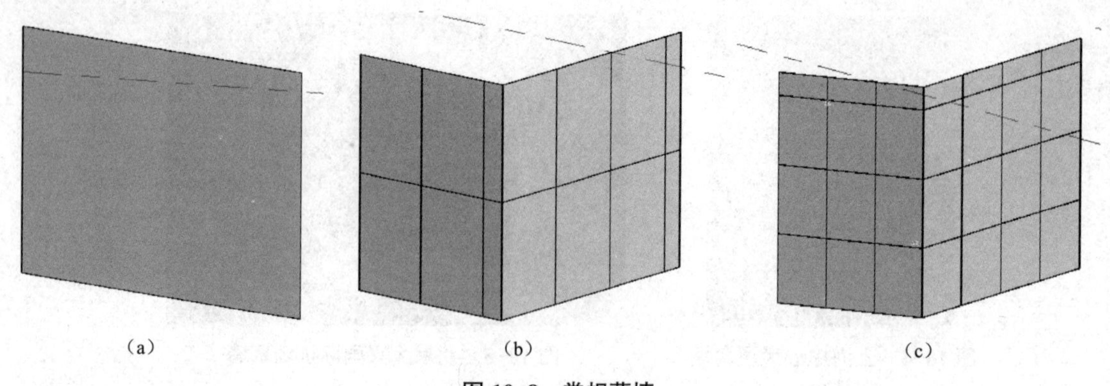

图 10-8　常规幕墙

(a) 幕墙；(b) 外部玻璃；(c) 店面

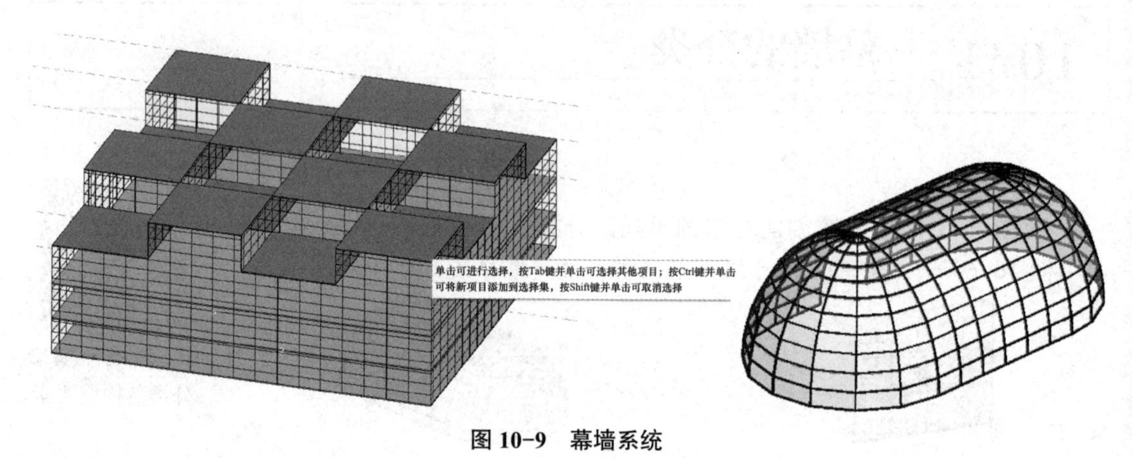

图 10-9　幕墙系统

10.2 幕墙的构成

在 Revit 中，幕墙由“幕墙嵌板”“幕墙网格”“幕墙竖梃”三部分组成（图 10-10）。其中，幕墙由一块或多块嵌板组成。幕墙嵌板的形状及尺寸由划分幕墙的网格决定。幕墙竖梃是沿幕墙网格生成的线性构件。

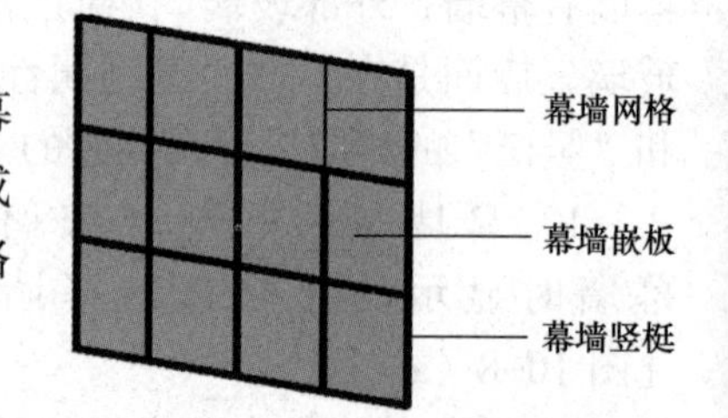

图 10-10　常规幕墙构成要素

10.2.1 幕墙网格

幕墙网格可以把幕墙分割成多个幕墙嵌板，幕墙竖梃及幕墙嵌板都要基于幕墙网格建立，幕墙嵌板的大小可通过调整幕墙网格的位置来改变（图 10-11）。如果绘制成不带自动网格的幕墙，可以手动添加网格（图 10-12）。

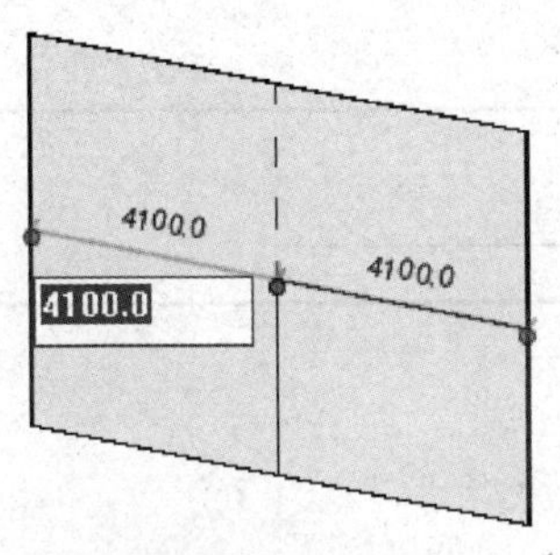

图 10-11　调整网格线

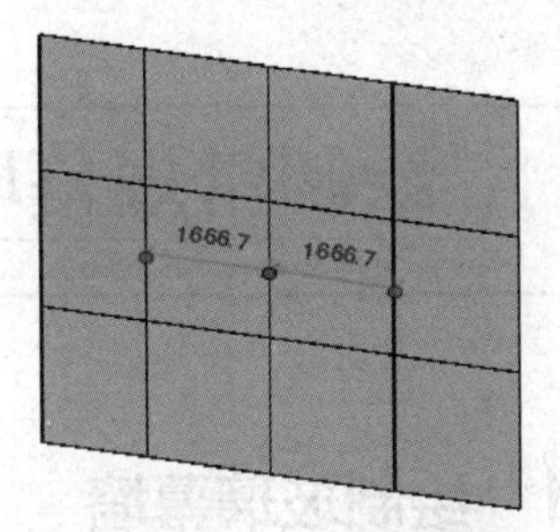

图 10-12　绘制幕墙网格

10.2.2　幕墙嵌板

幕墙嵌板的尺寸不能通过拖拽控制柄或编辑属性来调整，只能通过调整幕墙网格的位置来改变幕墙嵌板的大小。幕墙嵌板可任意替换，可以被替换成其他材质或墙类型，也可以替换成门窗的嵌板（图 10-13）。

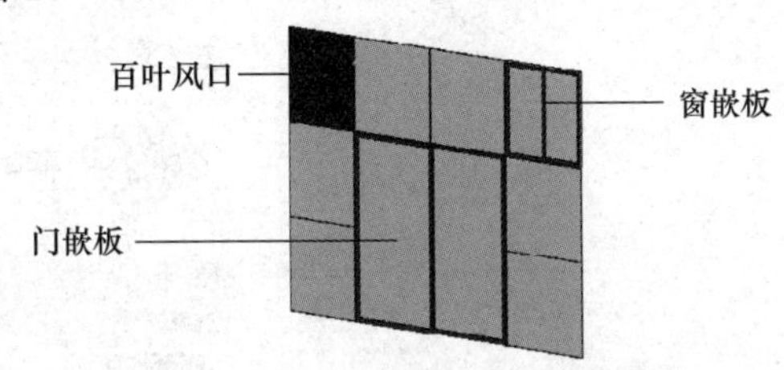

图 10-13　嵌板单位可以被替换

10.2.3　幕墙竖梃

竖梃是分割相邻嵌板单元的结构图元。在幕墙中，网格线定义放置竖梃的位置，必须在创建幕墙网格后，才能进一步在网格线上放置竖梃。

竖梃分为垂直竖梃、水平竖梃（图 10-14）。

竖梃的截面形状有 L 形角竖梃、V 形角竖梃、四边形角竖梃、圆形竖梃、梯形角竖梃和矩形竖梃（图 10-15）。其中，圆形和矩形竖梃的轮廓可自定义，其他属于角竖梃，轮廓形状不可自定义，只能修改厚度尺寸。

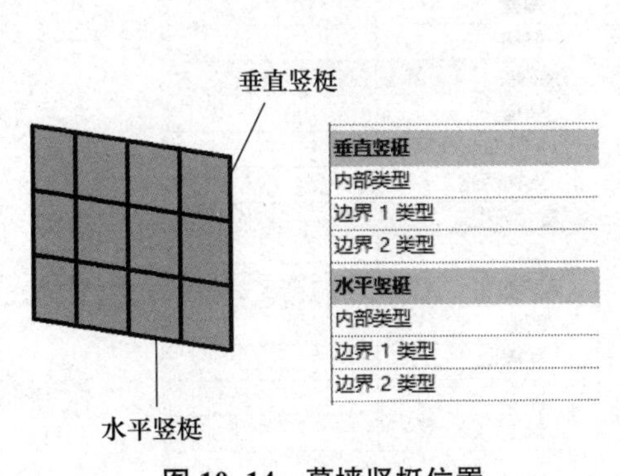

图 10-14　幕墙竖梃位置

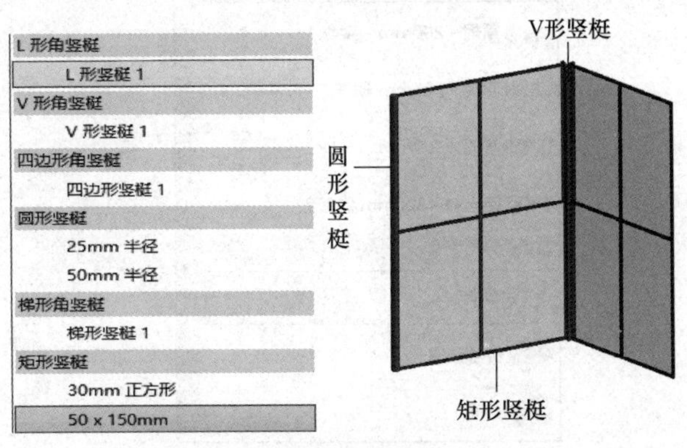

图 10-15　幕墙竖梃的分类

10.3 绘制常规幕墙

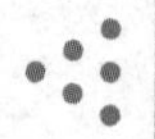

10.3.1 绘制玻璃幕墙

视频：绘制常规幕墙

绘制幕墙的基本步骤如下。

第一步：单击“建筑”选项卡“构建”面板中的“墙”按钮，切换至“修改 | 放置 墙”上下文选项卡并打开选项栏。

第二步：在“属性”面板的类型下拉列表中选择“幕墙”类型（图 10–16）。

第三步：系统自动选择“线”按钮，在选项栏或“属性”面板中设置墙的参数（图 10–17）。

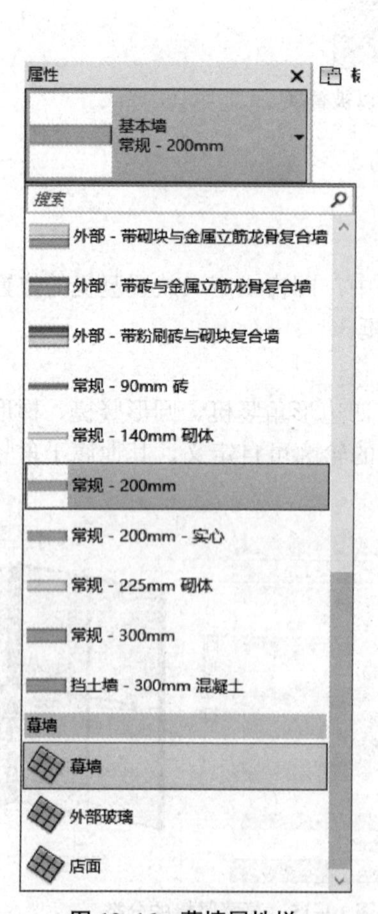

图 10–16 幕墙属性栏

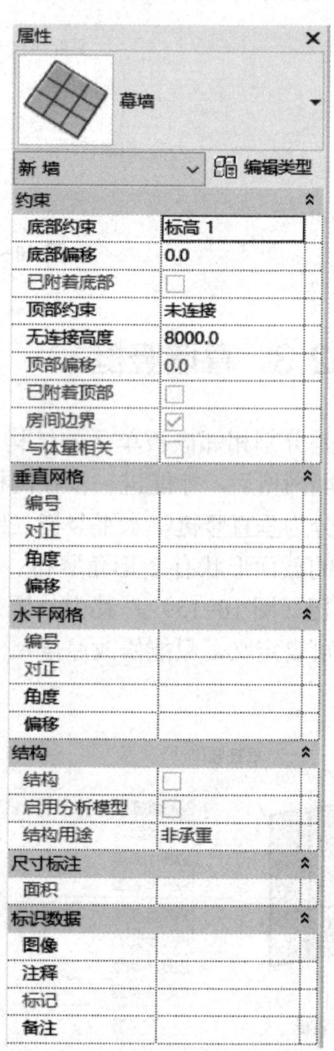

图 10–17 幕墙“属性”面板

第四步：在绘图区单击确定幕墙的起点，移动鼠标光标，在适当位置单击确定幕墙的终点（图 10–18）。

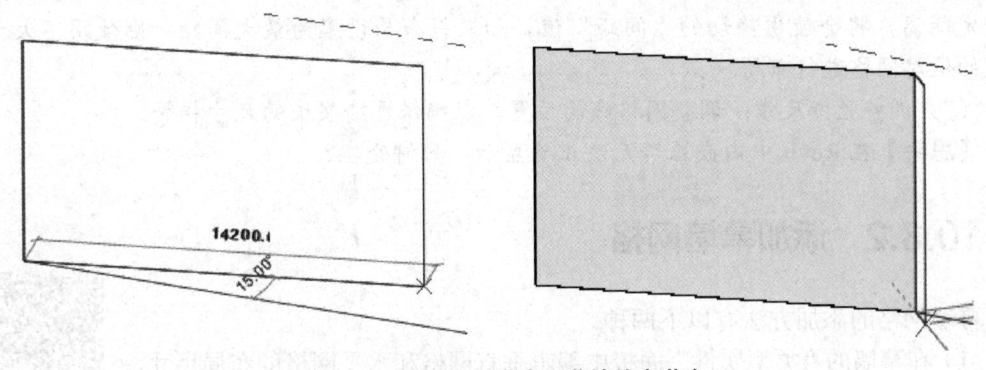

图 10–18　幕墙起始节点和幕墙终点节点

第五步：单击“属性”面板中的“编辑类型”按钮，修改类型属性来更改幕墙族的功能、连接条件、网格和竖梃（图 10–19）。

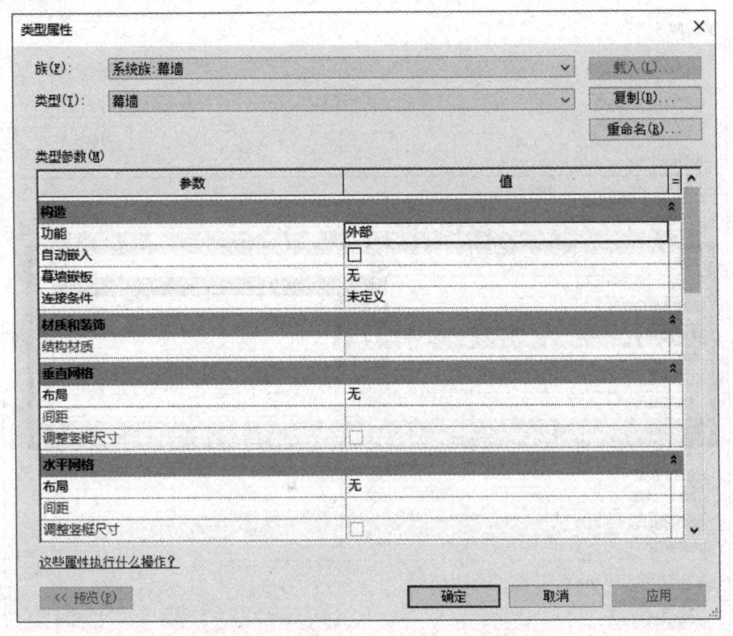

图 10–19　幕墙“类型属性”对话框

知识链接

幕墙类型属性

（1）功能：指定墙的作用，包括外墙、内墙、挡土墙、基础墙等。

（2）自动嵌入：指示幕墙是否自动嵌入墙内。

（3）幕墙嵌板：设置幕墙图元的幕墙嵌板族类型。

（4）连接条件：控制在某个幕墙图元类型中在交点处截断哪些竖梃。

（5）布局：沿幕墙长度设置幕墙网格线的自动垂直 / 水平布局。

（6）间距：当“布局”设置为“固定距离”或“最大间距”时启动。如果将布局设置为固定距离，将会使用确切的“间距”值。如果将布局设置为最大间距，则使用不大于指定值的值对网格进行布局。

（7）调整竖梃尺寸：调整网格线的位置，以确保幕墙嵌板的尺寸相等。

【思考】在 Revit 中内嵌幕墙无法正确显示，如何处理？

10.3.2 添加幕墙网格

视频：添加幕墙网格

幕墙网格的添加方法有以下两种。

（1）在幕墙的“类型属性”面板中编辑垂直网格和水平网格的布局尺寸，其一般适用于均匀划分幕墙网格的情况。单击幕墙“属性”面板中的“编辑类型”按钮，在弹出的“类型属性”对话框中找到“垂直网格”和“水平网格”，设定“布局”和“间距”的值就可以添加幕墙网格（图 10-20）。

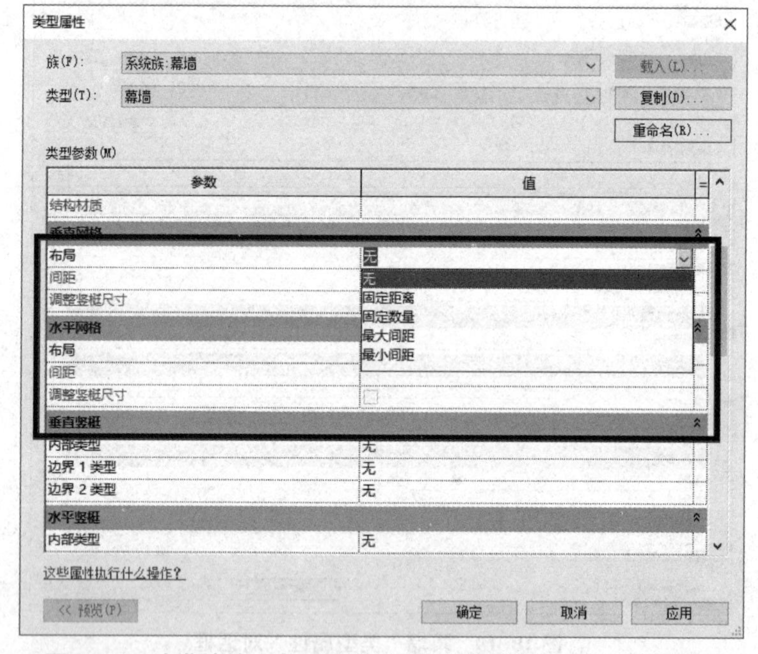

图 10-20 在幕墙的“类型属性”面板中编辑垂直网格和水平网格

（2）使用幕墙网格工具手动添加。以这种方式添加的网格更为灵活，布置不规则网格时多采用这种方式。具体步骤如下。

第一步：单击“建筑”选项卡“构建”面板中的“幕墙网格”按钮，切换至“修改 | 放置 幕墙网格”上下文选项卡（图 10-21）。

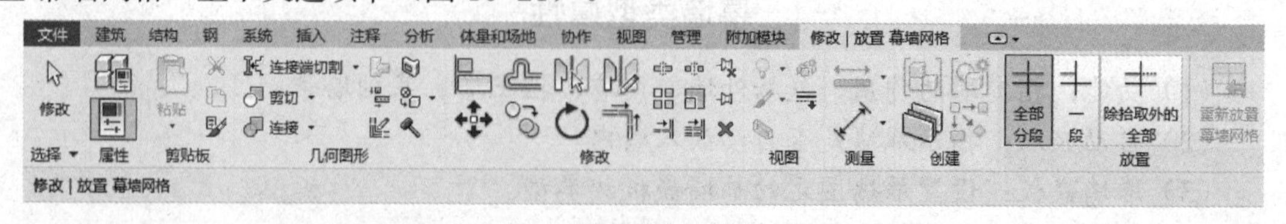

图 10-21 “修改 | 放置 幕墙网格”上下文选项卡

第二步：沿着墙体边缘移动鼠标光标，会出现一条临时网格线，在适当位置单击放置网格线，继续绘制其他网格线（图 10-22）。

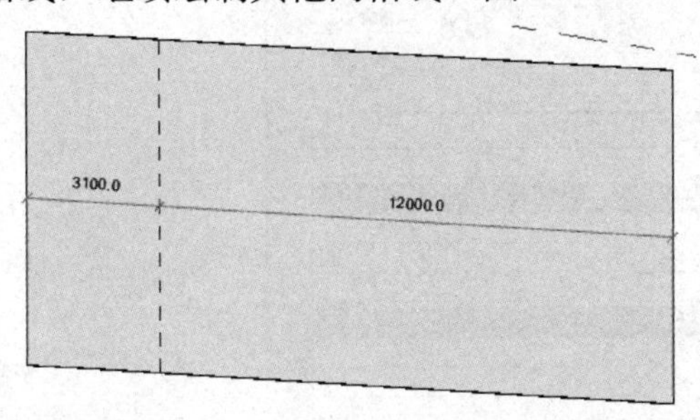

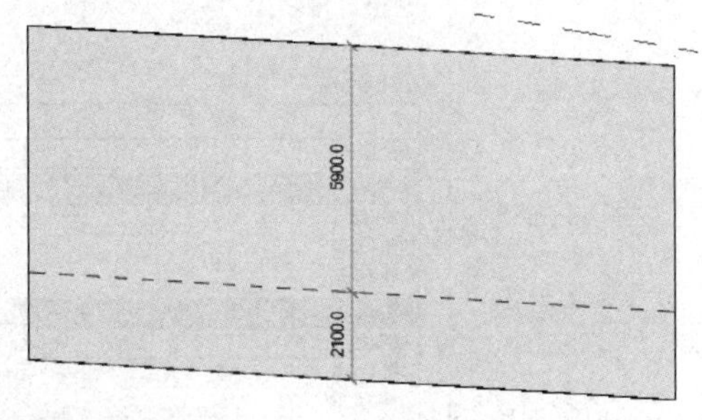

图 10-22　幕墙临时网格线

第三步：在三维状态或立面中，单击网格线进行调整，也可以输入尺寸值更改距离（图 10-23）。

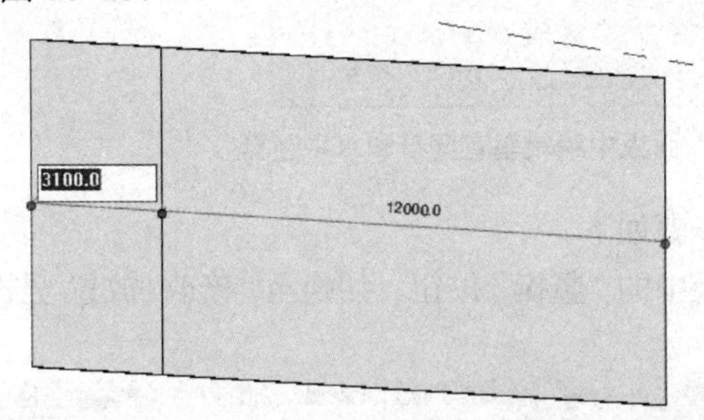

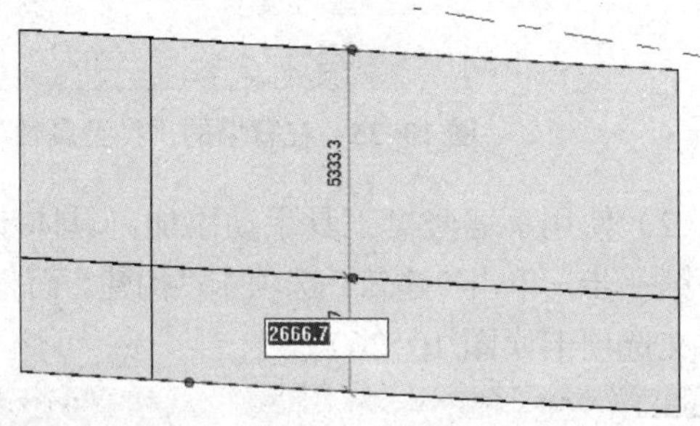

图 10-23　绘制幕墙网格线

第四步：单击选中其中一条网格线，切换至“修改 | 幕墙网格”上下文选项卡，选择“添加 / 删除线段”命令，然后再次单击选中的网格线，网格线会自动删除。删除线段时，相邻嵌板连接在一起（图 10-24）。

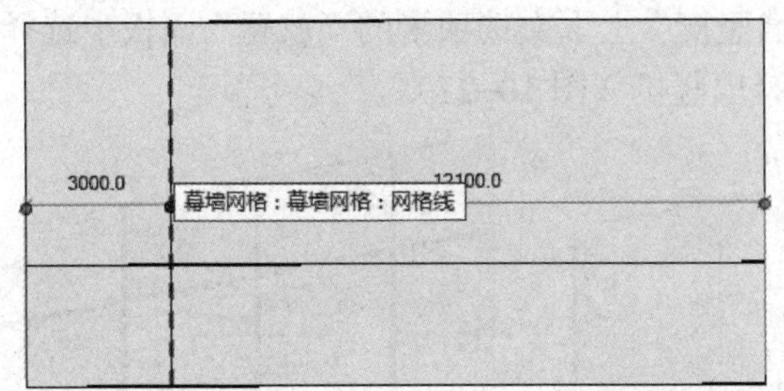

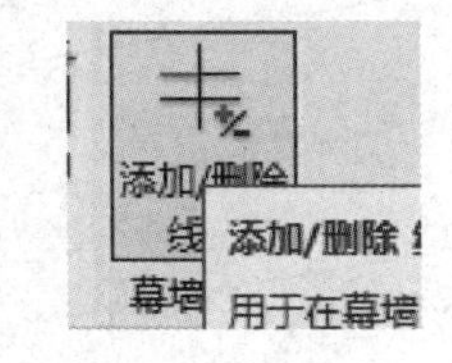

图 10-24　添加 / 删除线段

10.3.3　添加幕墙竖梃

幕墙竖梃的添加方法有以下两种。

（1）在幕墙的“类型属性”对话框中编辑垂直竖梃和水平竖梃的内部类型和边界类型，其一般适用于均匀幕墙竖梃的情况。单击幕墙“属性”面板中的“编辑类型”按钮，在弹出的“类型属性”对话框中找到“垂直竖梃”和“水平竖梃”，为同一类型的幕墙批量添加竖梃（图 10-25）。

视频：添加幕墙竖梃

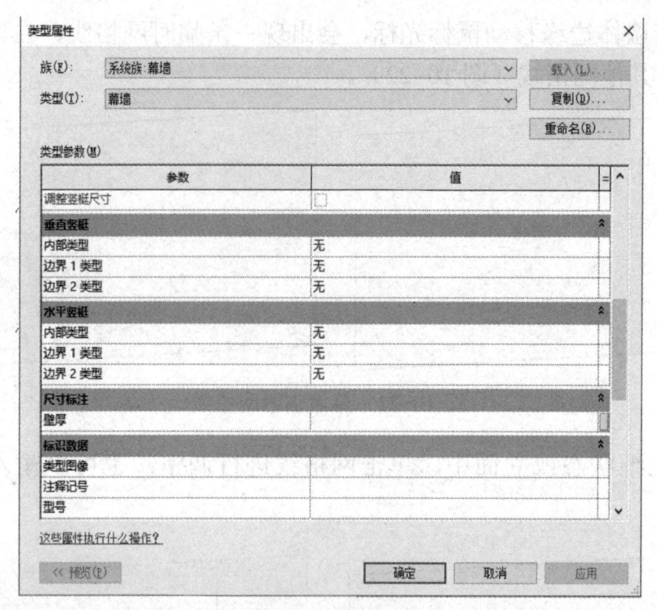

图 10-25 在幕墙的“类型属性”面板中编辑垂直竖梃和水平竖梃

（2）使用幕墙竖梃工具手动添加。具体步骤如下。

第一步：单击“建筑”选项卡“构建”面板中的“竖梃”按钮，切换至“修改 | 放置 竖梃”上下文选项卡（图 10-26）。

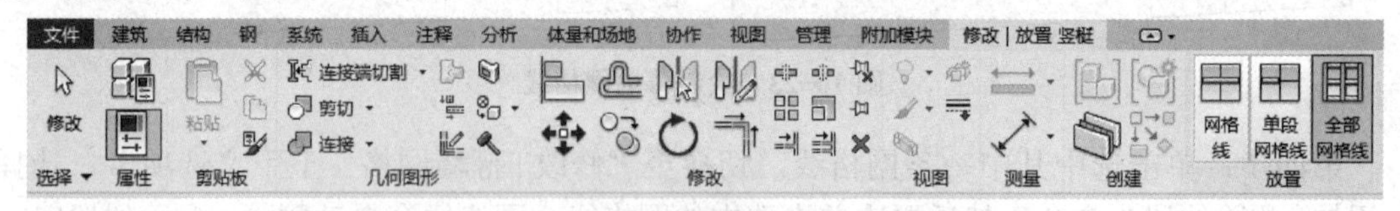

图 10-26 “修改 | 放置 竖梃”上下文选项卡

第二步：在“修改 | 放置 幕墙竖梃”上下文选项卡的“放置”面板中选择“网格线”，然后依次在网格线上单击，放置幕墙竖梃（图 10-27）。

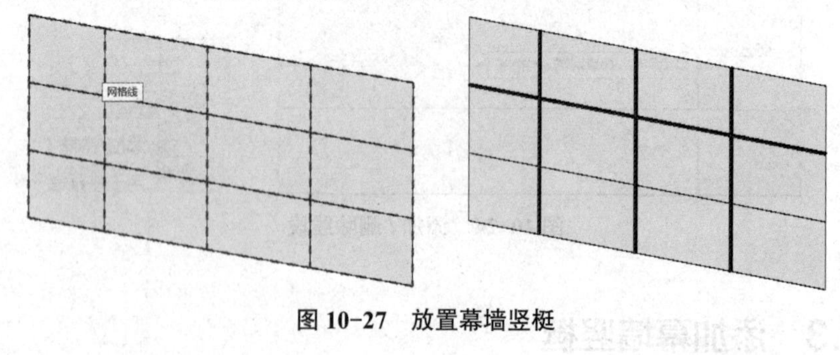

图 10-27 放置幕墙竖梃

绘图小技巧

按住 Shift 键可将竖梃仅放置在选定的线段上；按住 Ctrl 键，可将竖梃放置在所有打开的网格线段上。

【小贴士】如何调整竖梃连接方式？

选中需要调整的竖梃，单击“切换竖梃连接”按钮，即可更改竖梃间的连接方式（图 10-28）。

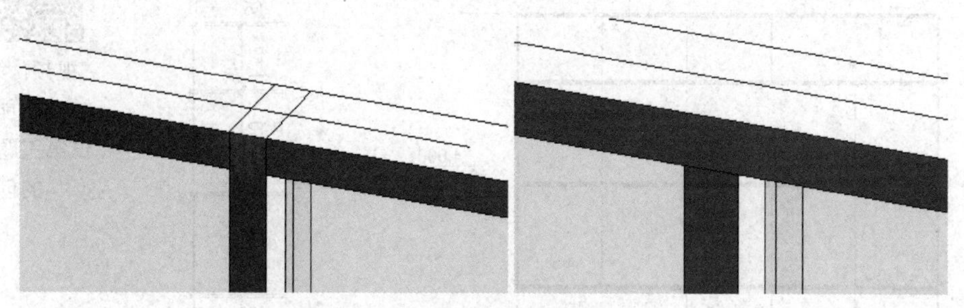

图 10-28　更改竖梃间的连接方式

10.3.4　替换幕墙嵌板

视频：添加幕墙嵌板

有时候需要将幕墙嵌板替换成可开启的门或窗，只需将玻璃嵌板替换成“门嵌板”或“窗嵌板”即可实现幕墙开门或开窗的目的。选择需要切换为幕墙门或幕墙窗的嵌板并更改对象类型，单击“属性”面板中的“编辑类型”按钮，弹出“类型属性”对话框，单击“载入”按钮，从 China 族库中载入“门窗嵌板”，单击“确定”按钮（图 10-29）。

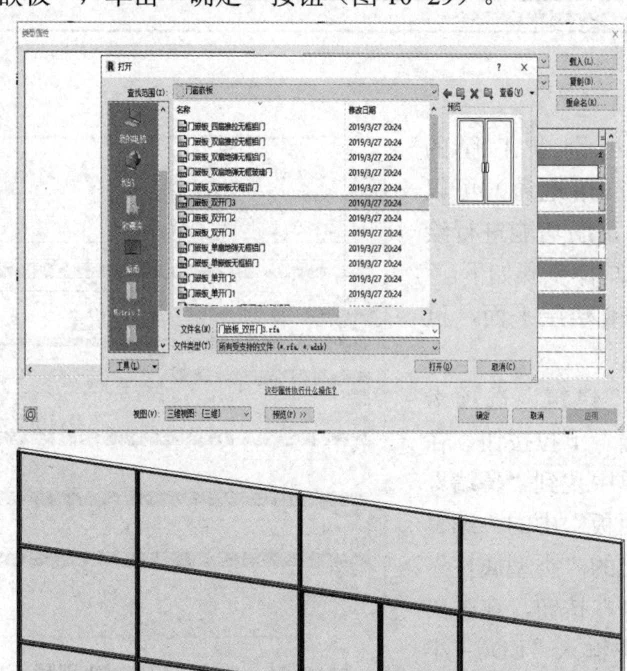

图 10-29　替换幕墙嵌板

【练一练】根据图 10–30 所示的北立面图和东立面图，创建玻璃幕墙及水平竖梃模型，请将模型文件以“幕墙”为文件名保存到文件夹中。

视频：第一期 BIM 技能等级考试第三题—幕墙的创建

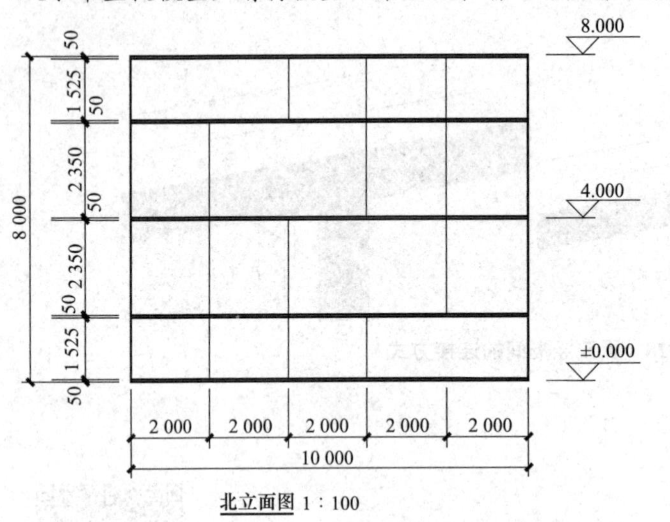

图 10–30　立面图

10.4　小别墅幕墙绘制

视频：小别墅一层幕墙绘制

小别墅工程的 LDC（落地窗）可以用到幕墙功能进行绘制，具体步骤如下。

第一步：双击 F0 楼层平面，进入一层平面视图。

第二步：单击“建筑”选项卡“构建”面板的“墙”下拉按钮，在类型选项的下拉菜单中找到“幕墙”选项。单击“属性面板”中的“编辑类型”按钮，在弹出的“类型属性”对话框中单击“复制”按钮，在弹出的“名称”对话框中输入“LDC–小别墅 4 200 mm”，勾选“自动嵌入”功能（图 10–31）。

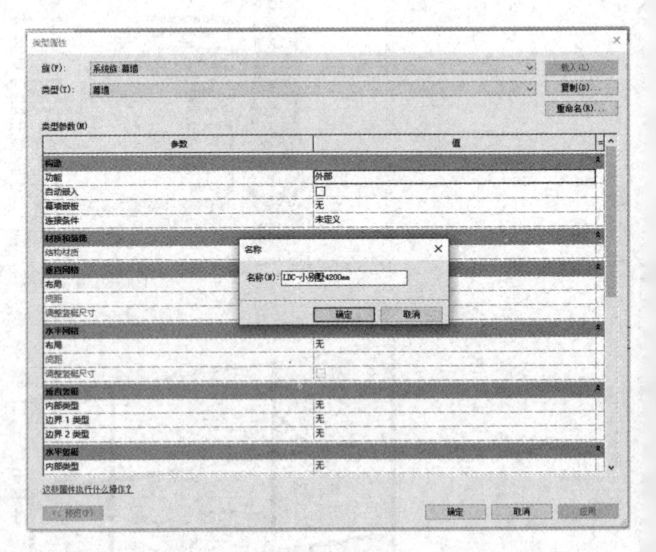

图 10–31　创建“LDC– 小别墅 4 200 mm”类型幕墙

第三步：修改幕墙“属性”，底部约束室外地坪，底部偏移 400 mm，顶部约束直到标高：F1，顶部偏移 –600 mm（图 10–32）。

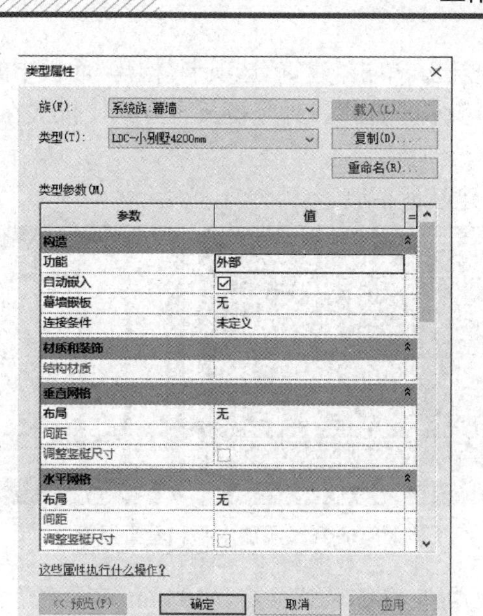

图 10-32　修改幕墙属性

第四步：沿着Ⓐ轴位置，绘制长度为 4 200 mm 的幕墙（图 10-33）。

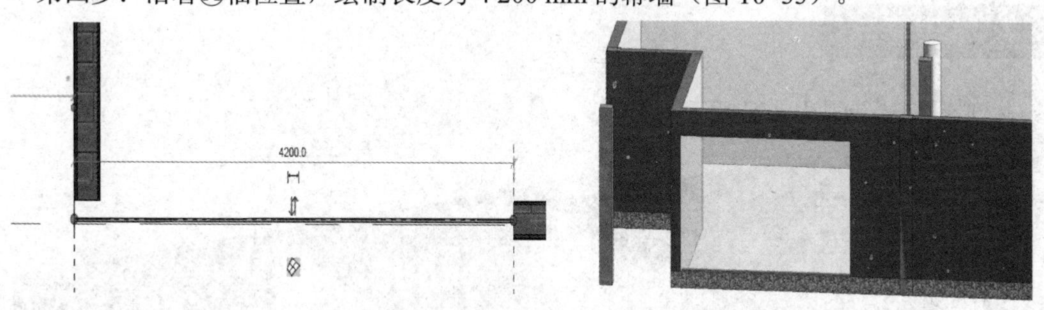

图 10-33　“LDC- 小别墅 4 200 mm”

第五步：为“LDC- 小别墅”添加竖向网格线。切换到“南立面”视图，单击“建筑”选项卡“构建”面板中的“幕墙网格”按钮，切换至“修改 | 放置 幕墙网格”上下文选项卡，在“放置”面板中选择“全部分段”选项，沿着墙体边缘移动鼠标光标，会出现一条临时网格线及临时尺寸标注，单击以放置网格线并在临时尺寸标注上修改网格间距，如图 10-34 所示。

第六步：添加水平网格线。单击“建筑”选项卡“构建”面板中的“幕墙网格”按钮，切换至“修改 | 放置 幕墙网格”上下文选项卡，在“放置”面板中选择“全部分段”选项，添加水平网格，如图 10-35 所示。

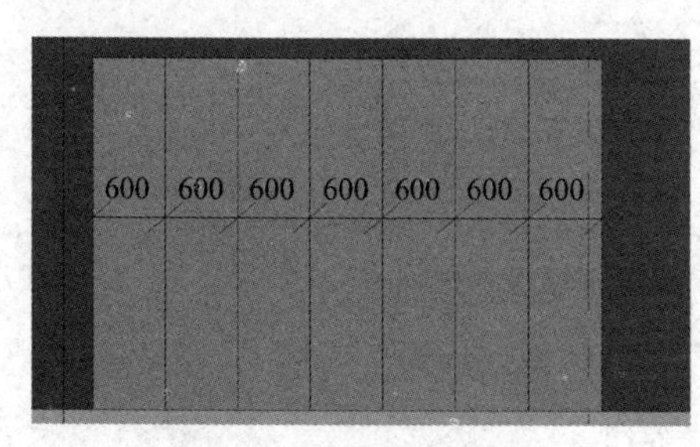

图 10-34　添加垂直网格

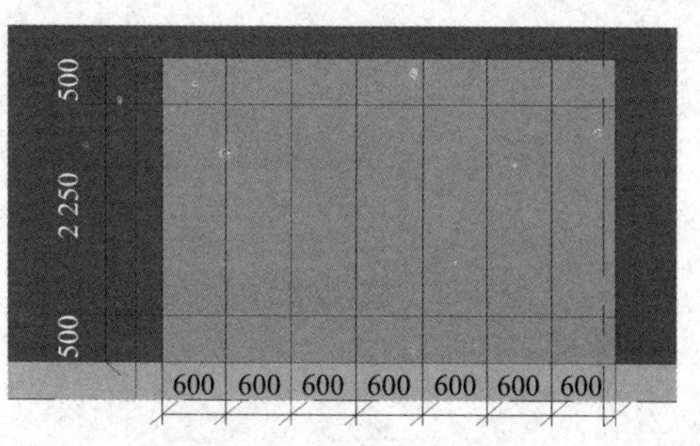

图 10-35　添加水平网格

第七步：为幕墙添加竖梃。单击“建筑”选项卡“构建”面板中的“竖梃”按钮，切换至“修改 | 放置 竖梃”上下文选项卡，选择一种竖梃放置方式，依次在网格线上单击放置幕墙竖梃，如图 10-36 所示。

采用类似方法可以创建其他幕墙。

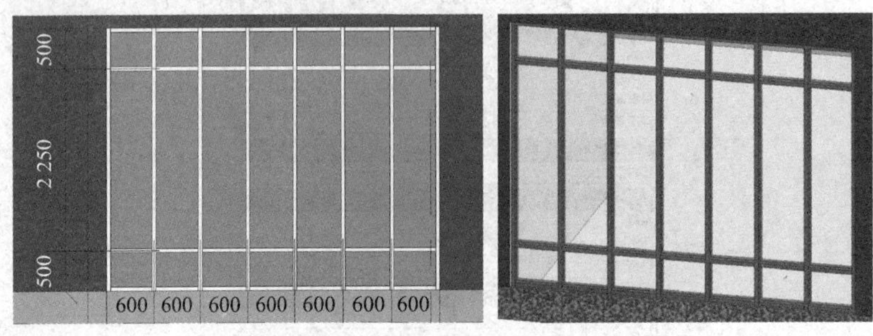

图 10-36　添加水平和垂直竖梃

【思考】项目样板中自带的矩形竖梃有“30 mm 正方形”和“50 mm×150 mm”两种类型，若需添加其他尺寸的矩形幕墙竖梃（如“20 mm×140 mm”），应该如何添加？

成果展示

小别墅幕墙如图 10-37 所示。

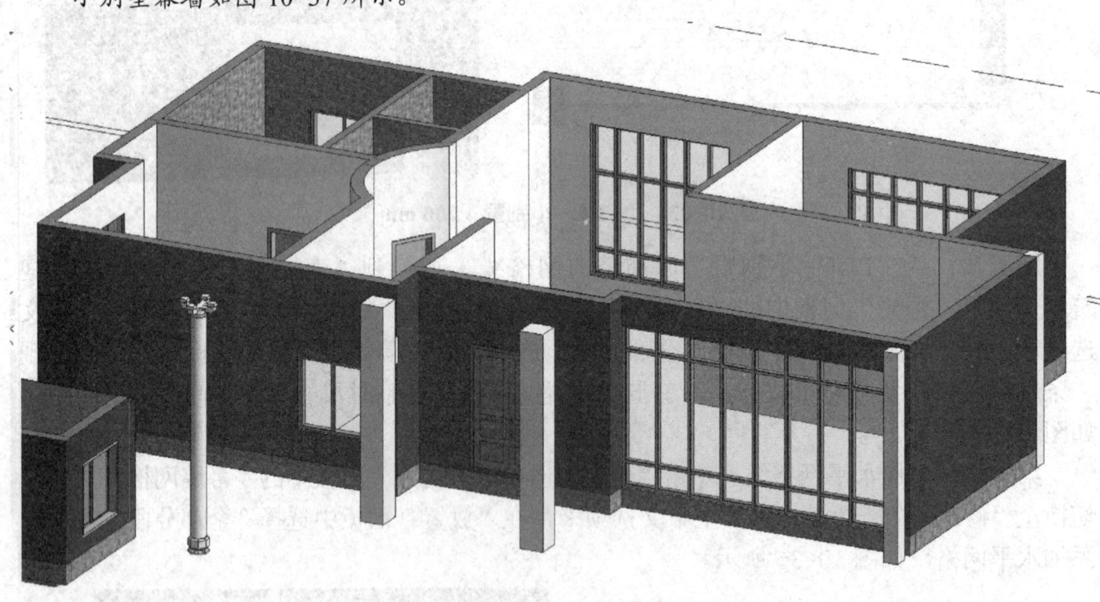

图 10-37　小别墅幕墙

任务评价

技能点	完成情况	注意事项
能够绘制幕墙网格		
能够绘制幕墙竖梃		
能够替换幕墙嵌板		

通过完成上述任务，还学到了什么知识和技能？

任务拓展

视频：第六期全国BIM技能等级考试一级试题第二题

1. 根据图 10–38 所示，创建墙体与幕墙。墙体构造与幕墙竖梃连接方式如图 10–38 所示，竖梃尺寸为 100×50 mm，请将模型以“幕墙”为文件名保存在文件夹中。【第六期全国 BIM 技能等级考试一级试题第二题】

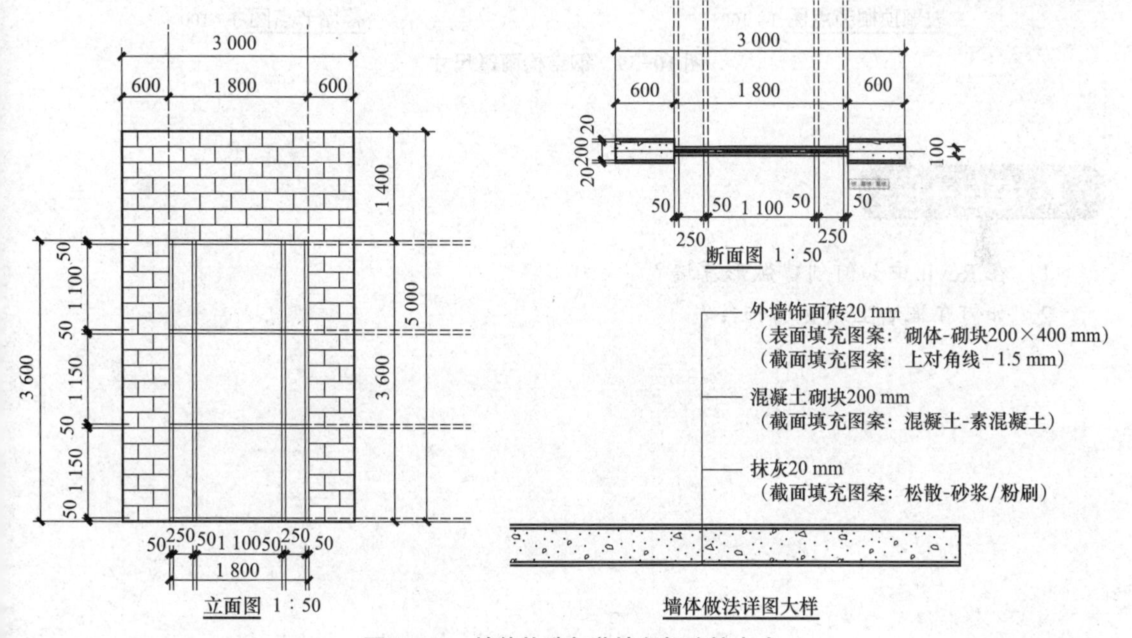

图 10–38　墙体构造与幕墙竖梃连接方式

视频：钢结构雨棚

2. 按要求建立钢结构雨篷模型（包括标高、轴网、楼板、台阶、钢柱、钢梁、幕墙及玻璃顶棚），尺寸、外观与图示一致，幕墙和玻璃顶棚表示网格划分即可，见节点详图，钢结构除图中标注外均为 GL2 矩形钢，图中未注明尺寸自定义（图 10–39）。将建好的模型以“钢结构雨篷”为文件名保存至考生文件夹中。【2019 年第二期“1+X”BIM 职业技能等级考试第二题】

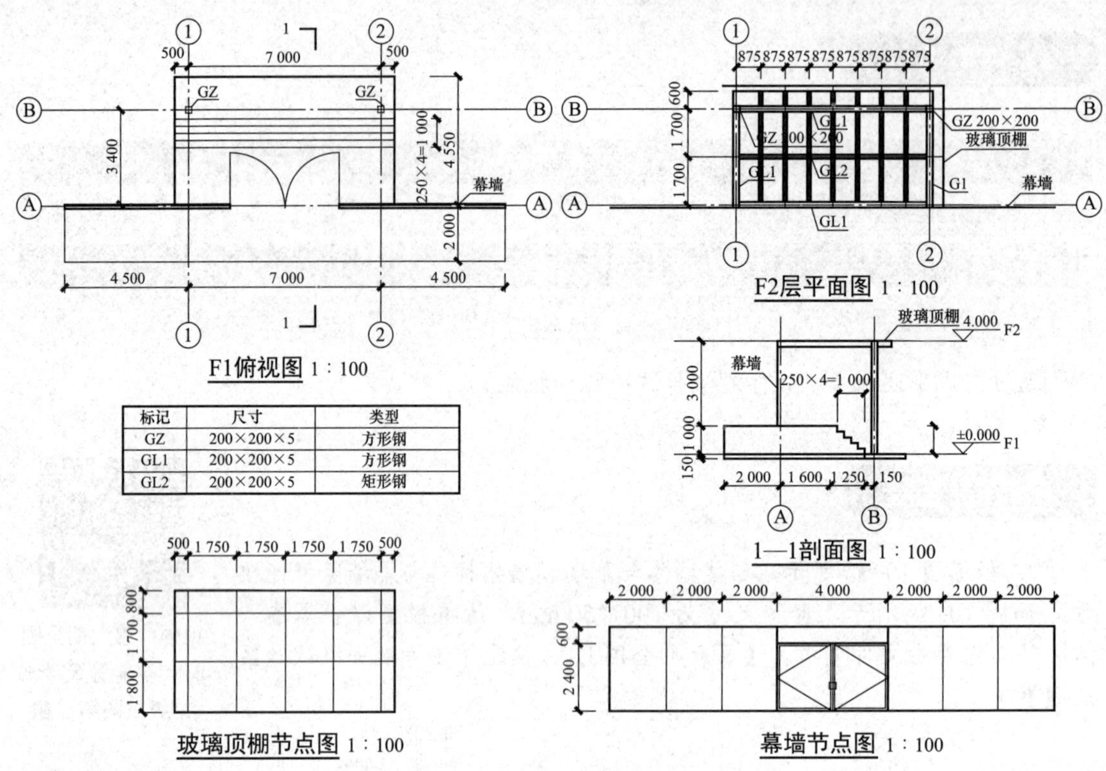

标记	尺寸	类型
GZ	200×200×5	方形钢
GL1	200×200×5	方形钢
GL2	200×200×5	矩形钢

图 10-39　钢结构雨篷尺寸

每日一技

1. 在 Revit 中如何创建弧形幕墙？
2. 如何在幕墙上放置墙饰条？

工作任务十一　体量的创建

任务情境

“莫比乌斯环”卷成的凤之巢：一座完全由曲面围成的建筑

凤凰国际传媒中心坐落在北京市朝阳区朝阳公园之畔，占地面积为 1.8 hm^2，总建筑面积为 7.2 万 m^2，建筑高度为 55 m。该建筑是一座完全由曲面围成的建筑，外观看上去非常圆润，这一造型也被寓意为“莫比乌斯环”。这个构思源自凤凰的形象。莫比乌斯环数学模型的最大特点是“有界无边”，消除了传统建筑中的“正交”概念，所有曲线在 360°的空间中连续循环，通过一个连续的、不断变化的曲面将高耸的办公楼和低矮的演播楼统一成一个封闭的整体（图 11–1）。光滑的外表上没有设一根雨水管，所有表皮的水都会顺着外表流入建筑底部的雨水收集池，经过集中处理后提供艺术水景及庭院浇灌，简直就是集美学与技术于一身。

图 11–1　凤凰国际传媒中心

能量关键词

快捷、创新

在标准环境中想要绘制一个曲面是比较困难的，所以 Revit 才会延伸出体量这个工具。体量工具可以快速地帮助人们创建复杂曲面造型，如一些曲面的屋顶、墙体和幕墙。Revit 自带的墙工具无法绘制复杂曲面造型，只能利用面墙工具通过拾取体量面来生成（图 11–2）。

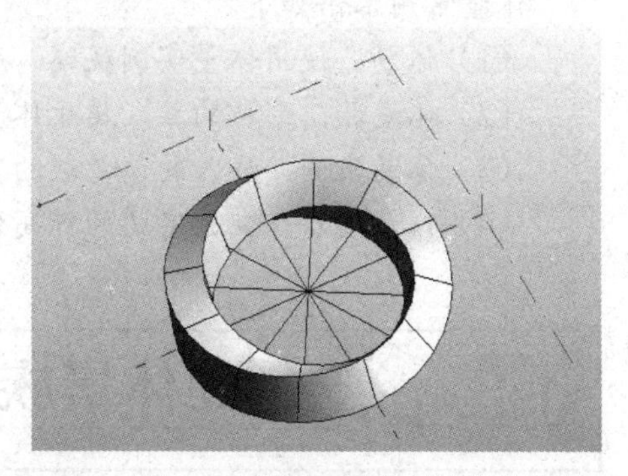

图 11–2　用 Revit 体量工具绘制的莫比乌斯环

任务目标

完成概念体量模型的创建

教学目标	
知识目标	1. 掌握体量拉伸形状的创建； 2. 掌握体量表面形状的创建； 3. 掌握体量放样形状的创建； 4. 掌握放样融合形状的创建； 5. 掌握旋转形状的创建； 6. 掌握体量空心形状的创建； 7. 掌握体量、墙、楼层、幕墙和屋顶的综合应用
技能目标	能够熟练用概念体量创建三维模型，并在项目中能和墙、楼板、屋顶和幕墙结合应用
素质目标	1. 培养观察构件的能力、空间想象能力； 2. 培养将构件拆分和组合的能力

任务分析

根据已知平面图创建体量三维模型。

任务实施

体量可以用概念体量族创建，也可以用项目中的内建体量来创建。用概念体量族创建的体量可以用于任何项目，用内建体量创建的体量只能用于本项目。

知识链接

体量常用术语如下。

（1）体量：使用体量实例观察、研究和解析建筑形式的过程。

（2）体量族：形状的族，属于体量类别。

（3）体量实例：载入的体量族的实例或内建体量。

（4）体量楼层：在已定义的标高处穿过体量的水平切面。

11.1 创建体量族

视频：创建体量族（一）

在族编辑器中创建体量族后，可以将族载入项目，并将体量族的实例放置在项目中。

在开始界面中选择“族”→“概念体量”→“公制体量 .rft”文件，如图 11-3 所示。

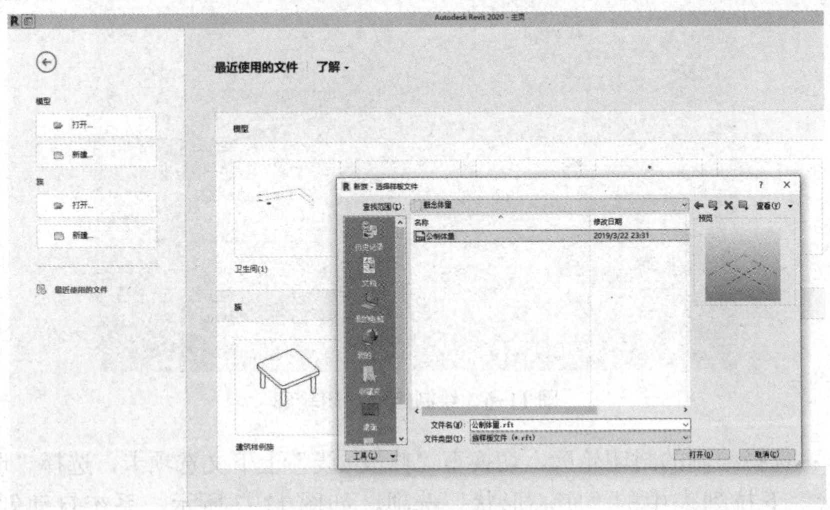

图 11-3　新建概念体量

单击“打开”按钮，进入体量族创建环境，如图 11-4 所示。

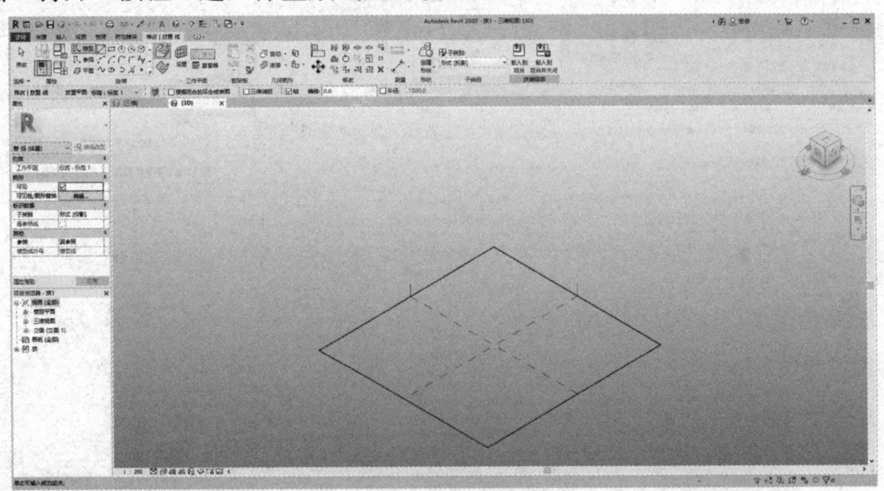

图 11-4　体量族创建环境

11.1.1　体量创建拉伸形状

视频：创建体量族（二）

先绘制界面轮廓，然后系统根据截面创建拉伸模型。具体创建步骤如下。

第一步：单击“创建”选项卡“绘制”面板中的“线”按钮，切换至“修改 | 放置 线”上下文选项卡，如图 11-5 所示，绘制图 11-6 所示的封闭轮廓。

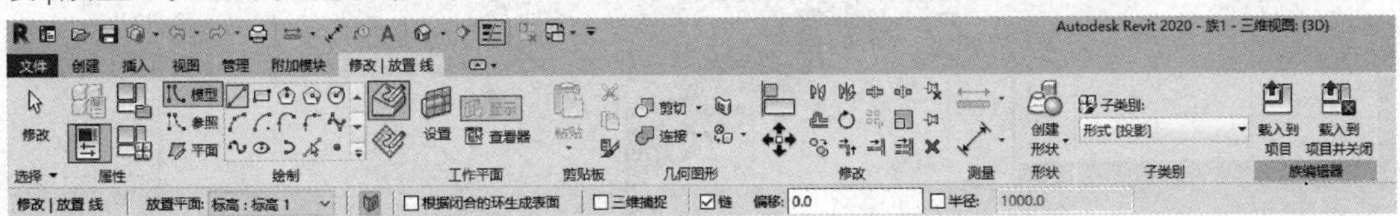

图 11-5　“修改 | 放置 线”上下文选项卡

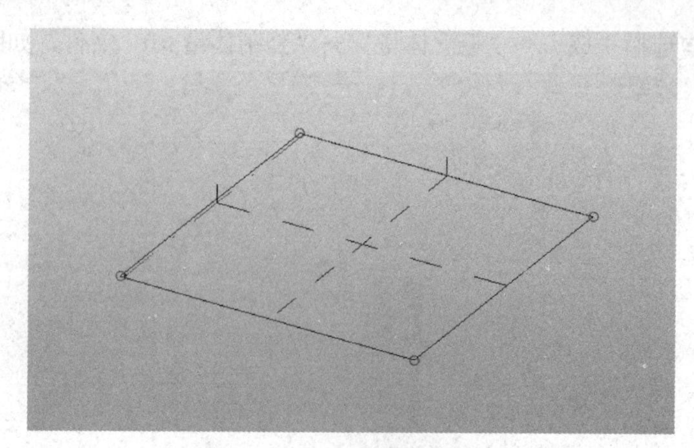

图 11-6　绘制矩形封闭轮廓

第二步：选择绘制的封闭轮廓，切换至“修改 | 线”上下文选项卡，选择“形状”面板“创建形状”下拉列表中的“实心形状”选项，如图 11-7 所示，系统自动创建图 11-8 所示的拉伸模型。

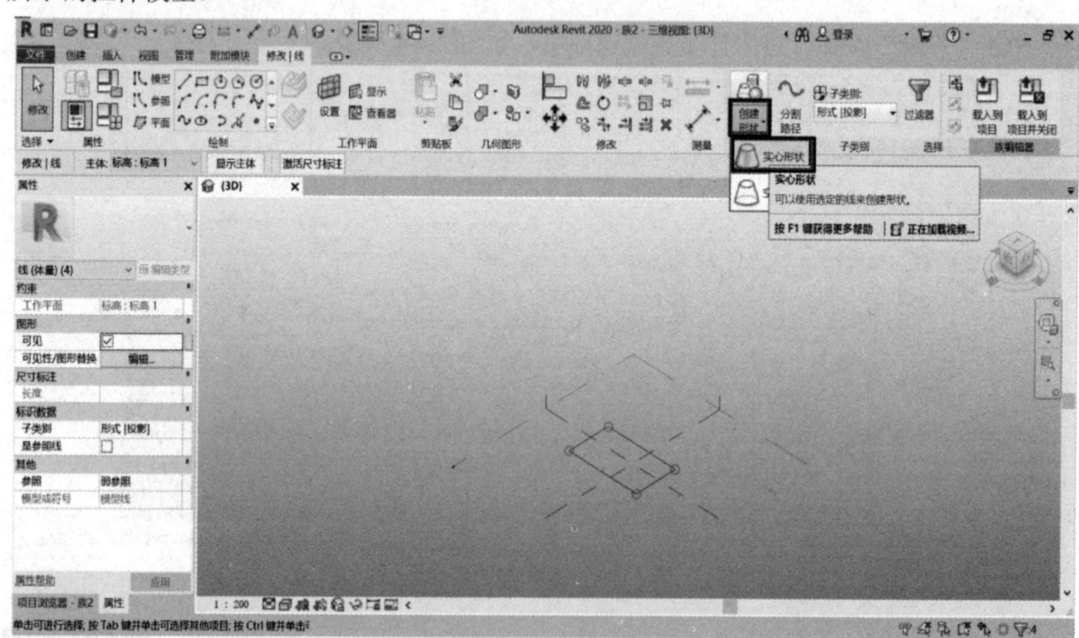

图 11-7　“实心形状”按钮

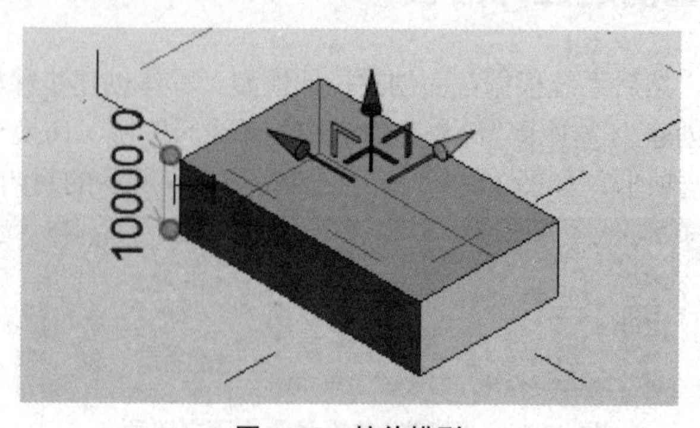

图 11-8　拉伸模型

第三步：双击尺寸可修改拉伸深度；可选取模型上的边线，拖动操控件上的箭头，修改模型的局部形状；可选取模型的端点，可以拖动操控件改变该点在 3 个方向的形状，如图 11-9 所示。

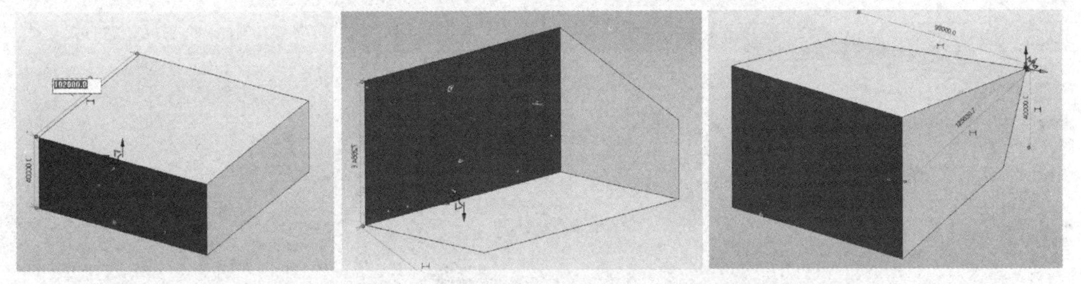

图 11-9　拖动端点修改尺寸，改变形状

【小贴士】体量拉伸：在平面或立面上绘制轮廓（闭合图形），创建实心形状，是从面到三维图形的过程。

11.1.2　体量创建表面形状

视频：创建体量族—表面形状

先绘制界面轮廓，然后系统根据截面创建拉伸曲面，具体创建步骤如下。

第一步：单击“创建”选项卡“绘制”面板中的“起点、终点、半径弧”按钮，切换至“修改 | 放置 线”上下文选项卡，绘制图 11-10 所示的曲线。

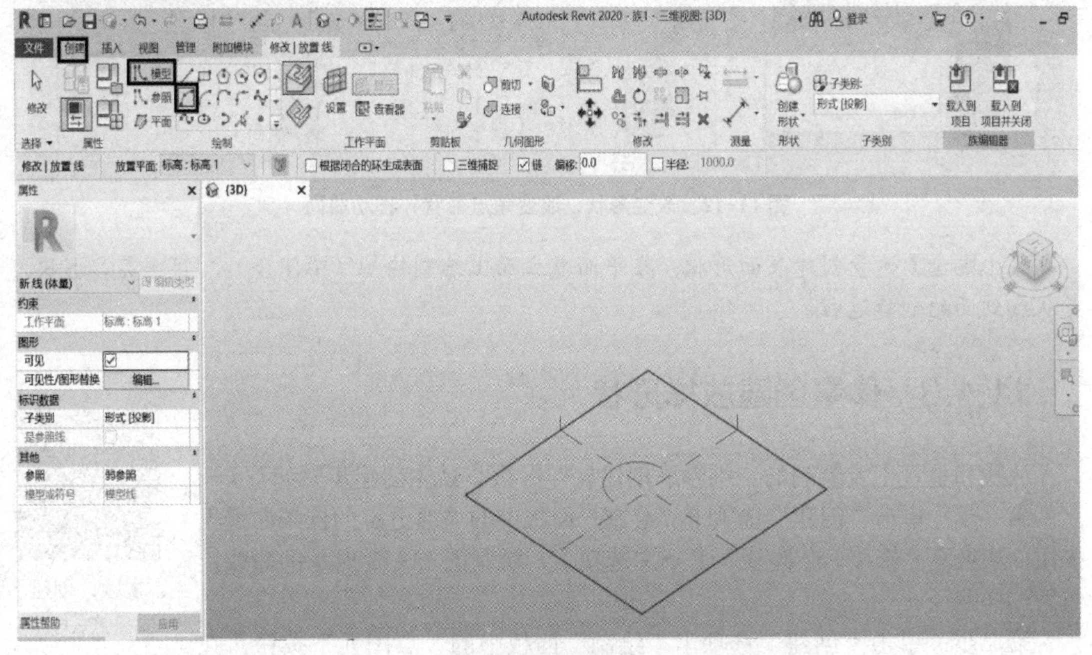

图 11-10　绘制曲线

第二步：选择绘制的曲线，切换至“修改”上下文选项卡，选择“形状”面板“创建形状”下拉列表中的“实心形状”选项，系统自动创建图 11-11 所示的拉伸曲面。

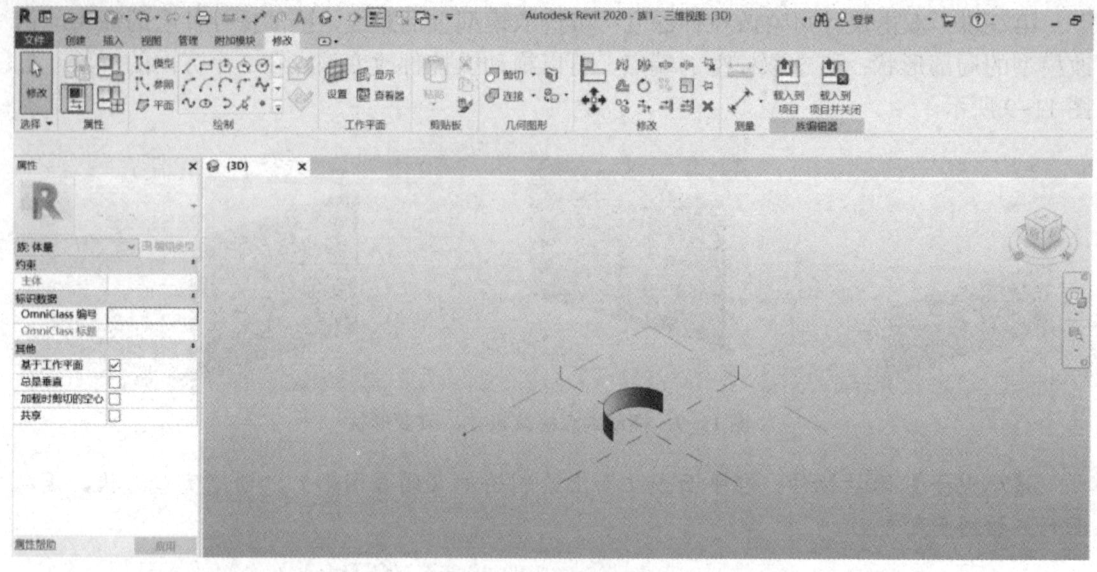

图 11-11　拉伸曲面

第三步：选中曲面，可以拖动操控件上的箭头使曲面沿各个方向移动；选取曲面的边，拖动操控件的箭头改变曲面形状；选取曲面的角点，拖动操控件改变曲面在三个方向的形状，如图 11-12 所示。

图 11-12　改变形状、改变角点形状、移动曲面

【小贴士】体量创建表面形状：在平面或立面上绘制轮廓（不闭合），创建实心形状，是从线到面的创建过程。

11.1.3　体量创建放样形状

从线和垂直于线绘制的二维轮廓创建放样形状。具体创建步骤如下。

视频：创建体量族—放样

第一步：单击“创建”选项卡“绘制”面板中的“通过点的样条曲线”按钮，切换至“修改 | 放置 线”上下文选项卡，绘制图 11-13 所示的曲线，作为放样路径。

第二步：单击“创建”选项卡“绘制”面板中的“点图元”按钮，在路径上设置参照点，如图 11-14 所示。

第三步：选择参照点，显示工作平面。单击“绘制”面板中的“圆形”按钮，以参考点为圆心绘制圆截面轮廓，如图 11-15 所示。

第四步：按住Ctrl键选中路径和界面轮廓，切换至“修改|线”上下文选项卡，选择“形状”面板的“创建形状”下拉列表中的“实心形状”选项，系统自动创建图11-16所示的放样模型。

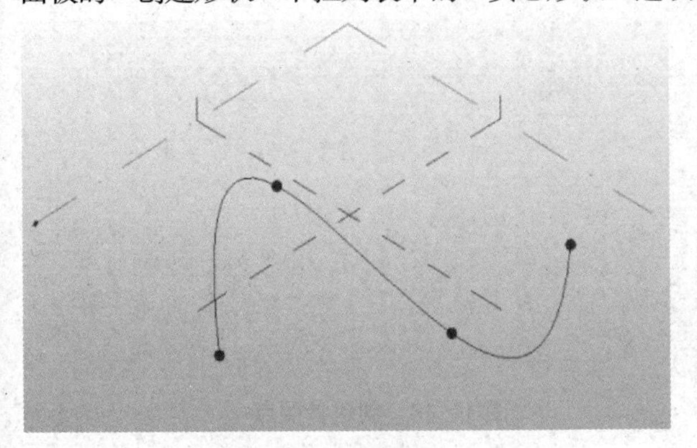

图11-13　绘制路径

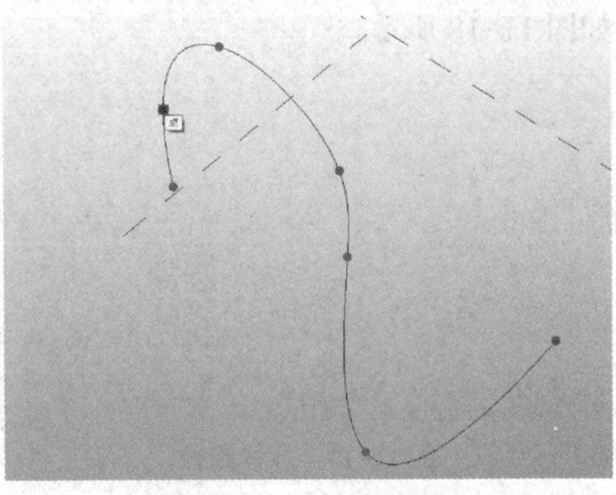

图11-14　设置参照点

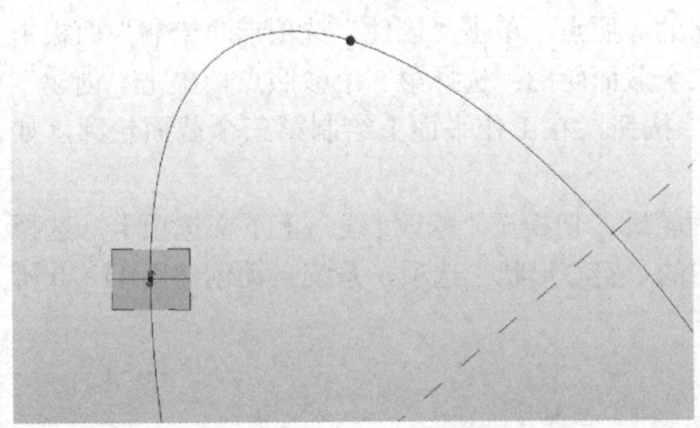

图11-15　绘制圆截面轮廓

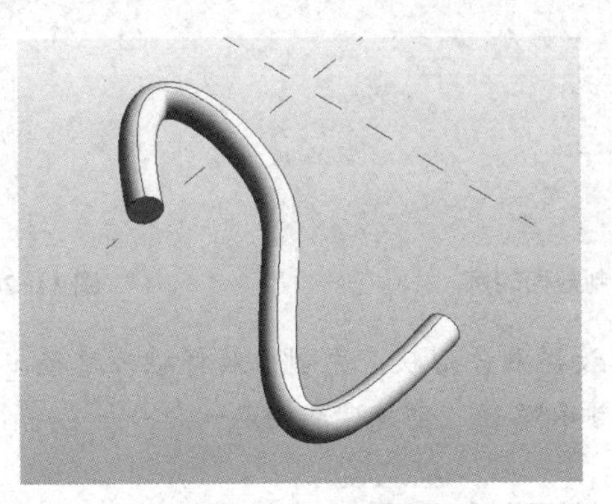

图11-16　放样模型

【小贴士】体量放样：先绘制放样路径，然后设置平面，在平面上绘制轮廓，选中轮廓和路径，创建实心形状。

视频：创建体量族—放样融合形状

11.1.4　体量创建放样融合形状

从线和垂直于线绘制的两个或多个二维轮廓创建放样融合形状。具体创建步骤如下。

第一步：单击“创建”选项卡“绘制”面板中的“样条曲线”按钮，切换至“修改|

放置 线”上下文选项卡，绘制图 11-17 所示的曲线，作为放样路径。

第二步：单击“创建”选项卡“绘制”面板中的“点图元”按钮，在路径上创建参照点，如图 11-18 所示。

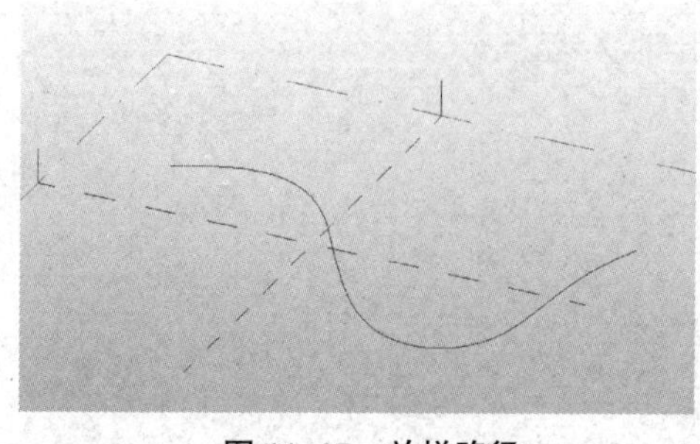

图 11-17　放样路径

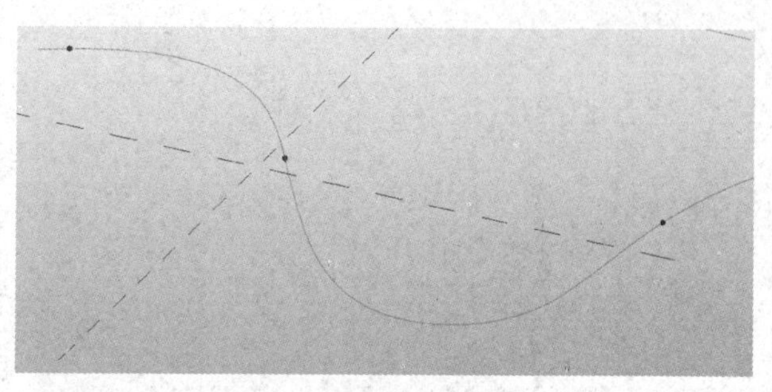

图 11-18　创建参照点

第三步：选择起点参照点，单击“创建”选项卡“绘制”面板中的“圆”按钮，在工作平面上绘制第一个截面轮廓；选择中间的参照点，单击“创建”选项卡“绘制”面板中的“矩形”按钮，在工作平面上绘制第二个截面轮廓；选择第三个参照点，单击“创建”选项卡“绘制”面板中的“内接多边形”按钮，在工作平面上绘制第三个截面轮廓，如图 11-19 所示。

第四步：按住 Ctrl 键选中路径和截面轮廓，切换至“修改 | 线”上下文选项卡，选择“形状”面板的“创建形状”下拉列表中的“实心形状”选项，系统自动创建图 11-20 所示的放样融合模型。

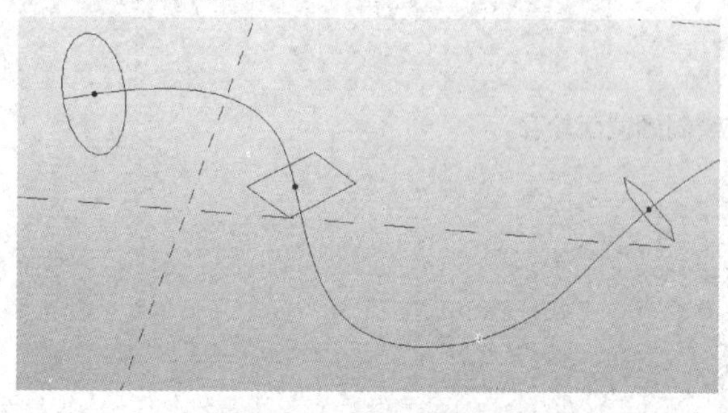

图 11-19　绘制截面轮廓

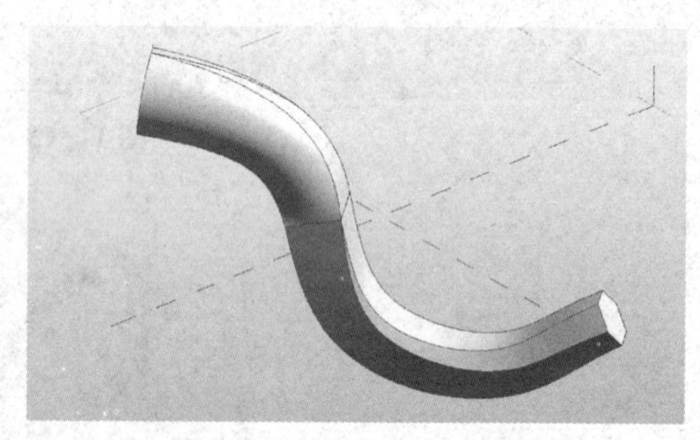

图 11-20　放样融合模型

【小贴士】体量创建放样融合形状：先创建放样融合路径，在逐个设置平面，创建不同形状轮廓。选中所有轮廓和路径，创建实心形状。

11.1.5　体量创建融合形状

第一步：选择“项目浏览器”→“视图”→立面→“南”选项，进入南立面视图。单击“创建”选项卡“基准”面板中的“标高”按钮，输入标高值 20 000 mm，如图 11-21 所示。

第二步：进入“三维视图”，单击“修改”选项卡工作平面中的“设置”按钮，选中标高 1 平面，绘制外接多边形；选择标高 2 平面，绘制圆形，如图 11-22 所示。

第三步：按住 Ctrl 键选中截面轮廓，切换至“修改 | 线”上下文选项卡，选择“形状”面板“创建形状”下拉列表中的“实心形状”选项，系统自动创建图 11-23 所示的融合模型。

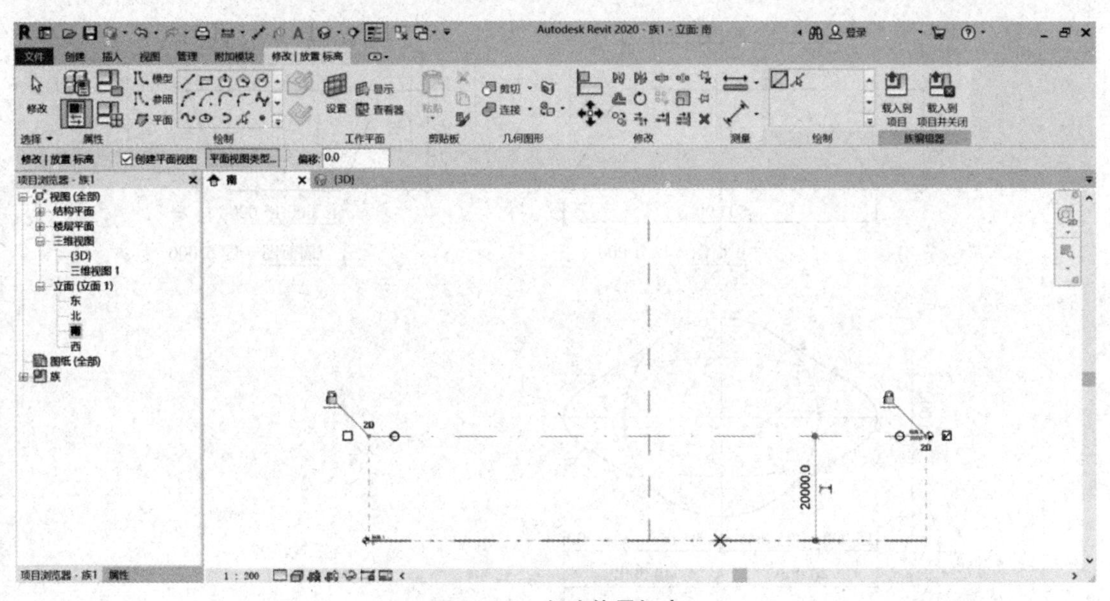

图 11-21　创建体量标高

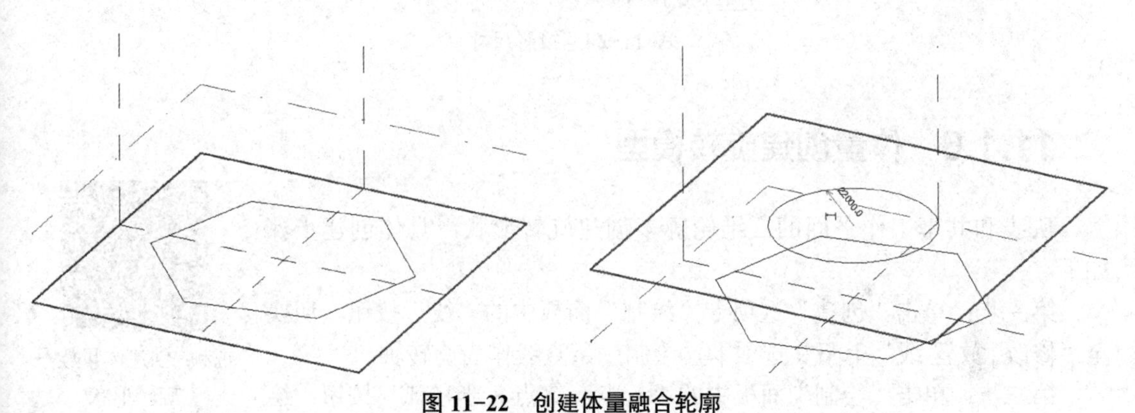

图 11-22　创建体量融合轮廓

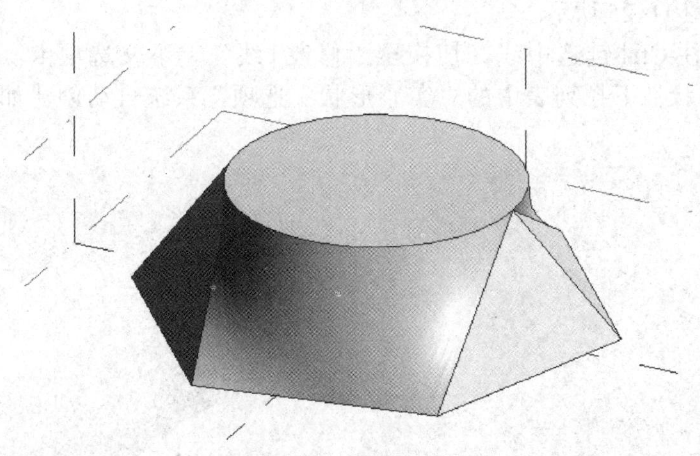
图 11-23　体量融合模型

【小贴士】体量融合：在立面先创建标高，再绘制 3D 轮廓形状，给轮廓形状设置不同标高，选中轮廓形状，创建实心形状。

【练一练】根据图 11-24 所示的投影尺寸，创建形体体量模型。

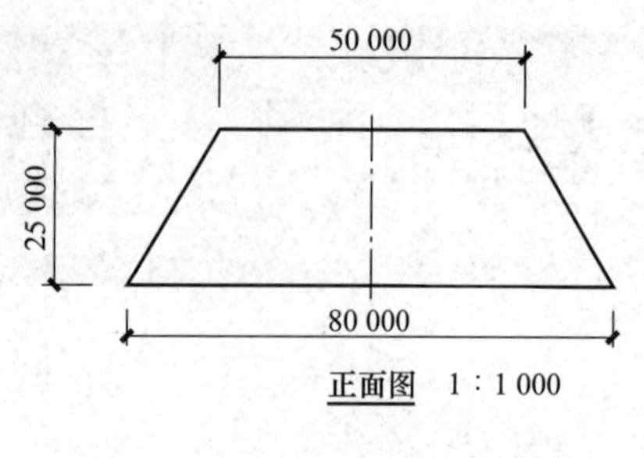

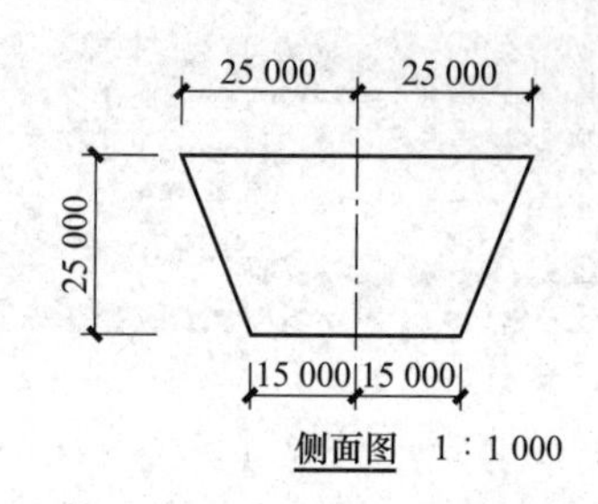

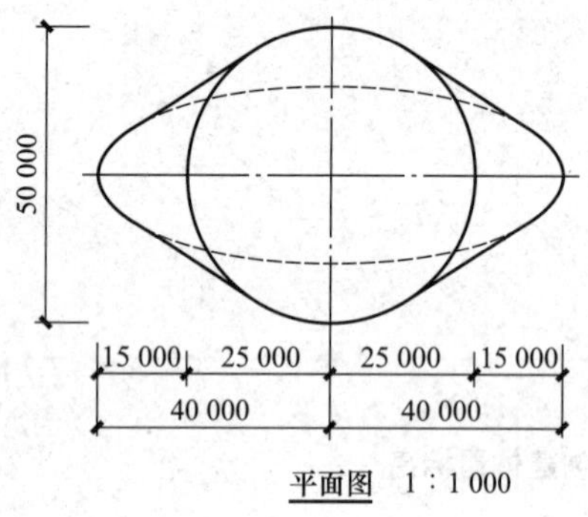

图 11-24 投影尺寸

11.1.6 体量创建旋转模型

视频：创建体量族—旋转形状

从线和共享工作平面的二维轮廓来创建旋转形状，具体创建步骤如下。

第一步：单击“创建”选项卡“绘制”面板中的“线”按钮，切换至“修改 | 放置 线”上下文选项卡，绘制一条直线作为旋转轴。

第二步：单击“绘制”面板中的“起点 - 终点 - 半径弧”按钮，绘制旋转截面，如图 11-25 所示。

第三步：按住 Ctrl 键选中线，切换至“修改 | 线”上下文选项卡，选择“形状”面板的“创建形状”下拉列表中的“实心形状”选项，系统自动创建如图 11-26 所示的旋转模型。

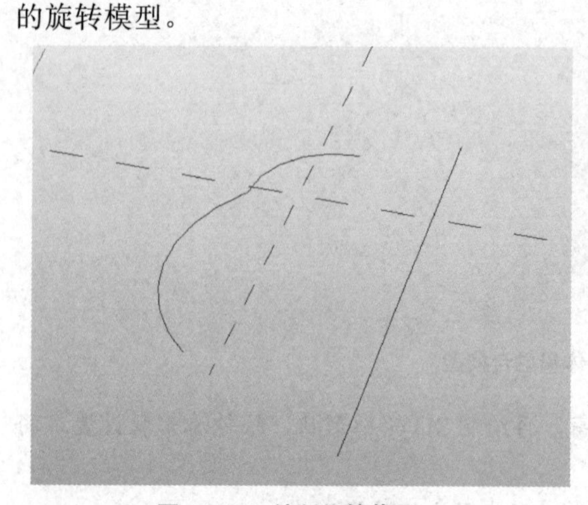

图 11-25 绘制旋转截面

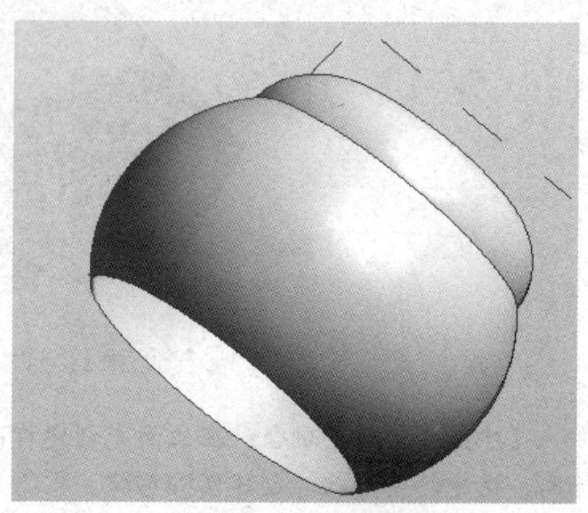

图 11-26 旋转模型

【小贴士】体量旋转：先创建一个轴线，然后创建一个形状（可以闭合也可以不闭合），选中轴线和形状，创建实心形状。

11.1.7　体量创建空心形状

视频：创建体量族—空心形状

使用“创建空心形状”工具创建空心几何图形以剪切实心几何图形，具体绘制步骤如下。

第一步：单击“创建”选项卡“绘制”面板中的“矩形”按钮，绘制矩形封闭轮廓。选中轮廓，切换至“修改 | 线”上下文选项卡，选择“形状”面板“创建形状”下拉列表中的“实心形状”选项，创建图 11-27 所示的拉伸模型。

第二步：单击“绘制”面板中的“圆”按钮，在拉伸模型的顶面绘制截面轮廓，选中绘制的轮廓，切换至“修改 | 线”上下文选项卡，选择“形状”面板“创建形状”下拉列表中的“空心形状”选项，系统自动创建一个空心形状（图 11-28）。

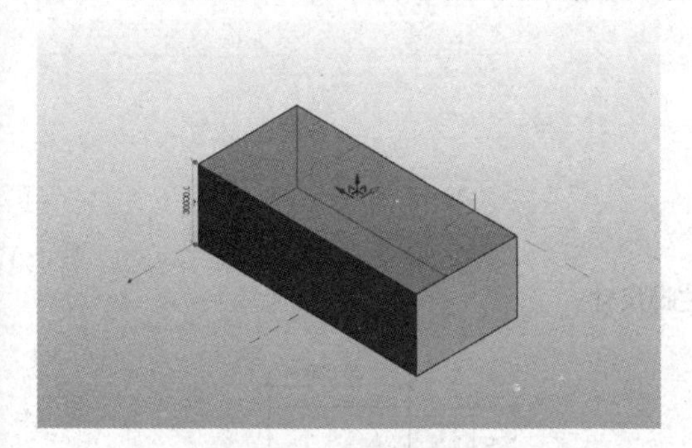

图 11-27　拉伸模型

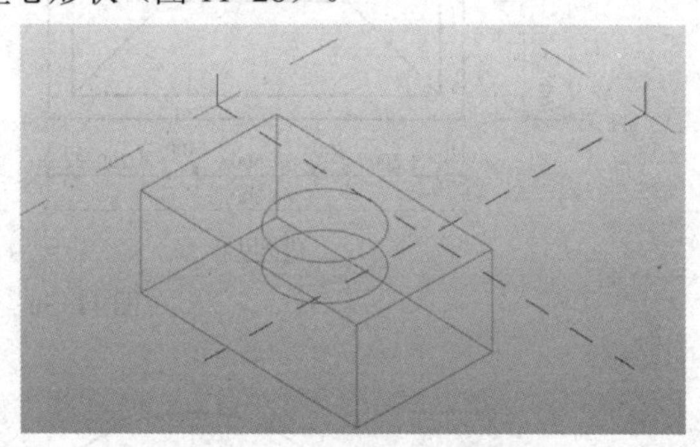

图 11-28　创建空心形状

第三步：拖动操控件调整孔的深度，或直接修改尺寸，结果如图 11-29 所示。

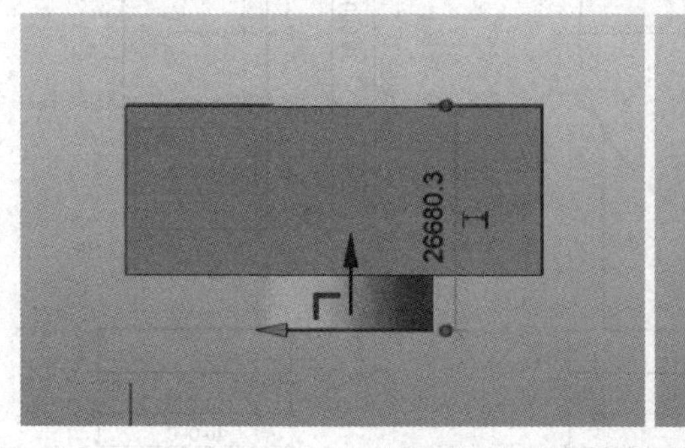

图 11-29　创建体量空心形状

【小贴士】体量空心：先创建一个实心形状，然后创建空心形状轮廓，选中轮廓，创建空心形状。根据需要选择空心形状图形。通过空心形状三维箭头可以调整长、宽、高等尺寸。

【练一练】（1）根据给定尺寸，用体量方式创建模型，请将模型以“柱脚”为文件名保存到文件夹中（图 11-30）。

（2）根据给定尺寸，用体量方式创建模型，请将模型以“方圆大厦”为文件名保存到文件夹中（图 11-31）。

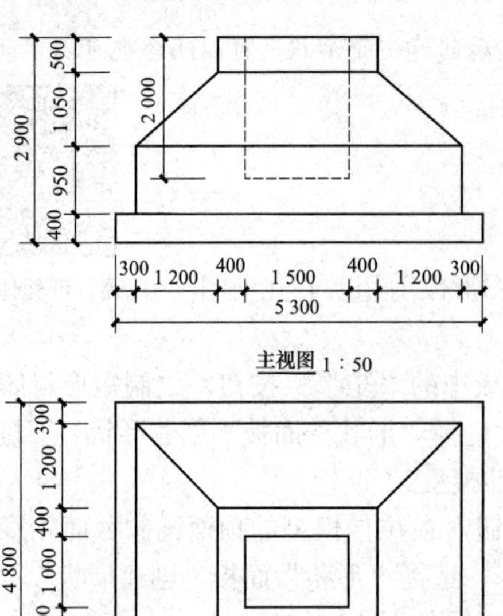

主视图 1∶50

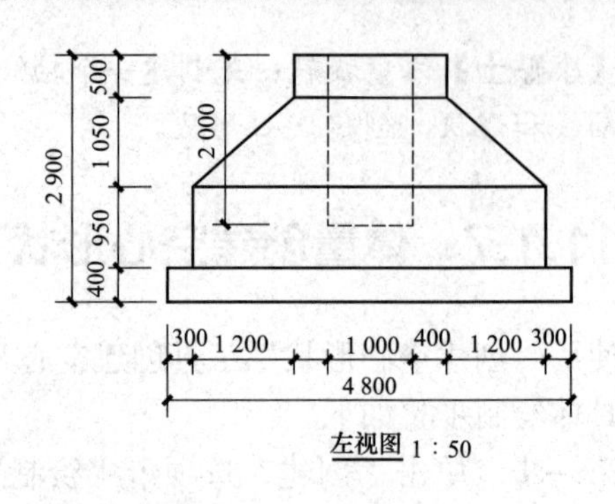

左视图 1∶50

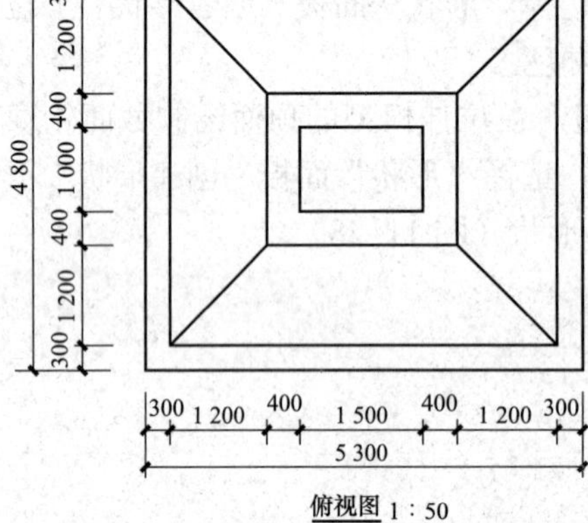

俯视图 1∶50

图 11-30 柱脚尺寸

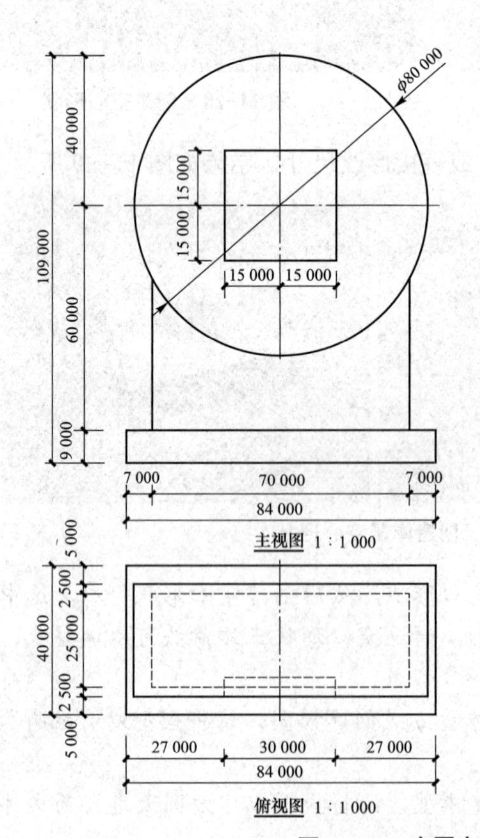

主视图 1∶1 000

俯视图 1∶1 000

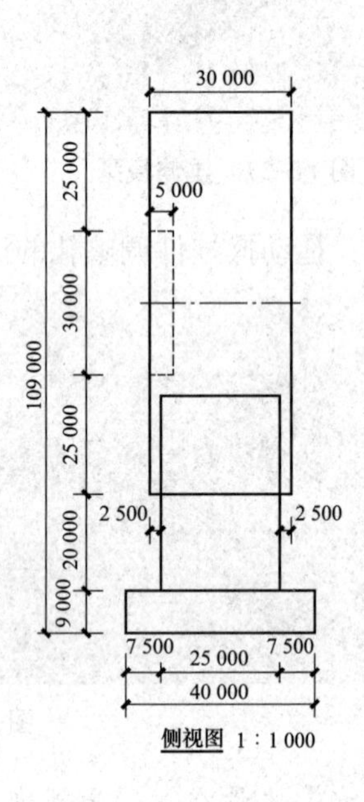

侧视图 1∶1 000

图 11-31 方圆大厦尺寸

11.2 内建体量

创建特定于当前项目上下文的体量，具体绘制步骤如下。

第一步：在项目文件中，单击“体量和场地”选项卡“概念体量”面板中的“内建体量”按钮，弹出“名称”对话框，输入体量名称，如图 11-32 所示。

视频：内建体量 - 放样

视频：内建体量 - 融合

视频：内建体量 - 放样融合

视频：内建体量 - 拉伸表面创建和旋转

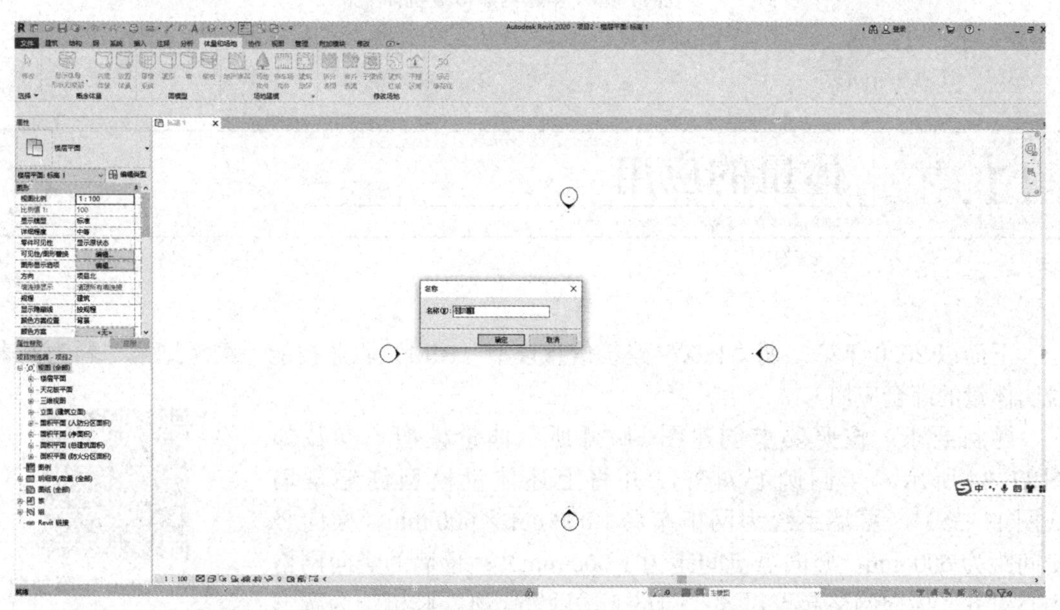

图 11-32　内建体量

第二步：在标高 1 楼层平面，单击“创建”选项卡“绘制”面板中的“矩形”按钮，绘制截面轮廓。选择“修改 | 放置 线”上下文选项卡“形状”面板“创建形状”下拉列表中的“实心形状”选项，创建拉伸模型。

第三步：单击“修改 | 形式”上下文选项卡“在位编辑”面板中的“完成体量”按钮，体量创建完成，如图 11-33 所示。

其他体量的创建与体量族中各种形状的创建方法相同。

【小贴士】内建体量拉伸：新建项目文件，单击“体量和场地”选项卡“概念体量”面板中的“内建体量”按钮，新建体量，在楼层平面上创建形状，选中形状，创建实心形状。功能区和创建过程与新建概念体量完全一样。

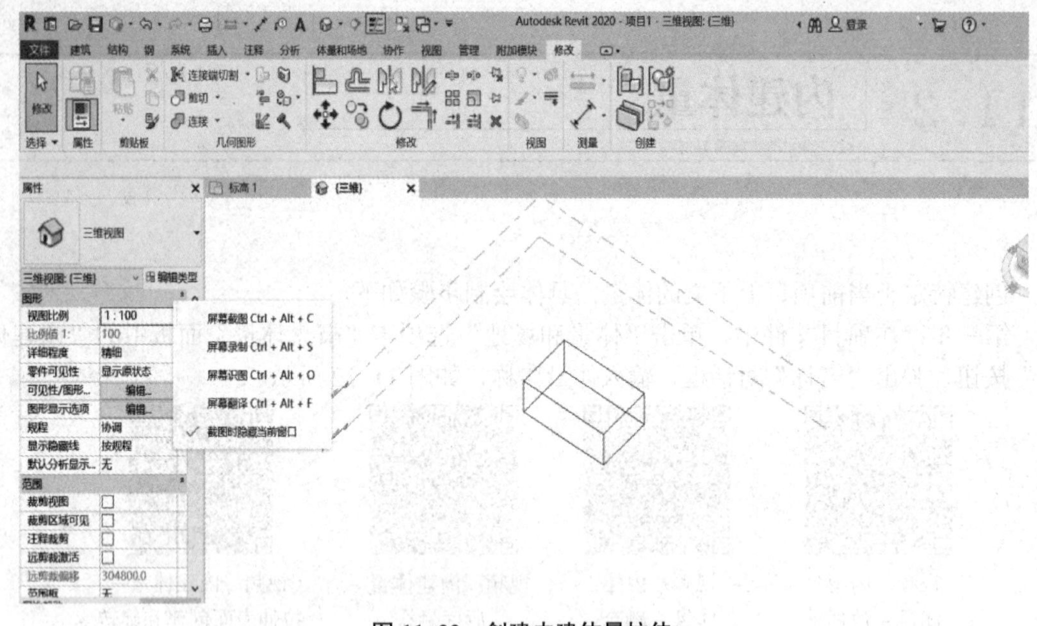

图 11-33　创建内建体量拉伸

11.3 体量的应用

下面以 2020 年第二期“1+X”建筑信息模型（BIM）职业技能等级考试第二题为例来说明体量的综合应用。

题目要求：按照要求创建图 11-34 所示体量模型，参数如图 11-34 所示，半圆圆心对齐，并将上述体量模型创建幕墙（图 11-35），幕墙系统为网格布局 1 000 mm×600 mm（横向竖梃间距为 600 mm，竖向竖梃间距为 1 000 mm）；幕墙的竖向网格中心对齐，横向网格起点对齐；网格上均设置竖梃，竖梃均为圆形竖梃，半径为 50 mm。创建屋面女儿墙及各层楼板。请将模型以文件名“体量幕墙”保存至本题文件夹中。

视频：2020 年第二期“1+X”职业技能等级考试第 2 题——体量幕墙

题目分析：本题包括体量创建、屋面创建、楼板和女儿墙创建，并结合幕墙系统。因为题目中有墙、楼板、幕墙和体量，所以用内建体量比较方便。

绘制步骤如下。

第一步：选择“模型”→“新建”命令，弹出“新建项目”对话框，样板文件选择“建筑样板”“项目浏览器”→“视图”→“立面”→“南”；进入南立面，修改标高 2 为 5.4 m，双击标高 1，单击“体量和场地”选项卡“概念体量”面板中的“内建体量”按钮，修改名称为体量 1，单击“创建”选项卡“绘制”面板中的“圆心端点弧”按钮，输入 7 500 mm 绘制半圆，再单击“直线”按钮绘制直线连接半圆弧，如图 11-36 所示。

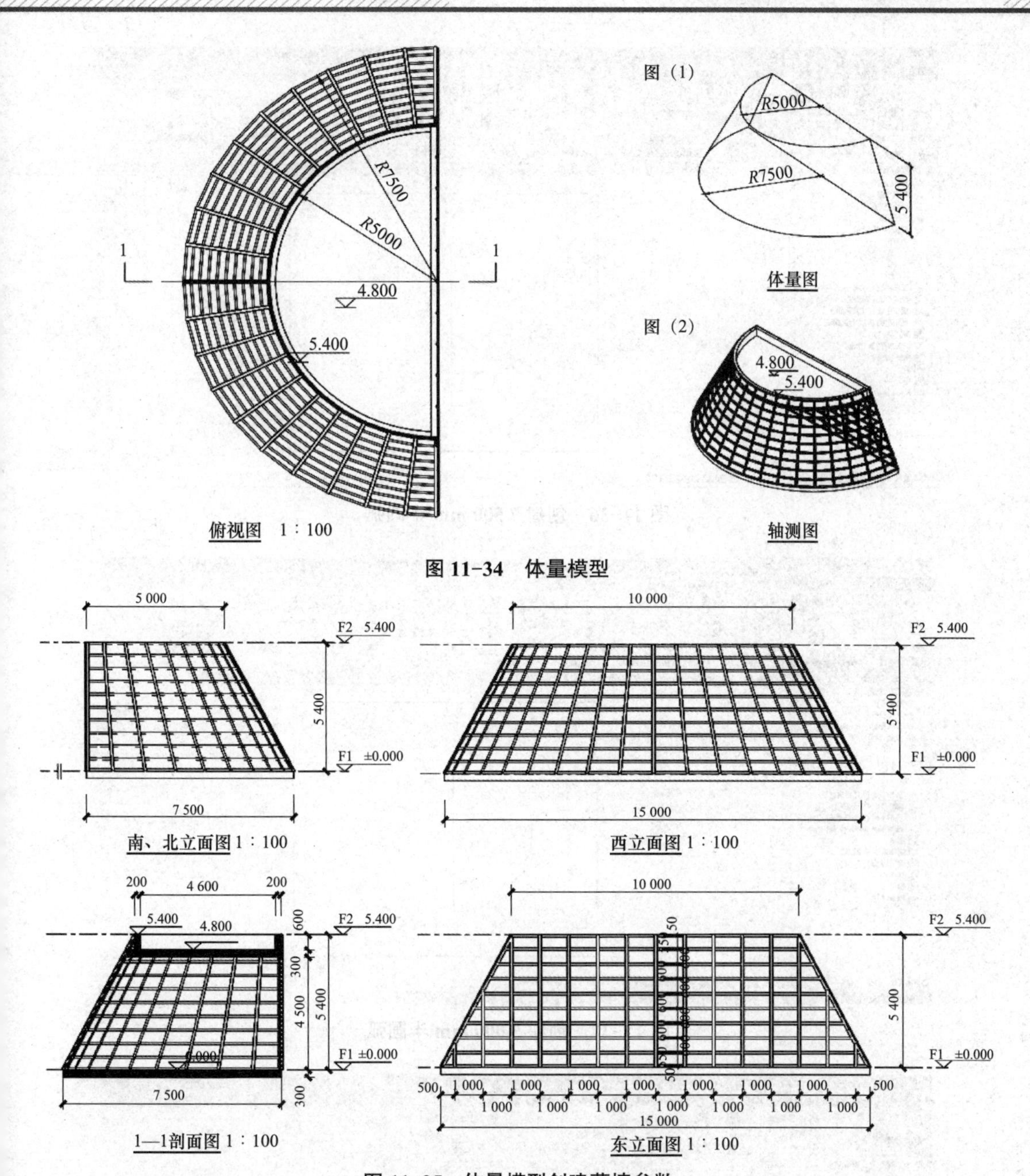

图 11-34　体量模型

图 11-35　体量模型创建幕墙参数

第二步：单击“圆心端点弧”按钮，输入 5 000 mm 绘制半圆，再单击“直线”按钮绘制直线连接半圆弧，如图 11-37 所示，出现黄色提示框，单击“关闭”按钮即可。

第三步：打开三维视图，选中 5 000 mm 圆弧和直线，打开南立面，单击“移动”按钮，从标高 1 移动到标高 2，打开三维视图，按住 Ctrl 键选中两个半圆弧，创建实心形状，如图 11-38 所示。

第四步：选中体量，单击“修改 | 体量”上下文选项卡“模型”面板中的“体量楼层”按钮（图 11-39），在弹出的“体量楼层”对话框中选择标高 1 楼层平面，单击“确定”按钮。单击“体量和场地”选项卡中“面模型”面板中的“楼板”按钮，切换至“修改 | 放置面楼板”上下文选项卡，单击“选择多个”按钮，选中 7 500 mm 圆弧，单击“创建楼板”按钮，楼板创建完成，如图 11-40 所示。

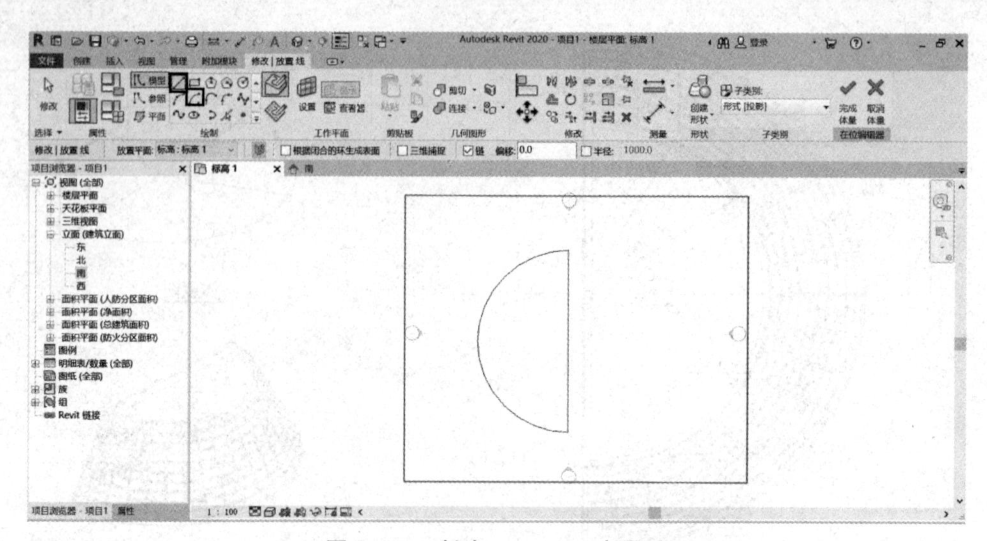

图 11-36　创建 7 500 mm 半圆弧

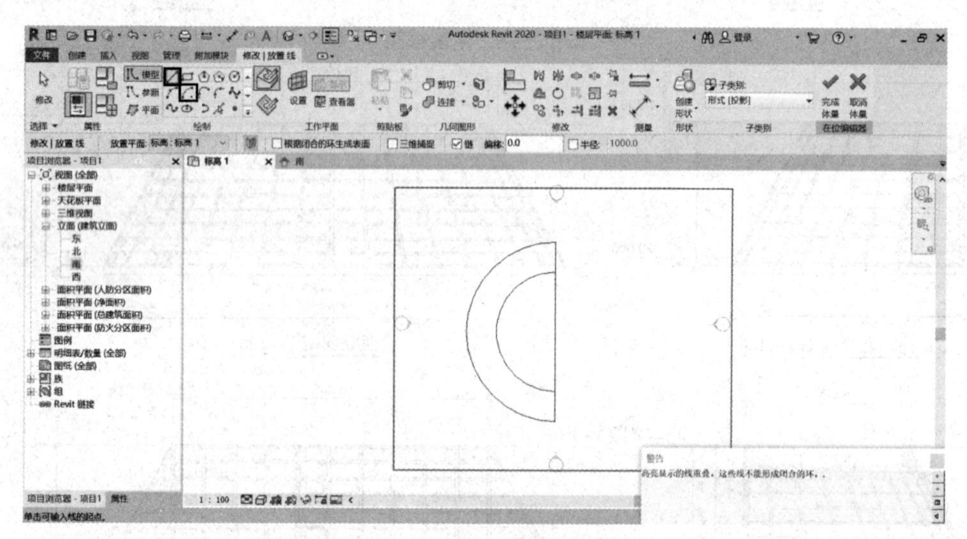

图 11-37　创建 5 000 mm 半圆弧

图 11-38　创建体量

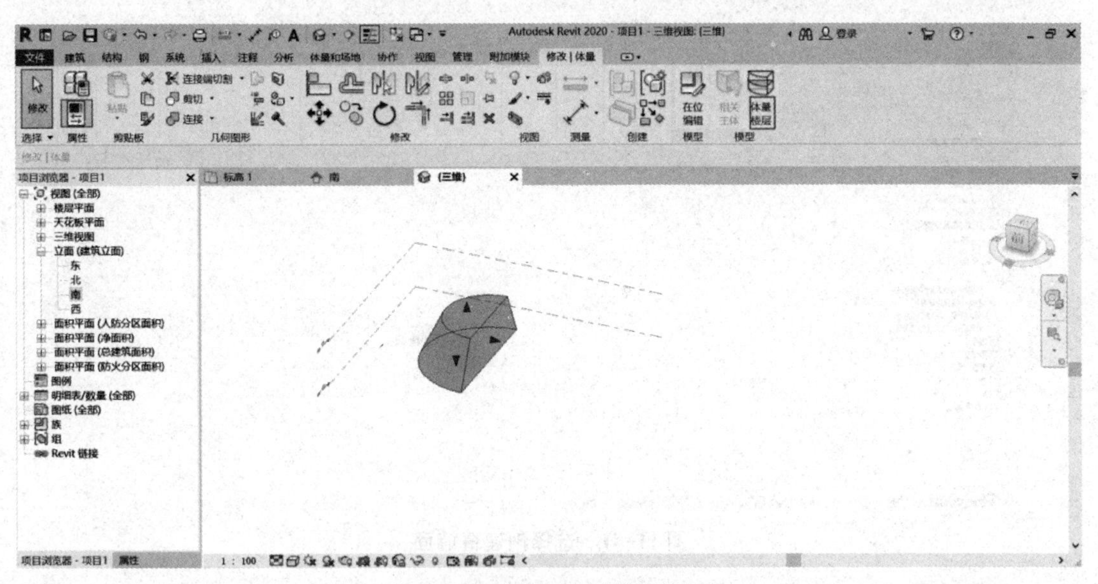

图 11-39　选中体量创建楼层

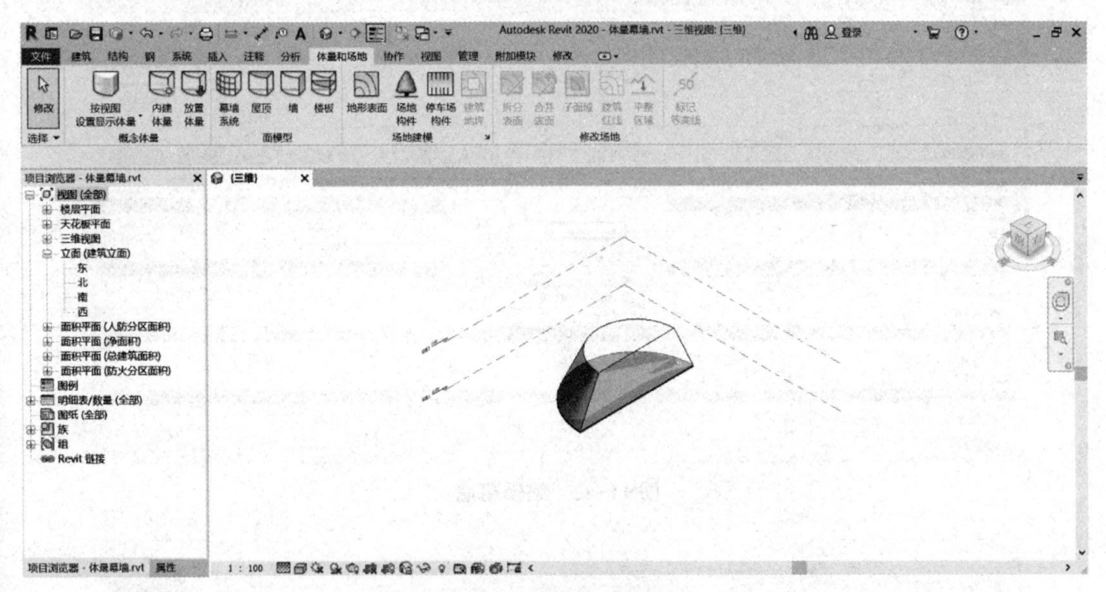

图 11-40　楼板创建完成

第五步：单击“体量和场地”选项卡“面模型”面板中的“幕墙系统”按钮，切换至“修改 | 放置面幕墙系统”上下文选项卡，单击“选择多个”按钮，选中体量圆弧面和梯形面，如图 11-41 所示。单击“属性”面板中的“编辑类型”按钮，弹出“类型属性’对话框，复制幕墙系统，修改名称为“1 000×600 mm”，如图 11-42 所示。修改幕墙系统参数网格 1 间距：1 000，网格 2 间距：600，网格 1 竖梃（内部，边界 1 和边界 2）均设置为圆形竖梃：50 mm 半径，如图 11-43 所示，网格 2 竖梃也全部设为圆形竖梃：50 mm 半径，单击“创建系统”按钮，如图 11-44 所示。

第六步：修改“属性”面板中网格 1 为中心对齐，网格 2 为起点对齐，如图 11-45 所示，创建幕墙系统。

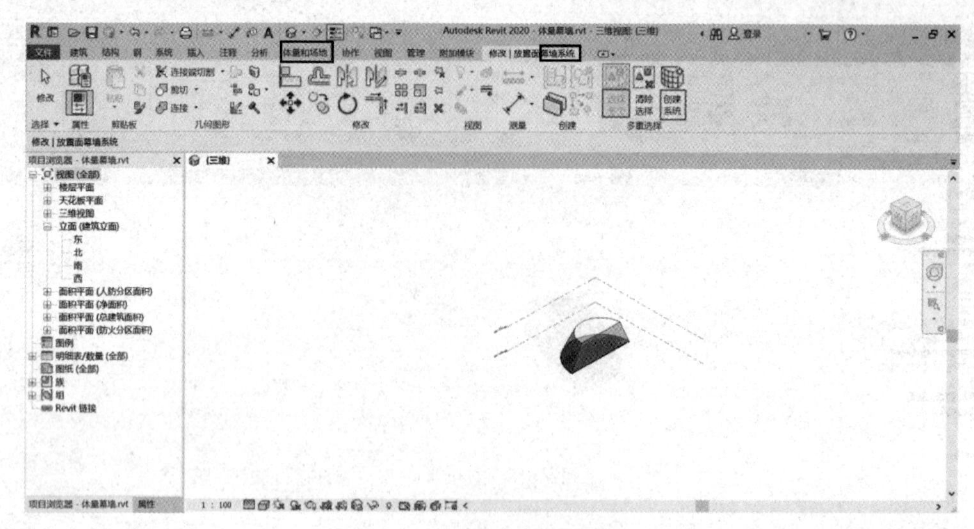

图 11-41　选择创建幕墙面

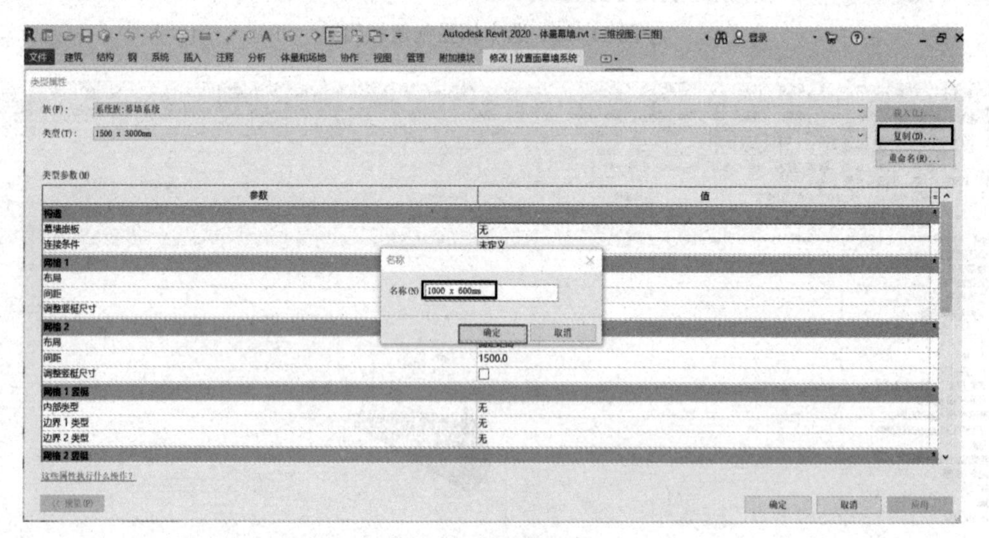

图 11-42　编辑幕墙

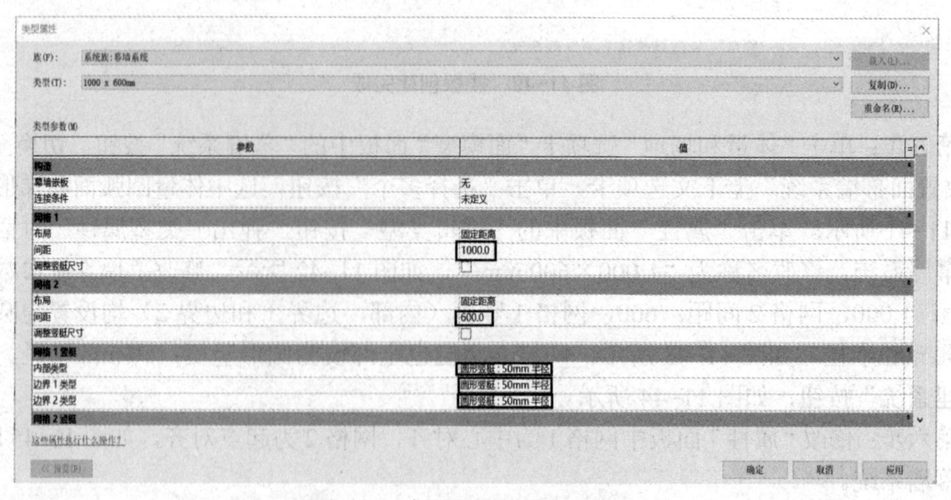

图 11-43　编辑幕墙参数设置 1

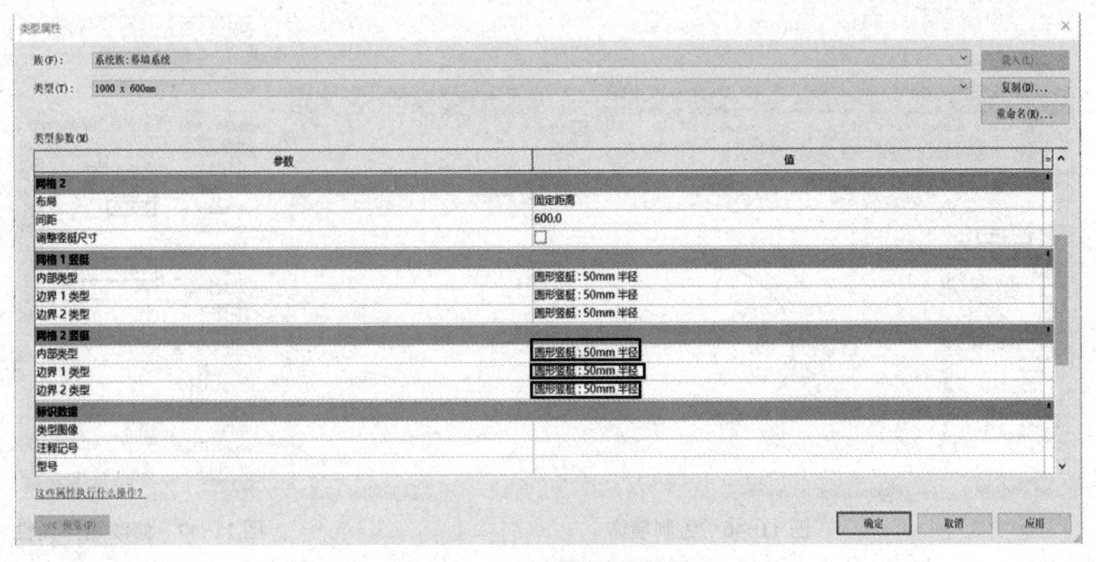

图 11-44　编辑幕墙参数设置 2

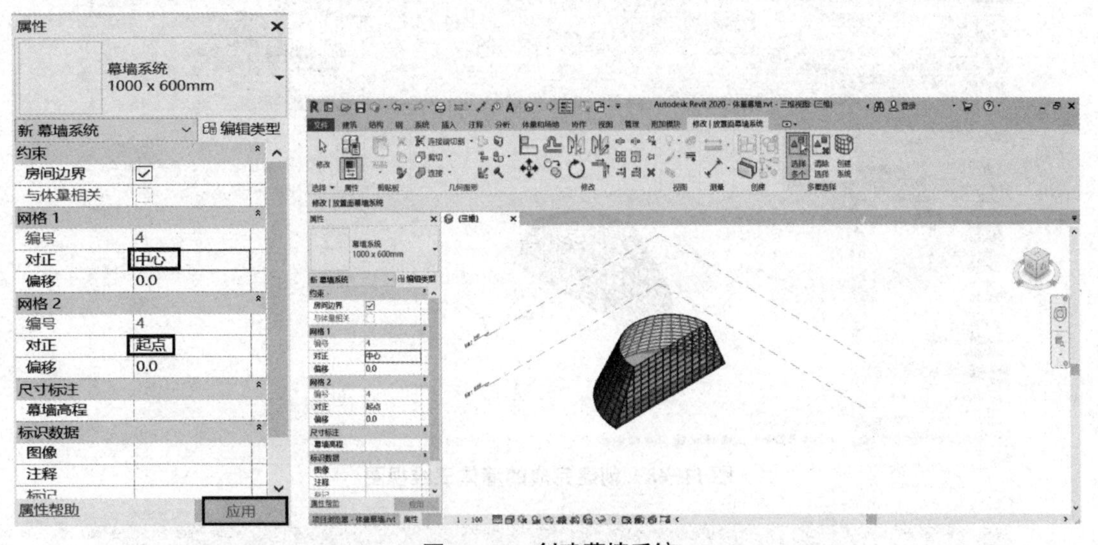

图 11-45　创建幕墙系统

第七步：双击标高 2，单击“体量和场地”选项卡“面模型”面板中的“墙”按钮，在“属性”面板中选择“基本墙 – 常规 200 mm”选项，修改定位线为“面层面：外部”，采用“直线”命令画出直径，采用“起点、终点、半径弧”命令画出圆弧，进行墙体创建，如图 11–46 所示。在三维视图中选中墙体，在“属性”面板中设置属性框底部：标高 2 向下偏移 600 mm，顶部标高：标高 2，如图 11–47 所示，创建完成的墙体三维视图如图 11–48 所示。

第八步：双击楼层平面标高 1，单击“视图”选项卡“创建”面板中的“剖面”按钮，在半圆弧中心创建剖面，然后选中所创建的剖面，单击“修改”面板中的“对齐”按钮，先单击竖梃中心线，然后单击创建的剖面，如图 11–49 所示。

剖面创建完成后，单击“建筑”选项卡“工作平面”面板中的“参照平面”按钮，创建一个和剖面重合的参照平面，如图 11–50 所示。

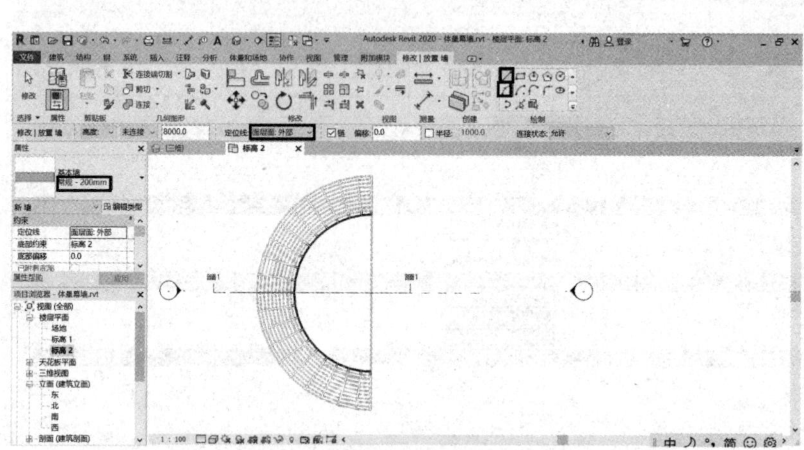

图 11-46 绘制墙体

属性	
基本墙 常规 - 200mm	
墙 (2)	编辑类型
约束	
定位线	面层面: 外部
底部约束	标高 2
底部偏移	-600.0
已附着底部	
底部延伸距离	0.0
顶部约束	直到标高: 标高
无连接高度	600.0
顶部偏移	0.0
已附着顶部	
顶部延伸距离	0.0
房间边界	☑
与体量相关	
结构	
结构	☐
启用分析模型	
结构用途	非承重
属性帮助	应用

图 11-47 修改墙体属性

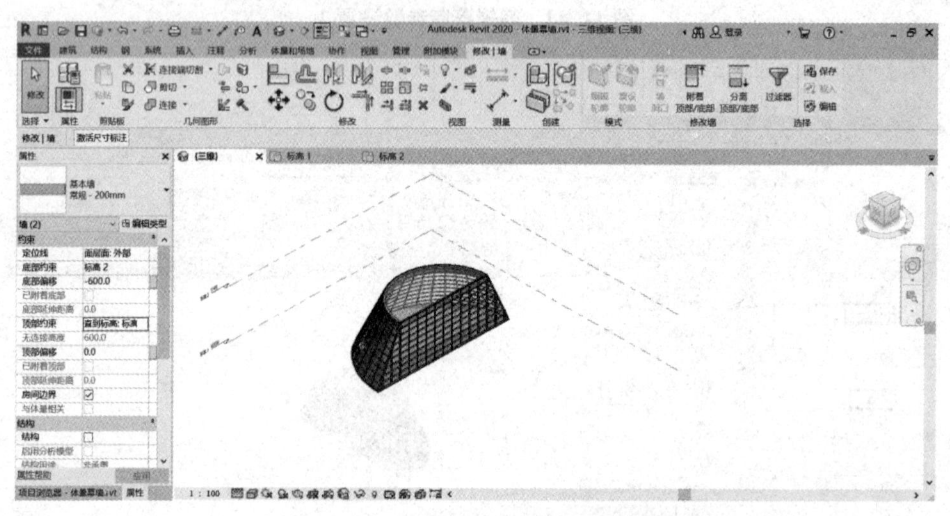

图 11-48 创建完成的墙体三维视图

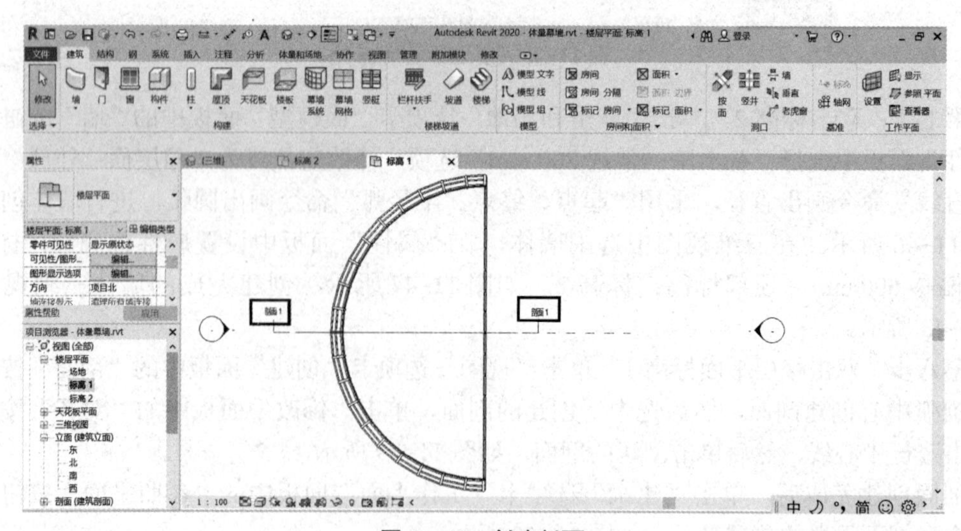

图 11-49 创建剖面

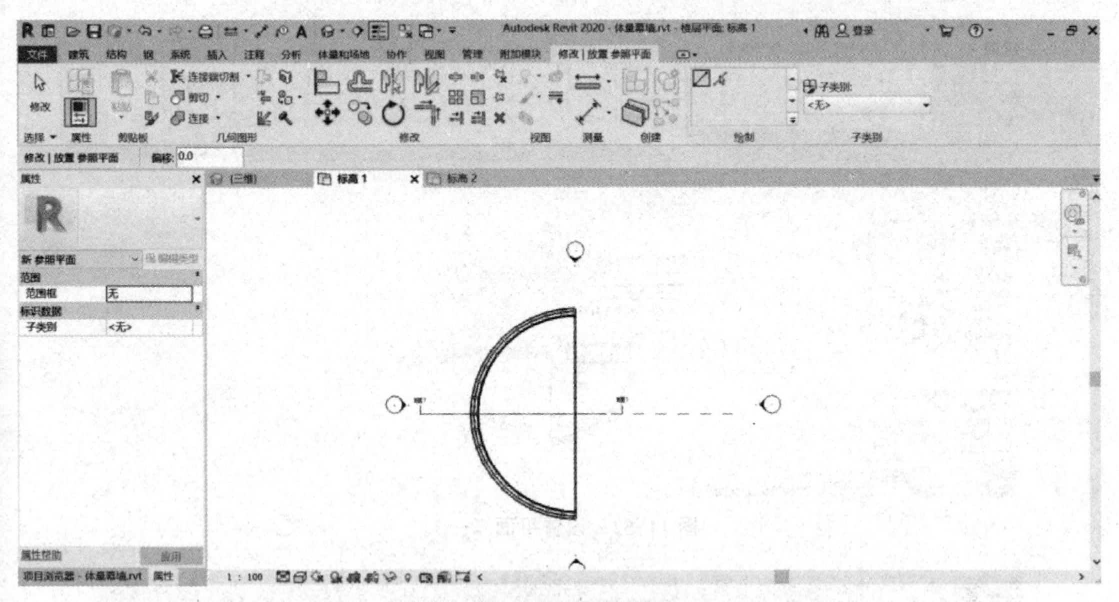

图 11-50　参照平面的创建

第九步：选择“建筑”选项卡“构建”面板“构件”下拉列表中的“内建模型”选项，在弹出的“族类别和族参数”对话框中选择族类别中的“屋顶”，单击“确定”按钮，弹出“名称”对话框，将名称命名为“屋顶 1”，单击“确定”按钮，如图 11-51 所示。

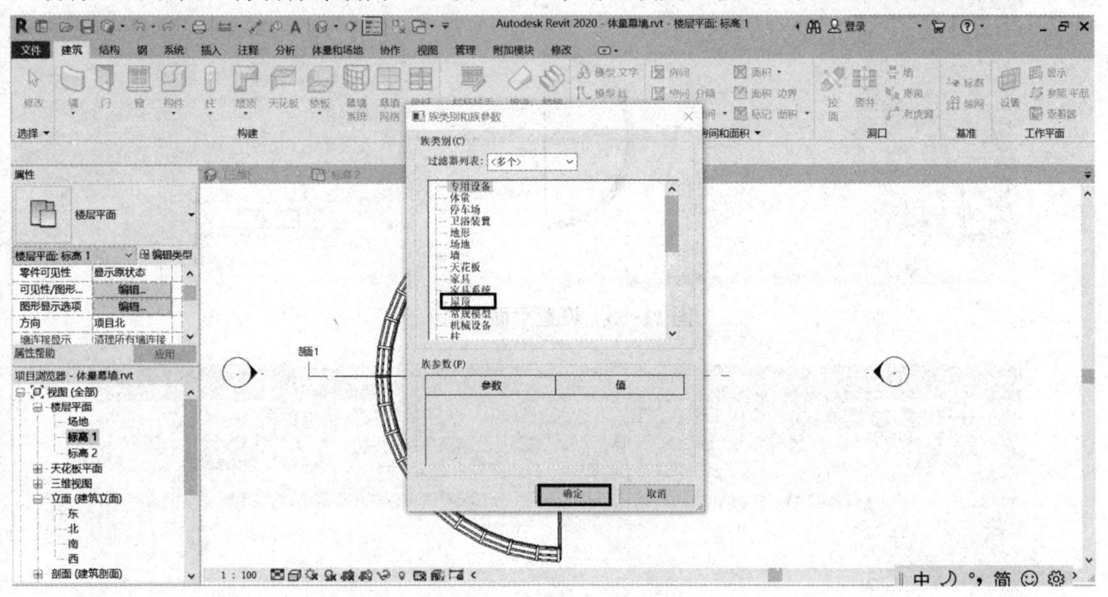

图 11-51　内建屋顶模型

单击“建筑”选项卡“工作平面”面板中的“设置”按钮，在弹出的“工作平面”对话框中选择“拾取一个平面”命令，单击“确定”按钮，如图 11-52 所示。

拾取第八步所创建的参照平面（图 11-53），在“转到视图”对话框中选择“剖面：剖面 1”选项，单击“打开视图”按钮，如图 11-53 所示。

剖面视图打开界面如图 11-54 所示。

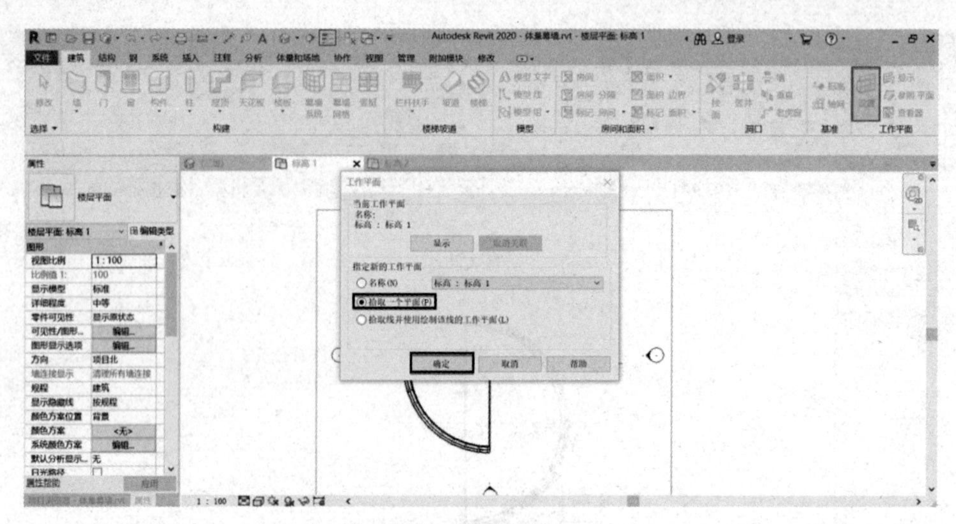

图 11-52　设置平面（一）

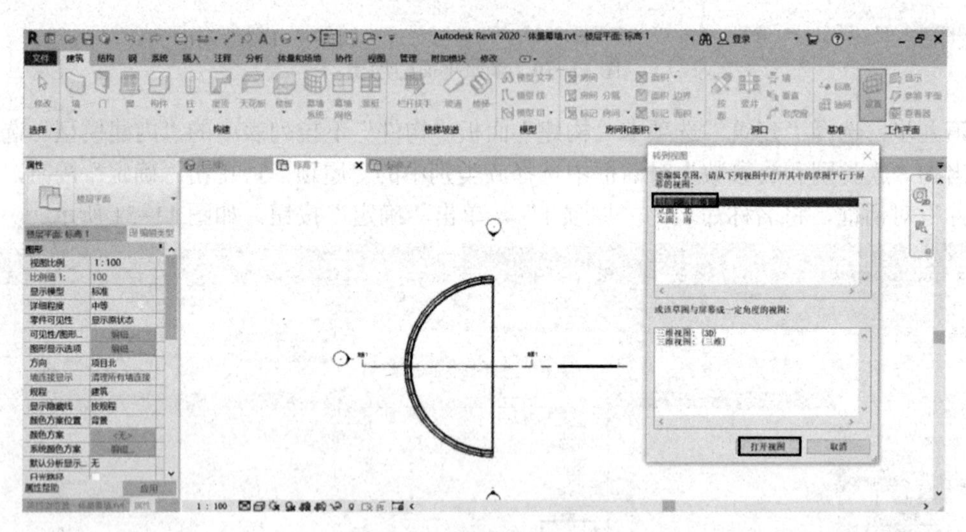

图 11-53　设置平面（二）

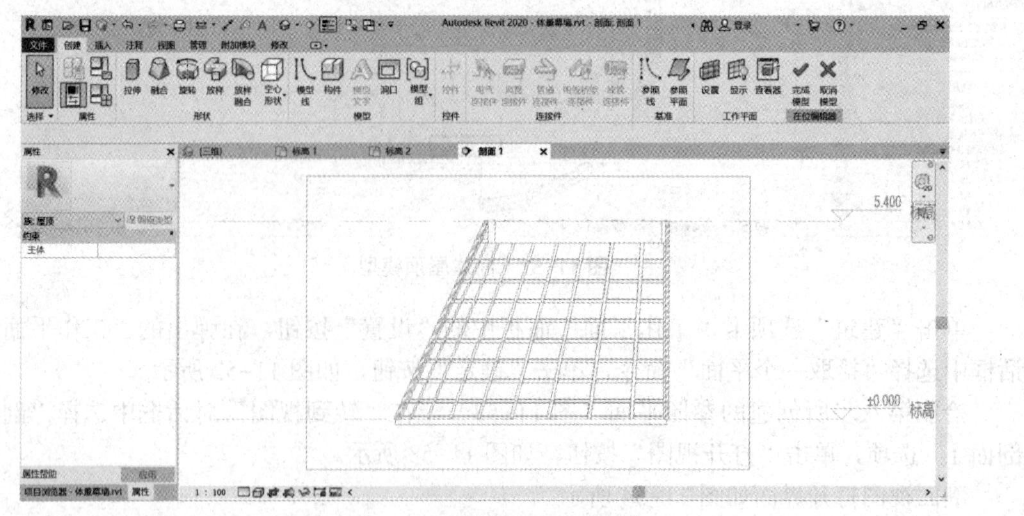

图 11-54　剖面视图打开界面

单击“创建”选项卡“形状”面板中的“旋转”按钮，在“属性”面板中设置起始角度为 -90°，结束角度为 90°，单击“边界线”按钮，再单击“直线”按钮，在墙底部绘制一条水平直线，从该直线向下创建长度为 300 mm 的垂直线段，再绘制一条水平直线，到墙边绘制一段斜线（参照图纸大概位置即可，没有精确尺寸），单击“修改”面板中的“修剪 / 延伸为角”按钮整合为封闭图形，如图 11-55 所示。

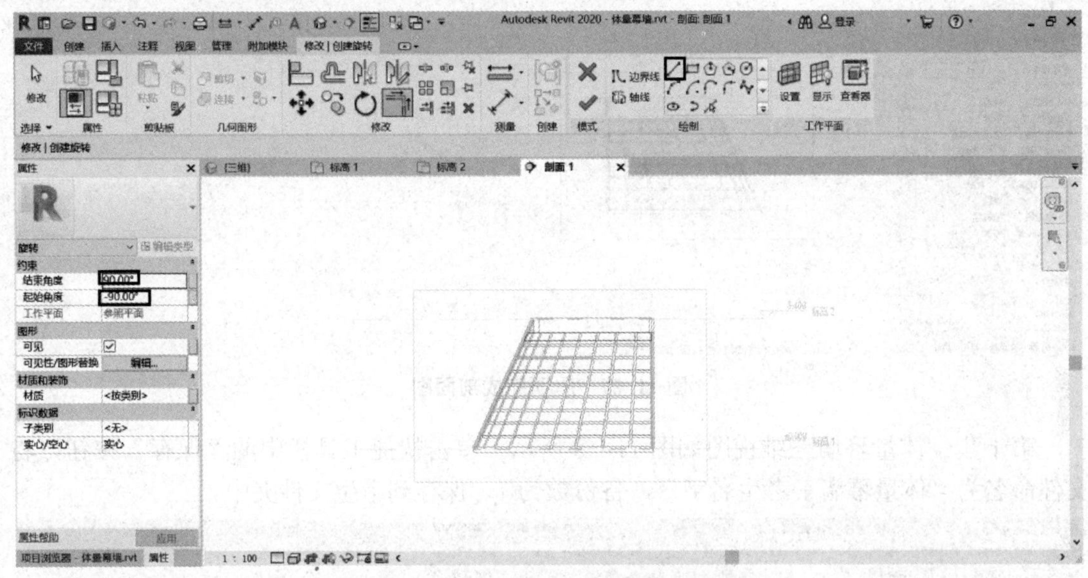

图 11-55　创建内建体量屋顶形状

单击“绘制”面板中的“轴线”按钮，再单击“拾取”按钮，然后单击图中红色线，如图 11-56 所示。单击“√”按钮完成编辑模式，再单击“√”按钮完成模型，如图 11-57 所示。

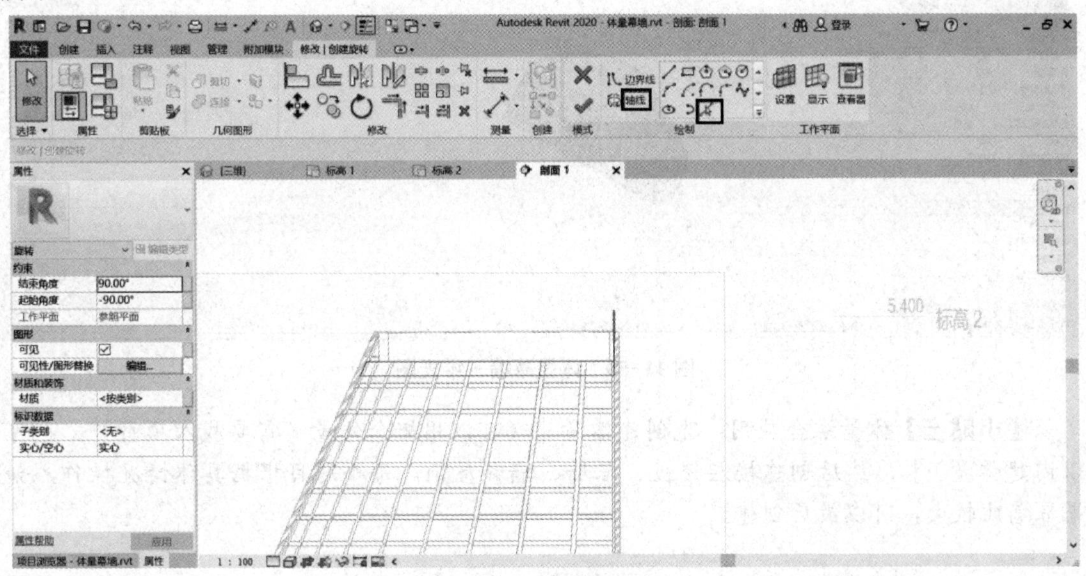

图 11-56　选择屋顶轴线

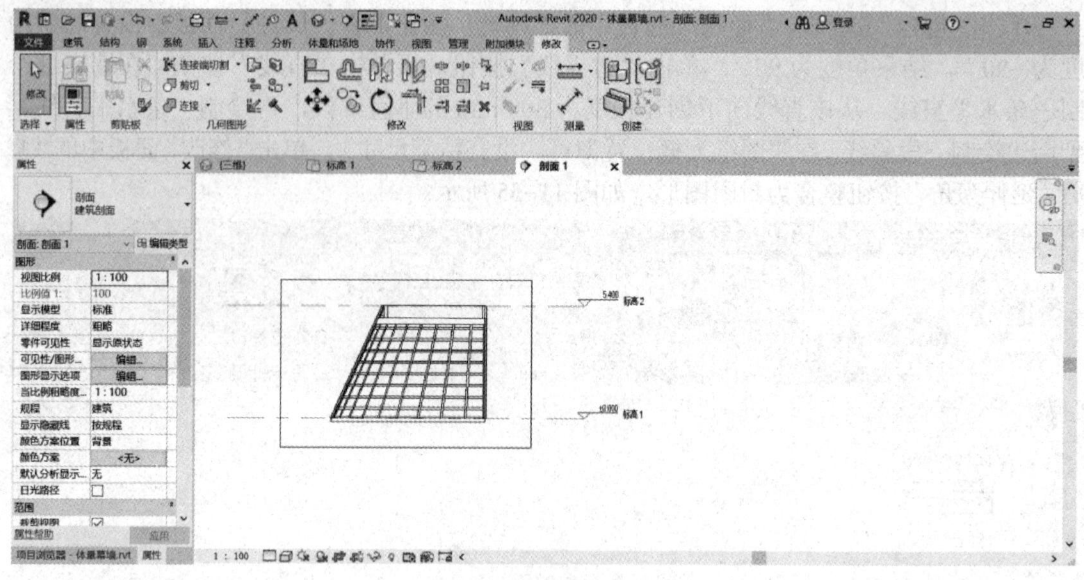

图 11-57　屋顶完成剖面图

第十步：体量幕墙三维视图如图 11-58 所示，单击快捷工具栏中的“保存”按钮，将文件命名为“体量幕墙 + 考生名字”，备份数为 1，保存到考生文件夹中。

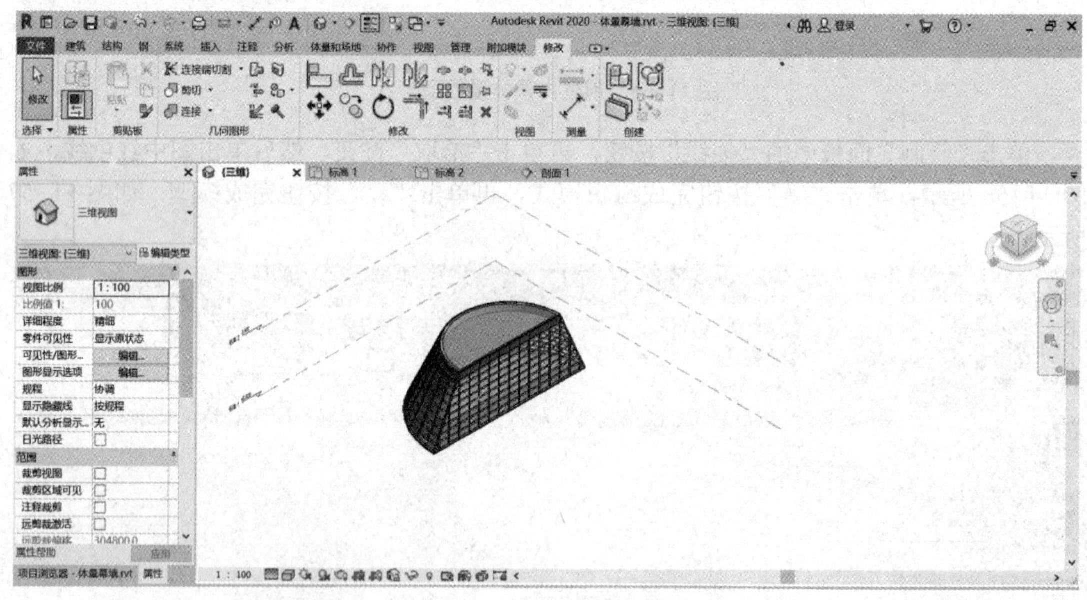

图 11-58　体量幕墙三维视图

【小贴士】体量综合应用：先创建体量［（可以用概念体量（需要载入项目），也可以内建体量）］，然后创建楼层楼板、幕墙、墙和屋顶。每个题目根据具体情况操作，如果幕墙比较大，可以最后创建。

任务评价

技能点	完成情况	注意事项
拉伸形状		
表面形状		
放样形状		
放样融合形状		
融合形状		
空心形状		
体量综合应用		

通过完成上述任务，还学到了什么知识和技能？

视频：2019年“1+X”职业技能等级考试

任务拓展

1. 创建图11-59所示模型。

（1）面墙是厚度为200 mm的“常规-200 mm厚面墙”，定位线为“核心层中心线”。

（2）幕墙系统为网格布局（600 mm×1 000 mm，即横向网格间距为600 mm，竖向网格间距为1 000 mm），网格上均设置竖梃，竖梃均为圆形竖梃（半径为50 mm）。

（3）屋顶是厚度为400 mm的“常规-400 mm”屋顶。

（4）楼板是厚度为150 mm的“常规-150 mm”楼板，标高1～标高6上均设置楼板。请将该模型以“体量楼层+考生姓名”为文件名保存至考生文件夹中。【2019年第一期“1+X”建筑信息模型（BIM）职业技能等级考试——初级实操试题第二题】

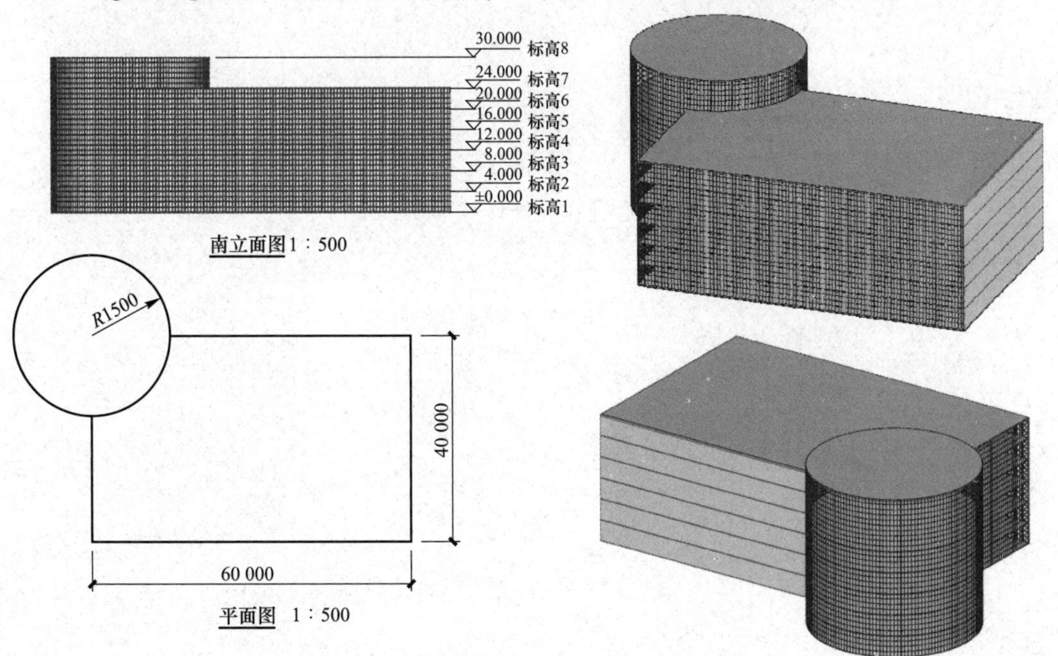

图11-59　模型1

2. 根据图 11-60 所示数值创建体量模型，包括幕墙、楼板和屋顶，其中幕墙网格尺寸为 1 500 mm×3 000 mm，屋顶厚度为 125 mm，楼板厚度为 150 mm，请将模型以“建筑形体”为文件名保存到文件夹中。【2019 年全国 BIM 技能等级考试一级试题第三题】

视频：第九期全国 BIM 等级考试第三题

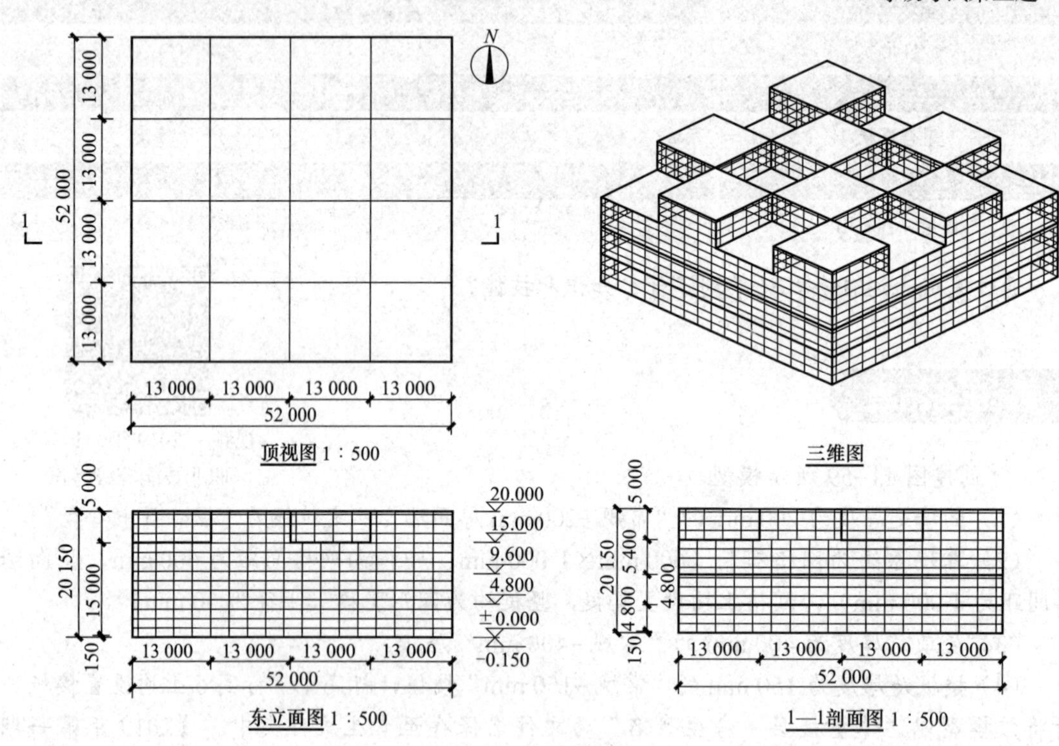

图 11-60　模型 2

工作任务十二　楼板的创建

任务情境

叠合楼板对建筑工业化的影响

装配式混凝土结构是建筑工业化发展过程中主力推广的结构形式之一，而叠合楼板则是装配式混凝土结构的重要组成部分（图 12-1）。其中，楼板体系在整个结构中所占的比重较大，且传统的施工工艺相对复杂，在一定程度上制约着整个工程的施工进度。因此，承载力高、抗震性能好、施工速度快、环保经济的新型装配式叠合楼板对推动建筑工业化的发展产生了重要影响。

图 12-1　装配式叠合楼板

叠合楼板是由预制板和现浇钢筋混凝土层叠合而成的装配整体式楼板，属于半预制构件，力学要求预制混凝土层最小厚度为 5 ～ 6 cm，实际厚度取决于混凝土量和配筋的多少，最厚可达 7 cm。叠合楼板的跨度一般为 4 ～ 6 m，最大跨度可达 9 m。叠合楼板具有现浇楼板的整体性好、刚度大、抗裂性好、不增加钢筋消耗、节约模板等优点，又因现浇混凝土层不需支模，还有大块预制混凝土隔墙板可在结构施工阶段同时吊装，从而可提前插入装修工程，缩短整个工程的工期。

能量关键词

绿色发展、低碳循环发展、高质量发展

“十四五”时期，高质量发展是建筑行业的“关键词”，建设高品质的建筑、实现提质增效是一切科技创新追求的目标导向。发展智能建造是当前和今后一个时期建筑业突破

发展瓶颈、增强核心竞争力、实现高质量发展的关键所在。智能建造技术及其与各相关技术的融合发展，在建筑行业中使设计、生产、施工、管理等环节更加信息化、智能化，正引领新一轮的建造业革命。

任务目标

完成小别墅楼板的创建

教学目标	
知识目标	1．掌握 Revit 中楼板的定义； 2．掌握 Revit 中楼板的绘制方法； 3．熟悉楼板边的应用
技能目标	1．能够熟练运用楼板命令定义楼板类型； 2．能够绘制小别墅楼板
素质目标	1．培养识图能力； 2．培养精准创建楼板的能力

任务分析

根据已知图纸创建小别墅楼板。分析图纸：根据首层平面图、建筑总说明，确定小别墅一层楼板的厚度和具体做法。

任务实施

楼板是一种分隔建筑竖向空间的水平承重构件，是楼板层中的承重部分。它将房屋垂直方向分隔为若干层，并将人和家具等竖向荷载及楼板自重通过墙体、梁或柱传递给基础。

12.1 楼板基本知识

12.1.1 Revit 中楼板的分类

视频：Revit 中楼板的分类

在 Revit 中可以通过功能区中的“楼板”命令创建楼板模型，单击下拉按钮，下拉列表中出现 4 个子命令——“楼板：建筑”“楼板：结构”“面楼板”“楼板：楼板边”，如图 12–2 所示。

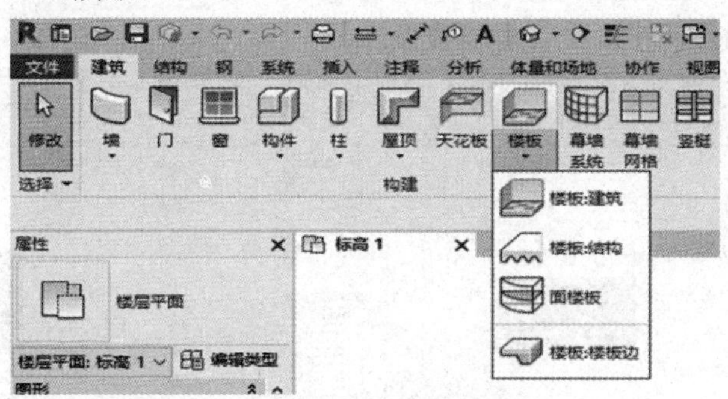

图 12–2　“楼板”命令

（1）“楼板：建筑”：主要用于绘制建筑中的楼板。

（2）“楼板：结构”：绘制方法与结构楼板完全相同，但使用结构楼板工具创建的楼板，可以在结构专业中为墙图元指定结构受力计算模型，并为楼板配置钢筋。

（3）“面楼板”：根据体量或常规模型表面生成楼板图元。

（4）“楼板：楼板边”：构造楼板水平边缘的形状。

【小贴士】建筑楼板和结构楼板的区别。

第一个区别：创建结构楼板会添加跨方向符号，因为在结构楼板中创建钢筋保护层时要添加跨方向符号。

第二个区别：属性不同，如图 12–3 所示。

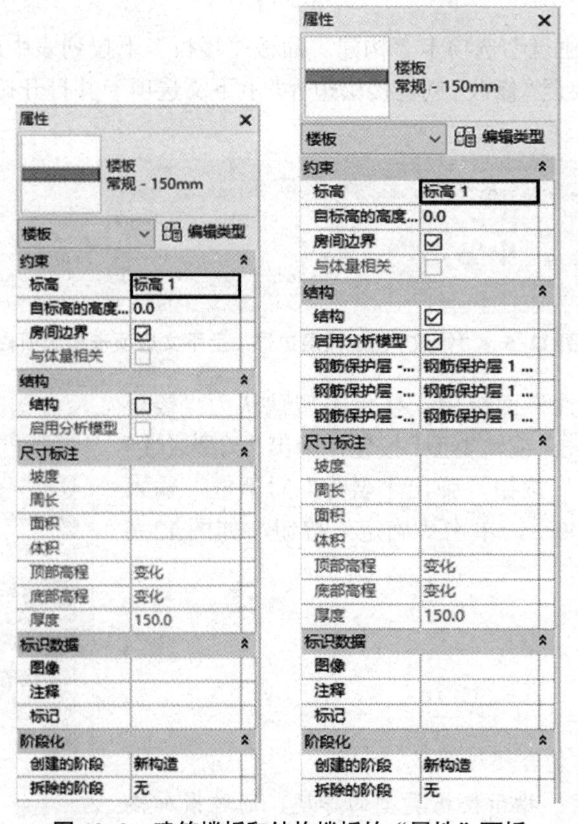

图 12–3　建筑楼板和结构楼板的“属性”面板

第三个区别：结构楼板有钢筋配置的选项卡，而建筑楼板没有，如图 12-4 所示，因此，若需要添加钢筋，一定要选择结构楼板。

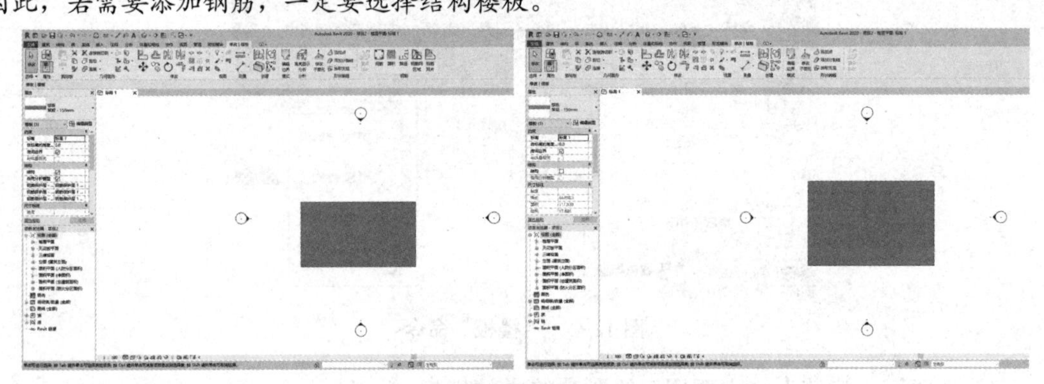

图 12-4　结构楼板和建筑楼板选项卡的区别

12.2　绘制建筑楼板

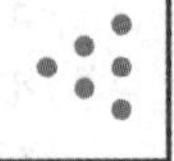

视频：绘制建筑楼板

建筑楼板的绘制方式与墙相似，在绘制前可预先定义好需要的楼板类型。具体绘制步骤如下。

第一步：选择“建筑”选项卡“构建”面板“楼板”下拉列表中的“楼板：建筑”选项，切换至“修改 | 创建楼层边界”上下文选项卡并打开选项栏，如图 12-5 所示。

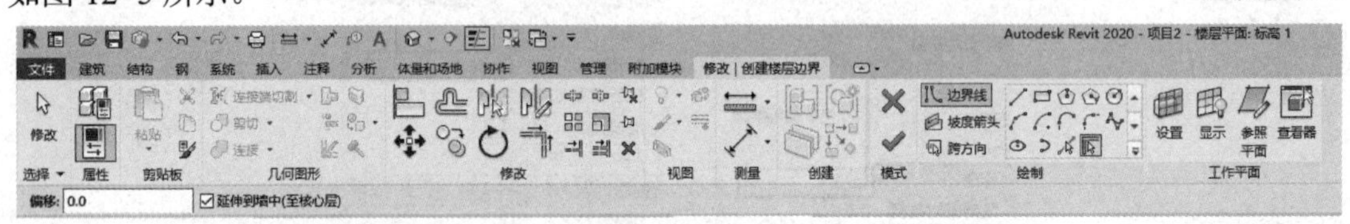

图 12-5　“修改 | 创建楼层边界”上下文选项卡和选项栏

第二步：在“属性”面板中，楼板类型默认为“楼板常规 -150 mm”，单击“编辑类型”按钮，弹出“类型属性”对话框，单击“复制”按钮，弹出“名称”对话框，输入名称为“厅房楼板 100”，单击“确定”按钮，如图 12-6 所示。

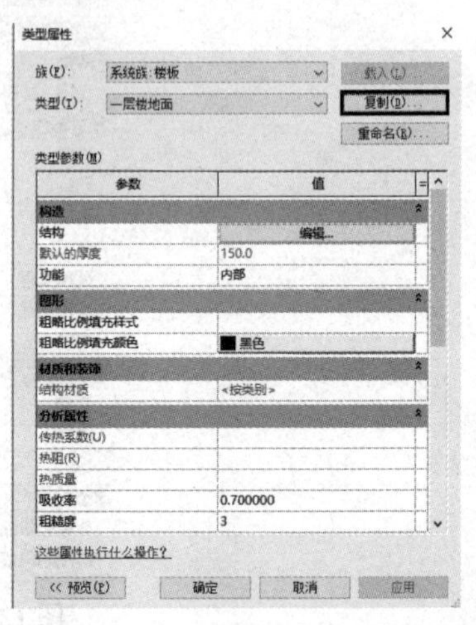

图 12-6　“类型属性”对话框

知识链接

（1）结构：创建复合楼板合成。

（2）默认的厚度：指示楼板类型的厚度，通过累加楼板层的厚度得出。

（3）功能：指示楼板是内部的还是外部的。

（4）粗略比例填充样式：指定粗略比例视图中楼板的填充样式。

（5）粗略比例填充颜色：为粗略比例视图中的楼板填充图案应用颜色。

（6）结构材质：为图元结构指定材质。

第三步：单击“编辑”按钮，弹出“编辑部件”对话框。单击“插入”按钮插入新的层并更改功能为衬底，单击材质中的“浏览”按钮，弹出“材质浏览器”对话框，选择“水泥砂浆”材质并进行添加，勾选“使用渲染外观”复选框重复此操作，插入新的层并更改功能为面层 1［4］，修改材质为“黄色釉面砖”，修改结构层材质为“混凝土—现场浇筑”。设置结构层厚度为 100 mm，衬底的厚度为 20 mm，面层 1［4］的厚度为 10 mm，如图 12-7 所示。

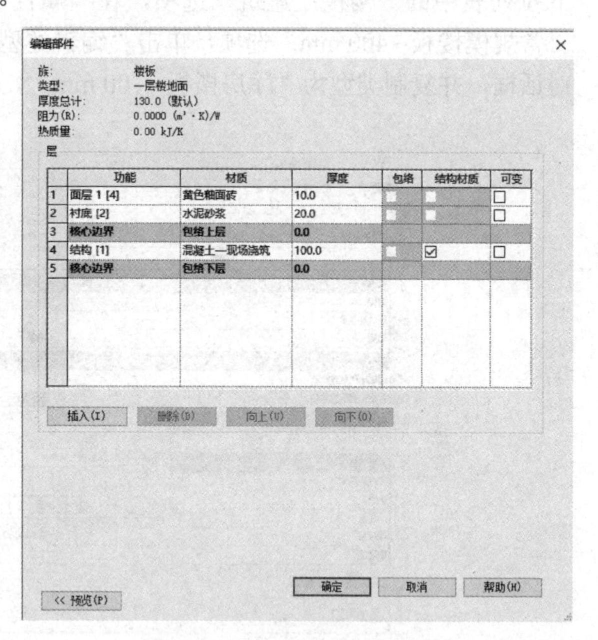

图 12-7　“编辑部件”对话框

第四步：单击“绘制”面板中的“边界线”按钮和“直线”按钮，绘制楼板边界线，如图 12-8 所示。

【小贴士】楼板边界必须为闭合环（轮廓）。

第五步：单击“模式”面板中的“完成编辑模式”按钮，完成“厅房楼板 100”的绘制，如图 12-9 所示。

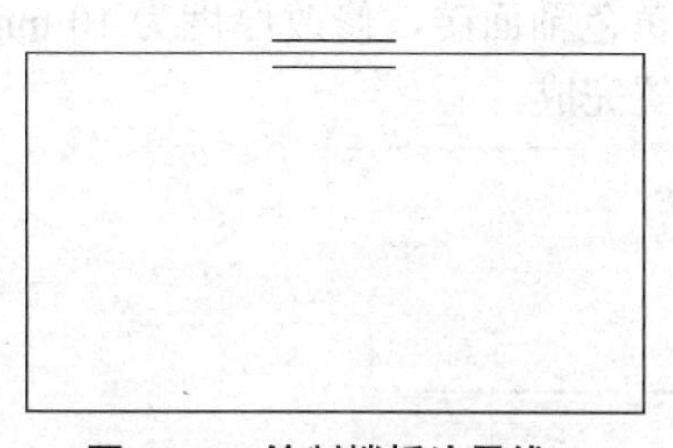

图 12-8　绘制楼板边界线

图 12-9　“厅房楼板 100”的绘制

【思考】如果需要从楼板上开洞，应该如何操作？

视频：楼板开洞

12.3　小别墅一层楼板的绘制

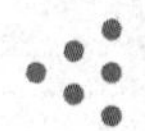

由于小别墅一层标高不同，材质不完全相同，所以分段创建楼板。

12.3.1 一层厅房楼板的创建

视频：一层厅房楼板的创建

第一步：双击 F0 楼层平面，选择“建筑”选项卡“构建”面板“楼板”下拉列表中的“楼板：建筑”选项，在“属性”面板的类型选择器中选择“常规模楼板 -400 mm”选项，单击“编辑类型”按钮，打开“类型属性”对话框，并复制类型为“厅房楼板 -100 mm”，如图 12-10 所示。

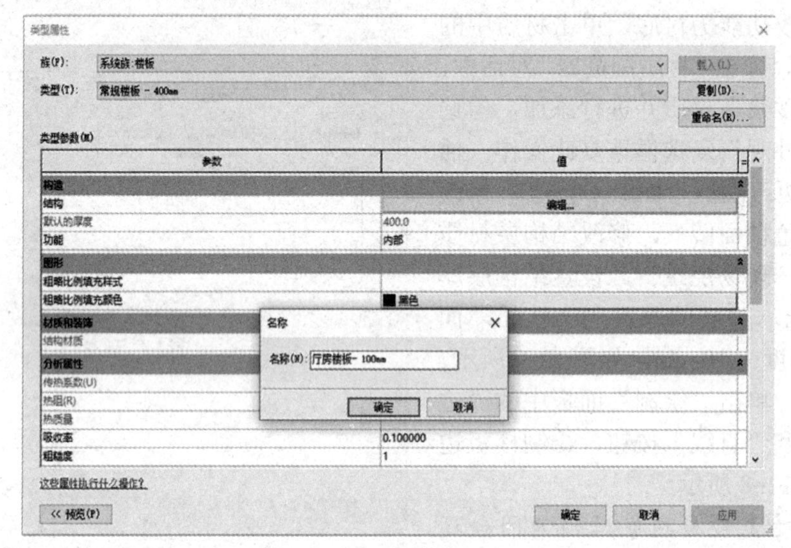

图 12-10　新建“厅房楼板 -100 mm”

第二步：单击“结构”后的“编辑”按钮，弹出“编辑部件”对话框，更改结构层的厚度为 100 mm，单击“插入”按钮，在结构最上方插入衬底［2］，添加材质为水泥砂浆，修改厚度为 20 mm，插入面层 1［4］，添加材质为黄色釉面砖，修改厚度为 10 mm，如图 12-11 所示，单击“确定”按钮，一层厅房楼板设置完成。

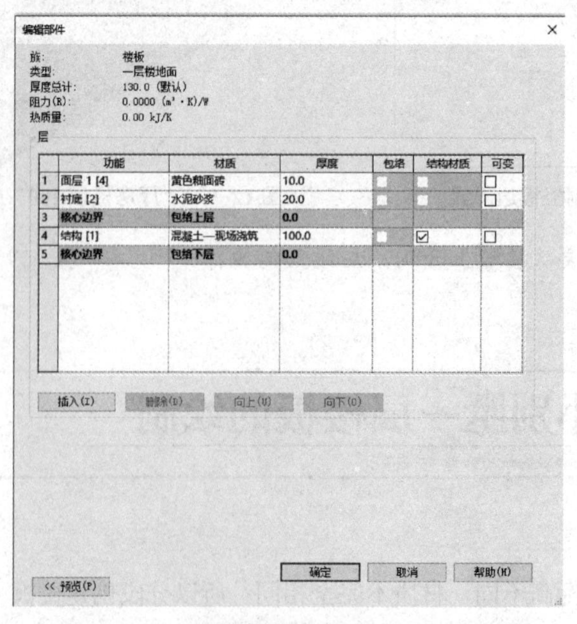

图 12-11　一层厅房楼板“编辑部件”对话框

第三步：分为大客厅、起居室、餐厅和棋牌室分别进行绘制。

（1）一层大客厅。在“属性”面板中设置标高为 F0，输入自标高的高度偏移 400 mm，其他采取默认设置。在选项栏中设置“偏移”为 0，并勾选“延伸到墙中（至核心层）”复选框。单击“绘制”面板中的“边界线”按钮和“拾取墙”或“拾取线”按钮，提取边界线。发现边界线不是一个封闭的环，可使用“修剪 | 延伸为角”命令对楼板轮廓进行修剪。单击“模式”面板中的“完成编辑模式”按钮，完成一层大客厅楼板的创建，如图 12-12 所示。

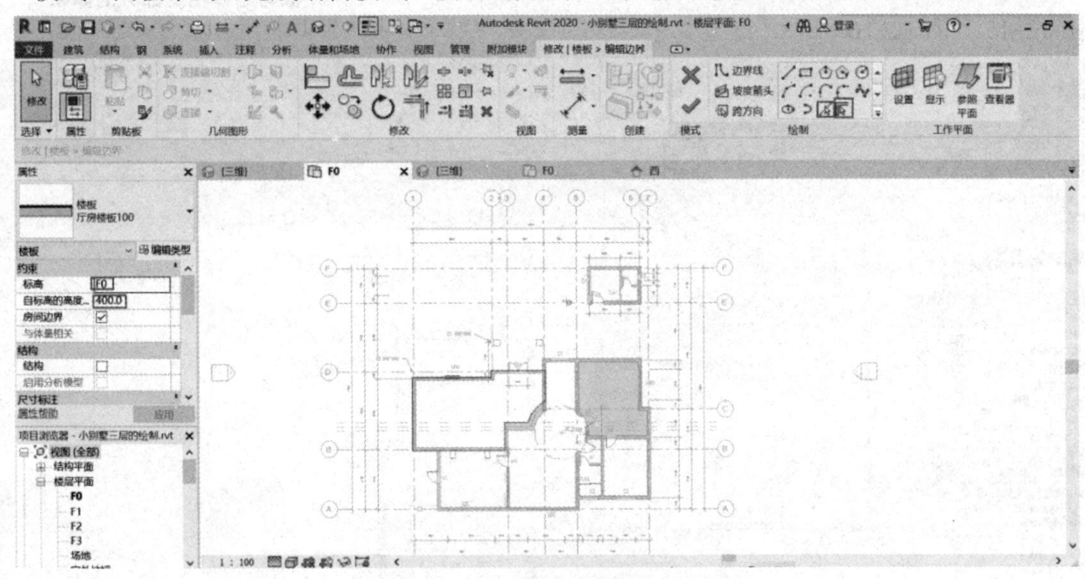

图 12-12　一层大客厅楼板

（2）一层起居室。在“属性”面板中设置标高为 F0，输入自标高的高度偏移 850 mm，其他采取默认设置。在选项栏中设置“偏移”为 0，并勾选“延伸到墙中（至核心层）”复选框。单击“绘制”面板中的“边界线”按钮和“拾取墙”按钮，提取边界线。单击“模式”面板中的“完成编辑模式”按钮，完成一层起居室楼板的创建，如图 12-13 所示。

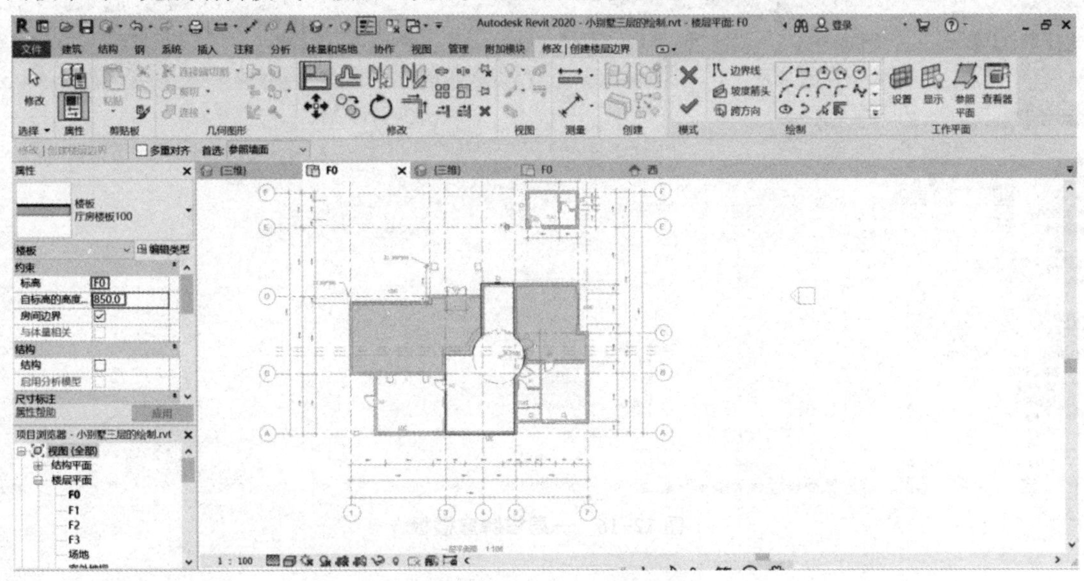

图 12-13　一层起居室楼板

【小贴士】在单击“模式”面板中的“完成编辑模式”按钮时，经常会出现“是否希望将高达此楼层标高的墙附着在此楼层的底部？”对话框，如果单击“是”按钮，此时会弹出图 12–14 所示对话框，询问是否需要将与楼板相交部分的墙体剪切，单击“是”按钮后，楼板剪切相应墙体。

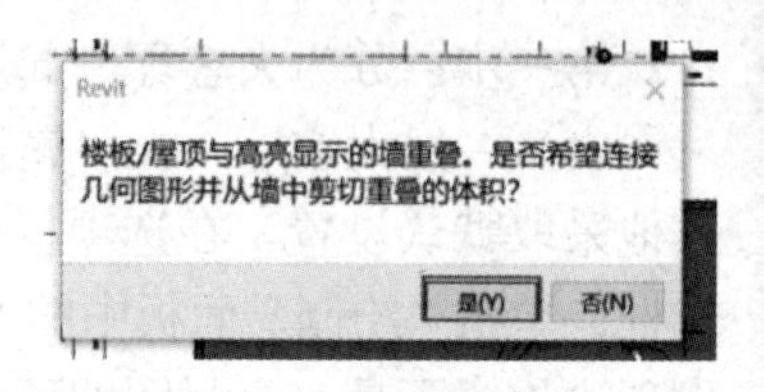

图 12–14　询问是否需要剪切楼板与墙体相交部分的体积

用上述同样的方法创建一层餐厅、棋牌室楼板，如图 12–15 和图 12–16 所示。

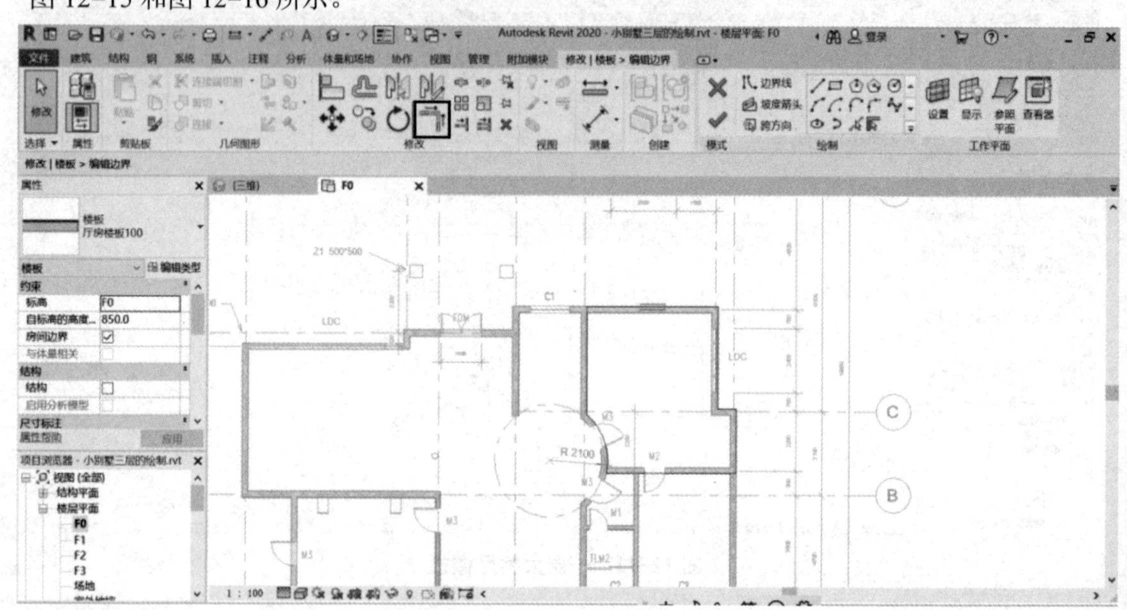

图 12–15　一层餐厅楼板

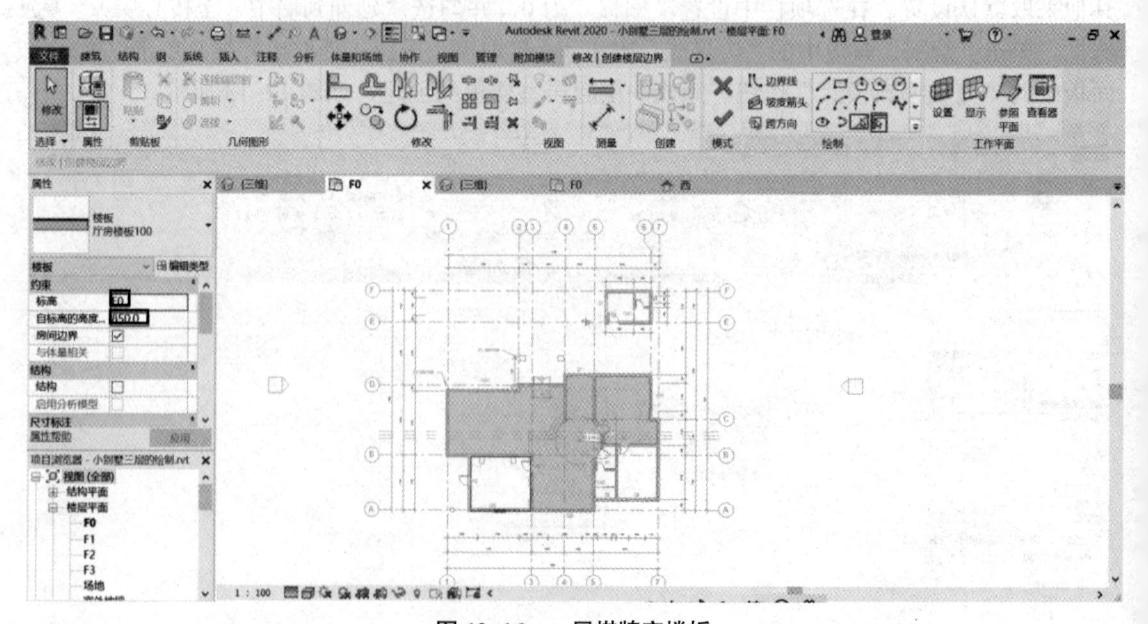

图 12–16　一层棋牌室楼板

12.3.2　一层厨卫楼板的创建

视频：一层厨卫楼板的创建

第一步：双击 F0 楼层平面，选择“建筑”选项卡“构建”面板“楼板”下拉列表中的“楼板：建筑”选项，在“属性”面板的类型选择器中选择“常规楼板 -400 mm”选项，单击“编辑类型”按钮，弹出“类型属性”对话框，并复制类型为“厨卫楼板 100 mm”，如图 12-17 所示。

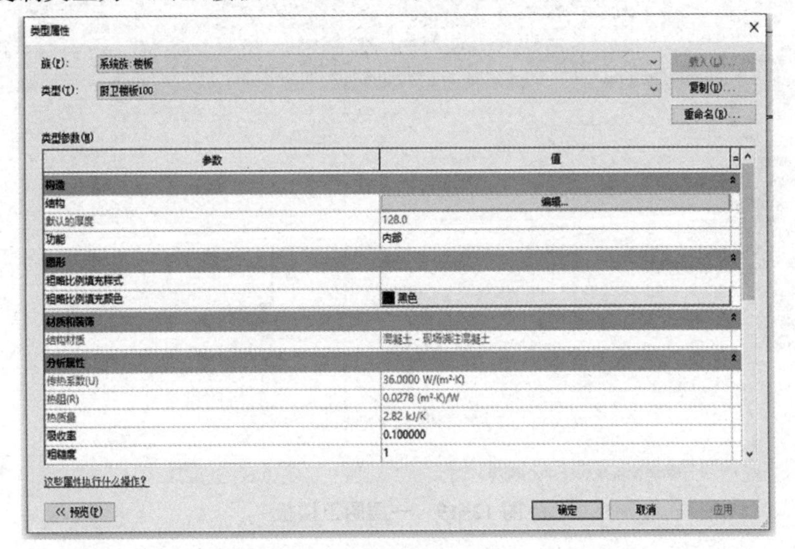

图 12-17　新建厨卫楼板 100 mm

第二步：单击“结构”后的“编辑”按钮，弹出“编辑部件”对话框，更改结构层的厚度为 100，单击“插入”按钮，在结构最上方插入衬底［2］，添加材质为水泥砂浆，修改厚度为 20 mm，插入面层 1［4］，添加材质为黄色耐磨防潮砖，修改厚度为 10 mm，如图 12-18 所示，单击“确定”按钮，一层厨卫楼板设置完成。

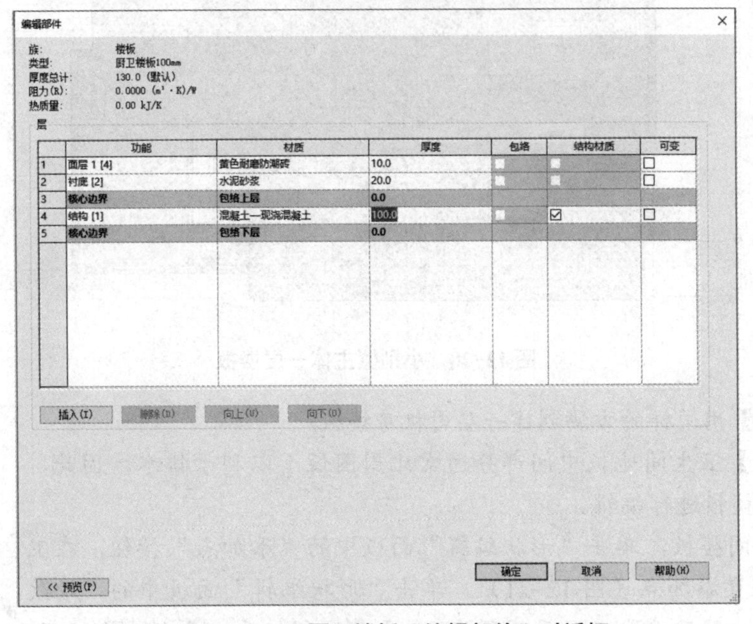

图 12-18　一层厨卫楼板“编辑部件”对话框

第三步：在“属性”面板中设置标高为 F0，输入自标高的高度偏移 850 mm，其他采取默认设置。在选项栏中设置“偏移”为 0，并勾选“延伸到墙中（至核心层）”复选框。单击“绘制”面板中的“边界线”按钮和“拾取墙”按钮，提取边界线。单击“模式”面板中的“完成编辑模式”按钮，完成一层厨卫楼板的创建，如图 12-19 所示。

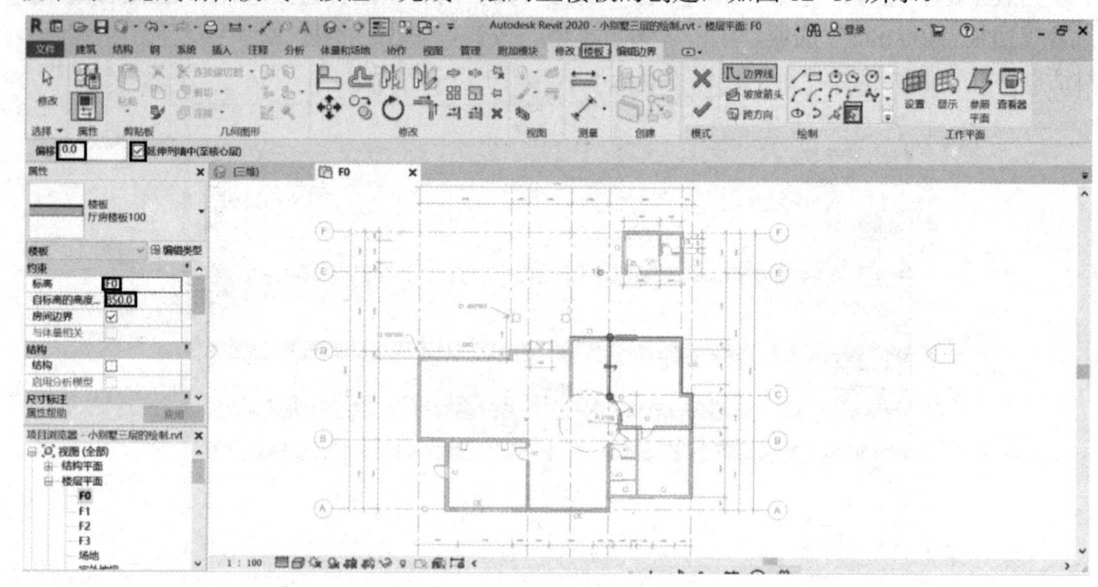

图 12-19　一层厨卫楼板

小别墅主体一层楼板如图 12-20 所示。

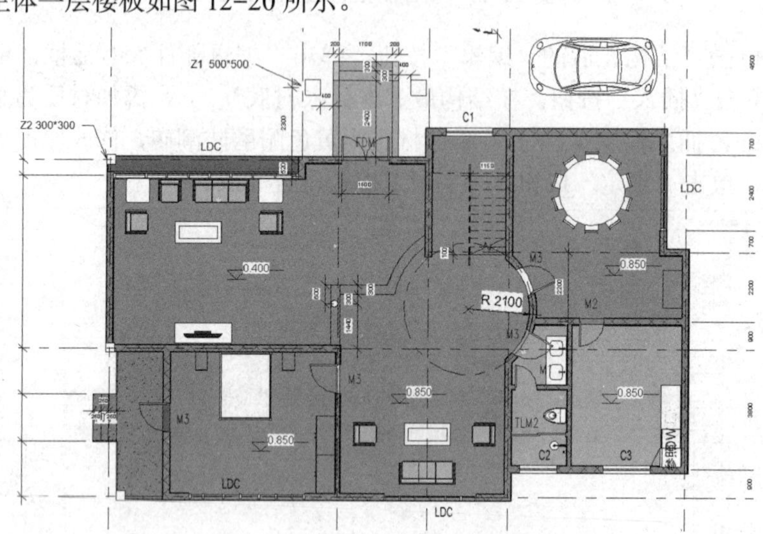

图 12-20　小别墅主体一层楼板

【练一练】用同样的方法创建一层司机房楼板。

【小贴士】卫生间地板中间部分通常比周围低，以利于排水，因此，需要对卫生间楼板进行编辑。

视频：卫生间楼板的绘制

选取卫生间楼板，单击“形状编辑”面板中的“添加点”按钮，在卫生间的合理位置添加点（图 12-21）。单击“形状编辑”面板中的“修改子图元”按钮，然后选取点显示高程为 0，更改高程值为 -10，如图 12-22

所示，按 Enter 键确认，修改后的卫生间地板如图 12-23 所示。

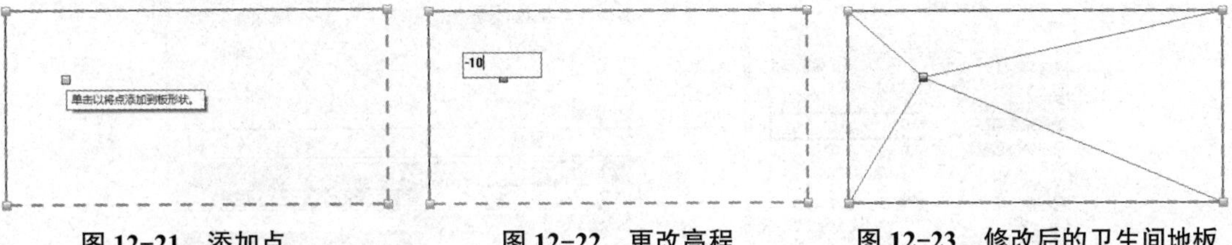

图 12-21　添加点　　图 12-22　更改高程　　图 12-23　修改后的卫生间地板

绘图小技巧

在楼板面上的任位置添加起点和终点。如果鼠标光标在顶点或边缘上，则编辑器将捕捉三维顶点和边缘，并且沿边缘显示标准捕捉控制以及临时尺寸标注。如果未捕捉任何顶点或边缘，则选择线端点投影到表面上最近的点，将不在面上创建临时尺寸标注。

12.4　楼板边的绘制

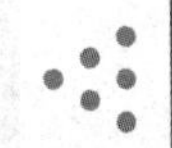

在实际工程中，经常会遇到需要单独为楼板的边缘进行加厚或添加造型等情形，可以通过选取楼板的水平边缘来添加楼板边缘，如图 12-24 所示。

视频：楼板边的绘制

图 12-24　楼板边缘

第一步：选择“建筑”选项卡“构建”面板“楼板”下拉列表中的“楼板：楼板边”选项。在“属性”面板中可以设置垂直、水平轮廓偏移及轮廓角等参数，如图 12-25 所示。

第二步：单击“编辑类型”按钮，弹出“类型属性”对话框，在“轮廓”下拉列表中可以对轮廓进行选择，如“楼边边缘 - 加厚：600×300 mm”轮廓，单击“确定”按钮，如图 12-26 所示。

第三步：将鼠标光标放置在楼板边缘上，高亮显示楼板边缘线，选择楼板水平边缘线单击，放置楼板边缘，如图 12-27 所示。

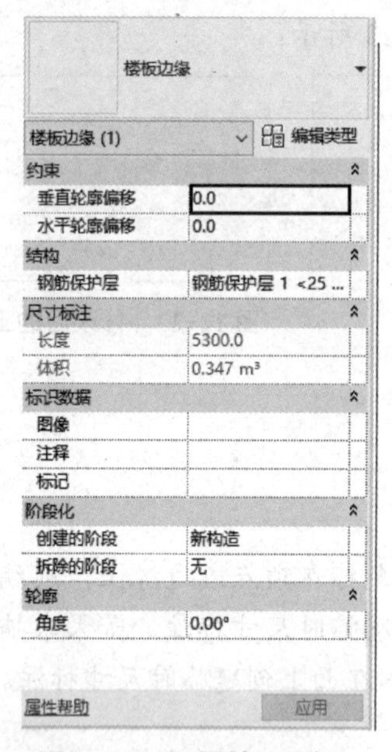

图 12-25 “属性”面板

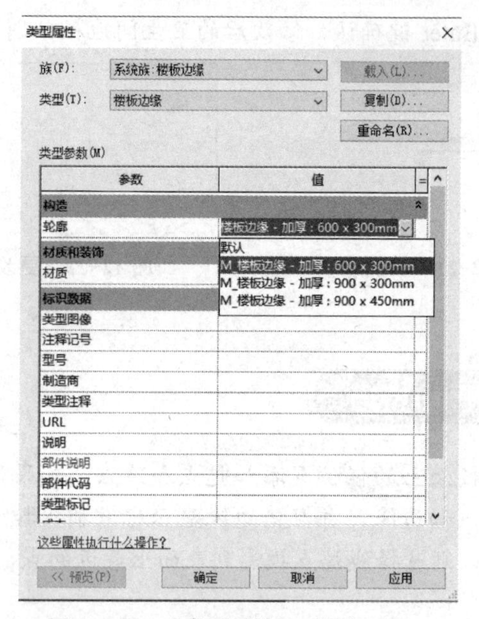

图 12-26 “类型属性”对话框

图 12-27 高亮显示楼板边缘创建楼板边缘

成果展示

小别墅一层楼板如图 12-28 所示。

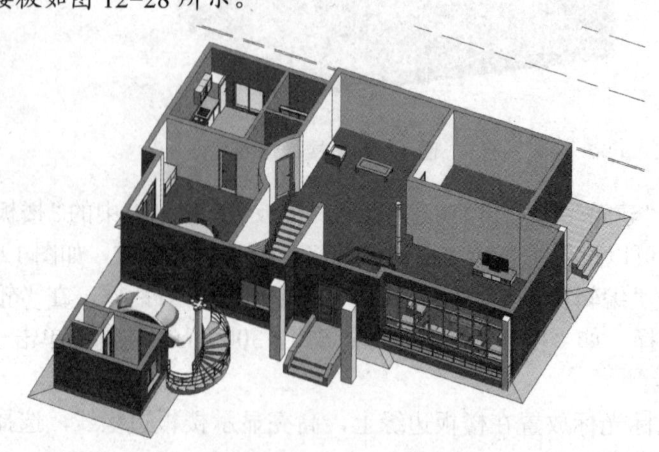

图 12-28 小别墅一层楼板

任务评价

技能点	完成情况	注意事项
楼板的定义		
楼板的绘制		
楼板的开洞		

通过完成上述任务，你还学到了什么知识和技能？

任务拓展

视频：第四期全国 BIM 技能等级考试

1. 根据图 12-29 中给定的尺寸及详图大样新建楼板，顶部所在标高为 ±0.000，命名为“卫生间楼板”，构造层保持不变，水泥砂浆层进行放坡，请将模型以“楼板”为文件名保存到文件夹中。【第四期全国 BIM 技能等级考试一级试题第二题】

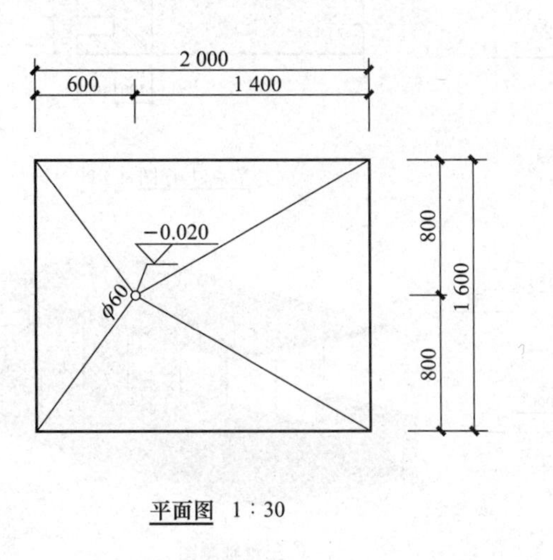

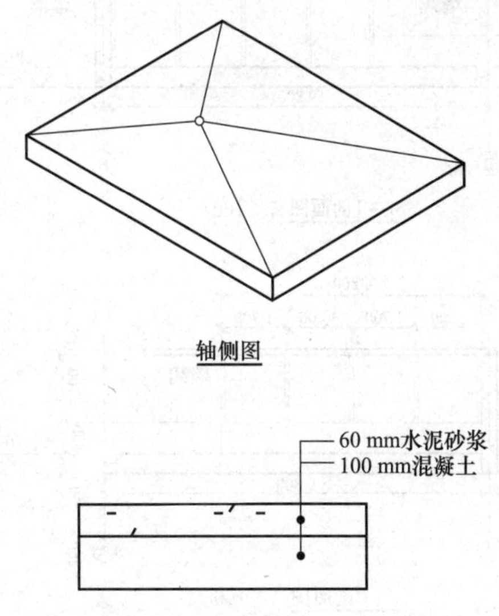

图 12-29　楼板尺寸

2. 按要求建立地铁站入口模型，包括墙体（幕墙）、楼板、台阶、屋顶，尺寸外观与图示一致（图 12-30）。幕墙需表示网格划分，竖梃直径为 50 mm，屋顶边缘见节点详图，图中未注明尺寸自定义。请将模型以文件名“地铁站入口 + 考生姓名”保存至考生文件夹中。【2020 年第三期“1+X”建筑信息模型（BIM）职业技能等级考试——初级实操试题第二题】

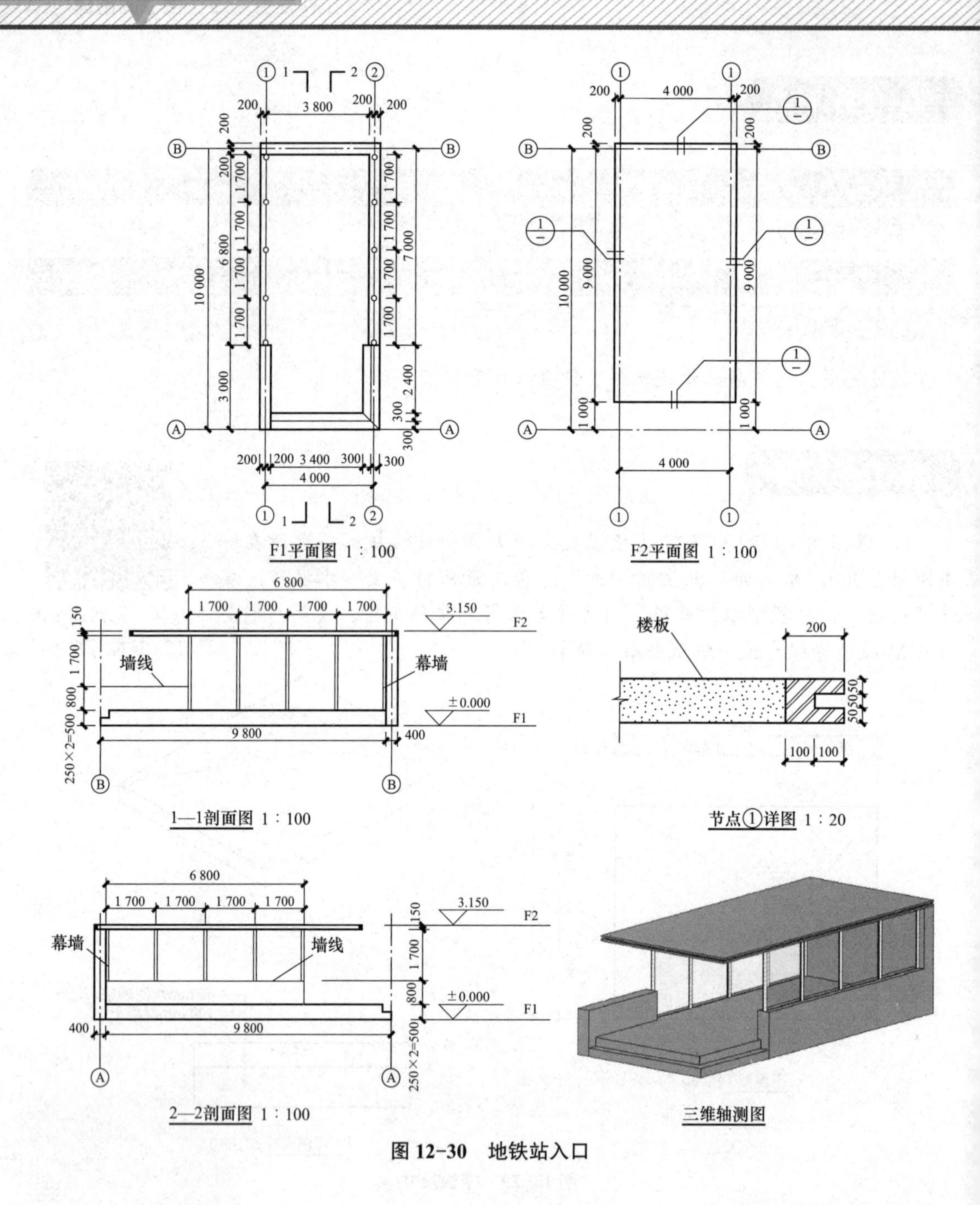

图 12-30 地铁站入口

每日一技

1. 在 Revit 中如何绘制斜楼板？
2. 在 Revit 中如何在楼板中画竖井？
3. 在 Revit 中如何用楼板创建散水？

视频：Revit 中如何绘制斜楼板

视频：Revit 中如何在楼板中画竖井

视频：Revit 中如何用楼板创建散水

工作任务十三　楼梯、台阶、栏杆扶手的绘制

任务情境

楼梯的发展

随着自然界的演化，人类逐渐走上了与其他动物不同的进化道路。为了能在恶劣的自然环境下生存，逃避凶猛动物的进攻，登高成为早期人类生存和安全的需要。早期人类将树木和天然斜坡作为登高的辅助条件，于是，人类的祖先受到天然条件的启发，梯子或楼梯的雏形由此产生（图 13–1）。

随着人类文明的发展，楼梯已经成为建筑物楼层间垂直交通的必备构件。时至今日，即便电梯技术已普及，楼梯对于建筑物而言依然是必不可少的，并且经过多年的沉淀，楼梯也成为许多设计师笔下的灵魂。时尚、精致、典雅、气派的楼梯已不再是单纯的上下空间的交通工具了，它融合了设计的血脉，成为建筑物中一道亮丽的风景线（图 13–2）。

图 13–1　木梯

图 13–2　现代楼梯

能量关键词

社会发展、建筑美感

从最初的逃生手段，到建筑物的垂直交通工具，再到更加追求美感的建筑艺术品，楼梯的发展见证了人类发展的历程，更折射出经济发展带来的民生巨变。

任务目标

完成小别墅项目楼梯、台阶、栏杆扶手的绘制

教学目标	
知识目标	1. 掌握楼梯的绘制方法； 2. 掌握台阶的绘制方法； 3. 掌握栏杆扶手的绘制方法
技能目标	能够绘制小别墅楼梯、台阶、栏杆扶手
素质目标	1. 培养团队协作、沟通意识； 2. 培养严谨细致、认真负责的职业精神

任务分析

根据图纸绘制楼梯、台阶、栏杆扶手。分析图纸：根据首层平面图、2—2 剖面图及详图 1，确定小别墅楼梯的尺寸分别是多少。

任务实施

在 Revit 中楼梯是由梯段、平台、支撑和栏杆扶手组成的。

（1）梯段：可创建直梯、螺旋梯段、U 形梯段、L 形梯段、自定义梯段，如图 13-3 所示。

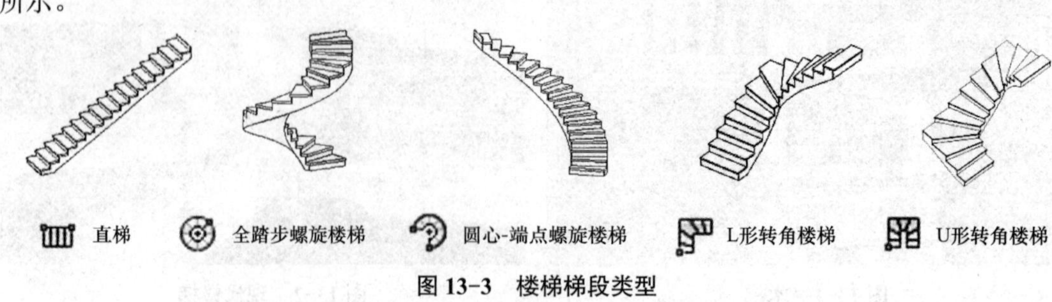

图 13-3　楼梯梯段类型

（2）平台：在梯段之间自动创建，通过拾取两个梯段，或通过自定义绘制。

（3）支撑：包括侧边和中心支撑，随梯段自动创建，或通过拾取梯段或平台边缘创建。

（4）栏杆扶手：在创建期间自动生成，或稍后放置。

13.1 创建楼梯

视频：楼梯的绘制

13.1.1　楼梯的绘制

第一步：单击“建筑”选项卡“楼梯坡道”面板中的“楼梯”，切换至“修改 | 创建楼梯”上下文选项卡并打开选项栏，如图 13-4 所示。

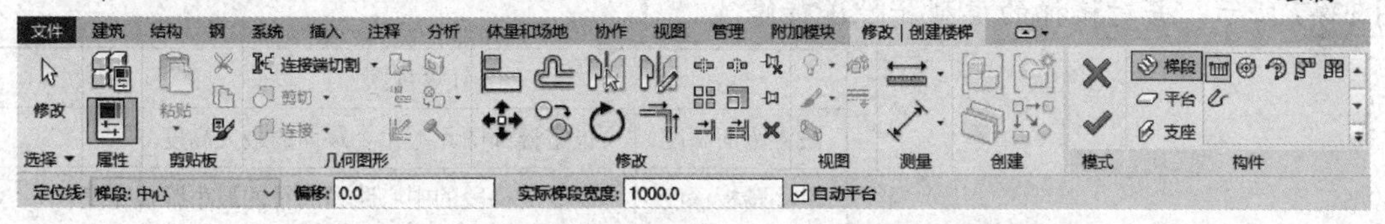

图 13-4　“修改 | 创建楼梯”上下文选项卡和选项栏

（1）定位线：为相对于向上方向的梯段选择创建路径，根据需要更改“定位线”选项，如图 13-5 所示。例如，如果要创建斜踏步梯段并想让左边缘与墙体衔接，“定位线”应选择“梯边梁外侧：左”。

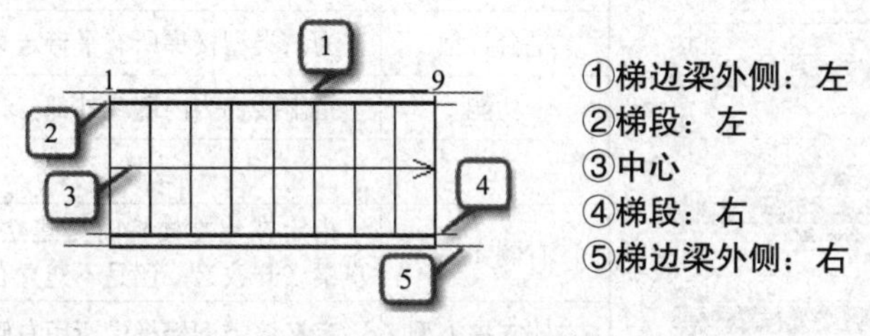

图 13-5　楼梯定位线

（2）偏移：为创建路径指定一个可选偏移值。例如，如果在“偏移”框中输入“300”，并且“定位线”为“梯段：中心”，则创建路径为向上楼梯中心线的右侧 300 mm。负偏移在中心线的左侧。

（3）实际梯段宽度：指定一个梯段宽度值，并且此值为梯段宽度，不包含支撑。

（4）自动平台：默认情况下选中“自动平台”，即如果创建到达下一楼层的两个单独梯段，Revit 会在这两个梯段之间自动创建平台。如果不需要自动创建平台，需要清除此选项。

第二步：在选项栏设置楼梯的参数。

第三步：在“属性”面板的类型下拉列表中选择楼梯的类型，系统默认的是“组合楼梯”，还可以根据需要选择“现场浇筑楼梯”或“预浇筑楼梯”。

第四步：修改楼梯实例属性。

第五步：单击“属性”面板中的“编辑类型”按钮，弹出“类型属性”对话框，修改楼梯类型属性。

第六步：在楼层平面视图中绘制楼梯，单击楼梯起点位置开始绘制楼梯梯段，移动鼠标光标，直到工具提示指明已无剩余踢面，然后单击以指定楼梯端点，如图 13-6 所示。

第七步：在“模式”面板中单击“完成编辑模式”按钮✔。

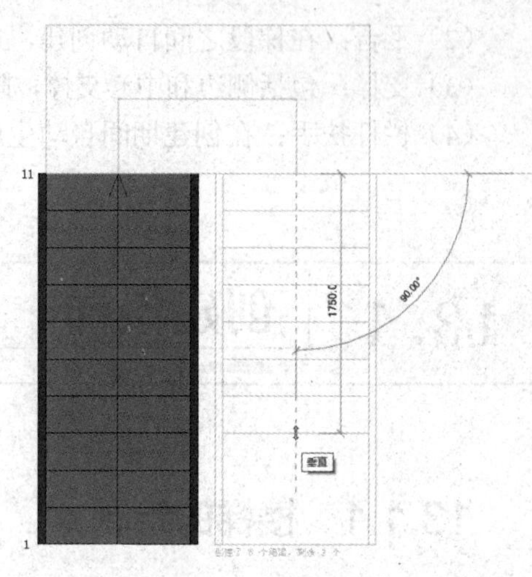

图 13-6　绘制楼梯

知识链接

在“楼梯”属性面板单击“编辑类型”按钮，即可弹出“类型属性”对话框，如图 13-7 所示，并对楼梯的类型属性进行修改。

类型属性

族(F)：系统族：组合楼梯　载入(L)...

类型(T)：190mm 最大踢面 250mm 梯段　复制(D)...

重命名(R)...

类型参数(M)

参数	值
计算规则	
最大踢面高度	190.0
最小踏板深度	250.0
最小梯段宽度	1000.0
计算规则	编辑...
构造	
梯段类型	50mm 踏板 13mm 踢面
平台类型	非整体休息平台
功能	内部
支撑	
右侧支撑	梯边梁(闭合)
右侧支撑类型	梯边梁 - 50mm 宽度
右侧侧向偏移	0.0
左侧支撑	梯边梁(闭合)
左侧支撑类型	梯边梁 - 50mm 宽度
左侧侧向偏移	0.0
中部支撑	☐
中部支撑类型	<无>
中部支撑数量	0
图形	
剪切标记类型	单锯齿线
标识数据	
类型图像	
注释记号	
型号	
制造商	

这些属性执行什么操作?

<< 预览(P)　确定　取消　应用

计算规则	
最大踢面高度	指定楼梯图元上每个踢面的最大高度
最小踏板深度	设置沿梯段的中心路径测量的最小踏板宽度
最小梯段宽度	设定一般梯段的初始宽度值
计算规则	按下“编辑”按钮打开“楼梯计算器”对话框
构造	
梯段类型	为该类型楼梯所有梯段定义类型
平台类型	为该类型楼梯所有平台定义类型
功能	指出楼梯为内部或外部
支撑	
右侧支撑	指定在建立楼梯时是建立“梯边梁（闭合）”“踏步梁（开放）”，还是不建立右侧支撑
右侧支撑类型	定义该类型楼梯中所用右侧支撑的类型
右侧侧向偏移	指定右侧支撑在水平方向与梯段边缘的偏移值
左侧支撑	指定在建立楼梯时是建立“梯边梁（闭合）”“踏步梁（开放）”，还是不建立左侧支撑
左侧支撑类型	定义该类型楼梯中所用左侧支撑的类型
左侧侧向偏移	指定左侧支撑在水平方向与梯段边缘的偏移值
中部支撑	指定是否在楼梯中使用中间支撑
图形	
剪切标记类型	定义楼梯中显示的切割标记类型

图 13-7　楼梯的类型属性

绘图小技巧

如何设置楼梯的材质？可在“类型属性”对话框中“类型参数”列表框的“材质和装饰”区设置楼梯材质。

【练一练】根据给定尺寸（图 13-8）创建楼梯模型，建模方式不限，整体材质为“混凝土”，请将模型以“楼梯”为文件名保存至文件夹中。【2021 年第四期“1+X”建筑信息模型（BIM）职业技能等级考试第二题】

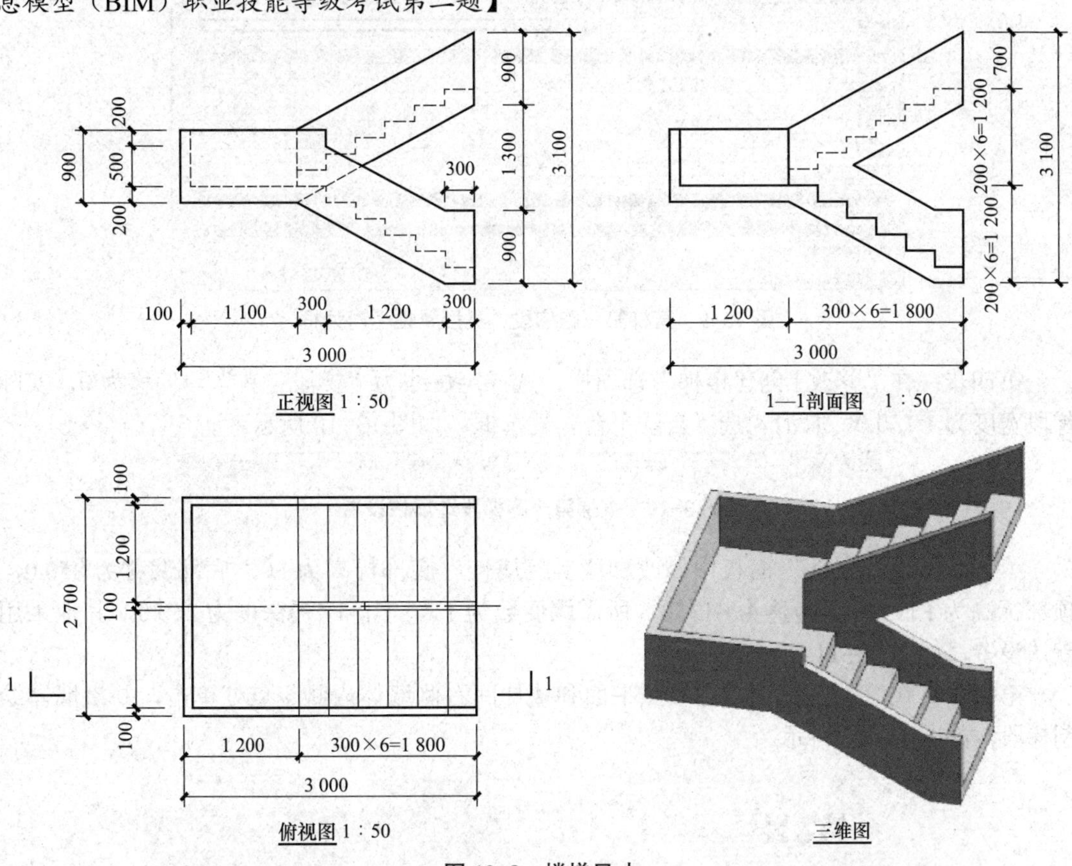

图 13-8　楼梯尺寸

13.1.2　小别墅楼梯的绘制

1. 小别墅直梯的创建

视频：直梯

第一步：单击“建筑”选项卡“楼梯坡道”面板中的“楼梯”按钮，切换至“修改 | 创建楼梯”上下文选项卡并打开选项栏。

第二步：创建参照平面。在“建筑”选项卡“工作平面”面板中单击“参照平面”按钮，切换至“修改 | 放置参照平面”上下文选项卡，单击“拾取线”按钮，修改“偏移值”为 70，拾取Ⓒ轴创建在Ⓒ轴上方的参照平面。

第三步：在“属性”面板的类型下拉列表中选择“整体浇筑楼梯”。单击“编辑类型”按钮，弹出“类型属性”对话框，修改“最大梯面高度”为 180，“最小踏板深度”为 260，

“最小梯段宽度”为 1 130，“梯段类型”为“100 mm 结构深度”，“平台类型”为“100 mm 厚度”，其他采用默认设置，如图 13-9 所示，单击“确定”按钮。

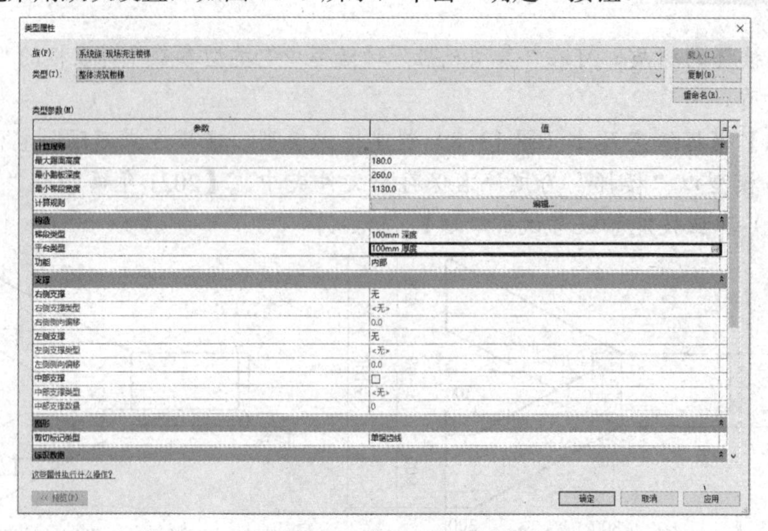

图 13-9　直梯第一跑梯段“类型属性”对话框

第四步：在“修改 | 创建楼梯”选项栏，选择定位线为“梯段：右”，偏移为 0，实际梯段宽度为 1 130.0，取消勾选“自动平台”复选框，如图 13-10 所示。

图 13-10　直梯第一跑梯段选项栏设置

第五步：在“属性”面板中修改梯段实例属性。底部标高为 F0，底部偏移为 850.0，顶部标高为 F1，顶部偏移为 -1350，所需踢面数为 11，实际踏板深度为 260.0，其他采用默认设置，如图 13-11 所示。

第六步：在绘图区Ⓒ轴下方参照平面和楼梯间右侧墙体内侧交点处单击，并沿墙体绘制梯段，如图 13-12 所示。

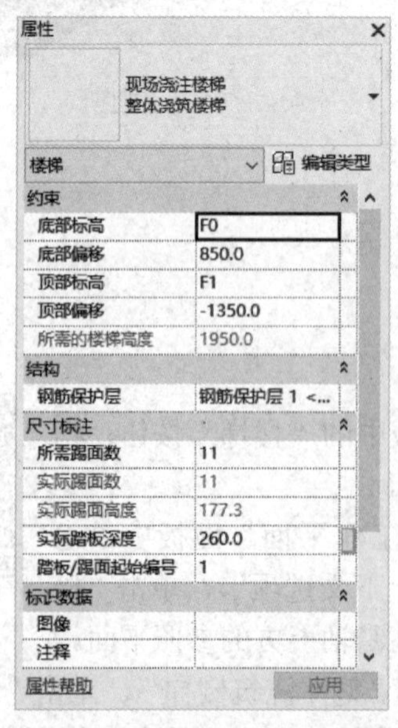

图 13-11　直梯第一跑梯段实例属性

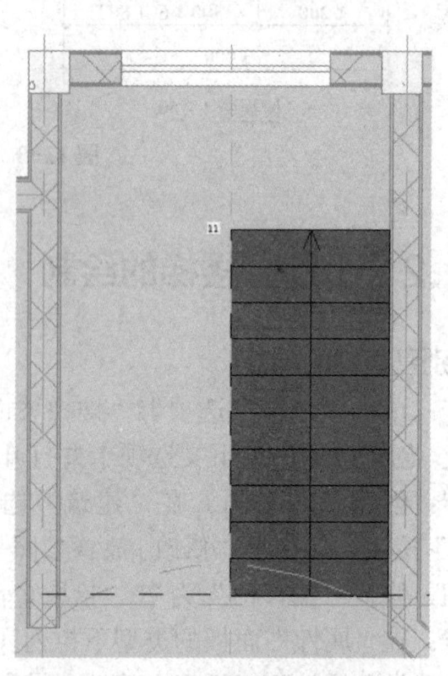

图 13-12　绘制直梯第一跑梯段

知识链接

梯段的实例属性见表 13-1。

表 13-1　梯段的实例属性

约束	
底部标高	指定楼梯底部的标高
底部偏移	设置楼梯与底部标高的偏移
顶部标高	设置楼梯的顶部标高。默认值为底部标高上方的标高，如果底部标高上方没有标高，则为“未连接”
顶部偏移	设置楼梯与顶部标高的偏移，“顶部标高”的值为“未连接”，则不适用
所需的楼梯高度	指定底部和顶部标高之间的楼梯高度
尺寸标注	
所需踢面数	踢面数是基于标高间的高度计算得出的
实际踢面数	通常与“所需踢面数”相同（只读）
实际踢面高度	显示实际踢面高度。此值小于或等于在“最大踢面高度”（只读）
实际踏板深度	设置此值以修改踏板深度，不必创建新的楼梯类型

第七步：单击“修改 | 创建楼梯”上下文选项卡“构建”面板中的“平台”按钮，再单击“创建草图”按钮，切换至“修改 | 创建楼梯 > 绘制平台”上下文选项卡和选项栏，默认按“线”绘制平台。

第八步：在绘图区楼梯平台处绘制平台，如图 13-13 所示。

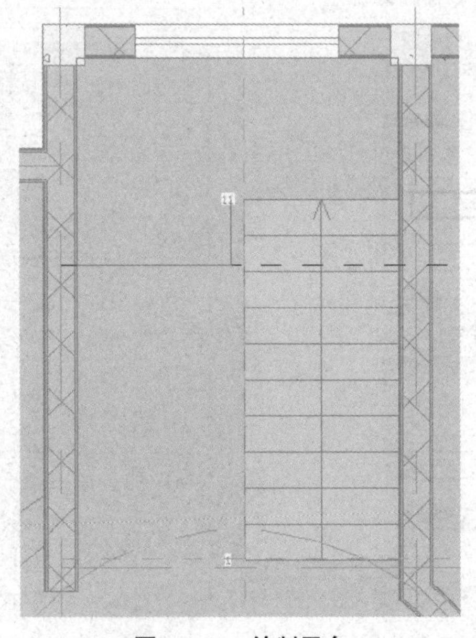

图 13-13　绘制平台

第九步：在“模式”面板中，单击“完成编辑模式”按钮✔，完成平台绘制。

第十步：在“模式”面板中，单击“完成编辑模式”按钮✔，完成直梯第一跑梯段及平台绘制。

第十一步：单击“建筑”选项卡“楼梯坡道”面板中的“楼梯”按钮，切换至“修改 | 创建楼梯”上下文选项卡和选项栏。

第十二步：单击“属性”面板中的“编辑类型”按钮，弹出“类型属性”对话框，修改“最大梯面高度”为 150，其他采用默认设置，如图 13-14 所示，单击“确定”按钮。

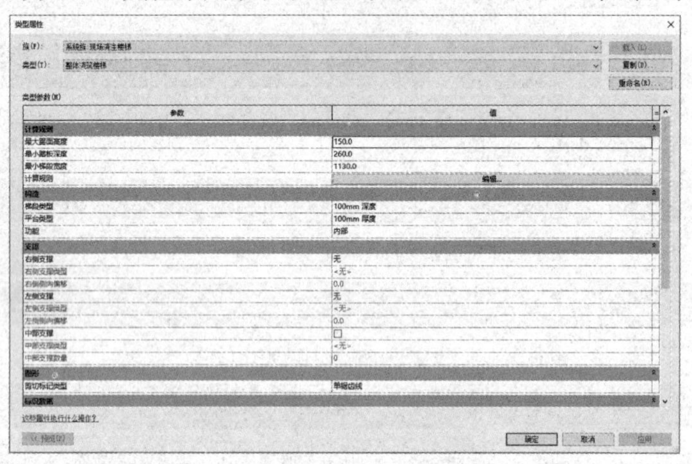

图 13-14　直梯第二跑梯段“类型属性”对话框

第十三步：在“属性”面板中修改梯段实例属性。底部标高为“F1”，底部偏移为 -1 350，顶部标高为 F1，顶部偏移为 0.0，所需踢面数为 9，实际踏板深度为 260.0，其他采用默认设置，如图 13-15 所示。

第十四步：在绘图区参照平面和楼梯间左侧墙体内侧交点处单击，并沿墙体绘制梯段，如图 13-16 所示。

图 13-15　直梯第二跑梯段实例属性

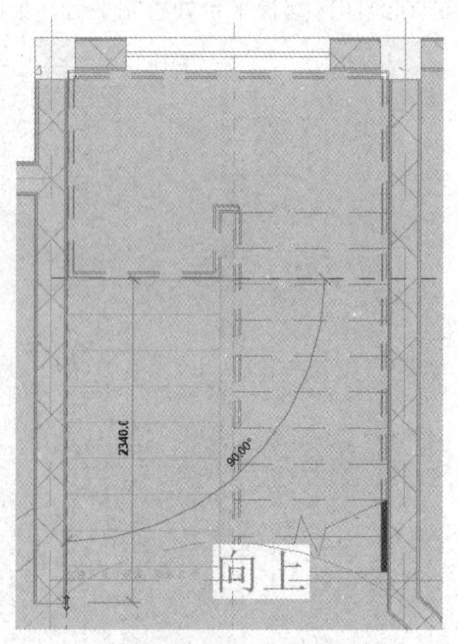

图 13-16　绘制直梯第二跑梯段

第十五步：在“模式”面板中，单击“完成编辑模式”按钮✔，完成直梯绘制。

第十六步：删除楼梯上自动生成的多余的栏杆扶手，完成小别墅直梯的创建。

2. 小别墅螺旋楼梯的创建

视频：螺旋楼梯

第一步：单击“建筑”选项卡“楼梯坡道”面板中的“楼梯”按钮，弹出“修改 | 创建楼梯”上下文选项卡和选项栏。

第二步：在“修改 | 创建楼梯”上下文选项卡“构件”面板中单击“圆心－端点螺旋”按钮。

第三步：在“修改 | 创建楼梯”选项栏中选择定位线为“梯段：右”，偏移为 0.0，实际梯段宽度为 1 150.0，其他采用默认设置，如图 13–17 所示。

定位线: 梯段: 右　偏移: 0.0　实际梯段宽度: 1150.0　☑自动平台　☐改变半径时保持同心

图 13–17　螺旋楼梯选项栏设置

第四步：在“属性”面板板的类型下拉列表中选择“整体浇筑楼梯”。单击“编辑类型”按钮，弹出“类型属性”对话框，修改“最大梯面高度”为 165，“最小踏板深度”为 240，“最小梯段宽度”为 1 150，其他采用默认设置，如图 13–18 所示，单击“确定”按钮。

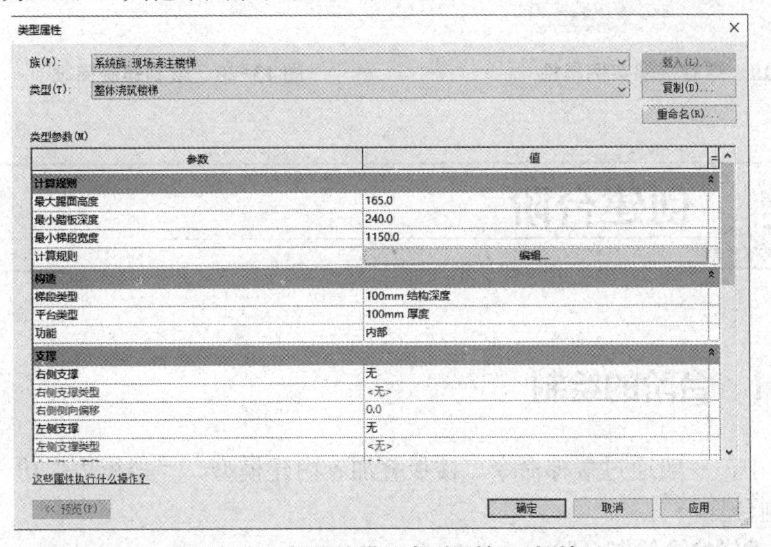

图 13–18　螺旋楼梯“类型属性”对话框

第五步：在“属性”面板中修改梯段实例属性。底部标高为“室外地坪”，底部偏移为 0.0，顶部标高为 F0，顶部偏移为 2 700.0，所需踢面数为 17，实际踏板深度为 242.0，其他采用默认设置，如图 13–19 所示。

第六步：单击“建筑”选项卡“工作平面”面板中的“参照平面”按钮，切换至“修改 | 放置参考平面”上下文选项卡，单击“绘制”面板中的“拾取线”按钮，偏移值为 0，拾取与Ⓔ轴垂直的圆柱中心线，创建参照平面。

第七步：在绘图区圆柱中心点处单击，向右沿Ⓔ轴拖动鼠标光标，输入半径值 1 400，如图 13–20 所示。

第八步：沿逆时针方向拖动鼠标光标，单击完成螺旋楼梯梯段绘制。

第九步：在“模式”面板中，单击“完成编辑模式”按钮✔，完成螺旋楼梯绘制。

第十步：删除螺旋楼梯内侧栏杆扶手，完成小别墅螺旋楼梯的创建。

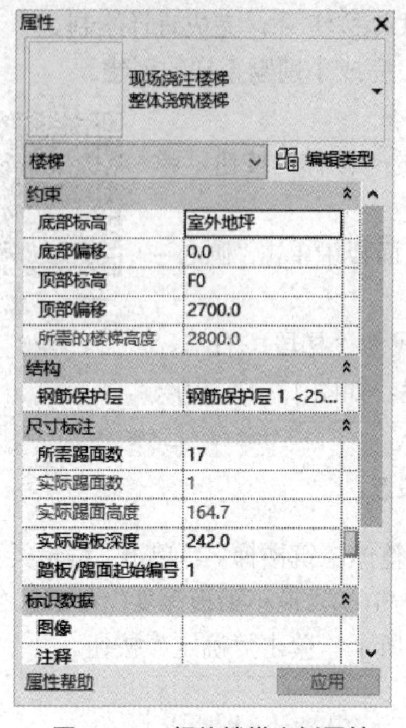

图 13-19 螺旋楼梯实例属性

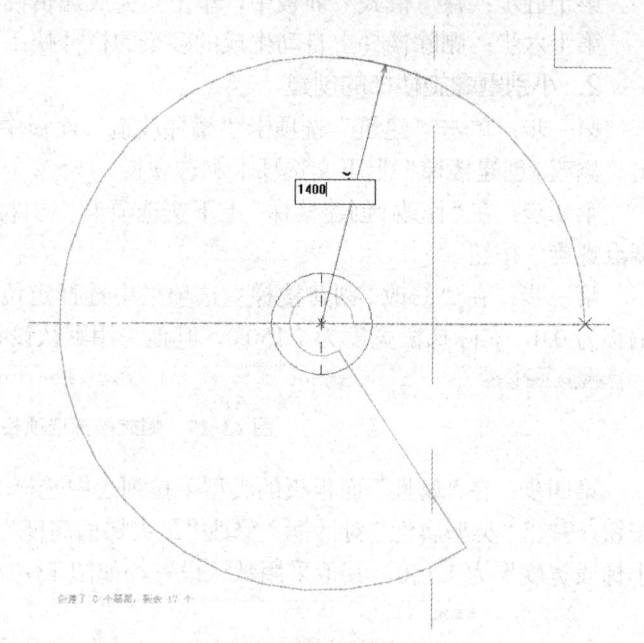

图 13-20 绘制螺旋梯段

13.2 创建台阶

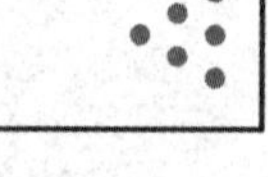

13.2.1 台阶的绘制

视频：台阶的绘制

在 Revit 中，一般通过楼梯命令、楼板叠加、内建模型、“楼板边”功能等方法绘制台阶。

1. 通过楼梯命令绘制台阶

与楼梯的绘制方法相同，确定台阶中的踢面高度、踏板深度、梯段宽度、踢面数、平台尺寸等，单击“建筑”选项卡“楼梯坡道”面板中的“楼梯”按钮绘制楼梯。

2. 通过楼板叠加绘制台阶

选择“建筑”选项卡“构建”面板“楼板”下拉列表中的“楼板”选项，绘制不同宽度的楼板，并叠加形成台阶，如图 13-21 所示。

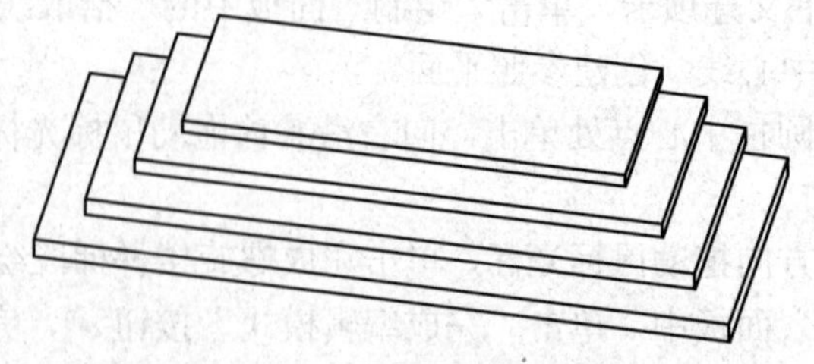

图 13-21 楼板叠加形成台阶

3. 通过内建模型绘制台阶

第一步：选择“建筑”选项卡“构建”面板“构件”下拉列表中的“内建模型”选项，在弹出的“族类别和族参数”对话框中选择“常规模型”选项，如图 13-22 所示，单击“确定”按钮。

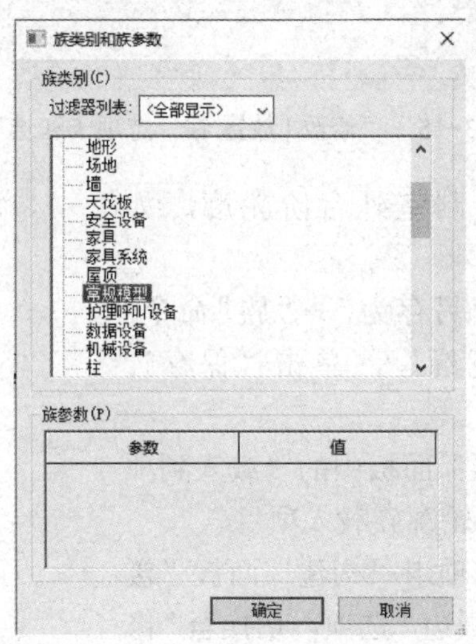

图 13-22　“族类别和族参数”对话框

第二步：在弹出的“名称”对话框中输入台阶名称，单击“确定”按钮。

第三步：单击“创建”选项卡“形状”面板中的“拉伸”或“放样”按钮，通过“拉伸”或“放样”命令绘制台阶，如图 13-23 所示。

图 13-23　“创建”选项卡

第四步：单击“完成模型”按钮 ✔ 完成台阶绘制。

4. 通过“楼板边”功能绘制室外台阶

第一步：执行“文件”→“新建”→“族”命令，在弹出的“新族 - 选择样板文件”对话框中选择“公制轮廓”为样板族，如图 13-24 所示，单击“打开”按钮进入族编辑界面。

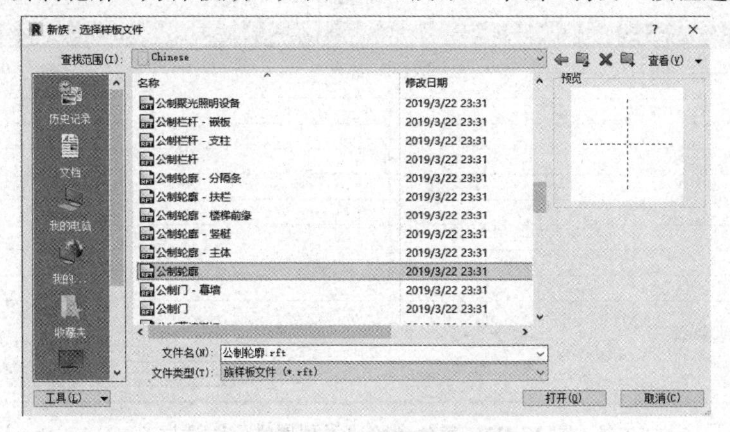

图 13-24　“公制轮廓”样板族

第二步：单击“创建”选项卡“详图”面板中的“线”按钮，切换至“修改 | 放置 线”上下文选项卡和选项栏，如图 13-25 所示。

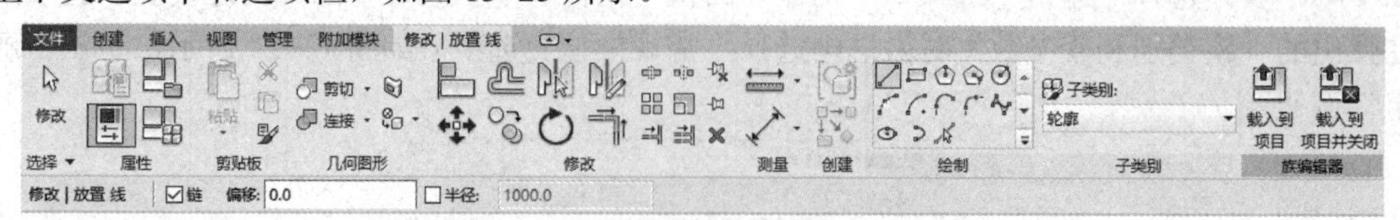

图 13-25 “修改 | 放置 线”选项卡和选项栏

第三步：在绘图区域绘制室外台阶轮廓，如图 13-26 所示。

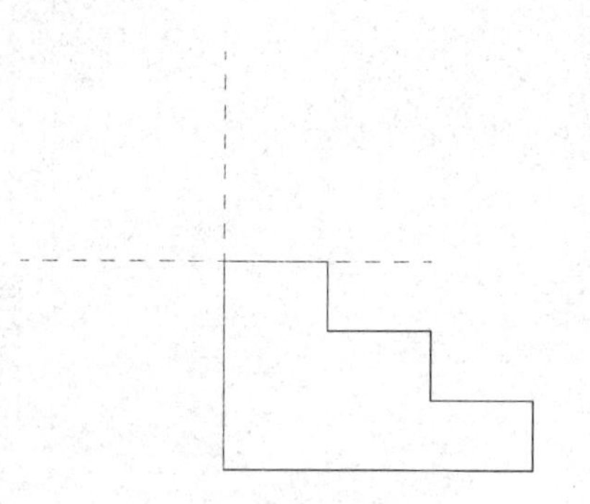

图 13-26 室外台阶轮廓

第四步：执行“文件”→“另存为”→“族”命令，将文件命名为“室外台阶轮廓”，单击“保存”按钮。

第五步：单击“族编辑器”面板中的“载入到项目并关闭”按钮，将室外台阶轮廓族载入项目。

第六步：选择“建筑”选项卡“构建”面板“楼板”下拉列表中的“楼板：楼板边”选项，切换至“修改 | 放置楼板边缘”选项卡和选项栏。

第七步：在“属性”面板单击“编辑类型”按钮，弹出“类型属性”对话框。单击“复制”按钮，在弹出的“名称”对话框输入“室外台阶”，单击“确定”按钮。

第八步：将轮廓修改为载入项目中的室外台阶轮廓族，其他采用默认设置如图 13-27 所示，单击“确定”按钮。

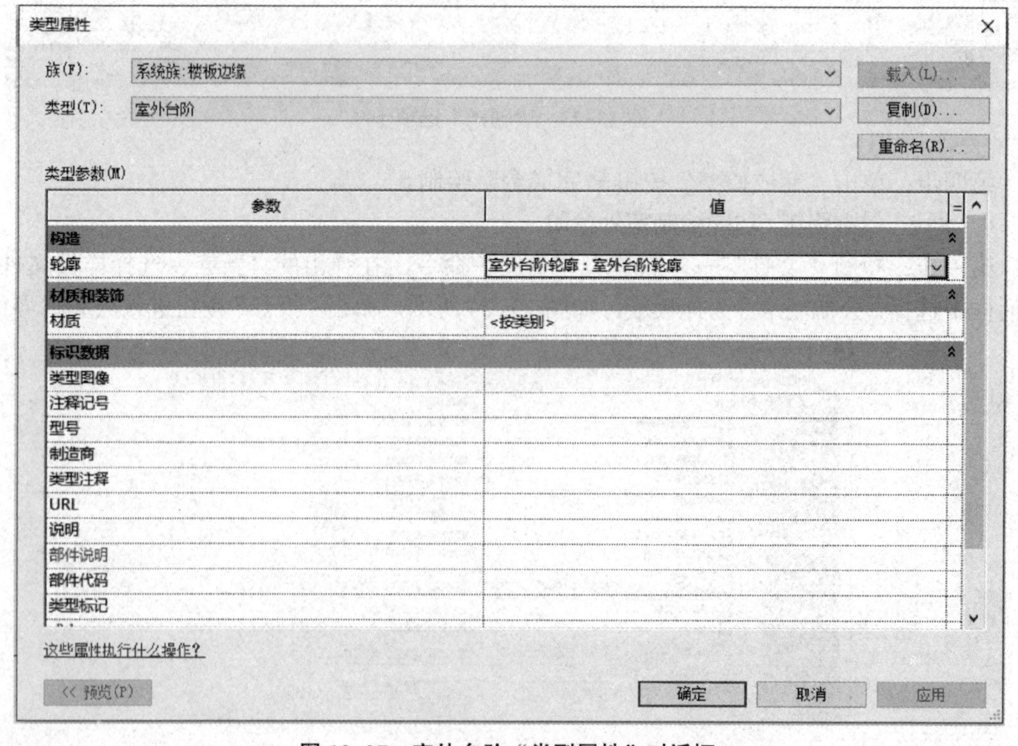

图 13-27 室外台阶“类型属性”对话框

第九步：在绘图区域单击需要布置台阶的楼板边缘，完成室外台阶绘制，如图 13-28 所示。

图 13-28　“楼板边”功能绘制室外台阶

13.2.2　小别墅台阶的绘制

视频：北台阶

1. 小别墅北台阶的创建

第一步：单击“建筑”选项卡“楼梯坡道”面板中的“楼梯”按钮，切换至“修改 | 创建楼梯”选项卡和选项栏。

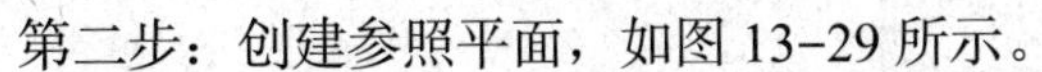

第二步：创建参照平面，如图 13-29 所示。

第三步：在“属性”面板的类型下拉列表中选择“整体浇筑楼梯”选项。单击“编辑类型”按钮，在弹出的“类型属性”对话框中修改“最大梯面高度”为 170，“最小踏板深度”为 280，“最小梯段宽度”为 1 900，其他采用默认设置，如图 13-30 所示，单击“确定”按钮。

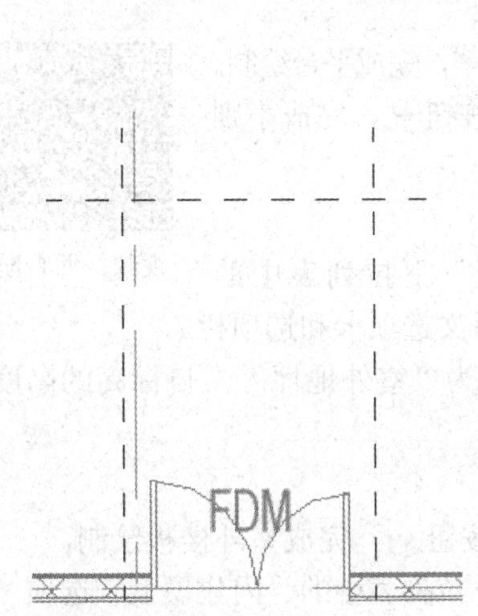

图 13-29　北台阶参照平面

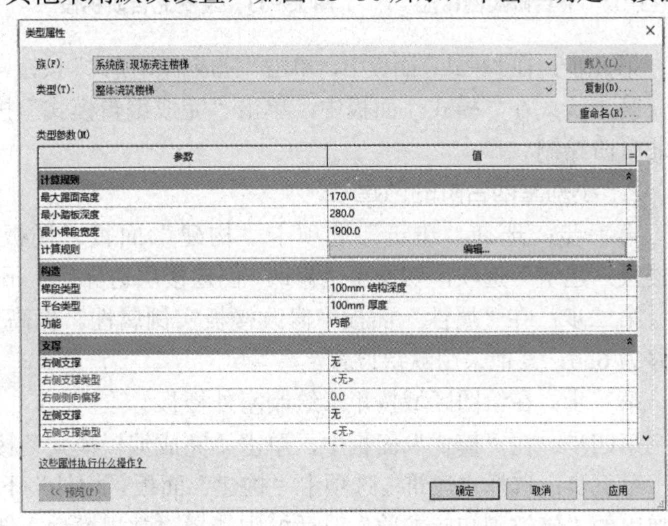

图 13-30　北台阶“类型属性”对话框

第四步：在“修改 | 创建楼梯”选项栏中选择定位线为“梯段：右”，偏移为 0.0，实际梯段宽度为 1 900，自动平台取消勾选，如图 13-31 所示。

定位线: 梯段: 右	偏移: 0.0	实际梯段宽度: 1900.0	☐自动平台

图 13-31　北台阶选项栏设置

第五步：在“属性”面板修改梯段实例属性。底部标高为“室外地坪”，底部偏移为 0，顶部标高为 F0，顶部偏移为 400.0，所需踢面数为 3，实际踏板深度为 280.0，其他采用默认设置，如图 13–32 所示。

第六步：在绘图区绘制梯段，如图 13–33 所示。

第七步：在“修改 | 创建楼梯”上下文选项卡中单击“构建”面板中的“平台”按钮，再单击“创建草图”按钮，切换至“修改 | 创建楼梯 > 绘制平台”上下文选项卡和选项栏，单击“矩形”按钮绘制平台。

第八步：在绘图区绘制平台，如图 13–34 所示。

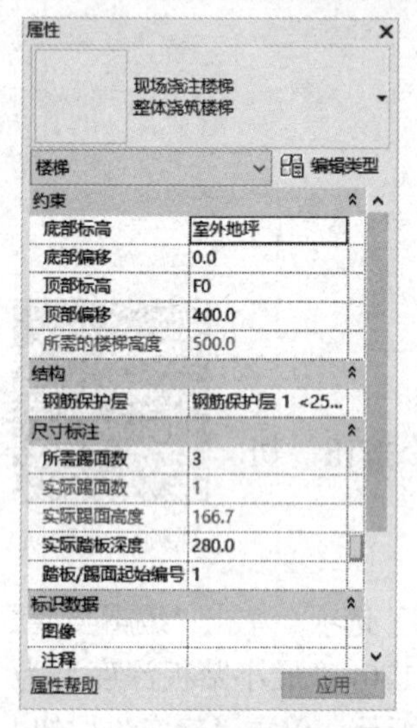

图 13–32　北台阶实例属性

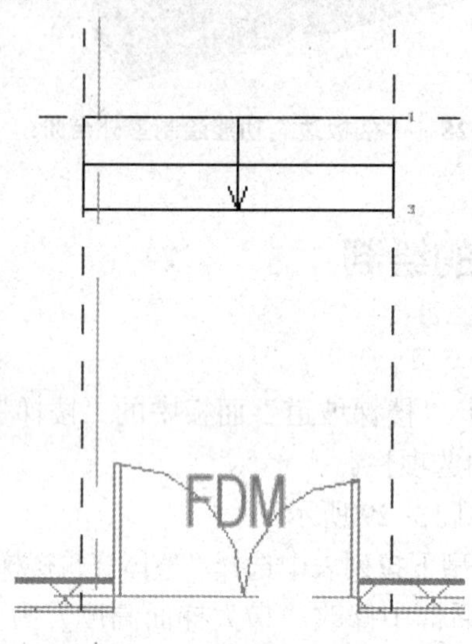

图 13–33　绘制北台阶梯段

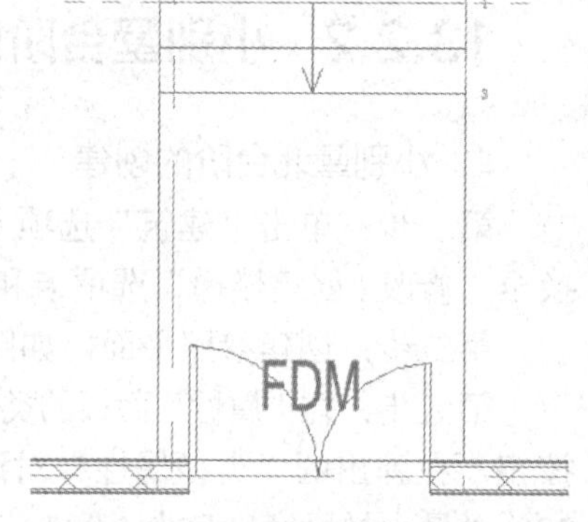

图 13–34　绘制北台阶平台

第九步：在“模式”面板中，单击“完成编辑模式”按钮 ✔，完成平台绘制。

第十步：在“模式”面板中，单击“完成编辑模式”按钮 ✔，完成小别墅北台阶绘制。

视频：西台阶

2. 小别墅西台阶的创建

第一步：选择“建筑”选项卡“构建”面板“楼板”下拉列表中的“楼板：建筑”选项，切换至“修改 | 创建楼层边界”上下文选项卡和选项栏。

第二步：在“属性”面板中修改楼板实例属性。标高为“室外地坪”，自标高的高度偏移为 650，其他采用默认设置。

第三步：在绘图区域按矩形绘制室外楼板。

第四步：在“模式”面板中，单击“完成编辑模式”按钮 ✔，完成室外楼板绘制。

第五步：选择“建筑”选项卡“构建”面板“构件”下拉列表中的“内建模型”选项，在弹出的“族类别和族参数”对话框中选择“常规模型”选项，单击“确定”按钮。

第六步：在弹出的“名称”对话框中输入“台阶”，单击“确定”按钮。

第七步：单击“创建”选项卡“形状”面板中的“放样”按钮，切换至“修改 | 放样”上下文选项卡和选项栏，如图 13–35 所示。

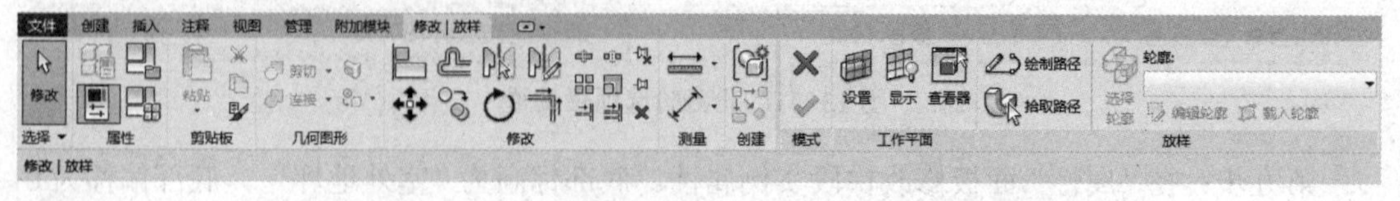

图 13–35　“修改 | 放样”上下文选项卡和选项栏

第八步：在“工作平面”面板中单击“绘制路径”，切换至“修改 | 放样 > 绘制路径”上下文选项卡，在绘图区域绘制路径，如图 13-36 所示，在“模式”面板中单击“完成编辑模式”按钮 ✔，完成西台阶路径绘制。

第九步：在“放样”面板中单击“编辑轮廓”按钮，在弹出的“转到视图”对话框中选择“立面：南”选项，如图 13-37 所示，单击“打开视图”按钮，转到南立面视图，并打开“修改 | 放样 > 编辑轮廓”上下文选项卡。

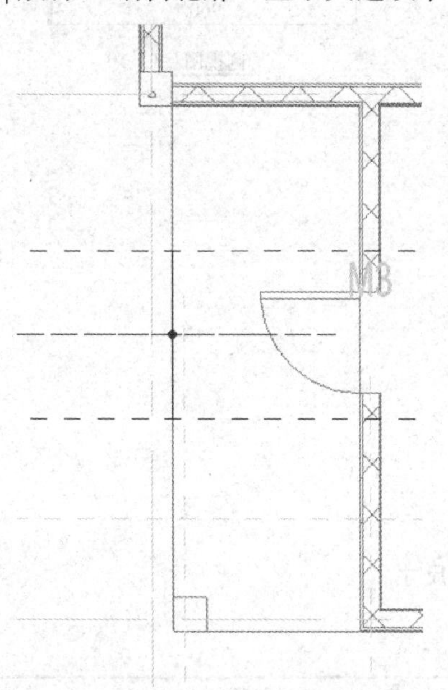

图 13-36　西台阶放样路径

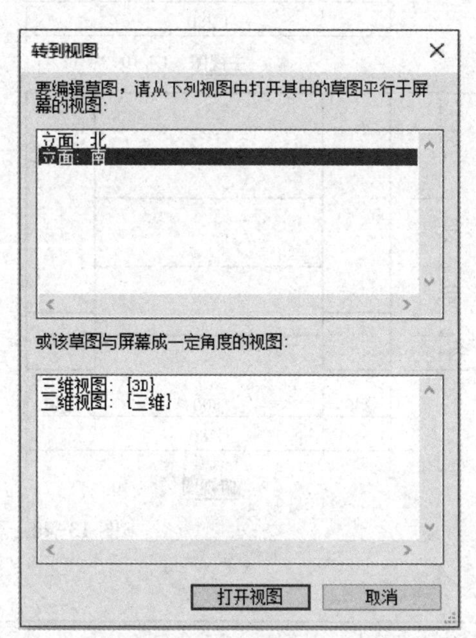

图 13-37 “转到视图”对话框

第十步：在绘图区域绘制西台阶轮廓，如图 13-38 所示，在“模式”面板中单击“完成编辑模式”按钮 ✔，完成西台阶轮廓绘制。

第十一步：在“模式”面板中单击“完成编辑模式”按钮 ✔，完成放样模型绘制。

第十二步：在“在位编辑器”面板中单击“完成模型”按钮 ✔，完成西台阶模型绘制，如图 13-39 所示。

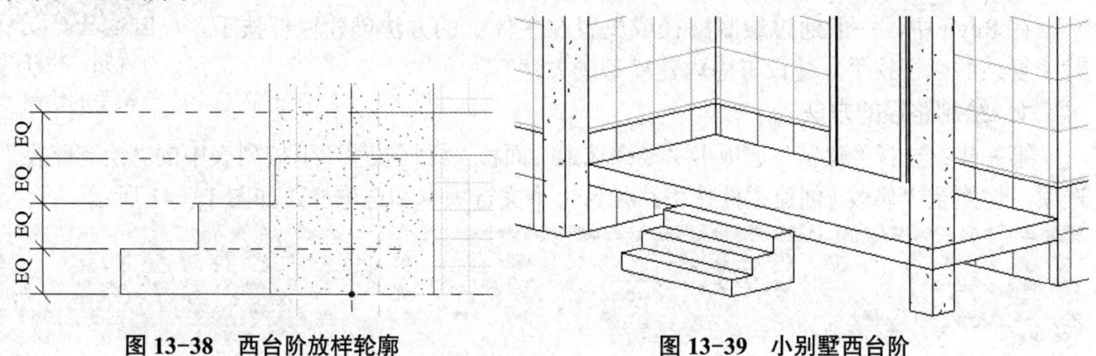

图 13-38　西台阶放样轮廓

图 13-39　小别墅西台阶

【练一练】根据给定尺寸生成台阶实体模型（图 13-40），并以“台阶”为文件名保存到文件夹中。

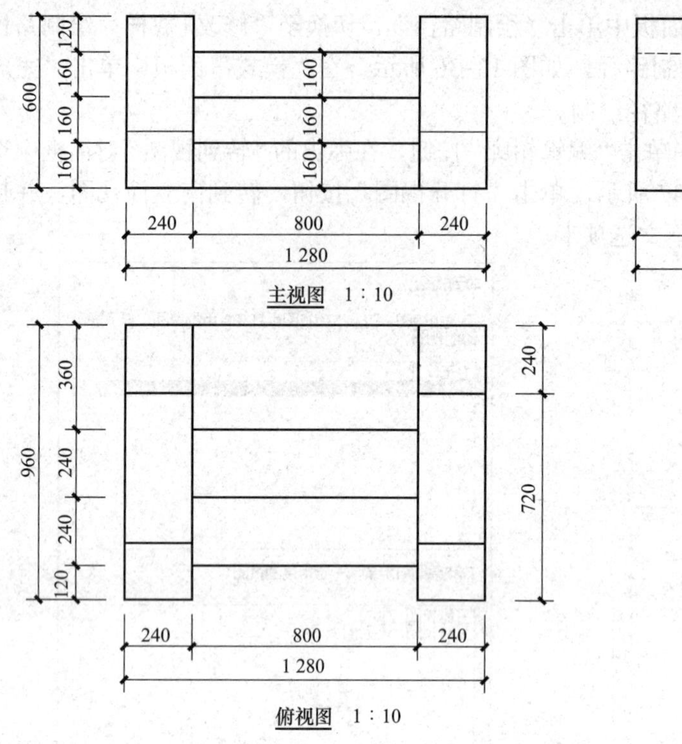

图 13-40　台阶尺寸

13.3 创建栏杆扶手

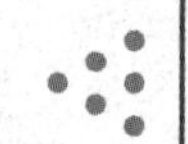

13.3.1 栏杆扶手的绘制

视频：栏杆扶手的绘制

在 Revit 中，一般通过绘制路径或放置在主体上的方法创建栏杆扶手。对于复杂的栏杆扶手，建议考虑内建模型的方法。

1. 绘制路径的方法

第一步：选择“建筑”选项卡“楼梯坡道”面板“栏杆扶手”下拉列表中的“绘制路径”选项，切换至“修改 | 创建栏杆扶手路径”上下文选项卡和选项栏，如图 13-41 所示。

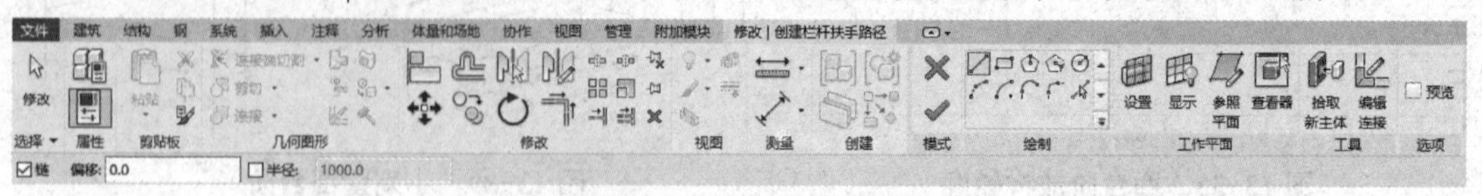

图 13-41　“修改 | 创建栏杆扶手路径”上下文选项卡和选项栏

第二步：在选项栏中设置栏杆扶手的参数。

第三步：在“属性”面板的类型下拉列表中选择栏杆扶手的类型。

第四步：在“属性”面板中修改栏杆扶手实例属性。

第五步：单击“属性”面板中的“编辑类型”按钮，弹出“类型属性”对话框，修改栏杆扶手类型参数，如图 13-42 所示。

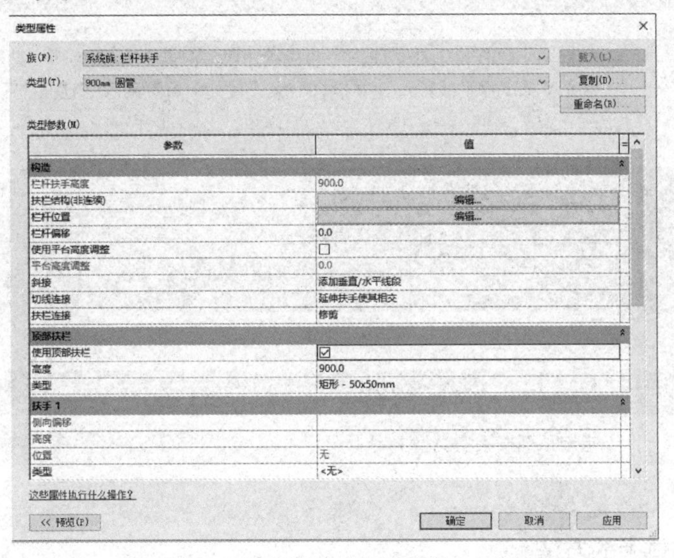

图 13-42　栏杆扶手“类型属性”对话框

第六步：沿路径绘制栏杆扶手。

第七步：在“模式”面板中单击“完成编辑模式”按钮 ✔，完成栏杆扶手的绘制。

第八步：选中绘制完成的栏杆扶手，单击“修改 | 栏杆扶手”上下文选项卡“工具”面板中的“拾取新主体”按钮，在绘图区域单击选中主体，将栏杆扶手布置到相应的主体上。

知识链接

在“栏杆扶手”属性面板中单击“编辑类型”按钮，即可在弹出的“类型属性”对话框中对栏杆扶手的类型属性进行修改（表 13-2）。

表 13-2　栏杆扶手的类型属性

构造	
栏杆扶手高度	栏杆系统中最高扶手的高度
扶栏结构（非连续）	将打开一个独立对话框，在该对话框中可以设定扶手的数目，以及各扶手的高度、偏移、轮廓和材质
栏杆位置	将打开定义栏杆样式的独立对话框
栏杆偏移	从扶手绘制线的栏杆偏移值
使用平台高度调整	控制平台上栏杆的高度。 否：栏杆和平台使用相同的高度，如同在楼梯梯段上一样。 是：栏杆高度会按“平台高度调整”中设定的数量向上或向下调整
平台高度调整	在中间或顶部的平台从“扶手高度”参数中指示的值升高或降低扶手的高度
斜接	如果两个栏杆扶手在平面图中会和成一个角，但未垂直连接，可以选取下列选项：添加垂直 / 水平线段；建立接合；无连接件；留下间隙

续表

构造	
切线链接	如果两个栏杆扶手在平面图中共线或相切，但未垂直连接，可以选取下列选项： 添加垂直 / 水平线段；建立接合；无连接件；留下间隙；延伸扶手使其相交；建立平顺连接
扶栏连接	如果栏杆之间建立连接时 Revit 无法建立斜接结合，可以选取下列选项： 修剪：使用垂直平面切割栏杆段。 接合：栏杆段以尽可能接近斜接点的方式接合
顶部扶栏	
高度	栏杆系统中顶部扶手的高度
类型	指定顶部扶手的类型

2. 放置在主体上的方法

第一步：选择“建筑”选项卡“楼梯坡道”面板“栏杆扶手”下拉列表中的“放置在楼梯 / 坡道上”选项，切换至“修改 | 在楼梯 / 坡道上放置栏杆扶手”上下文选项卡和选项栏，如图 13-43 所示。

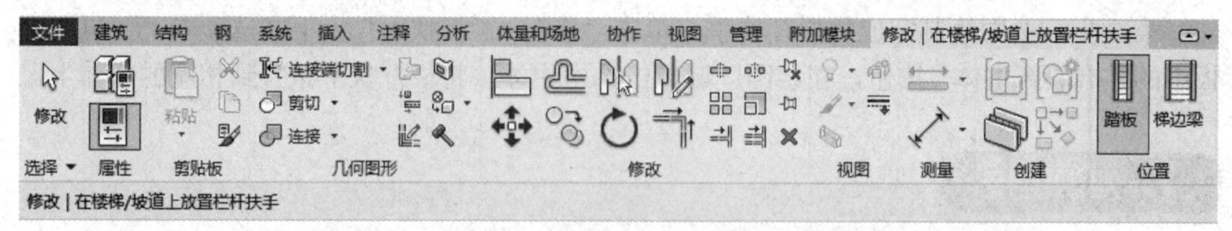

图 13-43　“修改 | 在楼梯 / 坡道上放置栏杆扶手”上下文选项卡和选项栏

第二步：在“属性”面板的类型下拉列表中选择栏杆扶手的类型。

第三步：在“属性”面板中修改栏杆扶手实例属性。

第四步：单击“属性”面板中的“编辑类型”按钮，在弹出的“类型属性”对话框中修改栏杆扶手类型属性。

第五步：单击绘图区域相应的楼梯 / 坡道，完成栏杆扶手的放置。

绘图小技巧

选项栏中的“链”可以理解为连续绘制的意思，如绘制栏杆扶手路径时，两点确定一段栏杆扶手，在绘制第二段栏杆扶手时，则以上一段栏杆扶手的终点作为新的起点确定下一段栏杆扶手的位置，依此类推。如果取消勾选“链”复选框，则不会连续绘制，而是绘制完一段栏杆扶手后，需要单击鼠标确定新的起点、终点。因此，如果需要连续不断地绘制，则勾选“链”复选框；如果需要断开，一段段分别绘制，则取消勾选“链”复选框。

13.3.2　小别墅栏杆扶手的绘制

视频：北台阶栏杆扶手的绘制

小别墅北台阶栏杆扶手的创建如下：

第一步：选择“建筑”选项卡“楼梯坡道”面板“栏杆扶手”下拉列表中的“绘制路径”选项，切换至“修改 | 创建栏杆扶手路径”上下文选项卡和选项栏。

第二步：在“修改 | 创建栏杆扶手路径”选项栏中取消勾选“链”复选框，偏移为 20.0，其他采用默认设置，如图 13-44 所示。

☐链　偏移: 20.0　☐半径: 1000.0

图 13-44　“北台阶栏杆扶手”选项栏设置

第三步：在“属性”面板的类型下拉列表中选择“栏杆扶手 1 100 mm”选项。单击“编辑类型”按钮，弹出“类型属性”对话框。单击顶部扶栏类型中的按钮，打开顶部扶栏的“类型属性”对话框，单击“复制”按钮，弹出“名称”对话框，将名称命名为“圆形 -40 mm”，将轮廓修改为“圆形扶手：40 mm”，其他采用默认设置，如图 13-45 所示，单击“确定”按钮，关闭顶部扶栏“类型属性”对话框。单击“确定”按钮，关闭栏杆扶手“类型属性”对话框。

类型属性

族(F)：系统族：顶部扶栏类型　　载入(L)...

类型(T)：圆形-40mm　　复制(D)...

重命名(R)...

类型参数(M)

参数	值
构造	
默认连接	斜接
圆角半径	0.0
手间隙	-20.0
轮廓	圆形扶手：40mm
投影	20.0
过渡件	鹅颈式
材质和装饰	
材质	<按类别>
延伸(起始/底部)	
延伸样式	无
长度	0.0
加上踏板深度	☐
延伸(结束/顶部)	
延伸样式	无
长度	0.0
终端	
起始/底部终端	无

这些属性执行什么操作?

<< 预览(P)　确定　取消　应用

图 13-45　北台阶顶部扶栏“类型属性”对话框

第四步：沿室外台阶左侧边缘绘制栏杆扶手路径。

第五步：在“模式”面板中单击“完成编辑模式”按钮✔，完成栏杆扶手的绘制。

第六步：选中绘制完成的栏杆扶手，单击“修改 | 栏杆扶手”上下文选项卡“工具”面板中的“拾取新主体”按钮，在绘图区域单击选中该室外台阶，将栏杆扶手布置到主体上。

第七步：选中栏杆扶手，单击“修改|栏杆扶手”上下文选项卡“修改”面板中的“镜像－拾取轴”按钮，拾取室外台阶中心线，完成栏杆扶手绘制，如图13-46所示。

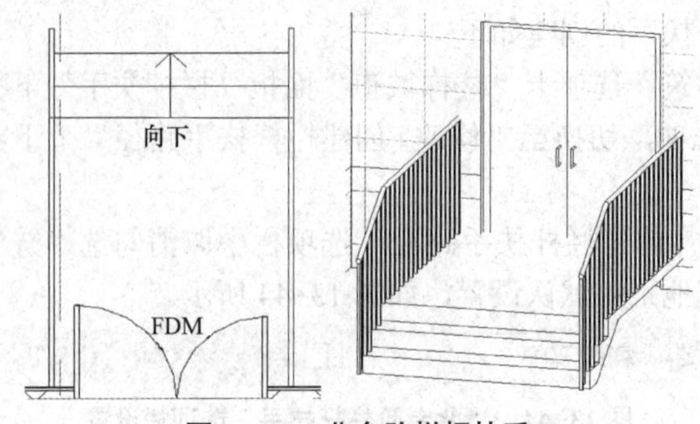

图 13-46　北台阶栏杆扶手

按照上述方法，绘制西台阶栏杆扶手。

成果展示

小别墅楼梯如图13-47所示。

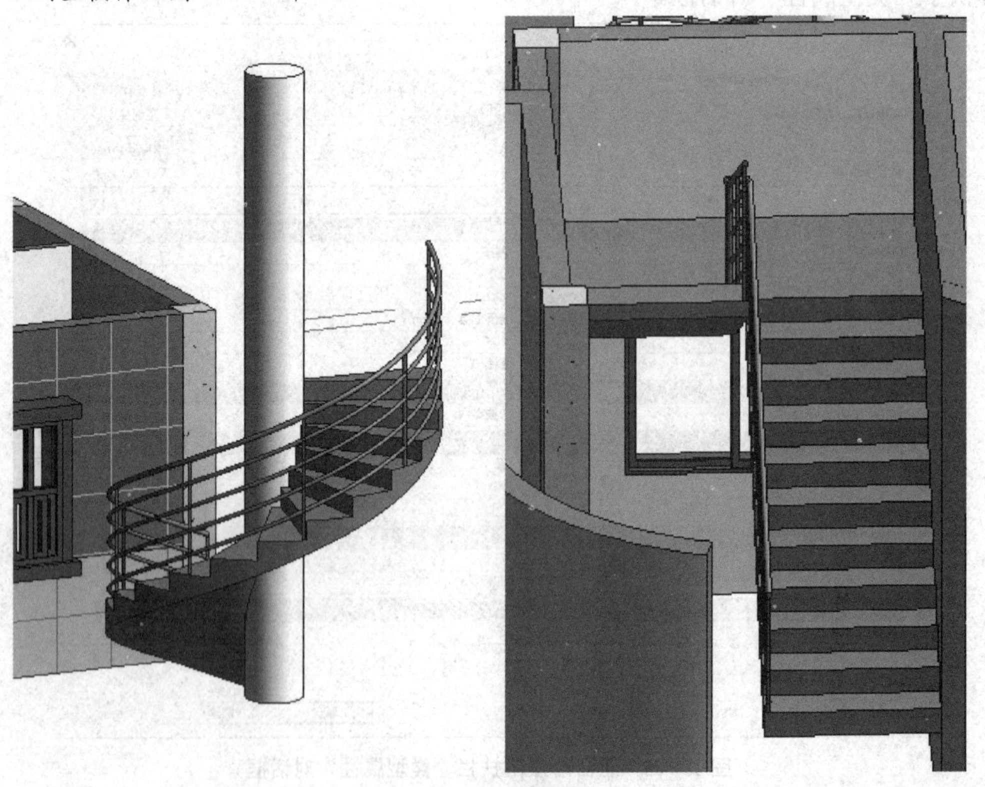

图 13-47　小别墅楼梯

任务评价

技能点	完成情况	注意事项
绘制直梯		
绘制螺旋楼梯		
通过楼梯绘制台阶		
通过内建模型绘制台阶		
通过楼板叠加绘制台阶		
通过楼板边绘制台阶		
绘制栏杆扶手		

通过完成上述任务，还学到了什么知识和技能？

任务拓展

1. 请根据图 13-48 创建楼梯与扶手。楼梯构造与扶手样式如图 13-48 所示，顶部扶手为直径 40 mm 的圆管，其余扶栏为直径 30 mm 的圆管，栏杆扶手的标注均为中心间距，请将模型以“楼梯扶手”为文件名保存到文件夹中。【第七期全国 BIM 技能等级考试一级试题第二题】

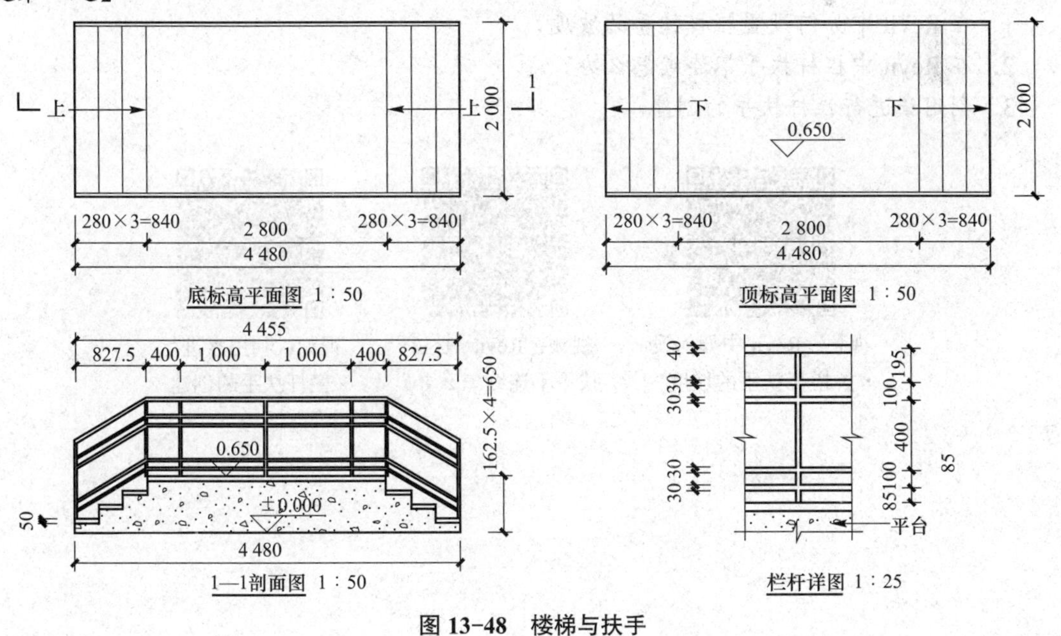

图 13-48　楼梯与扶手

2．根据图 13–49 中给定尺寸建立台阶模型，图中所有曲线均为圆弧，请将模型文件以“台阶”为文件名保存到文件夹中。【第十二期全国 BIM 技能等级考试一级试题第一题】

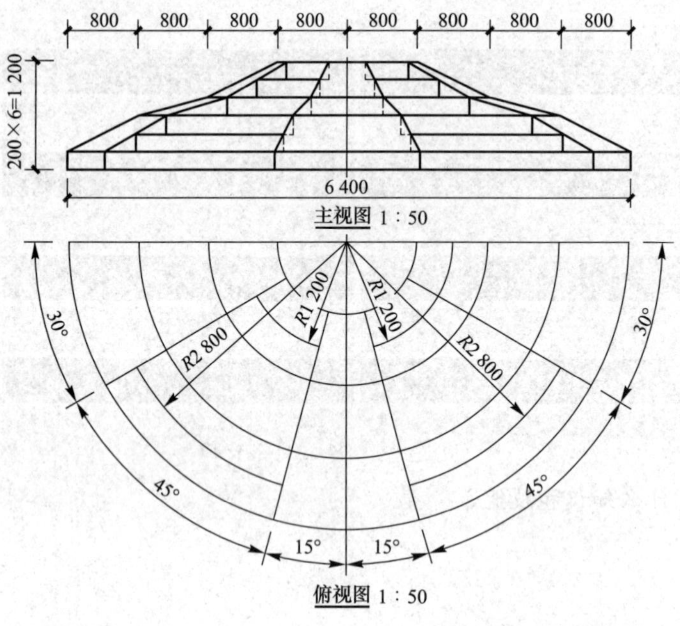

图 13–49　台阶尺寸

每日一技

1．在 Revit 中如何设置栏杆扶手的坡度？

2．在 Revit 中栏杆扶手不连续怎么办？

3．利用族进行栏杆扶手的创建。

视频：Revit 中如何设置栏杆扶手的坡度

视频：Revit 中栏杆扶手不连续怎么办？

视频：利用族进行栏杆扶手的创建

工作任务十四 屋顶的绘制

任务情境

细说故宫屋顶

——摘自《带你认识中国古建筑的屋顶，以故宫为例》

（摘自网站文旅廊 https://baijiahao.baidu.com/s?id=1626438439137631293&wfr=spider&for=pc）

渐渐的，屋顶早已不再单纯地被用来遮风挡雨。大到一座梁架，小至一枚瓦片，都被人们赋予了越来越丰富的含义。宣室玉堂，重阶金顶，诉说的是属于这片土地的骄傲。抬眼望去，那一层层的金碧辉煌，便似沉醉中的幻想，在冗长的梦境中，绽放出别样的灿烂。

1．庑殿式屋顶－太和殿－乾清宫（图 14-1）

庑殿式屋顶有一条正脊和四条垂脊，屋顶前、后、左、右四面都有斜坡。庑殿式屋顶是中国古代建筑中等级最高的屋顶形式，只有最尊贵的建筑物才可以使用庑殿顶。太和殿的重檐庑殿顶则更是古代建筑屋顶中的顶级形式。

2．歇山式屋顶－太和门保和殿（图 14-2）

歇山式屋顶有一条正脊、四条垂脊和四条戗脊（就是屋顶最边缘分岔的那四条比较短的脊）。歇山式屋顶的正脊比两端山墙之间的距离要短，因此歇山式屋顶是在上部的正脊和两条垂脊形成一个三角形的垂直区域，称为“山花”。在山花之下是梯形的屋面将正脊两端的屋顶覆盖。歇山式屋顶的等级较庑殿式屋顶低一级。

图 14-1 庑殿式屋顶－太和殿－乾清宫

图 14-2 歇山式屋顶－太和门保和殿

3．攒尖式屋顶－中和殿御景亭（图 14-3）

攒尖式屋顶没有正脊，只有垂脊，垂脊的多少根据实际建筑需要而定，一般双数的居多，单数的较少。如有四条脊的、有六条脊的、有八条脊的，分别称为四角攒尖顶、六角攒尖顶、八角攒尖顶等。此外，还有一种圆形攒尖顶，就是没有垂脊的。攒尖顶多用于亭子的建造。

4．卷棚式屋顶－体元殿后抱厦（图 14-4）

卷棚式屋顶也称为元宝脊，其屋顶前后相连处不做成屋脊，而做成弧线形的曲面。卷棚式屋顶形象非常优美，线条柔顺，多用于园林建筑。

图 14-3　攒尖式屋顶－中和殿御景亭

图 14-4　卷棚式屋顶－体元殿后抱厦

5．硬山式屋顶－内阁大堂丽景轩（图 14-5）

硬山顶是双坡顶的一种。特点是有一条正脊、四条垂脊，形成两面屋坡。左右侧面垒砌山墙，多用砖石，高出屋顶。屋顶的檩木不外悬出山墙。

6．盝顶－钦安殿（图 14-6）

盝顶在屋顶顶部用四条正脊围成为平顶，下面再接庑殿顶。盝顶梁结构多用四柱，加上枋子抹角或扒梁，形成四角或八角形屋面。

图 14-5　硬山式屋顶－内阁大堂丽景轩

图 14-6　盝顶－钦安殿

7．十字脊式屋顶－角楼（图 14-7）

十字脊是一种非常特别的屋顶形式，它由两个歇山顶呈十字相交而成。目前留存的比较有代表性的十字脊建筑就是故宫的角楼。

图 14-7　十字脊式屋顶－角楼

能量关键词

传承

中国的文化源远流长，而建筑作为一种文化形式，反映着中国人的道德、伦理及审美观念。故宫建筑群的屋顶就深刻体现着中国古代工匠的智慧和能力，其设计中涉及的美学思想无不映射着中国的伦理道德和文化心理。中国传统建筑屋顶深受中国传统文化中“天人合一”思想的影响，其屋顶样式与人、自然相互亲和，相互融入。其从颜色、样式到装饰蕴含着丰富的历史文化和设计美学，具有丰富的思想内涵和鲜明的等级性。

任务目标

完成小别墅项目屋顶的绘制

教学目标	
知识目标	1. 熟悉迹线屋顶、拉伸屋顶的绘制方式； 2. 掌握屋顶的定义； 3. 掌握屋顶的绘制方法
技能目标	能够绘制小别墅屋顶
素质目标	1. 培养团队协作、沟通意识； 2. 培养严谨细致、认真负责的职业精神

任务分析

根据屋顶平面图绘制屋顶。分析图纸：根据屋顶平面图，确定小别墅屋面的尺寸。

任务实施

屋顶是建筑的重要组成部分，它是房屋最上层起覆盖作用的围护结构，包括屋面，以及在墙或其他支撑以上用以支撑屋面的一切必要材料。根据屋顶排水坡度的不同，常见的屋顶形式有平屋顶和坡屋顶两大类，坡屋顶具有很好的排水效果。

屋顶一般都会延伸至墙面以外，凸出的部分成为屋檐。屋檐具有保护作用，可使其下的立柱和墙面免遭风雨侵蚀。

Revit 提供了多种屋顶建模工具（如迹线屋顶、拉伸屋顶和面屋顶），可以在项目中建立（生成）任意形式的屋顶。对于一些特殊造型的屋顶，可以通过内建模型进行创建。

14.1 迹线屋顶

视频：迹线屋顶的绘制

在 Revit 中，迹线屋顶是最常用的一种屋顶绘制方式，其绘制方式简单，可以满足大多数屋顶的需要。具体绘制步骤如下。

第一步：选择“建筑”选项卡“构建”面板“屋顶”下拉列表中的“迹线屋顶”按钮，切换至“修改 | 创建屋顶迹线”上下文选项卡和选项栏，如图 14-8 所示。

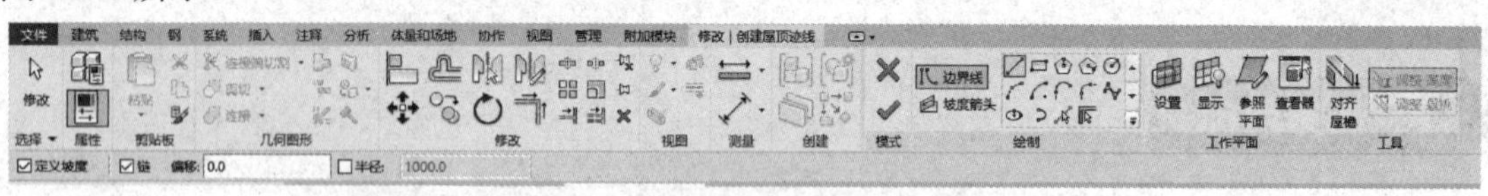

图 14-8　“修改 | 创建迹线屋顶”上下文选项卡和选项栏

（1）定义坡度：取消选中此复选框，创建不带坡度的屋顶；

（2）悬挑：定义悬挑距离；

（3）延伸到墙中（至核心层）：勾选此复选框，从墙核心处测量悬挑。

第二步：在“属性”面板中选择设置屋顶的参数。

知识链接

屋顶的“属性”面板

底部标高：设置迹线或拉伸屋顶的标高。

房间边界：勾选此复选框，则屋顶是房间边界的一部分。

与体量相关：指示此图元是从体量图元创建的。

自标高的底部偏移：设置高于或低于绘制时所处标高的屋顶高度。

截断标高：指定标高，在该标高上方所有迹线屋顶几何图形都不会显示。以该方式剪切的屋顶可与其他屋顶组合，构成“四坡屋顶”或其他屋顶样式。

坡度：显示当前坡度值。

厚度：可以选择可变厚度参数来修改屋顶或结构楼板的层厚度。

第三步：单击“绘制”面板中的“边界线”按钮（也可单击其他绘制工具按钮绘制边界）创建屋顶迹线，并调整屋顶迹线使其成为一个闭合轮廓，如图 14-9 所示。

第四步：单击“模式”面板中的“完成编辑模式”按钮，完成屋顶迹线的绘制，如图 14-10 所示。

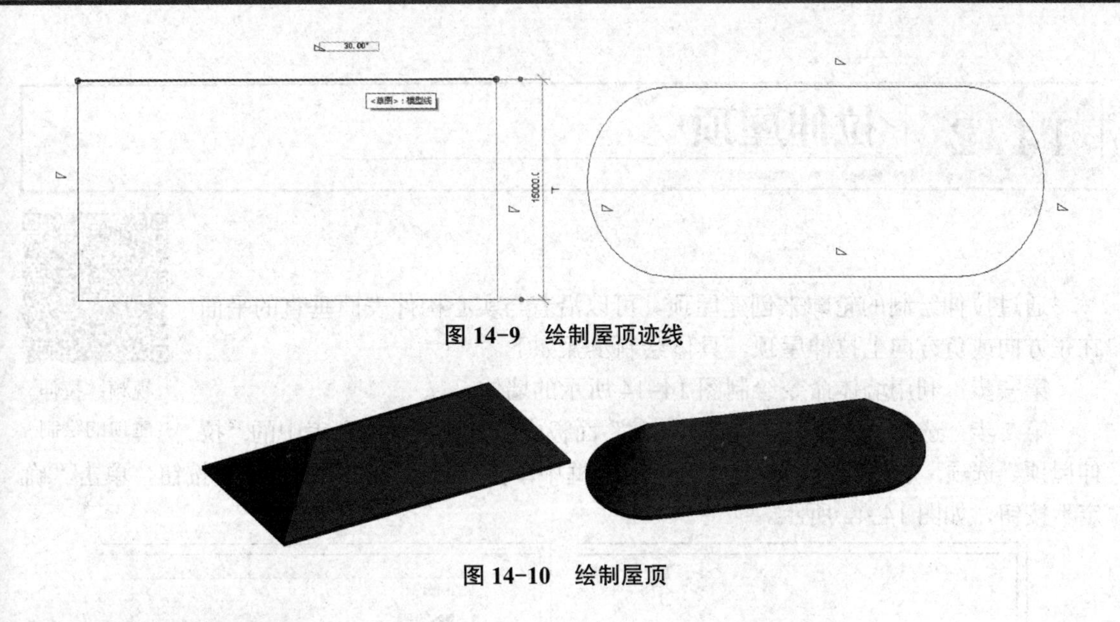

图 14-9　绘制屋顶迹线

图 14-10　绘制屋顶

绘图小技巧

对于迹线屋顶，可以通过定义屋顶坡度来创建不同的屋顶类型（图 14-11～图 14-13）。

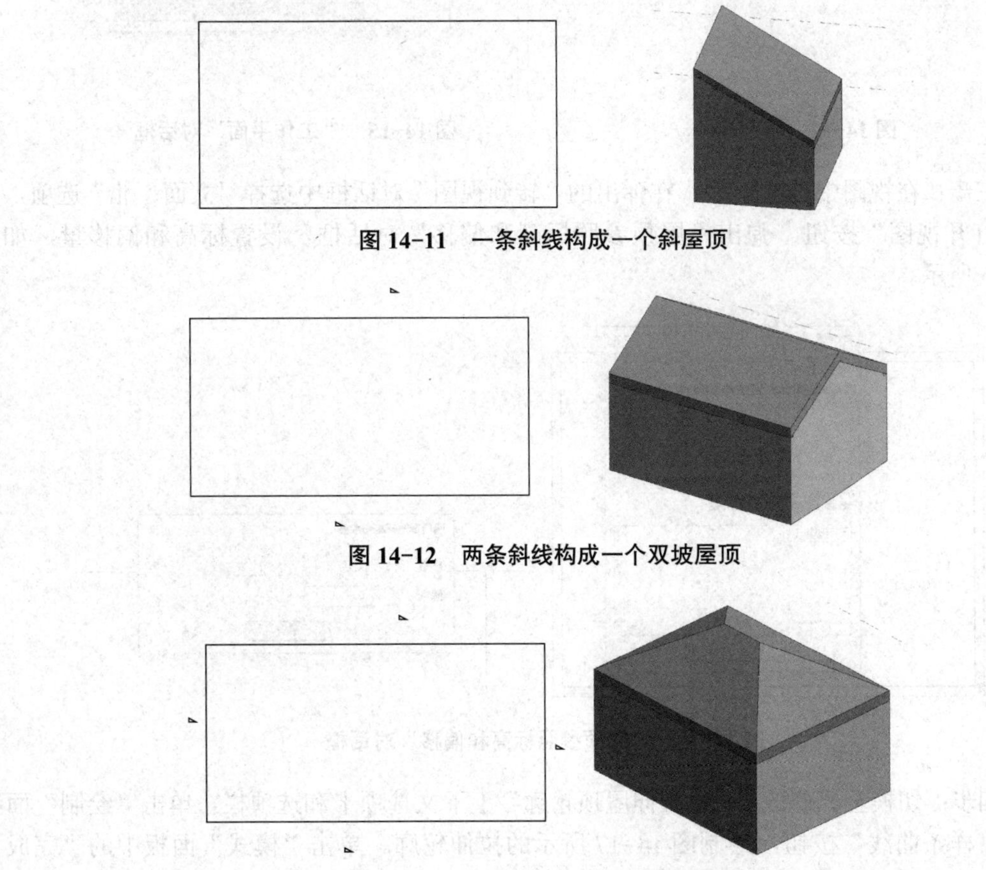

图 14-11　一条斜线构成一个斜屋顶

图 14-12　两条斜线构成一个双坡屋顶

图 14-13　四条斜线构成一个四坡屋顶

14.2 拉伸屋顶

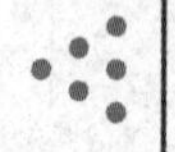

视频：拉伸屋顶的绘制

通过拉伸绘制的轮廓来创建屋顶。可以沿着与实心构件表面垂直的平面在正方向或负方向上拉伸屋顶，具体绘制步骤如下。

第一步：利用墙体命令绘制图 14–14 所示的墙体。

第二步：选择“建筑”选项卡“构建”面板中“屋顶”下拉列表中的“拉伸屋顶”选项，在弹出的“工作平面”对话框中单击“拾取一个平面”单选按钮，单击“确定”按钮，如图 14–15 所示。

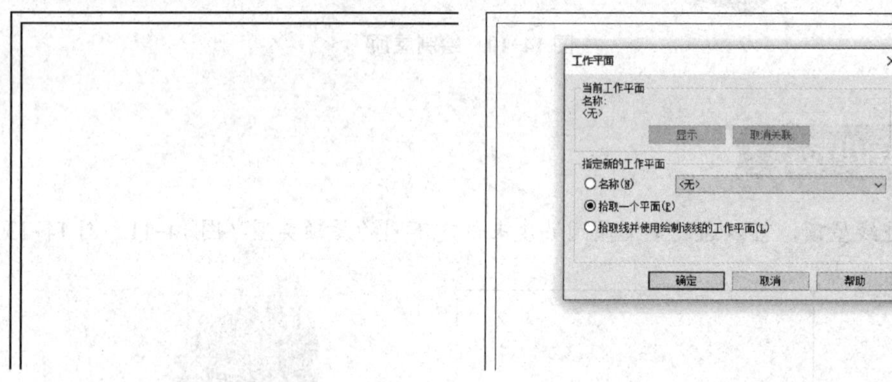

图 14–14　绘制墙体　　　　图 14–15　“工作平面”对话框

第三步：在视图中选择墙面，在弹出的“转到视图”对话框中选择“立面：北”选项，单击“打开视图”按钮，弹出“屋顶参照标高和偏移”对话框，设置标高和偏移量，如图 14–16 所示。

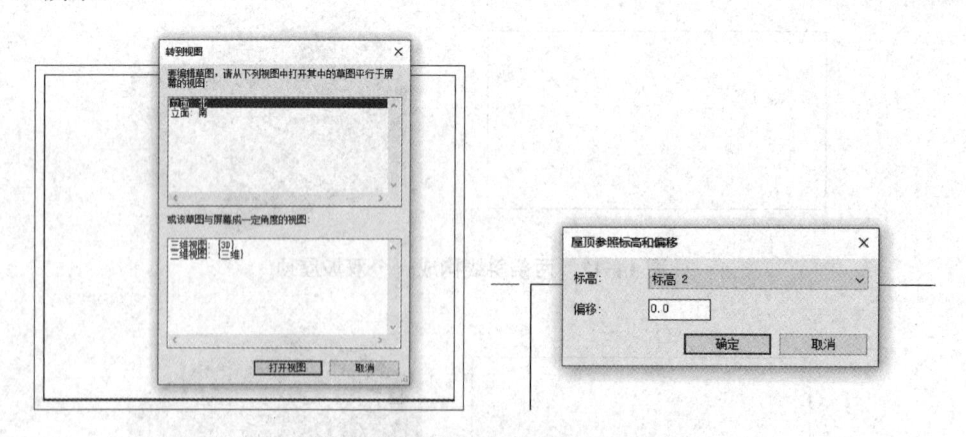

图 14–16　“屋顶参照标高和偏移”对话框

第四步：切换至“修改 | 创建拉伸屋顶轮廓”上下文选项卡和选项栏，单击“绘制”面板中的“样条曲线”按钮，绘制图 14–17 所示的拉伸轮廓。单击“模式”面板中的“完成编辑模式”按钮，完成屋顶拉伸轮廓的绘制，如图 14–18 所示。

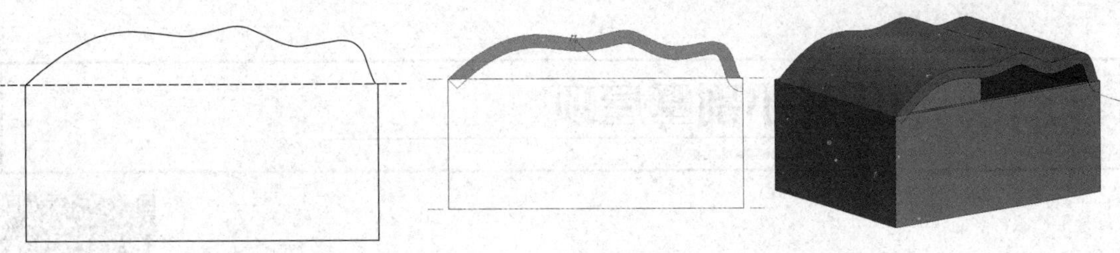

图 14-17　绘制拉伸轮廓　　　　图 14-18　拉伸屋顶

第五步：将视图切换到三维视图，可以看到墙体没有延伸到屋顶。选中所有墙体，单击“修改 | 墙”上下文选项卡“修改墙”面板中的“附着到顶部 / 底部”按钮，在绘图区选择屋顶，墙体自动延伸至屋顶，如图 14-19 所示。

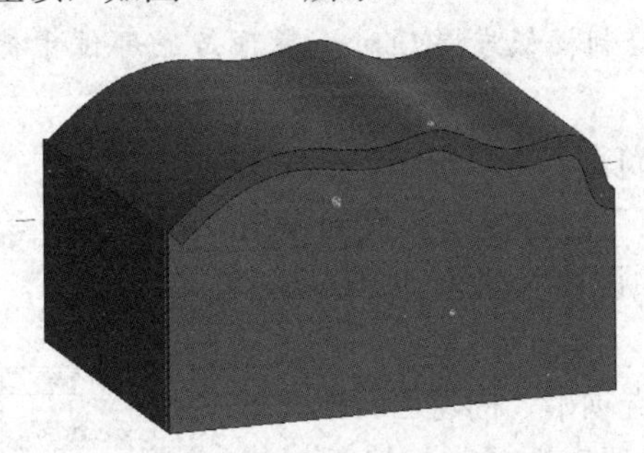

图 14-19　墙延伸至屋顶

【练一练】根据给定数据创建轴网与屋顶，轴网显示方式参考图 14-20，屋顶底标高为 6.3 m，厚度为 150 mm，坡度为 1 ∶ 1.5，材质不限，请将模型以“屋顶”为文件名保存到文件夹中。

视频：第十一期全国 BIM 技能等级考试一级试题第一题

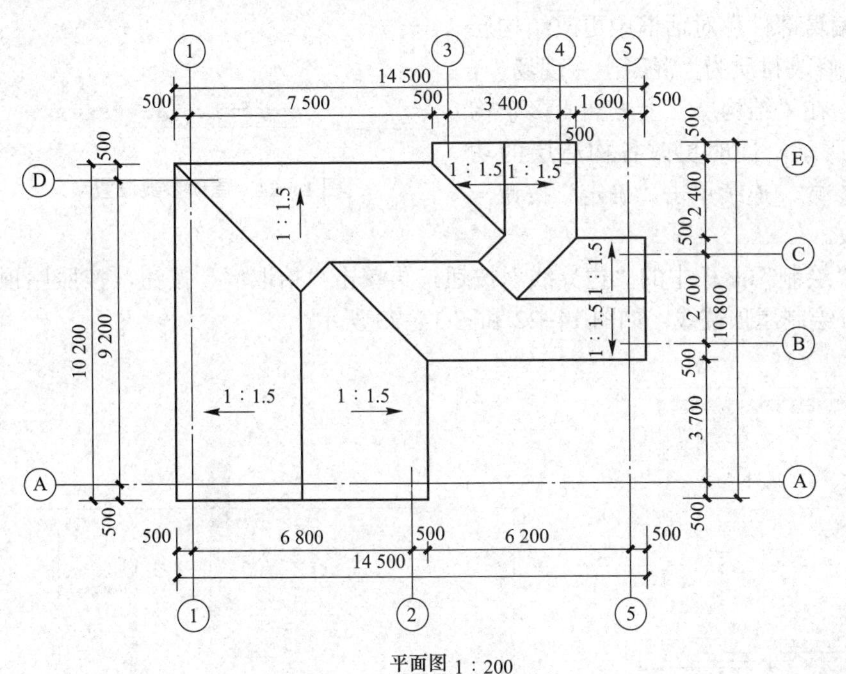

图 14-20　屋顶平面图

14.3 创建小别墅屋顶

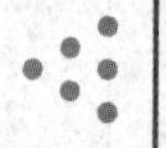

视频：小别墅屋顶的绘制

小别墅屋顶的绘制方式与楼板相似，具体绘制步骤如下。

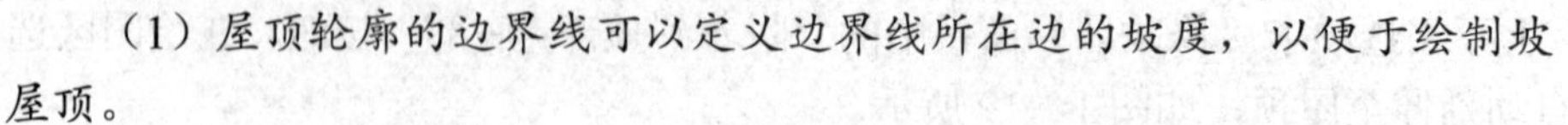

【小贴士】在 Revit 中，屋顶和楼板的绘制方式相似，主要差别如下。

（1）屋顶轮廓的边界线可以定义边界线所在边的坡度，以便于绘制坡屋顶。

（2）当在某个标高上绘制楼板或屋顶时，屋顶是底部位于标高 2 平面上，而楼板则是顶部位于标高 2 平面上。

第一步：选择“项目浏览器”→“视图”→“楼层平面”选项，双击“屋顶”，将视图切换到屋顶平面视图。在“属性”面板中设置“范围：底部标高”为 F3。

第二步：选择“建筑”选项卡“构建”面板“屋顶”下拉列表中的“迹线屋顶”选项，切换至“修改 | 创建屋顶迹线”选项卡和选项栏。

第三步：在“属性”面板中选择“常规屋顶 -300 mm”选项，单击“编辑类型”按钮，在弹出的“类型属性”对话框中单击“结构”后的“编辑”按钮，在弹出的“编辑部件”对话框中更改结构层的厚度为 100 mm，修改材质为“混凝土 - 现场”，单击“插入”按钮，在“结构层”上方插入多个构造层，如图 14-21 所示，同时更改各构造层的功能、材质、厚度等参数，连续单击“确定”按钮，完成屋顶类型的更改。

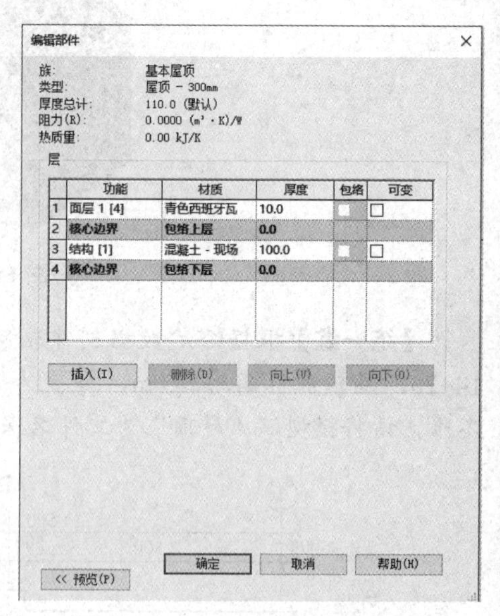

图 14-21　屋顶参数设置

第四步：单击“绘制”面板中的“边界线”按钮，再单击“拾取墙”按钮，按照屋顶平面图，分成两部分绘制屋顶迹线，如图 14-22 和图 14-23 所示。

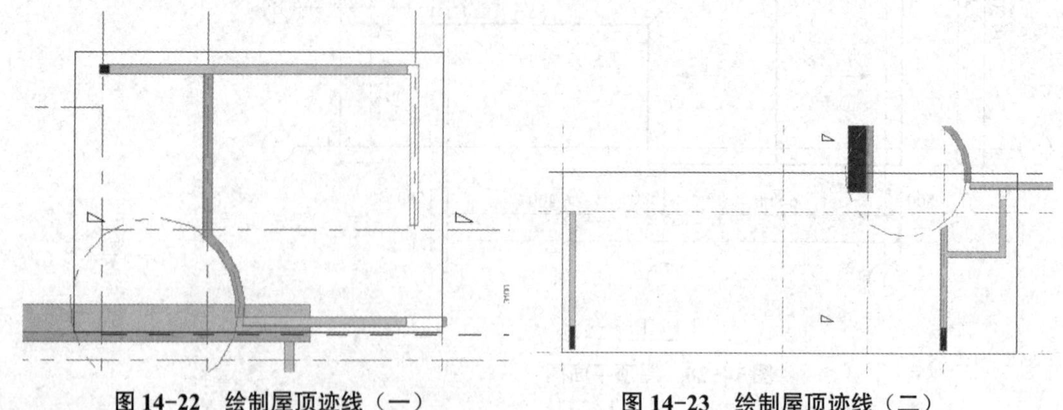

图 14-22　绘制屋顶迹线（一）　　图 14-23　绘制屋顶迹线（二）

第五步：单击“模式”面板中的“完成编辑模式”按钮，完成屋顶的创建，如图 14-24 所示。

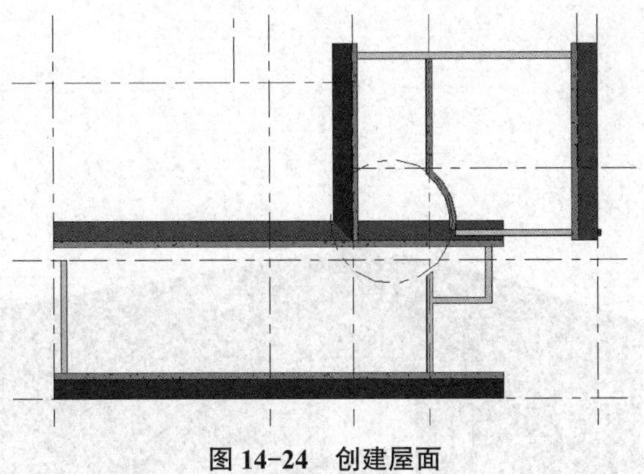

图 14-24　创建屋面

第六步：将视图切换至三维视图，发现有未延伸到屋顶的墙体，如图 14-25 所示，需选取墙体，单击“附着顶部 / 底部”按钮，选取屋顶为要附着的屋顶，使墙体自动延伸至屋顶（图 14-26）。

图 14-25　三维视图

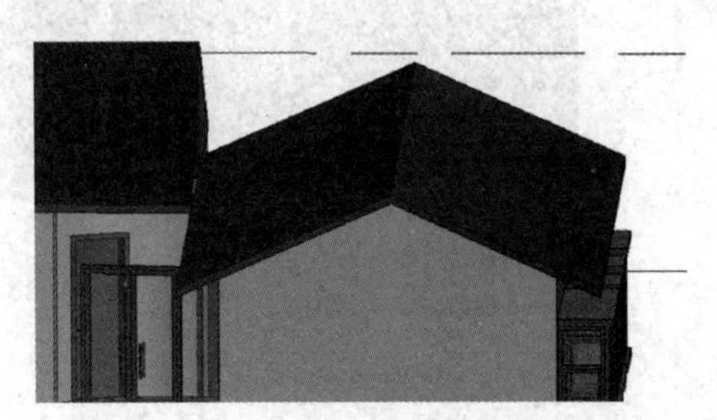

图 14-26　延伸墙体至屋顶

第七步：将视图切换至南立面图，根据①～⑦轴立面图，调整屋顶高度，如图 14-27 所示。

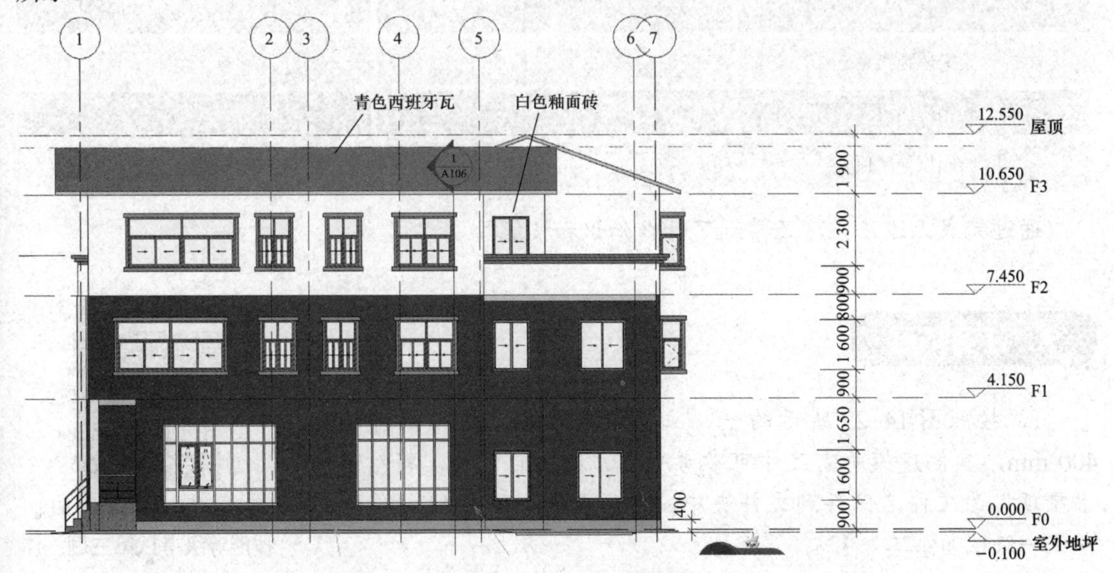

图 14-27　调整屋顶高度

【练一练】创建司机房屋顶。

提示：屋顶可以采用内建模型进行创建。

视频：小别墅司机房屋顶的绘制

成果展示

小别墅屋顶如图 14-28 所示。

图 14-28　小别墅屋顶

任务评价

技能点	完成情况	注意事项
定义屋顶类型		
绘制迹线屋顶		
绘制拉伸屋顶		

通过完成上述任务，还学到了什么知识和技能？

任务拓展

1. 按照图 14-29 所示的平、立面绘制屋顶，屋顶板厚均为 400 mm，其他建模所需尺寸可参考平、立面图自定义，将结果以“屋顶”为文件名保存到文件夹中。【第二期全国 BIM 技能等级考试一级试题第二题】

视频：第二期 BIM 职业技能等级考试第三题—屋顶的绘制

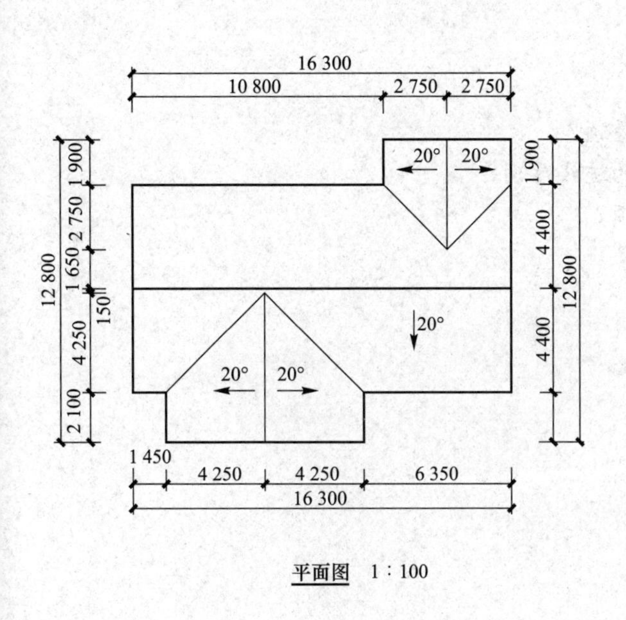

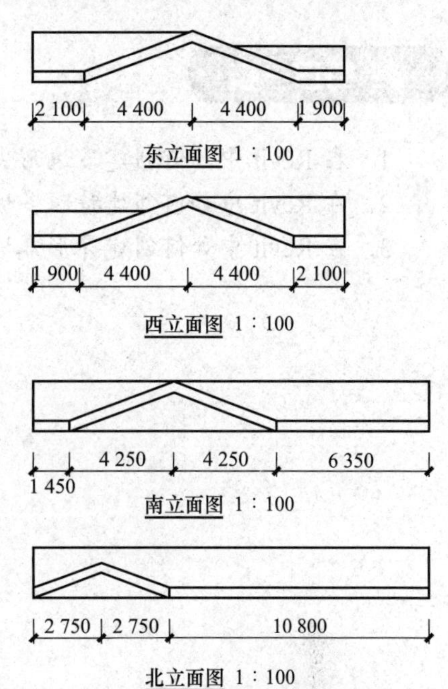

图 14-29　屋顶平、立面图

2．根据图 14-30 中给定的尺寸，创建屋顶模型并设置其材质，屋顶坡度为 30°，请将模型以“屋顶”为文件名保存到文件夹中。【第五期 BIM 技能等级考试一级试题第二题】

视频：第五期 BIM 职业技能等级考试第二题—屋顶

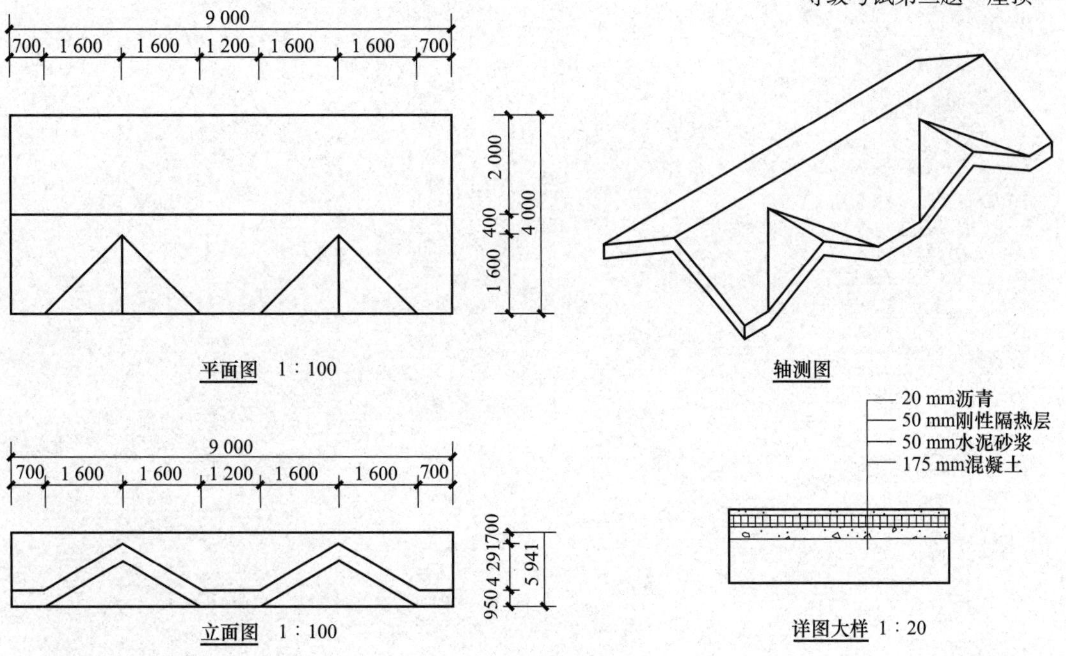

图 14-30　屋顶尺寸

每日一技

1. 在 Revit 中如何创建多边形尖顶屋顶？
2. 在 Revit 中如何创建特殊多坡度的迹线屋顶？
3. 在 Revit 中如何创建异形幕墙屋顶？

工作任务十五　房间与面积的创建

任务情境

室内设计

“设计是一种追求完美的生活态度，设计是一种追求品位的生活概念。”随着生活质量的提高，人们对于“家”并不再满足于单纯的居住功能，更多人通过室内房间的设计展示自己的品位，甚至对待生活的态度。中西文化的交融也让房间室内设计的风格更加多元化。室内设计可以有效规划布局，合理利用空间，以小博大，利用有限空间，产生无限设计，成就梦想之家（图 15-1～图 15-4）。

图 15-1　新中式风格

图 15-2　欧式古典风格

图 15-3　美式风格

图 15-4　地中海风格复式客厅

能量关键词

空间

人为生活而设计，设计为生活而存在。当人们的空间被各种物质挤压的时候，就失去了对生活品质的追求，而室内设计的目的就是为人们合理规划空间布局，设计一个健康、合理、舒适的生活环境。

任务目标

完成小别墅房间与面积的创建

教学目标	
知识目标	1．掌握房间的创建； 2．掌握房间的标记； 3．掌握面积的创建
技能目标	能够创建小别墅的房间及面积
素质目标	1．培养团队协作、沟通意识； 2．培养严谨细致、认真负责的职业精神

任务分析

根据已完成模型的平面图创建房间与面积。分析图纸：小别墅的各个房间的边界分别是多少，限高是多少。

任务实施

15.1 房间的创建与标记

视频：Revit 房间标记

在 Revit 中，对房间添加编号并标注每个房间的面积有利于出图后快速了解房间的概况。

创建好房间，在平面视图中选择“建筑”选项卡中的房间进行添加标注。

15.1.1 房间边界

房间是基于图元（如墙、楼板、屋顶和天花板）对建筑模型中的空间进行细分的部分。

若要指示某个单元应用于定义房间面积和体积计算的房间边界，则必须指定该图元为房间边界图元。

在计算房间面积的时候，Revit 是默认按照内墙边界来计算房间面积的。

通过修改图元属性，可以指定很多图元是否可作为房间边界。另外，将盥洗室隔断定义为非边界图元，因为它们通常不包括在房间计算中。

如果将某个图元指定为非边界图元，当 Revit 计算房间或任何共享此非边界图元的相邻房间的面积或体积时，将不使用该图元。

知识链接

在默认情况下，可作为房间边界的图元如下。

（1）墙（幕墙、标准墙、内建墙、基于面的墙）。

（2）屋顶（标准屋顶、内建屋顶、基于面的屋顶）。

（3）楼板（标准楼板、内建楼板、基于面的楼板）。

（4）天花板（标准天花板、内建天花板、基于面的天花板）。

（5）柱（建筑柱、材质为混凝土的结构柱）。

（6）幕墙系统。

（7）房间分隔线。

（8）建筑地坪。

【小贴士】只可在平面视图中放置房间。

15.1.2 创建房间和房间标记

1. 创建房间

第一步：打开平面视图。单击“建筑”选项卡“房间和面积”面板中的“房间”按钮，如图 15-5 所示。

图 15-5 单击“房间”按钮

第二步：在“修改 | 放置 房间”上下文选项卡“标记”面板中单击“在放置时进行标记”按钮，可随房间显示房间标记，如图 15-6 所示。

要在放置房间时忽略房间标记，请关闭此选项。

第三步：对选项栏参数进行修改，如图 15-7 所示。

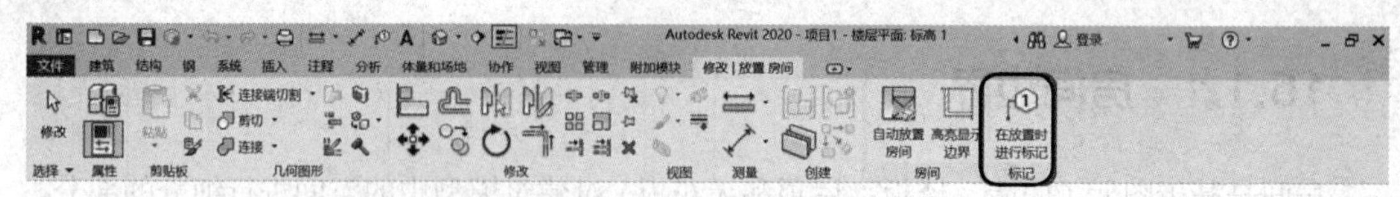

图 15-6　在放置时进行标记

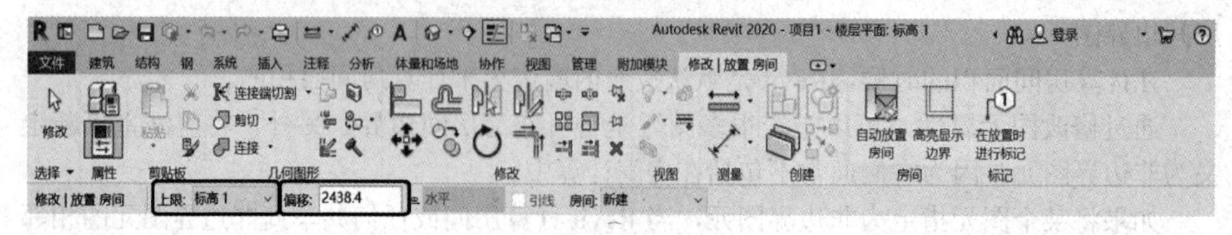

图 15-7　绘制参数设置

第四步：要查看房间边界图元，单击“修改 | 放置 房间”上下文选项卡“房间”面板“高亮显示边界”按钮，如图 15-8 所示。将高亮显示所有房间边界图元，并显示“警告”对话框（图 15-9）。

图 15-8　查看图元边界

图 15-9　“警告”对话框

要查看模型中所有房间边界图元（包括未在当前视图中显示的图元）的列表，请单击“警告”对话框中的“展开”按钮。

要退出“警告”对话框并消除高亮显示，请单击“关闭”按钮。

第五步：在绘图区域中单击以放置房间，如图 15-10 所示。

图 15-10　放置房间

【小贴士】Revit 不会将房间置于宽度小于 1 mm 或 306 mm 的空间中。

修改命名该房间：选中房间在属性栏修改房间编号及名称，也可以在房间标记中，单击房间文字将其选中，然后用房间名称替换该文字

如果将房间放置在边界图元形成的范围之内，该房间会充满该范围。也可以将房间放置到自由空间或未完全闭合的空间，稍后在此房间的周围绘制房间边界图元。添加边界图元时，房间会充满边界。

2. 创建房间标记

为了有助于早期设计的学习，在平面视图中定义墙或放置房间之前，可以将房间添加到明细表。

创建房间明细表的方法与创建门窗明细表相同，如图 15-11 所示。

要向房间明细表中添加房间，请打开房间明细表视图，并单击“修改明细表 / 数量”上下文选项卡 “行” 面板中的“插入数据行”按钮，如图 15-12 所示。

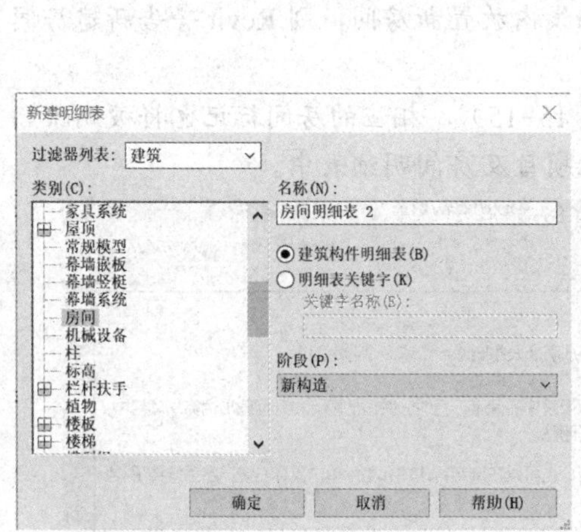

图 15-11　创建房间明细表

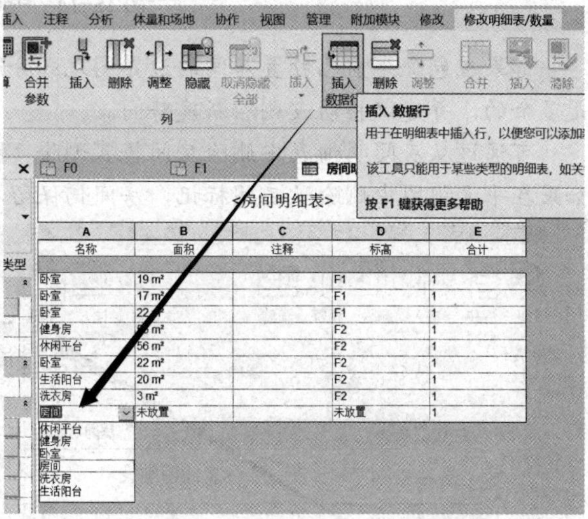

图 15-12　在房间明细表中添加房间

当“房间”工具处于活动状态时，通过从选项栏的“房间”列表中选择这些预定义房间，可以将其放置在项目中。

绘图小技巧

如果要标记的房间没有边界实墙，如图 15-13 所示，想要标记的范围只是红色线框内的范围，应如何处理？

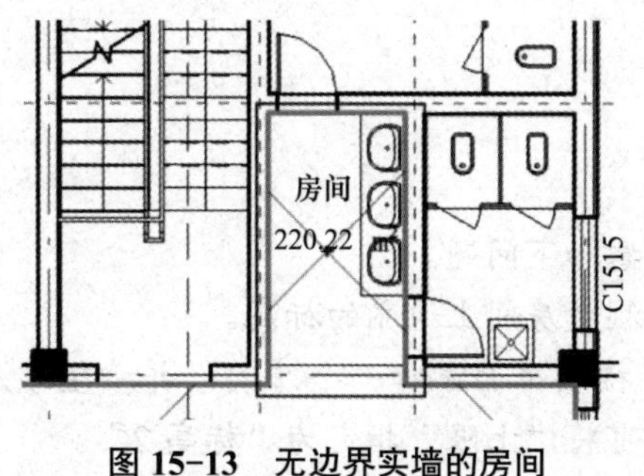

图 15-13　无边界实墙的房间

可以选择房间分隔，先绘制一条房间分隔线，然后去标记（图 15-14）。绘制方法如同绘制直线，然后标记即可。

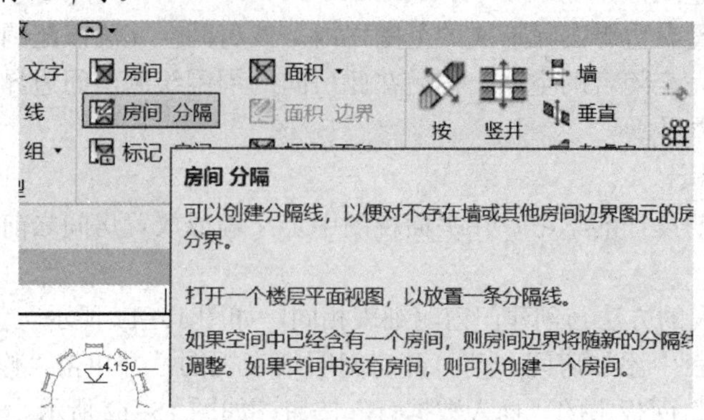

图 15-14　房间 分隔

如果在包含先前已放置房间的边界图元或分隔线内放置新房间，则 Revit 警告新建房间是多余的，并建议移动或删除新建房间。

可通过从房间明细表中删除房间将其删除（图 15-15），相应的房间标记也将被删除。如果在平面视图中删除了房间标记，房间仍保留在项目及房间明细表中。

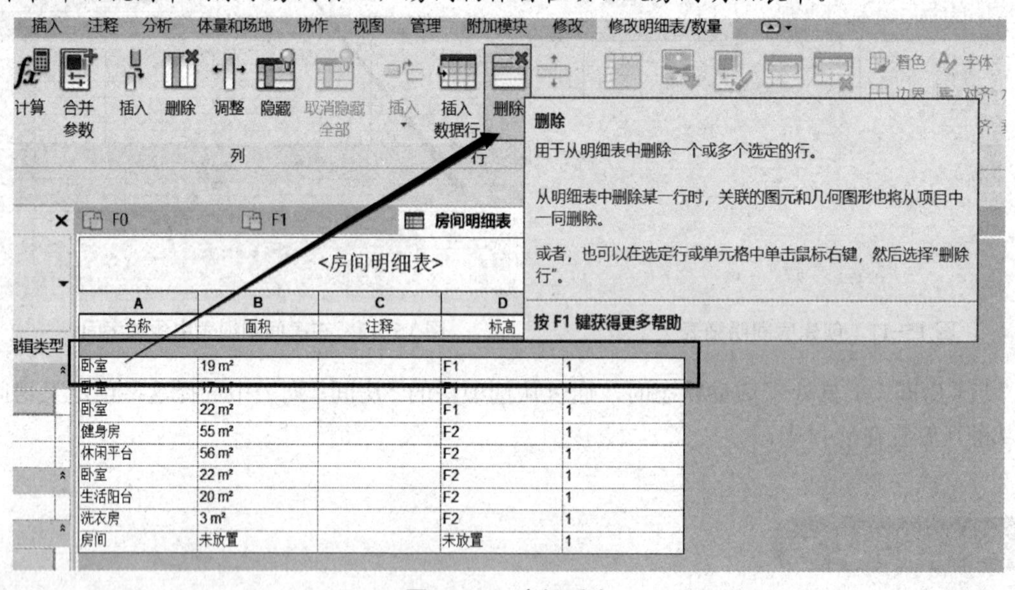

图 15-15　房间删除

【思考】如果放置时没有进行手动标记，应如何处理？

知识链接

设置绘制参数时，请注意如下问题。

"上限"：指定将从其测量房间上边界的标高。

例如，如果要在标高 1 楼层平面添加一个房间，并希望该房间从标高 1 扩展到标高 2 或标高 2 上方的某个点，则可将"上限"指定为"标高 2"。

"偏移"：房间上边界距该标高的距离。

输入正值表示向"上限"标高上方偏移；

输入负值表示向其下方偏移（指明所需的房间标记方向）。

"引线"：要使房间标记带有引线，可选择。

"房间"：选择"新建"命令创建新房间，或者从列表中选择一个现有房间。

15.2 房间颜色

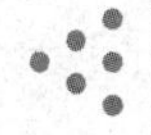

在 Revit 中创建房间之后，各房间因为没有上色所以区分不明显，且视觉效果一般（图 15-16）。

视频：Revit 房间颜色

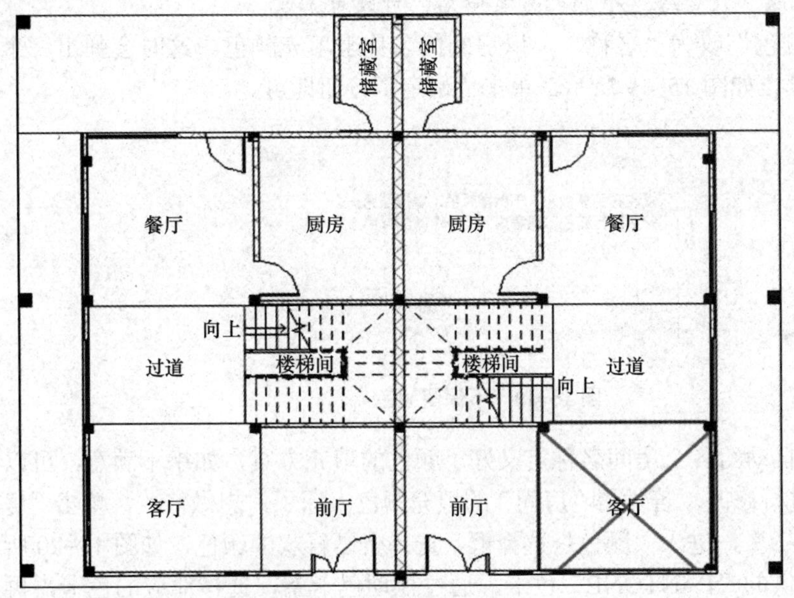

图 15-16　未上色的房间

第一步：选择"建筑"选项卡的"房间和面积"面板下拉列表中的"颜色方案"选项，如图 15-17 所示。

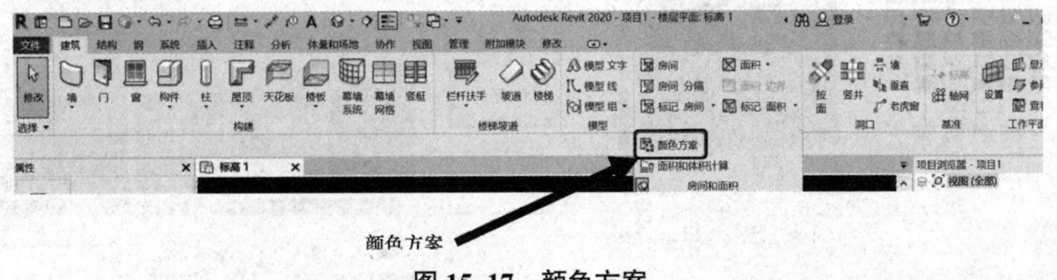

图 15-17　颜色方案

第二步：在弹出的"编辑颜色方案"对话框中，将"类别""颜色""标题"修改为图 15-18 所示。

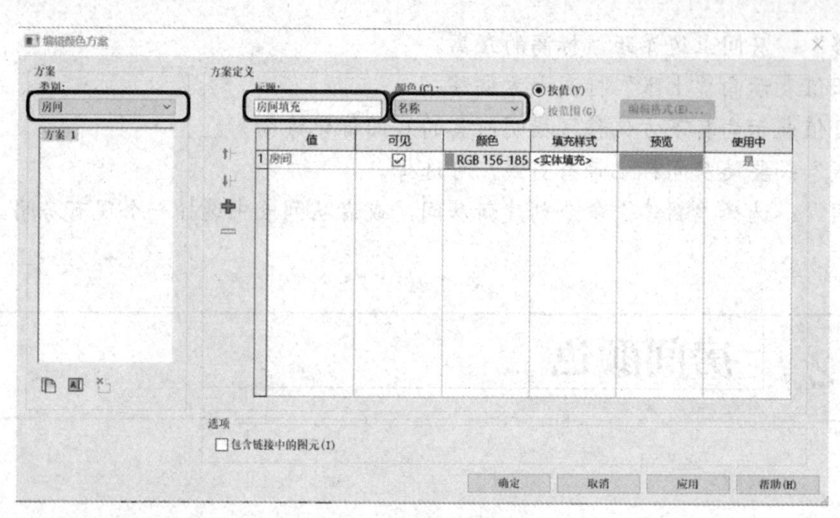

图 15-18　编辑颜色方案

【小贴士】“标题”只是给这个颜色方案命名，可改可不改。

第三步：将“颜色”改为“名称”，以房间的名称来填充颜色。这时会弹出一个“不保留颜色”的对话框，如图 15-19 所示，单击“确定”按钮即可。

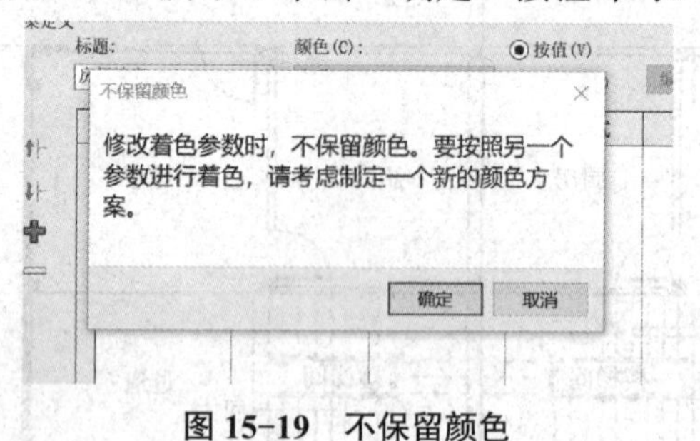

图 15-19　不保留颜色

这时 Rerit 已经自动给各个房间名称定义好了颜色的填充方案，如果不满意，可以根据自己的喜好对颜色进行修改。若觉得“房间”的填充颜色太深了，想做修改，单击“房间”的颜色“RGB 156-1...”，进入“颜色”选择框，选择自己喜欢的颜色，如图 15-20 所示。也可以单击 Rerit 提供的“PANTONE”色卡，通过拖动色卡条，选择对应的色卡，再具体选择色号，如图 15-21 所示。

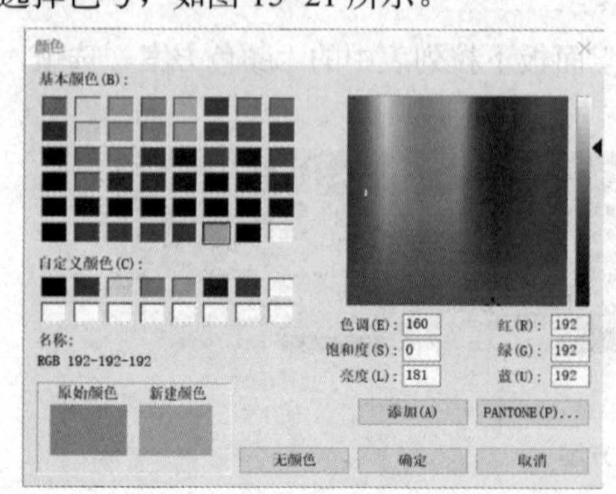

图 15-20　“颜色”选择框

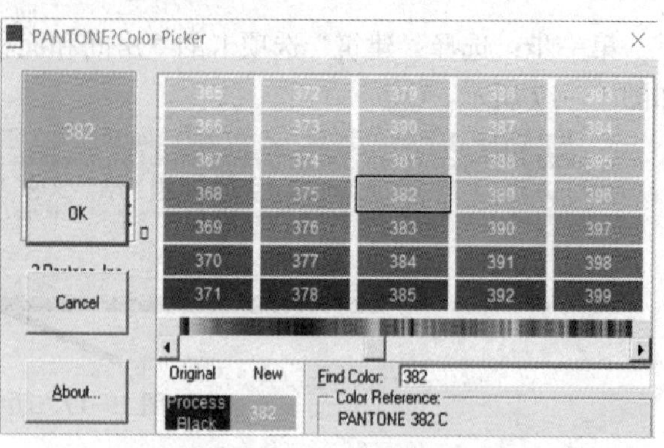

图 15-21　“PANTONE”色卡

第四步：颜色设置完成之后，单击“应用”按钮再单击“确定”按钮即可。

第五步：指定“颜色方案”，单击“属性”面板“颜色方案”后面的“< 无 >”按钮（图 15-22），再次选择刚才创建的“房间”类别及方案，单击“确定”按钮。

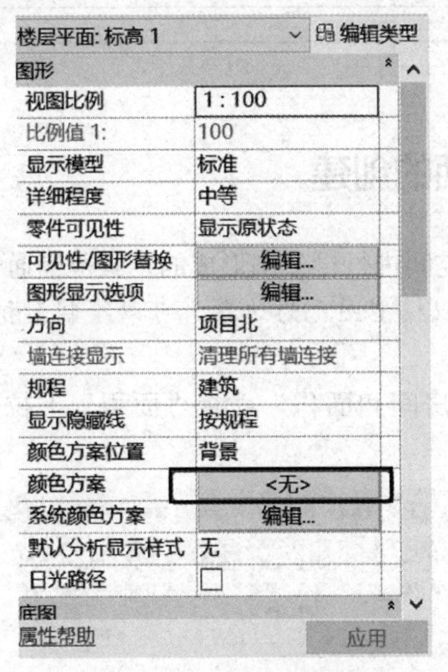

图 15-22　指定颜色方案

还可以在平面图旁边添加填充图例，单击“注释”选项卡“颜色填充”面板中的“颜色填充 图例”按钮，然后在平面图合适的位置，单击放置即可（图 15-23）。

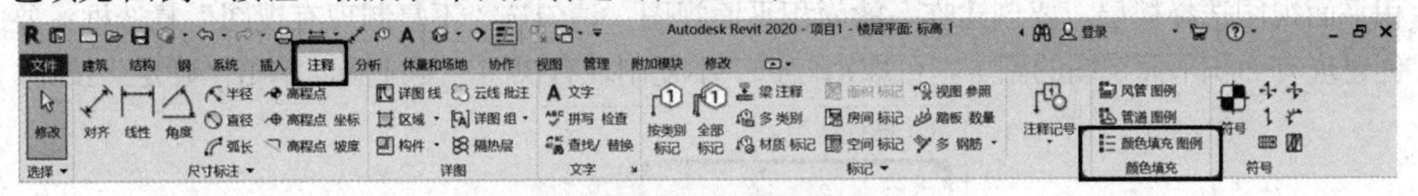

图 15-23　颜色填充图例

填充颜色后的房间效果如图 15-24 所示。

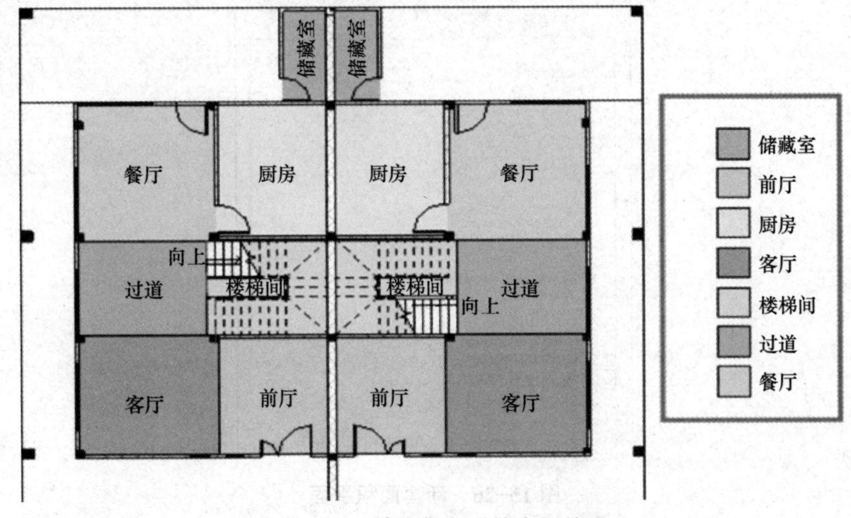

图 15-24　填充颜色后的房间效果

15.3 房间面积

15.3.1 面积平面的创建

面积是对建筑模型中的空间进行再分割形成的，其范围通常比各个房间范围大。

【小贴士】面积不一定以模型图元为边界。可以绘制面积边界，也可以拾取模型图元作为边界。

选择“建筑”选项卡“房间和面积”面板“面积”下拉列表中的“面积平面”选项（图 15-25）。

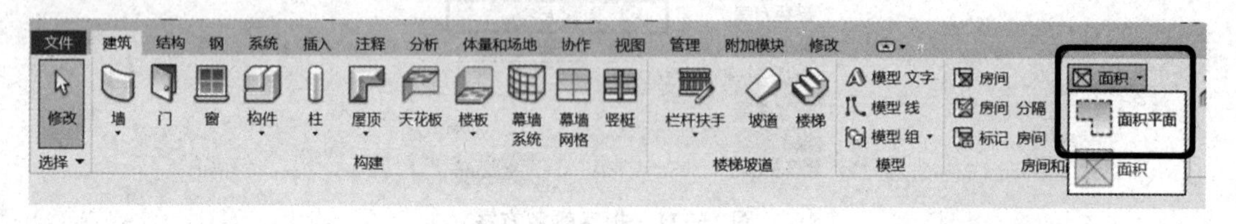

图 15-25 “面积平面”

在弹出的“新建面积平面”对话框中，选择“类型”为“净面积”（图 15-26），为面积平面视图选择楼层。要创建唯一的面积平面视图，请勾选“不复制现有视图”复选框；要创建现有面积平面视图的副本，可取消勾选“不复制现有视图”复选框，单击“确定”按钮。

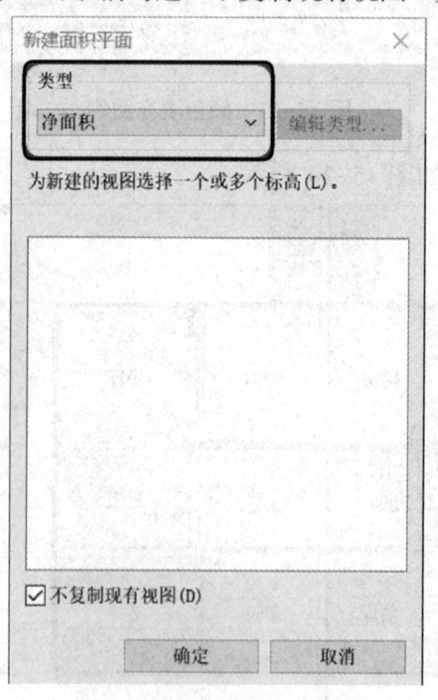

图 15-26 新建面积平面

15.3.2　定义面积边界

定义面积边界类似于房间分割，将视图分割成一个个面积区域，打开一个面积平面视图。面积平面视图在“项目浏览器”中的“面积平面”下列出（图 15–27）。

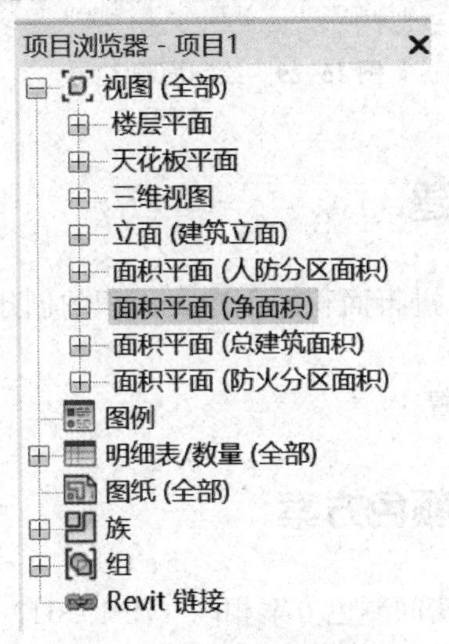

图 15–27　面积平面视图

选择“建筑”选项卡的“房间和面积”面板“面积”下拉列表中的“面积 边界”选项（图 15–28）。

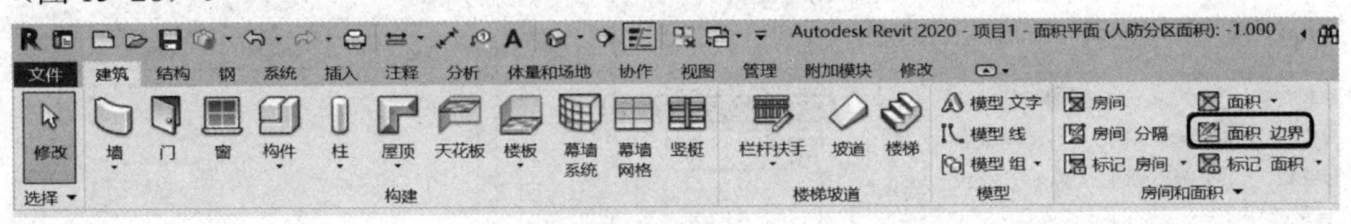

图 15–28　面积 边界

绘制或拾取面积边界（使用“拾取线”来应用面积规则）。

知识链接

拾取面积边界步骤如下。

（1）单击“修改 | 放置面积边界”上下文选项卡“绘制”面板中的“拾取线”按钮。

（2）如果不希望应用面积规则，请在选项栏上取消勾选“应用面积规则”复选框，并指定偏移。

注：如果应用了面积规则，则面积标记的面积类型参数将会决定面积边界的位置。必须将面积标记放置在边界以内才能改变面积类型。

（3）选择边界的定义墙。

（4）绘制面积边界（图 15–29）。

1）在“修改 | 放置 房间分隔”上下文选项卡“绘制”面板中选择一个绘制工具。

2）使用绘制工具完成边界的绘制。

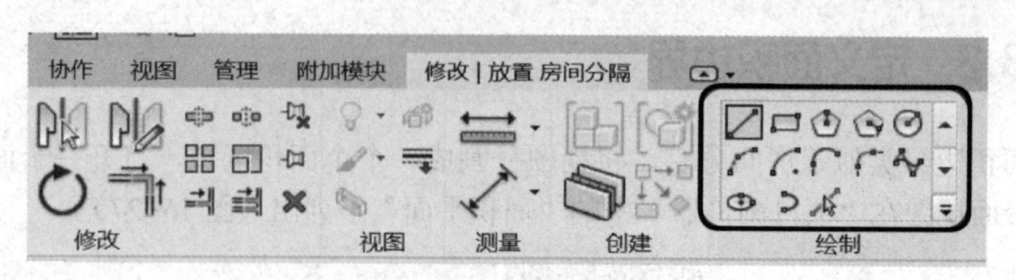

图 15-29　绘制面积 边界

15.3.3　面积的创建

面积边界定义完成之后，进行面积的创建。面积的创建同房间的创建相同（图 15-30）。

创建面积标签，可直接放置。

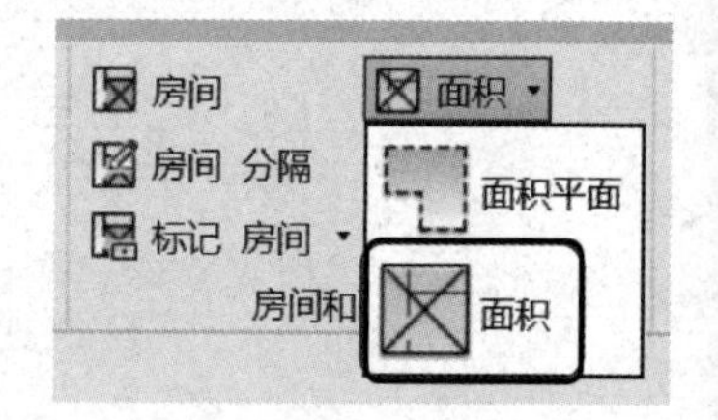

图 15-30　创建面积标签

15.3.4　创建面积颜色方案

创建面积颜色方案与创建房间颜色方案相同（图 15-31）。

在编辑面积的颜色方案时，方案类别选择“面积（净面积）”（图 15-32）。

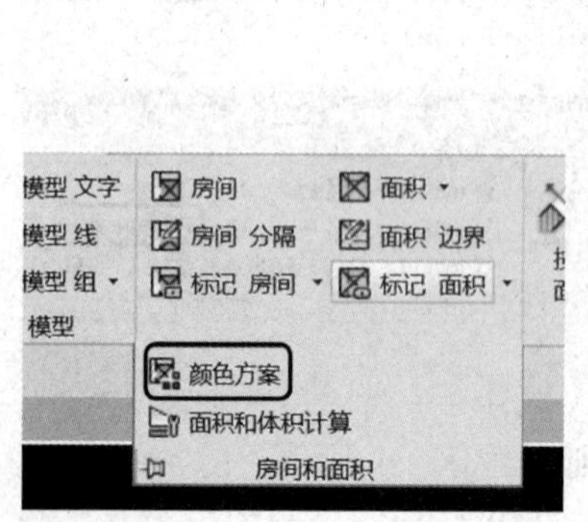

图 15-31　面积颜色方案

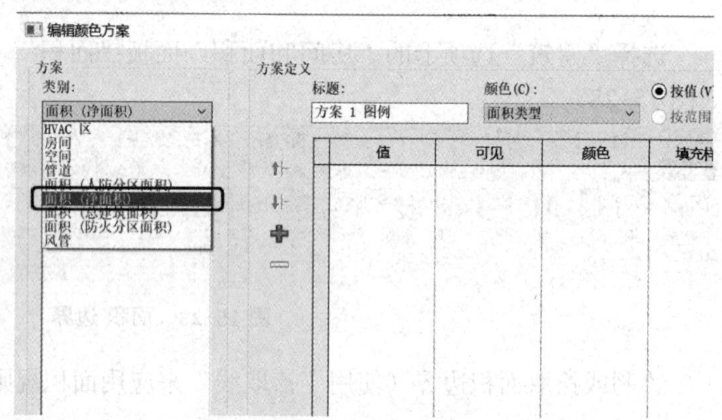

图 15-32　编辑面积颜色方案

15.4　小别墅房间的创建

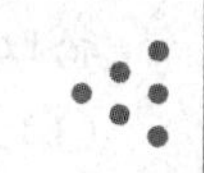

15.4.1　小别墅一层房间的创建

在小别墅一层中，包括客厅、卧室、会议室、厨房、卫生间等房间。

第一步：将视图切换至楼层平面 F1（图 15-33）。

第二步：单击“建筑”选项卡“房间和面积”面板中的“房间”按钮。

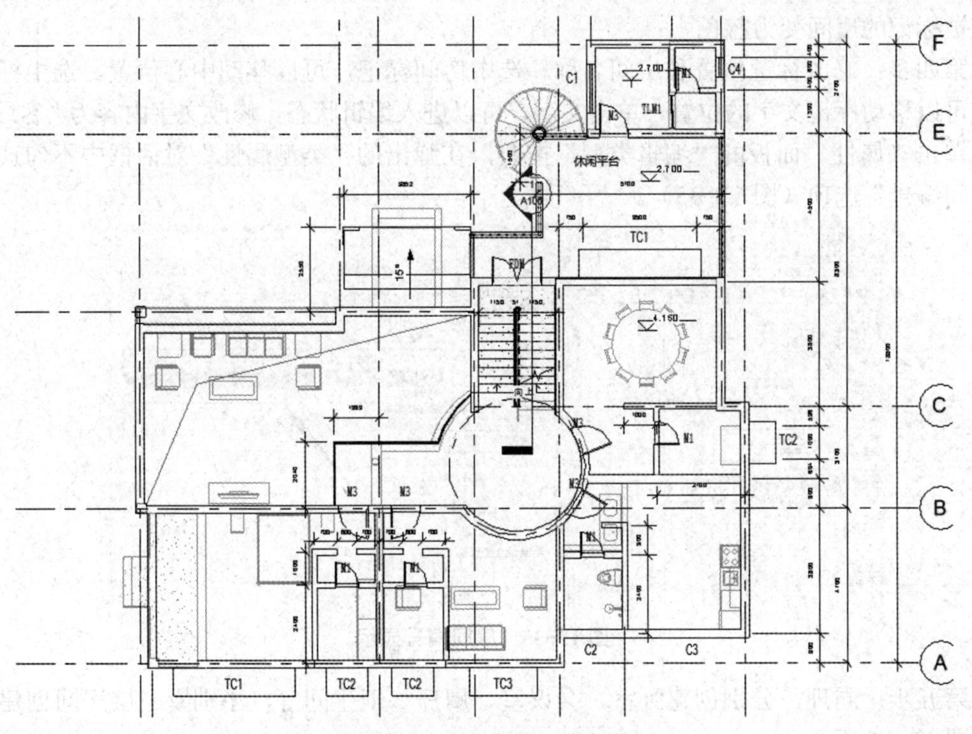

图 15-33　F1 未标记的房间

第三步：在“属性”面板中单击房间标记下拉菜单，选择“带面积房间标记”选项，单击“修改 | 放置 房间”上下文选项卡“标记”面板中的“在放置时进行标记”按钮，移动鼠标光标至任意房间，会出现房间标记预览。周围的蓝色线框为房间标记范围，中间的为标记内容，包括房间名称和面积（图 15-34）。选择要标记的房间，单击鼠标左键确认。

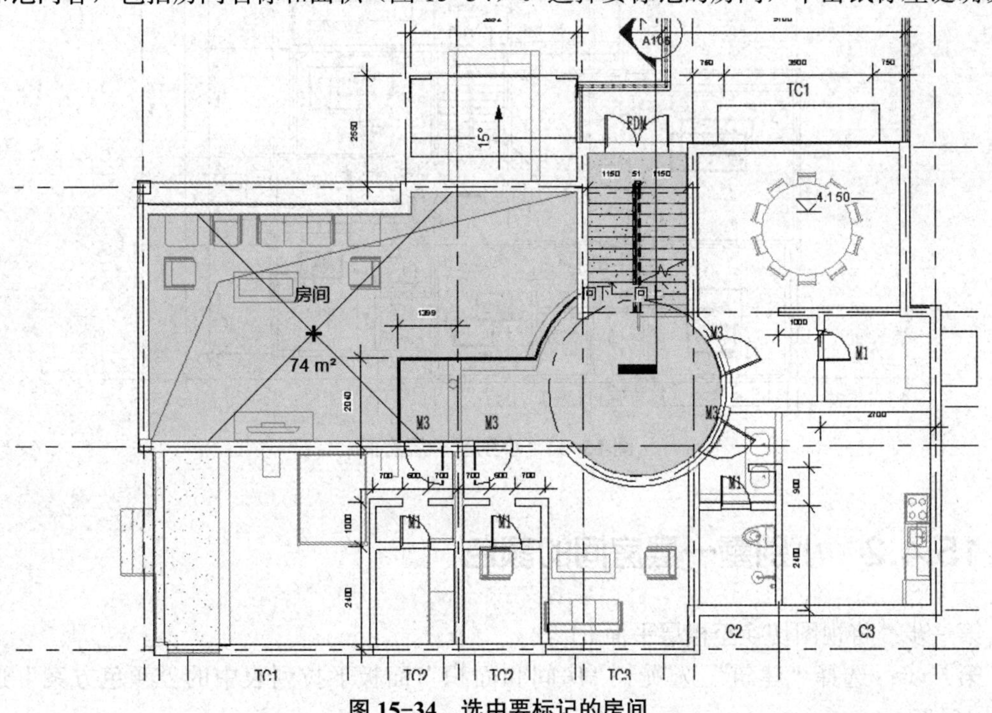

图 15-34　选中要标记的房间

被标记的房间变为蓝色。

第四步：修改标记位置和房间名称。选中房间标记，可以移动中心位置。选中标记内容，可以移动标记文字的位置，单击文字，可以进入编辑状态，修改文字内容为“客厅”。可以单击“属性”面板的“编辑类型”按钮，在弹出的“类型属性”对话框中不勾选“显示房间编号”选项（图 15–35）。

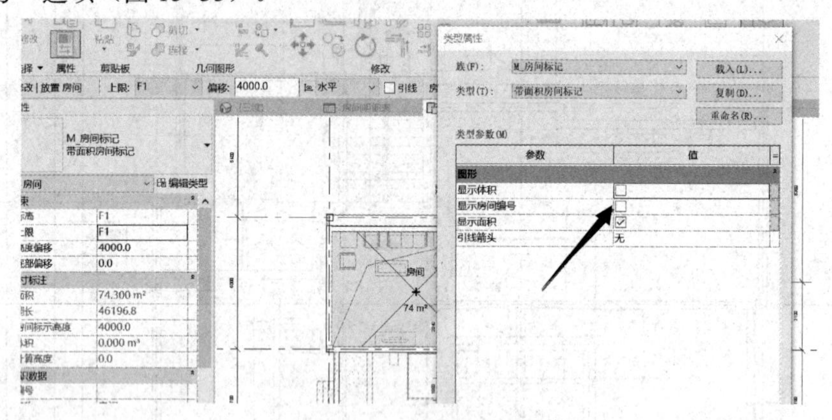

图 15–35 房间编号显示

第五步：同理，分别创建卧室、会议室、厨房、卫生间等，小别墅一层房间创建完成后如图 15–36 所示。

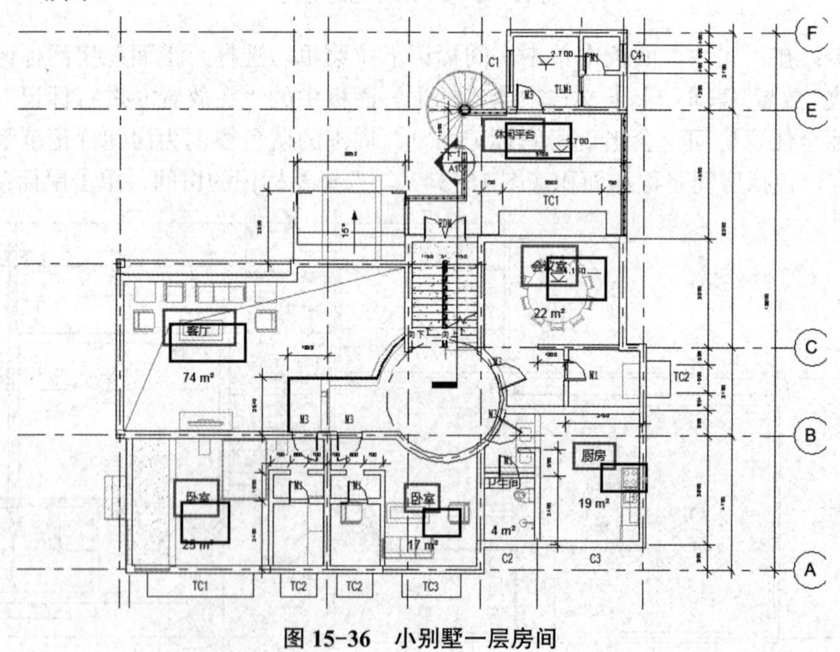

图 15–36 小别墅一层房间

15.4.2 小别墅一层房间的颜色

第一步：将视图切换至楼层平面 F1。

第二步：选择“建筑”选项卡“房间和面积”面板下拉列表中的“颜色方案”选项（图 15–37）。

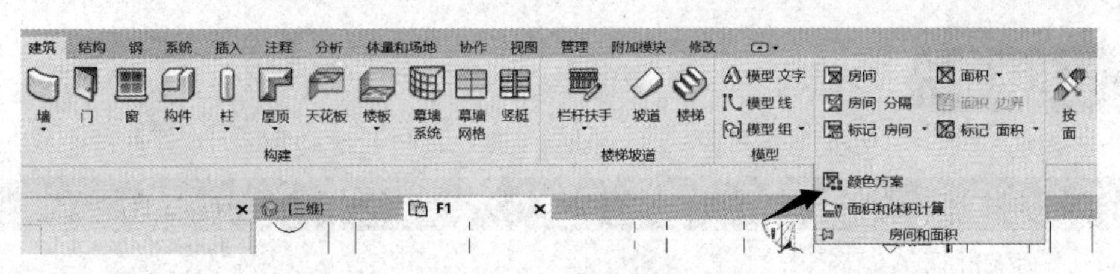

图 15-37　颜色方案

将方案类别修改为“房间”，在右侧显示系统给定的颜色设置，单击“确定”按钮（图 15-38）。

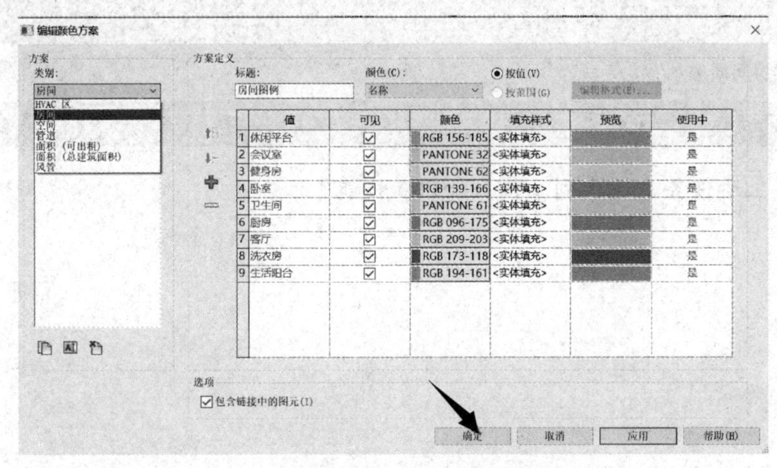

图 15-38　颜色设置

此时，F1 视图中并未发生颜色变化。

第三步：在“属性”面板中指定“颜色方案”，单击“颜色方案”后面的“< 无 >”按钮，将方案类别修改为“房间”。修改后的房间颜色如图 15-39 所示。

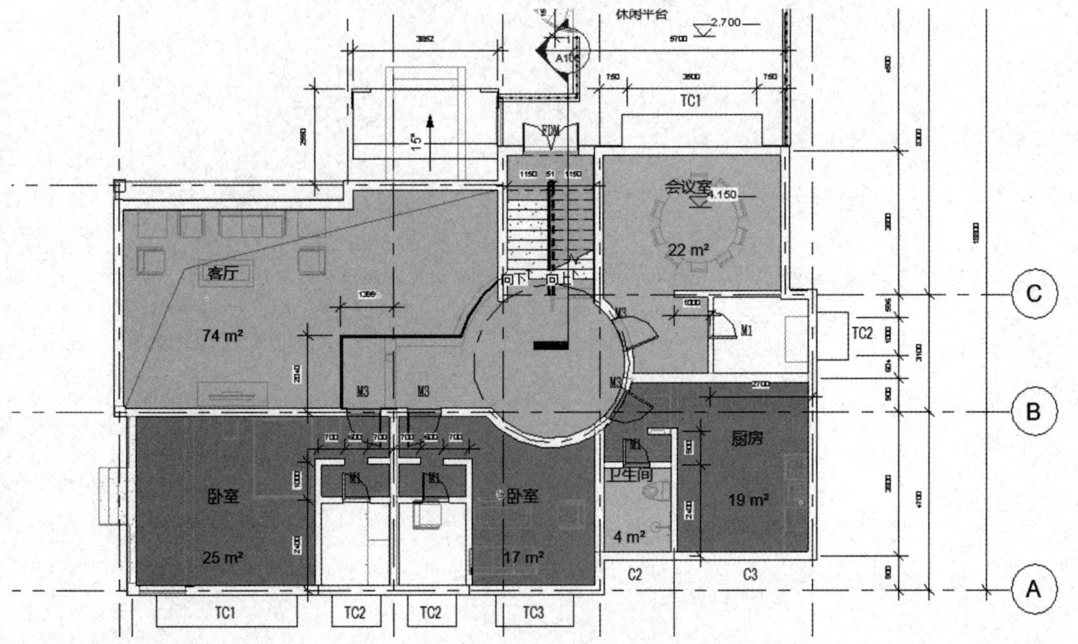

图 15-39　修改后的房间颜色

任务评价

技能点	完成情况	注意事项
创建房间		
添加房间明细表		
编辑房间明细表		
定义房间颜色		
创建房间面积		
创建面积颜色方案		

通过完成上述任务，还学到了什么知识和技能？

工作任务十六　出图管理与工程量统计

任务情境

建筑制图是指按有关规定将建筑设计的意图绘制成图纸，它是为建筑设计服务的，在建筑设计的不同阶段，要绘制不同内容的设计图。在建筑设计的方案设计阶段和初步设计阶段绘制初步设计图，在技术设计阶段绘制技术设计图，在施工图设计阶段绘制施工图。目前，《建筑制图标准》（GB/T 50104—2010）是广大工程从业者必须遵守的准则和规定，该标准共分4章，主要技术内容包括：总则、一般规定、图例、图样画法。建筑制图标准包括：一、比例；二、尺寸标注；三、符号；四、定位轴线及编号；五、标高注法；六、常用建筑材料图例；七、计算机制图文件；八、计算机制图规则；九、图纸幅面；十、图线。

能量关键词

制图规范、严谨细致

《建筑制图标准》在提高工程建设科学管理水平，保证工程质量和安全，降低工程造价，缩短工期，节能、节水、节材、节地，促进技术进步，建设资源友好型社会等方面起到显著的作用。

任务目标

完成小别墅项目图纸的创建和明细表的创建

教学目标	
知识目标	1．熟悉建筑图纸制图标准； 2．掌握图纸功能； 3．掌握图纸打印和导出； 4．掌握构件明细表的创建与编辑
技能目标	1. 能够导出小别墅项目图纸； 2. 能够创建小别墅项目明细表
素质目标	1．树立工程制图规范意识； 2．培养严谨细致、认真负责的职业精神

任务分析

创建小别墅项目平面图、立面图、剖面图和详图。创建小别墅项目门窗明细表。

任务实施

16.1 施工图设计

Revit 提供了边界的图纸设计功能，使用图纸设计功能可以创建图纸并向图纸中添加图形和明细表等信息。创建的图纸可以打印成文本或导出 DWG 等格式的电子文件，作为施工的重要依据。在 Revit 中，图纸一般由图纸、标题栏、项目视图三部分组成，如图 16-1 所示。

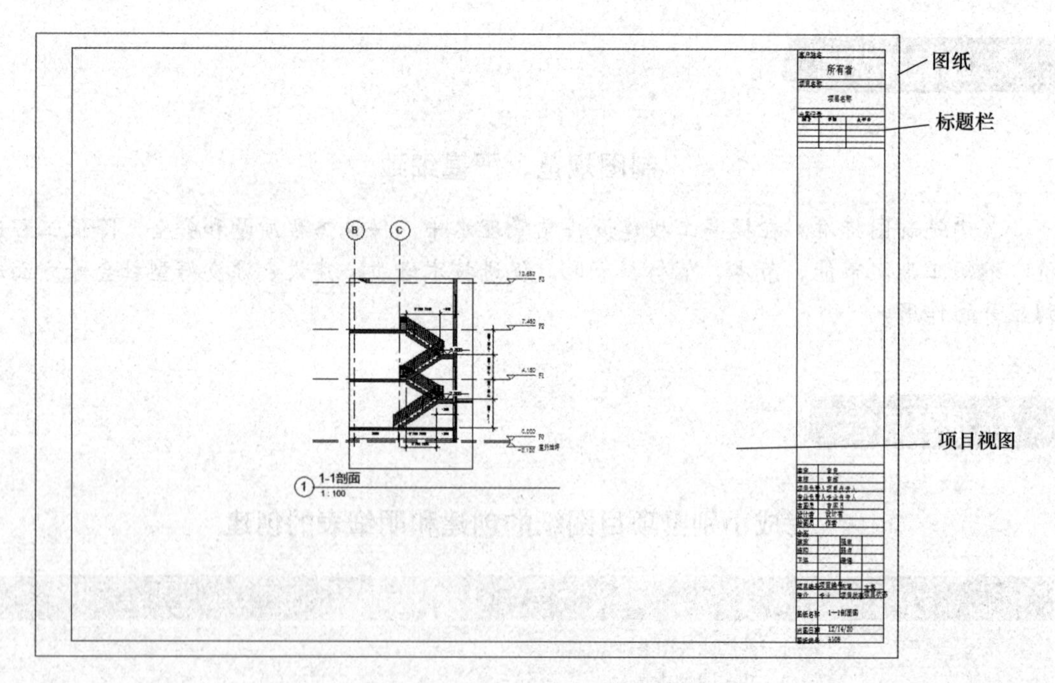

图 16-1　Revit 中的图纸组成

16.1.1　平面图

视频：建筑平面视图的创建

建筑平面图是建筑施工图中最为基本的图样之一，主要反映房屋的平面形状、大小和房间的布置，墙柱的位置、厚度和材料，门窗类型和位置等。

知识链接

建筑平面图的图示内容如下。

（1）表示墙、柱、门、窗的位置和编号，房间名称或编号，轴线编号等。

（2）标注出室内外的有关尺寸及室内楼、地面的标高，建筑物的底层标高为正负 0.00。

（3）标注出电梯、楼梯的位置，以及楼梯的上下方向和主要尺寸。

（4）标注出阳台、雨篷、踏步、雨水管道等的具体位置及大小尺寸。

（5）绘制出卫生器具、水池、工作台及其他重要设备的位置。

（6）绘制出剖面图的剖切符号及编号，根据绘图习惯，一般只在底层平面图绘制。

按照剖切位置不同，建筑平面图可分为地下层平面图、底层平面图、X层平面图、标准层平面图、屋顶平面图等。具体绘制步骤如下。

第一步：在“项目浏览器”的“楼层平面”下双击 F0，将视图切换至 F0 楼层平面。单击鼠标右键，选择“复制视图”→“带细节复制”选项，创建 F0 副本 1 楼层平面视图，重命名为“一层平面图”，如图 16-2 所示。

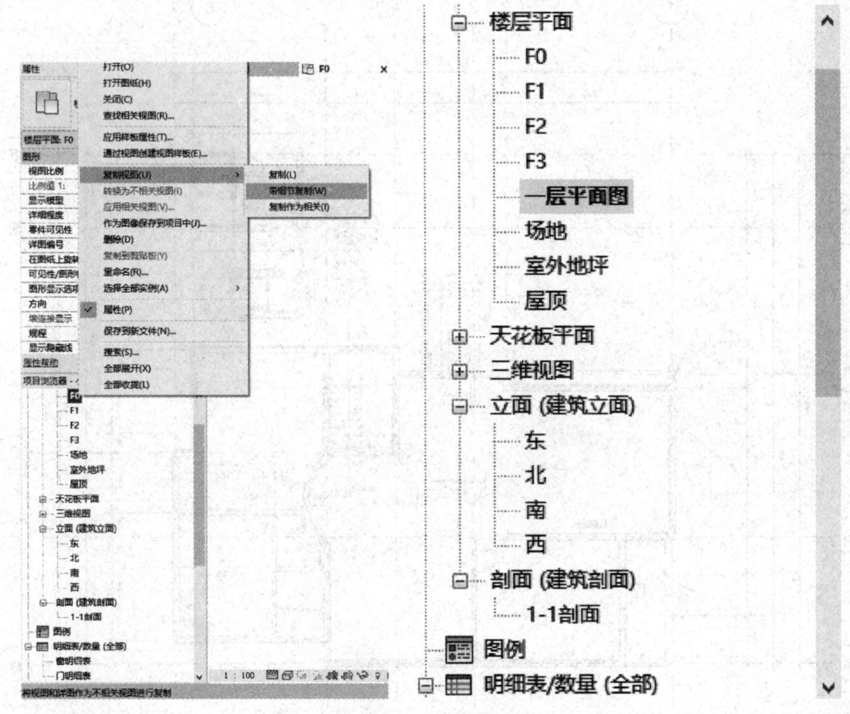

图 16-2　快捷菜单

第二步：单击一层平面图“属性”面板中的“可见性 / 图形替换”后的“编辑”按钮，弹出“楼层平面：一层平面图的可见性 / 图形替换”对话框，在“模型类别”选项卡中分别取消勾选卫浴装置、家具等的复选框，在“注释类别”中取消勾选“参照平面”和“立面”复选框，如图 16-3 所示，单击“确定”按钮。

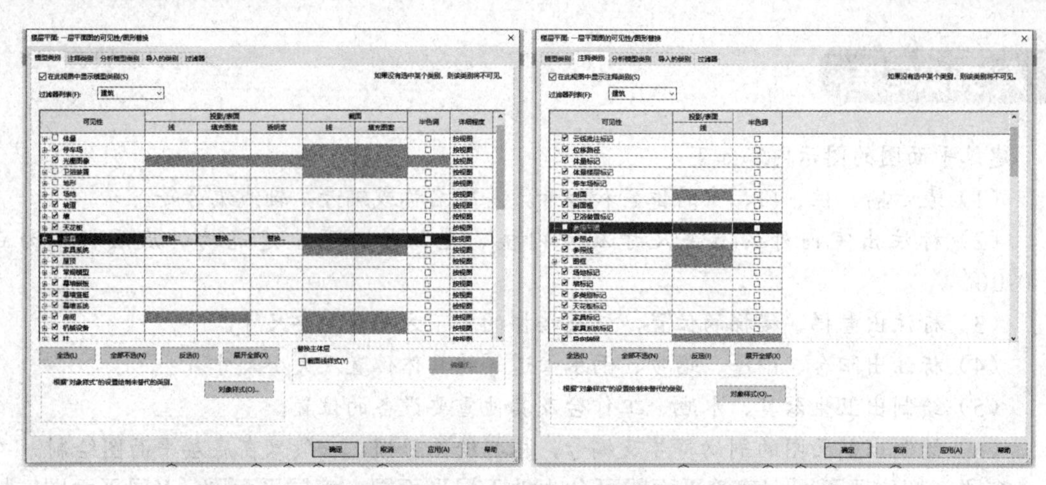

图 16-3 “楼层平面：一层平面图的可见性 / 图形替换”对话框

第三步：单击“注释”选项卡“尺寸标注”面板中的“对齐”按钮，标注外部尺寸。单击“注释”选项卡的“尺寸标注”面板中的“角度”按钮，标注角度尺寸，整理后平面视图如图 16-4 所示。

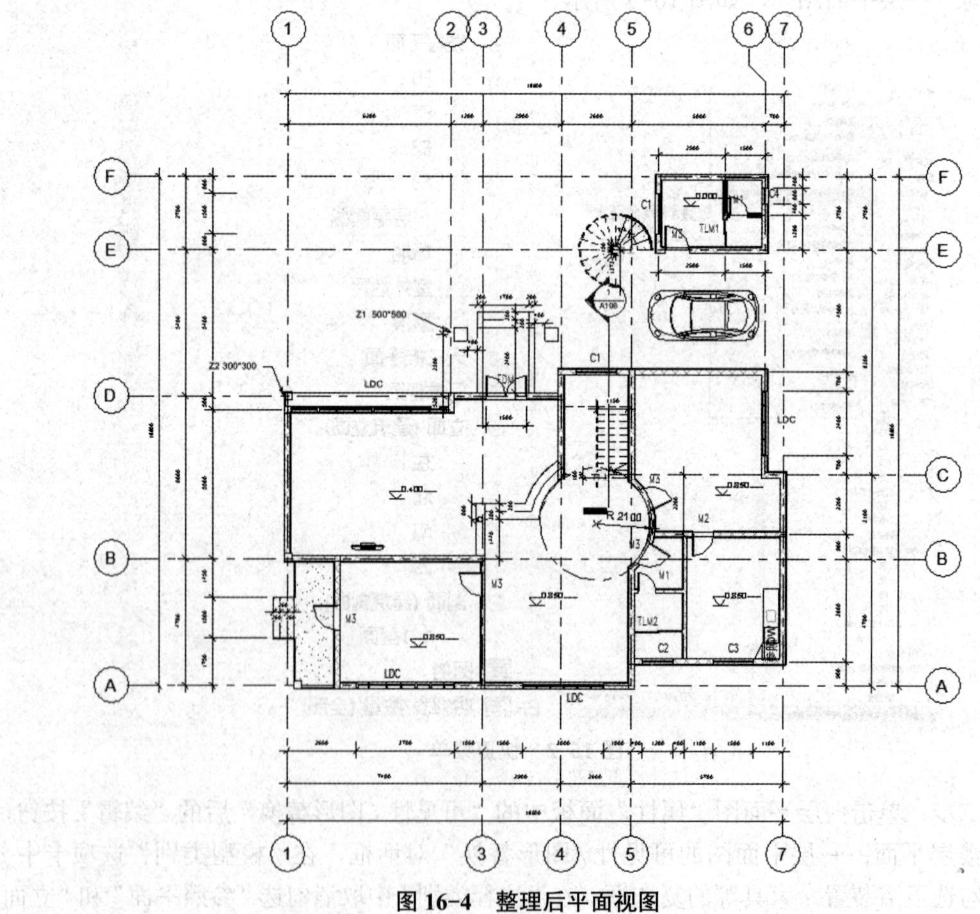

图 16-4 整理后平面视图

第四步：单击“视图”选项卡“图纸组合”面板中的“图纸”按钮，弹出“新建图纸”对话框，在列表中选择“A2 公制”图纸，单击“确定”按钮，如图 16-5 所示。

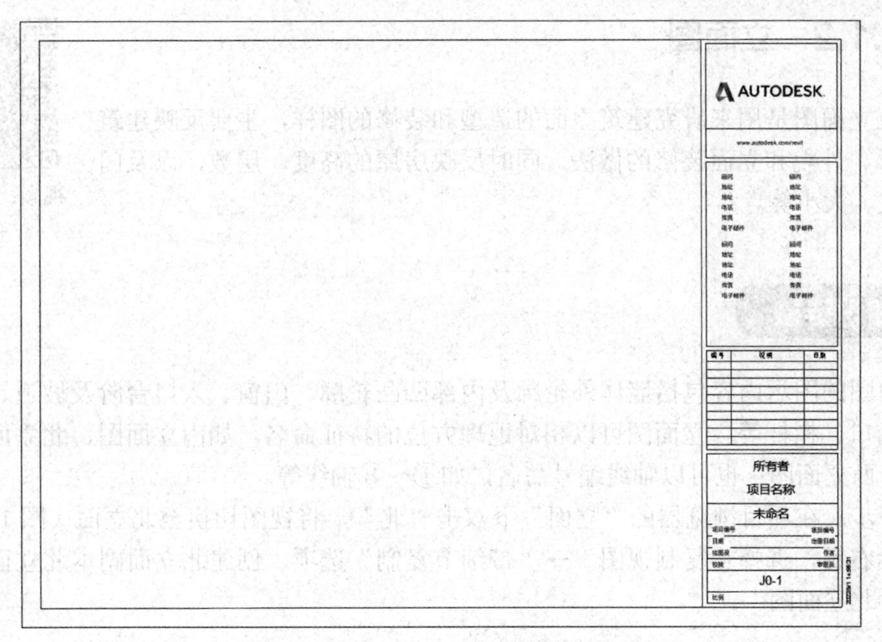

图 16-5　A2 公制图纸

第五步：单击“视图”选项卡“图纸组合”面板中的“视图”按钮，弹出“视图”对话框，在列表中选择“楼层平面：一层平面图”视图，单击“在图纸中添加视图”按钮，将视图添加到图纸中。

第六步：选取图形中视口标题，在“属性”面板中选择“视口没有线条的标题”类型，并将标题移动到图中的适当位置。单击“注释”选项卡的“文字”面板中的“文字”按钮，在“属性”面板中选择“文字宋体 5 mm”类型，输入比例“1 ∶ 100”。单击“注释”选项卡的“详图”面板中的“详图线”按钮，在文字下方绘制水平直线，结果如图 16-6 所示。

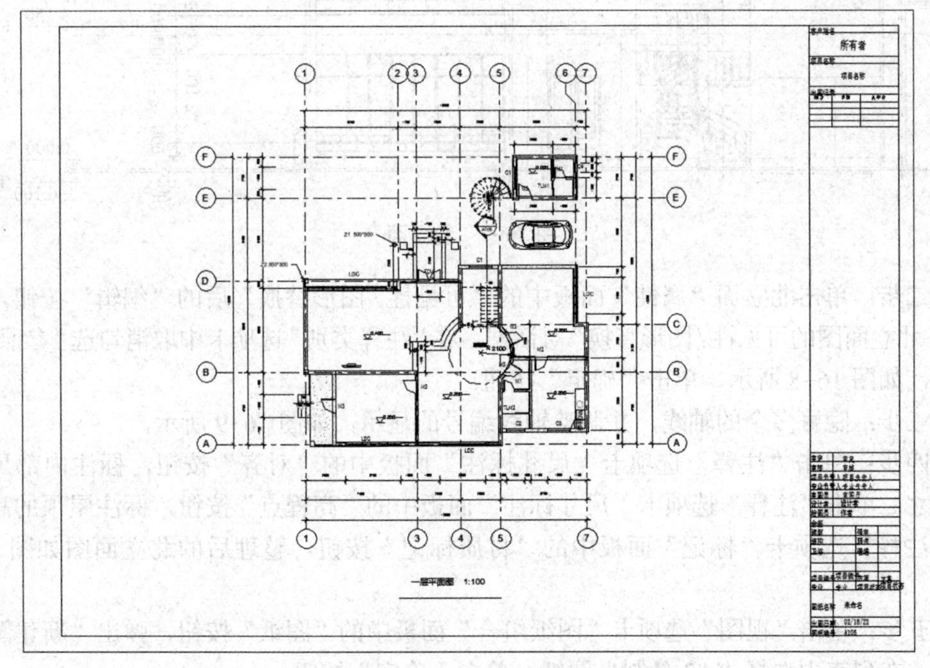

图 16-6　一层平面图

16.1.2 立面图

视频：立面图的创建

建筑立面图是用来研究建筑立面的造型和装修的图样，主要反映建筑物的外形、外貌和立面装修的做法，同时反映房屋的高度、层数，以及门窗的形式、大小等。

知识链接

立面图的图示内容包括墙体外轮廓及内部凹凸轮廓、门窗、入口台阶及坡道、雨篷、窗台、檐口、栏杆等。立面图可以相对地理方位的特征命名，如南立面图、北立面图、东立面图、西立面图；也可以轴线编号命名，如①～⑧轴线等。

第一步：在项目浏览器的“立面”下双击“北”，将视图切换至北立面（图 16-7）。单击鼠标右键，选择“复制视图”→“带细节复制”选项，创建北立面副本北立面图，重命名为“北立面图”。

图 16-7 北立面

第二步：单击北立面“属性”面板中的“可见性 / 图形替换”后的“编辑”按钮，弹出“立面：北立面图的可见性 / 图形替换”对话框，在“注释类别”选项卡中取消勾选“参照平面”复选框，如图 16-8 所示，单击“确定”按钮。

第三步：隐藏多余的轴线，并调整轴线编号的显示，如图 16-9 所示。

第四步：单击“注释”选项卡“尺寸标注”面板中的“对齐”按钮，标注内部尺寸和外部尺寸。单击“注释”选项卡“尺寸标注”面板中的“高程点”按钮，标注屋顶的高程。单击“注释”选项卡“标记”面板中的“材质标记”按钮，整理后的北立面图如图 16-10 所示。

第五步：单击“视图”选项卡“图纸组合”面板中的“图纸”按钮，弹出“新建图纸”对话框，在列表中选择“A2 公制”图纸，单击“确定”按钮。

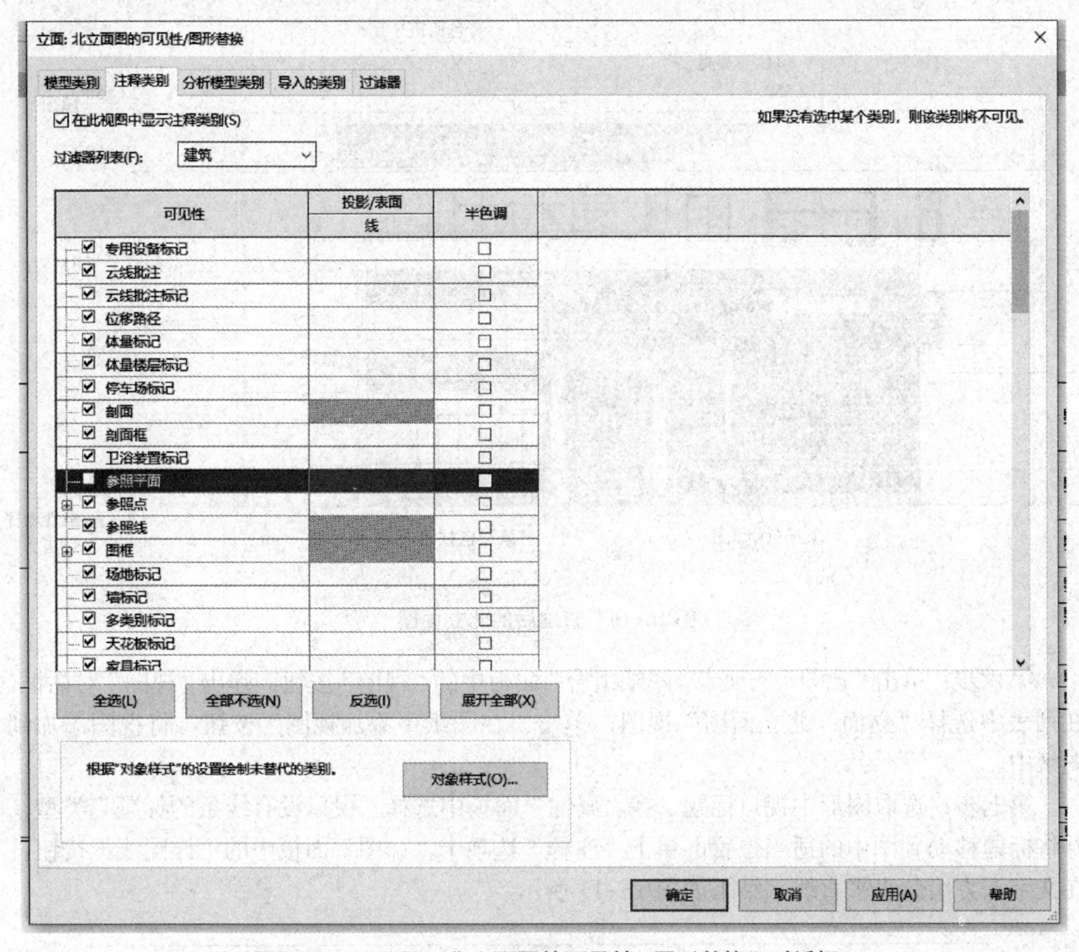

图 16-8　“立面：北立面图的可见性 / 图形替换”对话框

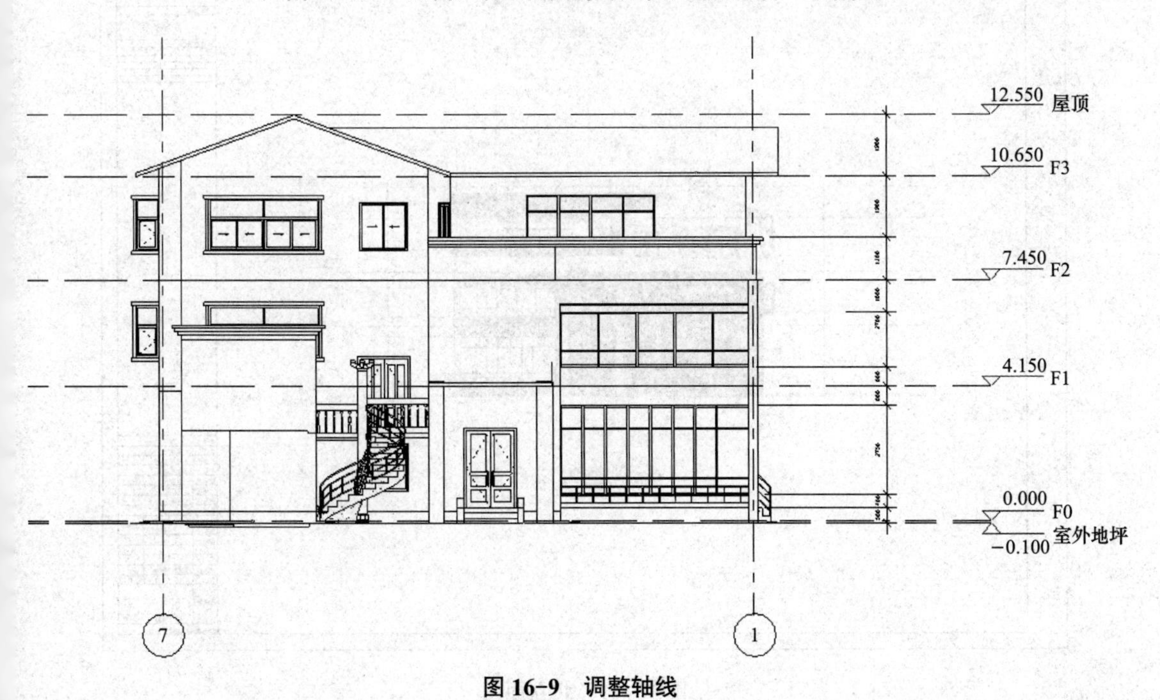

图 16-9　调整轴线

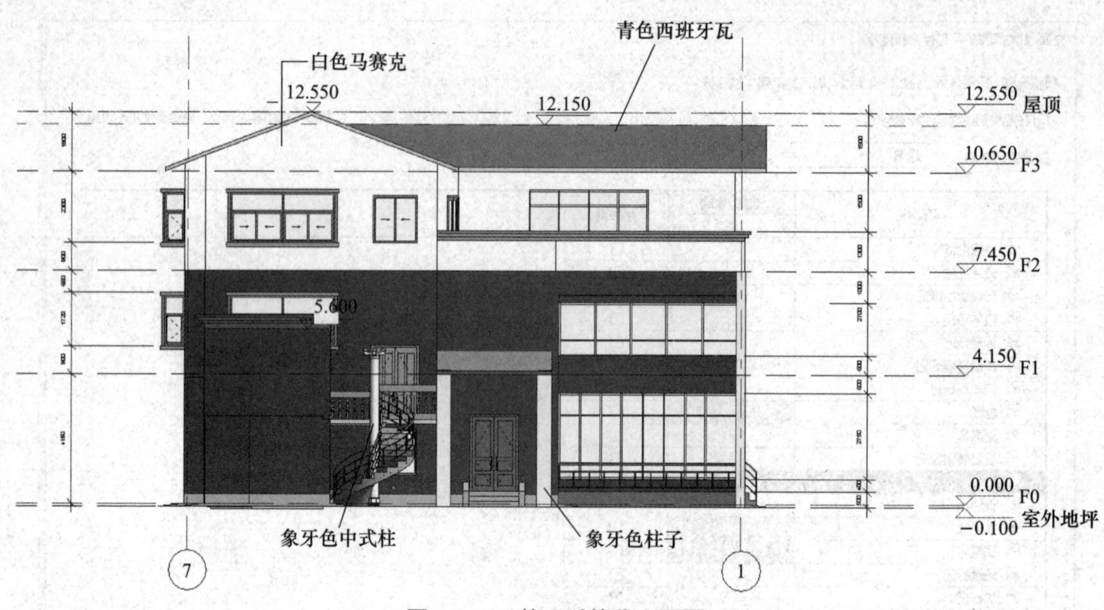

图 16-10　整理后的北立面图

第六步：单击“视图”选项卡“图纸组合”面板中的“视图”按钮，弹出“视图”对话框，在列表中选择“立面：北立面图”视图，单击“在图纸中添加视图”按钮，将视图添加到图纸中。

第七步：选取图形中视口标题，在“属性”面板中选择“视口没有线条的标题”类型，并将标题移动到图中的适当位置。单击“注释”选项卡“详图”面板中的“详图线”按钮，在文字下方绘制水平直线，结果如图 16-11 所示。

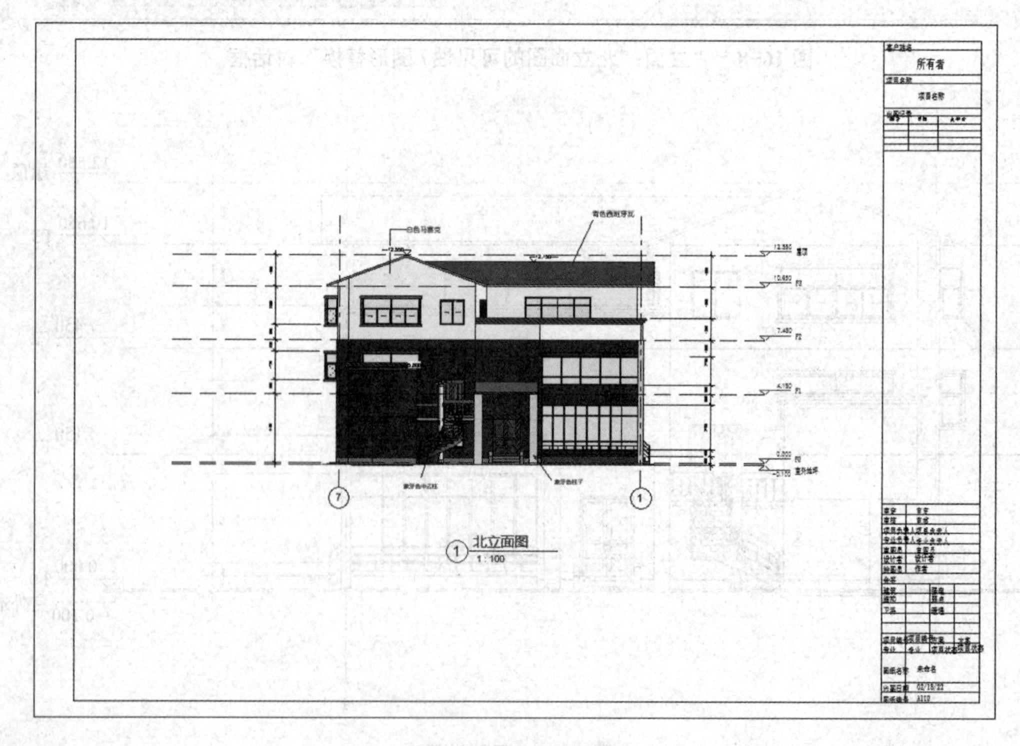

图 16-11　北立面图

16.1.3　剖面图

剖面图是表达建筑室内空间关系的必备图样，是指用假想的剖切面将建筑物的某一个位置剖开，移去一侧后剩下一侧沿剖切方向的正投影图，它用来表达建筑物内部空间关系、结构形式、楼层情况，以及门窗、墙体构造做法等。剖面图的设计方法与立面基本一致。

知识链接

剖面图图示内容根据不同的设计深度有所不同。在施工图设计阶段，一般除标注室内外地坪、楼层、屋面凸出物、各构配件的标高外，还需要标注竖向尺寸和水平尺寸。

【练一练】请同学们创建小别墅1—1剖面图。

绘图小技巧

如何将剖面线变粗并设置成红色？

单击“管理”选项卡“设置”面板中的“对象样式”按钮，弹出“对象样式”对话框，在“注释对象”选项卡中分别设置“剖面标头”剖面框和“剖面线”标签，设置线宽投影为5，然后修改线颜色为红色。

16.2　创建明细表

在Revit中，建筑工程量统计明细表以表格的形式显示从项目中的图元构建中提取的信息，它能显示模型中任意类型图元的列表，如图16-12所示。对于项目的修改会影响明细表统计的量，也就代表明细表会自动更新反映模型所做的修改。例如，在模型中移动了一面墙，那么房间明细表中的面积值也会相应更新，总体来说，明细表与模型是实时联动的。

视频：门窗明细表的创建

<门明细表 2>

A	B	C	D
类型	宽度	高度	合计
FDM 1500 x 2400m	1500	2400	1
FDM 1500 x 2400m	1500	2400	1
M1 700 x 2100mm	700	2100	8
M2 800 x 2400mm	800	2400	1
M3 900 x 2400mm	900	2400	13
M4 1500 x 2400m	1500	2400	1
TLM1 1000 x 2100	1000	2100	3
TLM2 1800 x 2100	1800	2100	1

图16-12　明细表

在建筑项目的施工图设计阶段，最常使用的明细表格为门窗明细表，门窗明细表的创建步骤如下。

第一步：选择“视图”选项卡“创建”面板“明细表”下拉列表中“明细表/数量”选项，弹出“新建明细表”对话框，如图 16-13 所示。

第二步：在弹出的“新建明细表”对话框中的“类别”列表中选择“门”构件，单击“确定”按钮，弹出“明细表属性”对话框，如图 16-14 所示。

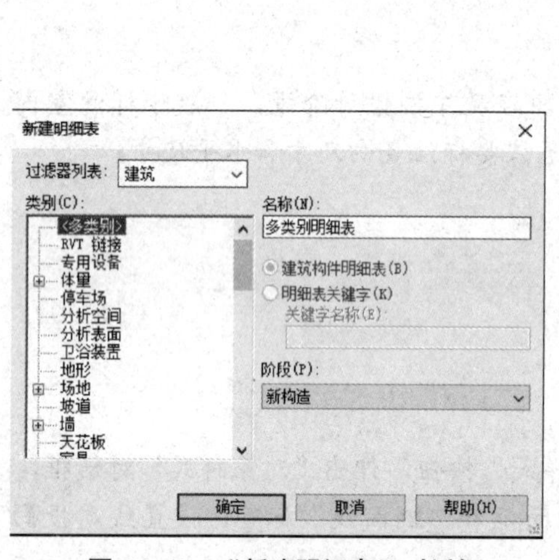

图 16-13 “新建明细表”对话框

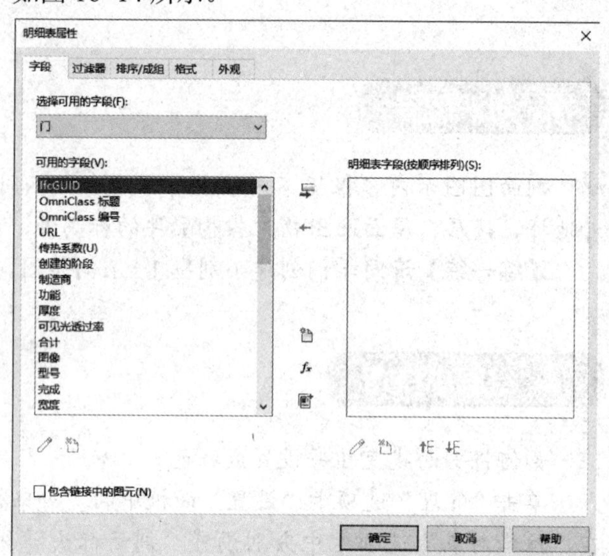

图 16-14 “明细表属性”对话框

第三步：在“字段”选项卡中，单击“可用的字段”框中的字段名称，然后单击添加参数，可用字段就被添加到明细表中。字段在“明细表字段”框中的顺序可以使用下方的上移参数或下移参数进行设置。依次在列表框中选择“类型”“宽度”“高度”“合计”选项，如图 16-15 所示。

第四步：单击“属性”面板“过滤器”的“编辑”按钮可以进入“明细表属性”对话框的“过滤器”选项卡，在该选项卡中可以创建限制明细表中数据显示的过滤器，如图 16-16 所示。

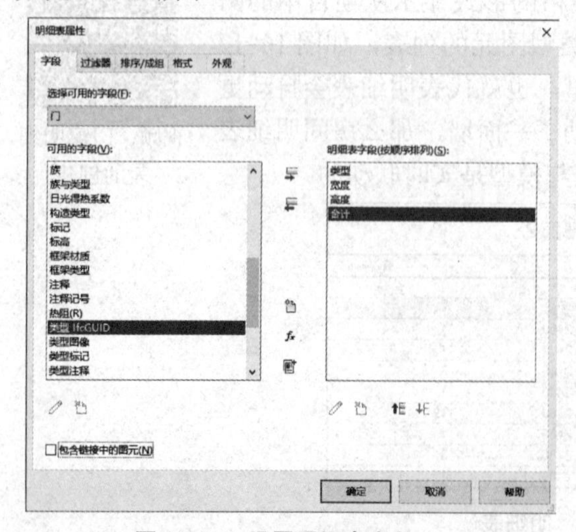

图 16-15 设置明细表字段

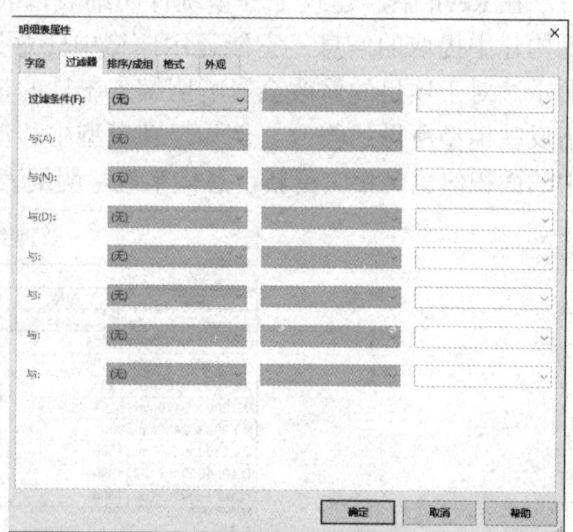

图 16-16 过滤器设置

第五步：单击“属性”面板“排序 / 成组”→“编辑”按钮可以进入“明细表属性”对话框的“排序 / 成组”选项卡，在该选项卡中可以指定明细表中行的排序选项。在对话框中将第一个“排序方式”设置为“类型”，“否则按（I）”设置为“宽度”，“否则按（E）”设置为“高度”并设置三种排序方式都按升序排列。在“属性”面板中取消勾选“逐项列举每个实例”复选框，勾选“总计”复选框并选择“标题、合计和总数”选项，如图 16-17 所示。

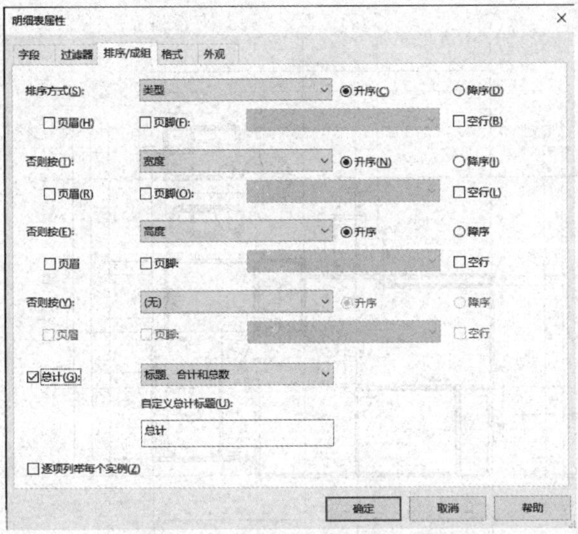

图 16-17　设置明细表排序与成组

【小贴士】“属性”面板中一般会默认勾选“逐项列举每个实例”复选框，图元的每个实例都会单独一行显示，在门窗明细表中，有多个相同类型，取消勾选此复选框，相同类型用一行表示即可。

第六步：单击“属性”面板“格式”“外观”后的“编辑”按钮可以进入“明细表属性”对话框的“格式”“外观”选项卡，在该选项卡中可以对明细表的格式和外观进行修改，如图 16-18 所示。

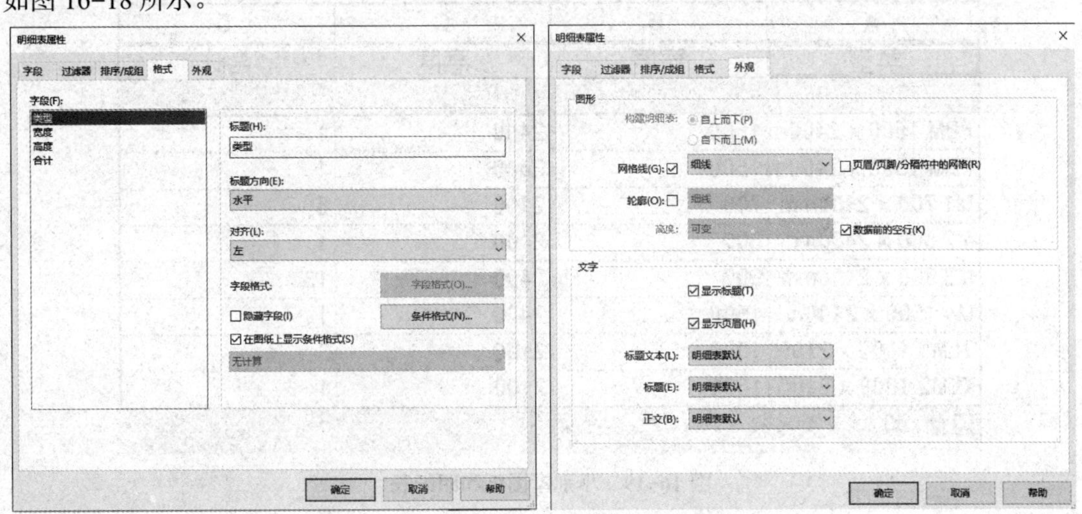

图 16-18　设置明细表格式和外观

【练一练】请同学们创建窗的明细表。

成果展示

创建小别墅图纸和明细表（图 16-19）。

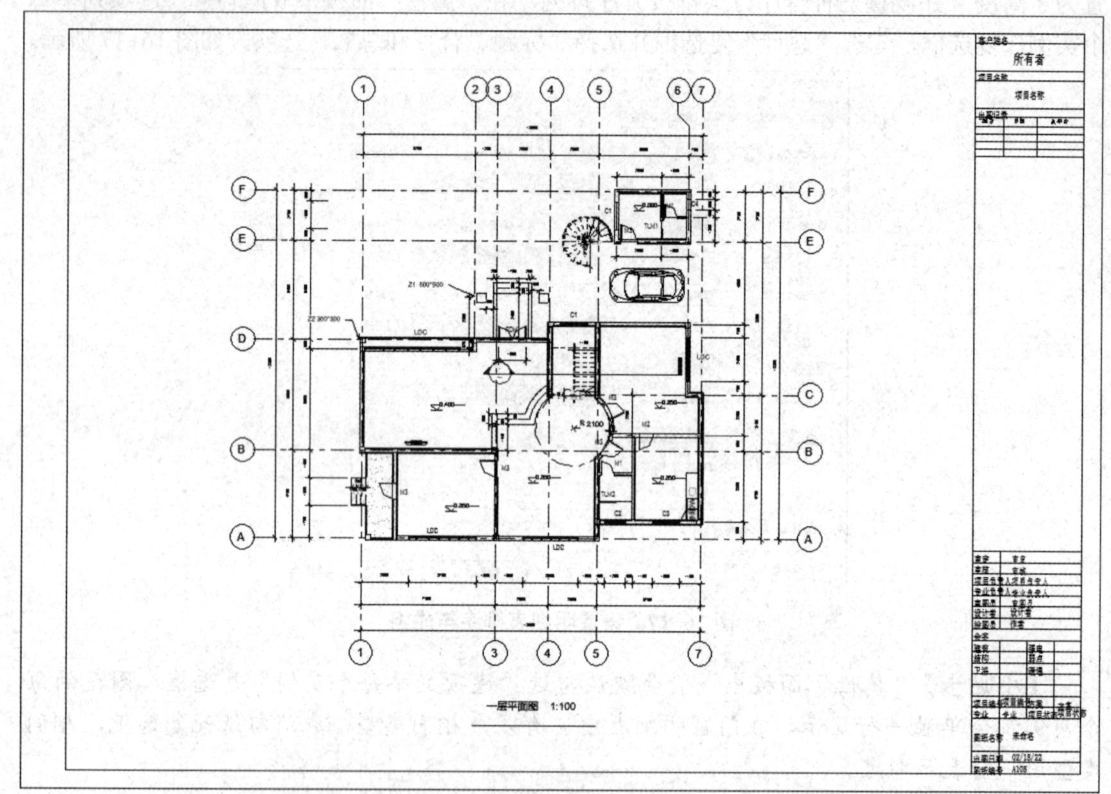

<门明细表 2>

A	B	C	D
类型	宽度	高度	合计
FDM 1500 x 2400m	1500	2400	1
FDM 1500 x 2400m	1500	2400	1
M1 700 x 2100mm	700	2100	8
M2 800 x 2400mm	800	2400	1
M3 900 x 2400mm	900	2400	13
M4 1500 x 2400m	1500	2400	1
TLM1 1000 x 2100	1000	2100	3
TLM2 1800 x 2100	1800	2100	1
总计: 29			

图 16-19　小别墅图纸和明细表

任务评价

技能点	完成情况	注意事项
平面图创建		
立面图创建		
剖面图创建		
门的明细表创建		
窗的明细表创建		

通过完成上述任务，还学到了什么知识和技能？

工作任务十七　渲染与漫游

任务情境

VR 体验 +

“VR”这个词出现在人们生活中的频率越来越高，各行各业也在利用各种方式为用户提供 VR 体验，如“VR 实景 + 安全体验馆”在建筑业获得了良好的安全教育效果（图 17–1）；“VR 实景 + 娱乐体验馆”像雨后春笋一样在大小城市的商业中心和购物广场为玩家带来前所未有的感官体验（图 17–2）；“VR 实景 + 看房体验馆”打破距离与时间的局限，让客户不需亲自到场也能身临其境地全面看房（图 17–3）。VR 产品的魅力在于能够让用户沉浸于一个虚拟世界中，并且在这个虚拟世界中与虚拟环境实现交互，它吸引了当下一大批年轻的娱乐爱好者。

图 17–1　VR 实景 + 安全体验馆

图 17–2　VR 实景 + 娱乐体验馆

图 17–3　VR 实景 + 看房体验馆

能量关键词

体验

VR体验馆在满足大众对新科技体验需求的同时，也推动了VR市场的商业化，为许多创业者提供了商机，同时掀起VR硬件设备发展浪潮。VR体验馆的前景虽不可限量，但它成长为巨人，将是一个漫长的过程。

任务目标

完成小别墅渲染和漫游的创建

教学目标	
知识目标	1. 掌握Revit中渲染的创建方法； 2. 掌握Revit中漫游的设置
技能目标	能够生成小别墅的渲染图片，并完成漫游
素质目标	1. 培养团队协作、沟通意识； 2. 培养严谨细致、认真负责的职业精神； 3. 培养质量安全意识

任务分析

根据已完成的模型，进行渲染和漫游设置。分析如何设置小别墅的渲染环境和漫游路径。

任务实施

17.1 设置构件材质

在Revit中，不同的材质在三维模式下的显示不同，创建的渲染外观也有所区别，构件材质可以从材质浏览器中选择，也可以进行新建。

材质包含以下方面的内容。

视频：设置构件材质

17.1.1 材质的名称

材质的特有名称，用于区分不同的材质，材质的名称应该具有可读性。

17.1.2 材质的属性

不同的材质类别拥有不用的材质属性（图 17-4）。

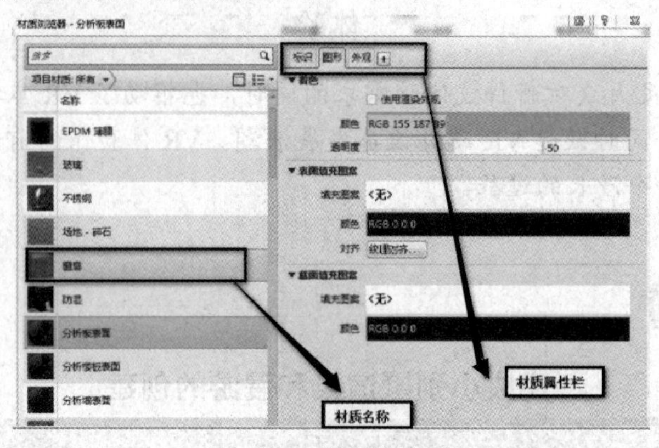

图 17-4 材质浏览器

材质的属性栏如下。

（1）标识：用于存载材质的基本标识数据，以文字属性为主（图 17-5）。

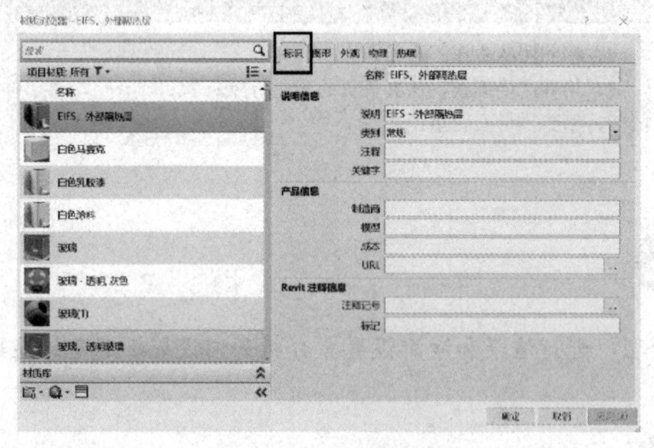

图 17-5 标识属性栏

（2）图形：用于设置材质在线框、隐藏线、着色模式下的外观显示——表面颜色、表面填充图案和截面填充图案（图 17-6）。

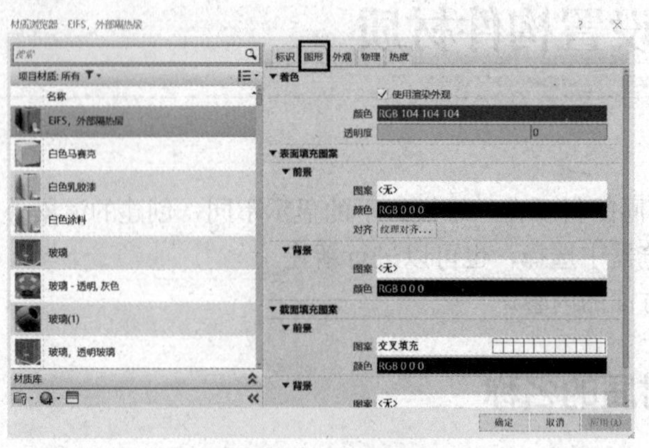

图 17-6 图形属性栏

（3）外观：用于设置材质在真实状态下，材质的外观显示及材质贴图的相关信息（图 17-7）。

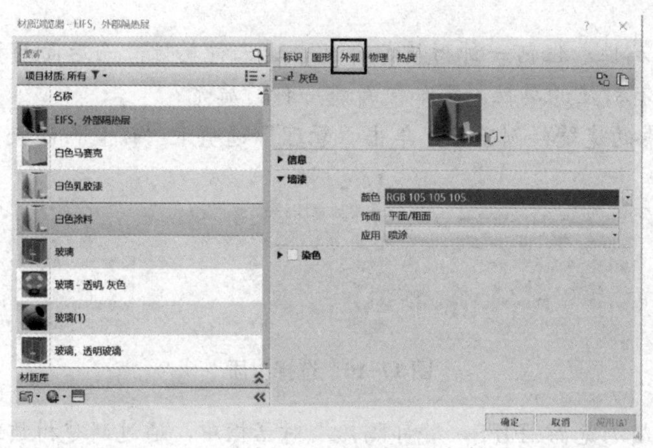

图 17-7　外观属性栏

（4）物理：设置材质的物理属性，这些参数会影响所采用的图元的计算和分析（图 17-8）。

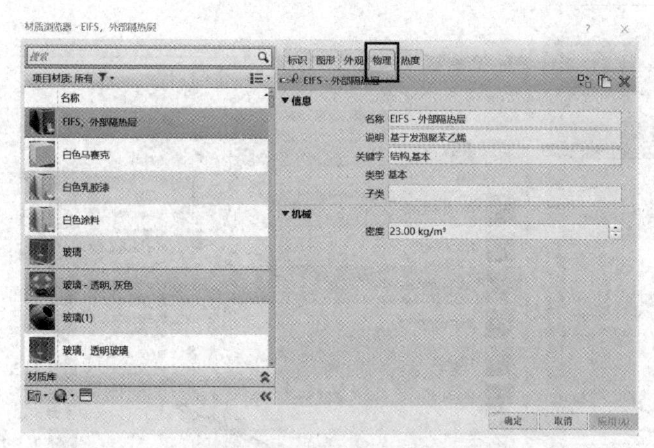

图 17-8　物理属性栏

（5）热度：材质的热度相关参数，影响图的计算和分析（图 17-9）。

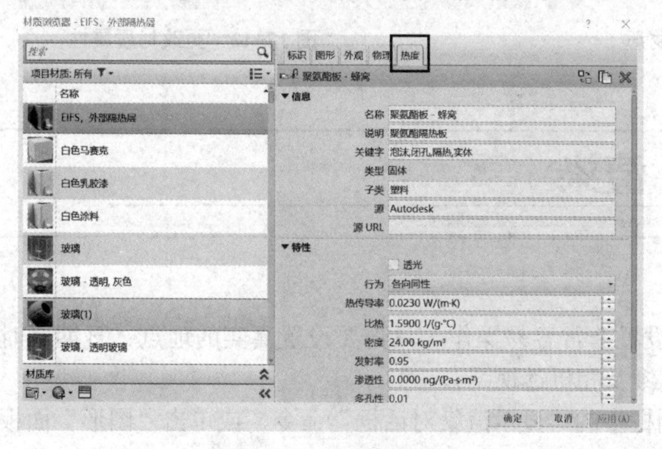

图 17-9　热度属性栏

知识链接

前面三种基本属性，任何一种材质都会包含这三种属性，而后面两种属性需要添加对应的物理资源才会有对应的属性。那如何新建一种材质呢？

打开 Revit 自带的建筑样例项目，单击“管理”选项卡“设置”面板中的“材质”按钮（图 17–10）。

图 17–10　选择材质

在弹出的“材质浏览器–EIFS，外部隔热”对话框中，通过新建材质或复制一个现有材质（图 17–11）。

【小贴士】新建材质后记得单击鼠标右键重命名为想要的名称。

更改材质属性：通过资源浏览器选择需要的外观和物理资源（图 17–12）。

图 17–11　新建材质

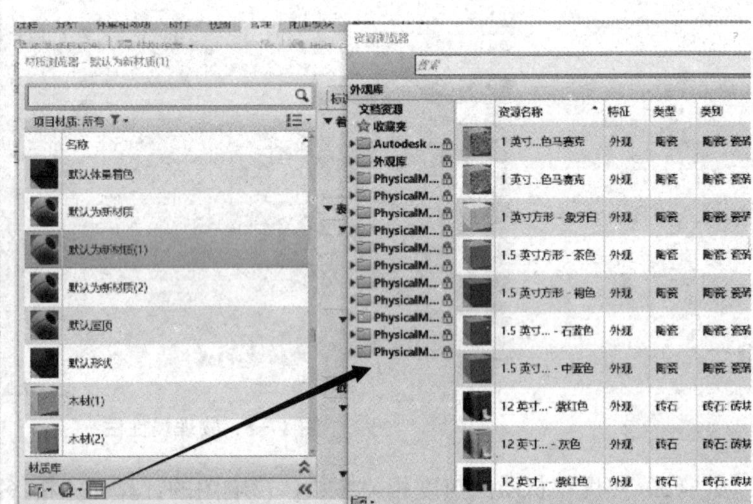

图 17–12　更改材质属性

17.2 渲染

Revit 的渲染设置非常容易操作，只需要设置真实的地点、日期、时间和灯光即可渲染三维及相机透视图。

视频：渲染

选择视图控制栏中的“显示渲染对话框”命令，或单击“图形”面板中的“渲染”按钮，弹出“渲染”对话框（图 17–13）。

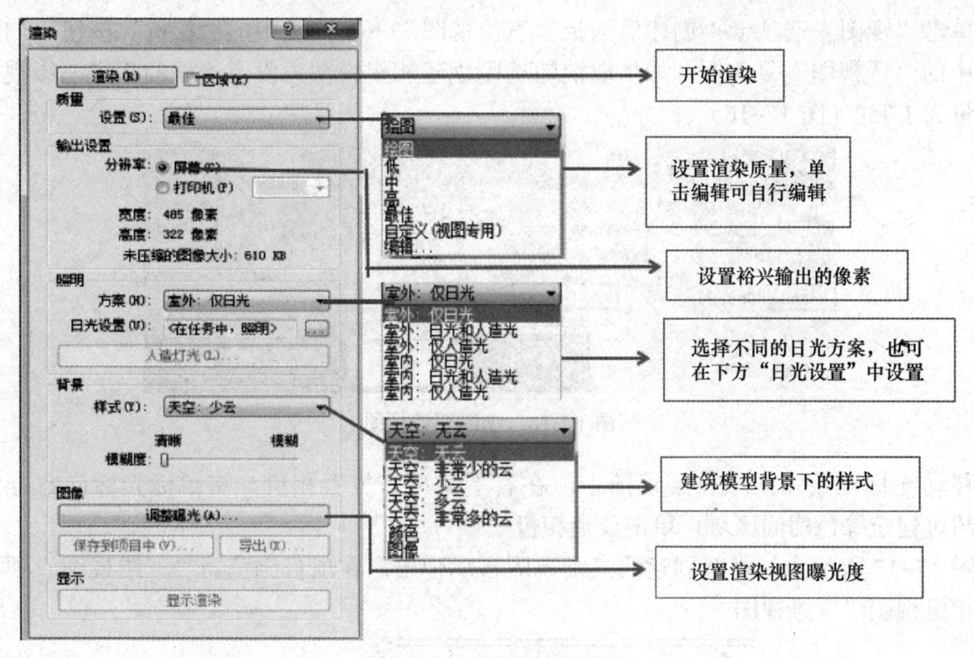

图 17-13　设置渲染环境

按照“渲染”对话框设置样式，单击“渲染”按钮，开始渲染并弹出“渲染进度”工具条，显示渲染进度（图 17-14）。

完成渲染后的图形，单击“导出…”按钮将渲染保存为图片格式。关闭“渲染”对话框后，图形恢复到未渲染状态。

如要查看渲染图片，则可在“项目浏览器”中的“渲染”视图中打开（图 17-15）。

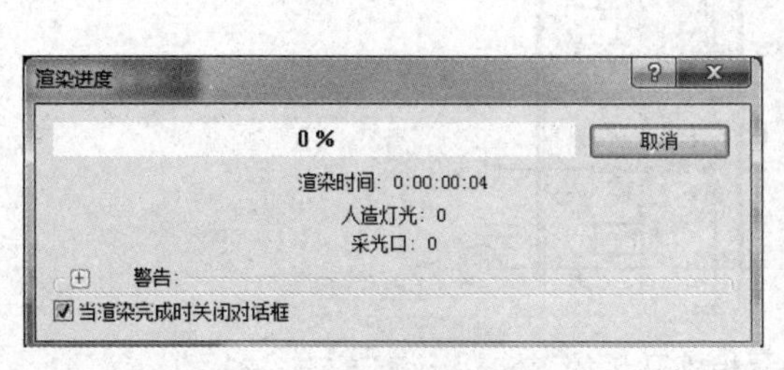

图 17-14　“渲染进度”工具条

图 17-15　查看渲染图片

17.3　创建相机视图

视频：漫游的创建

双击“项目浏览器”→“视图”→“楼层平面”→“首层”进入一层平面视图。

单击“视图”选项卡“创建”面板“三位视图”下拉列表中的“相机”按钮，勾选选项栏中的“透视图”复选框，如果取消勾选则创建相机视图为没有透视的正交三维视图，偏移量为 1 750（图 17–16）。

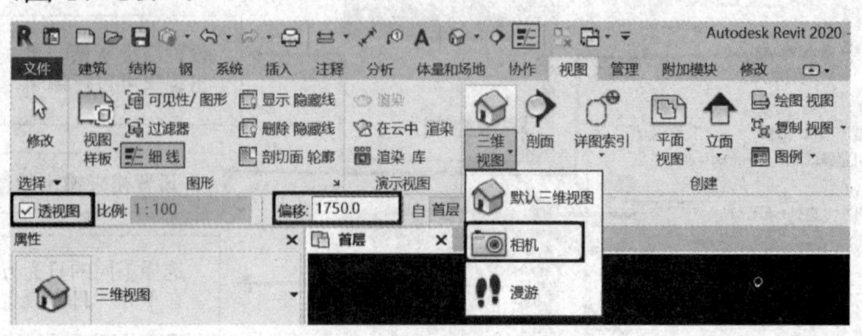

图 17–16　创建相机视图

移动光标至绘图区域首层视图中，在右下角单击放置相机。将鼠标光标向右上角移动，超过建筑绿色房间区域，单击放置相机视点。

图 17–17 所示为一张新创建的三维视图自动弹出，在项目浏览器“三维视图”项下增加了相机视图“三维视图 1”。

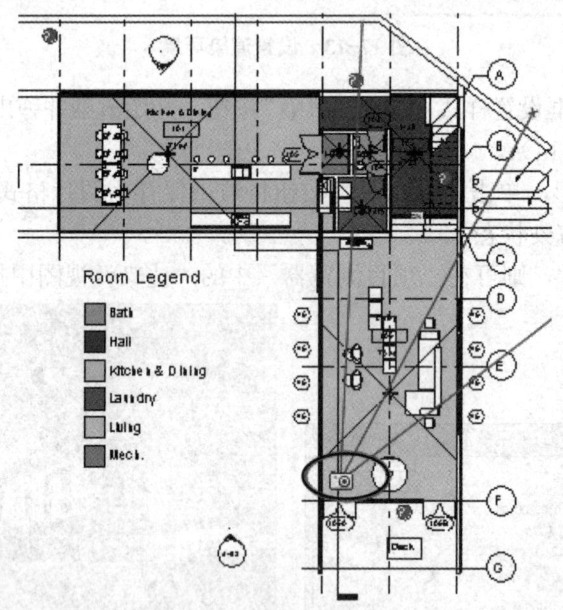

图 17–17　放置相机视点

17.4　漫游

双击“项目浏览器”→“视图”→“楼层平面”→“首层”进入首层平面视图，选择“视图”选项卡“创建”面板三维视图”下拉列表中的“漫游”按钮（图 17–18）。

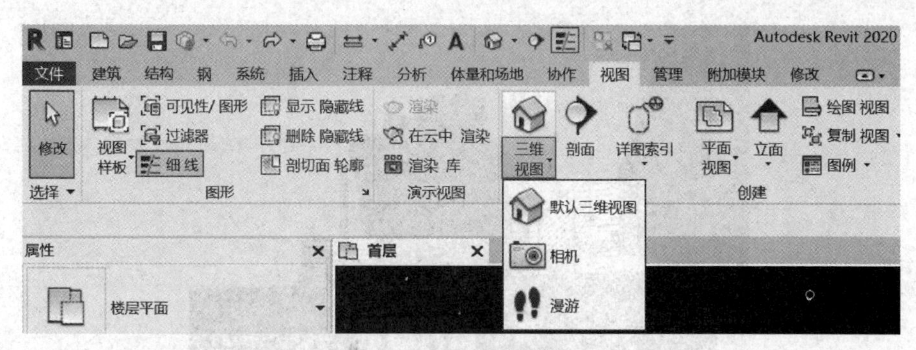

图 17–18　创建漫游

在选项栏处相机的默认偏移量为 1 750，也可自行修改。

将鼠标光标移至绘图区域，在平面视图中单击开始绘制路径，即漫游所要经过的路线。

鼠标光标每单击一个点，即创建一个帧，沿别墅外围逐个单击放置关键帧。

路径围绕别墅一周后，单击选项栏中的“完成漫游”按钮或按快捷键 Esc 完成漫游路径的绘制（图 17–19）。

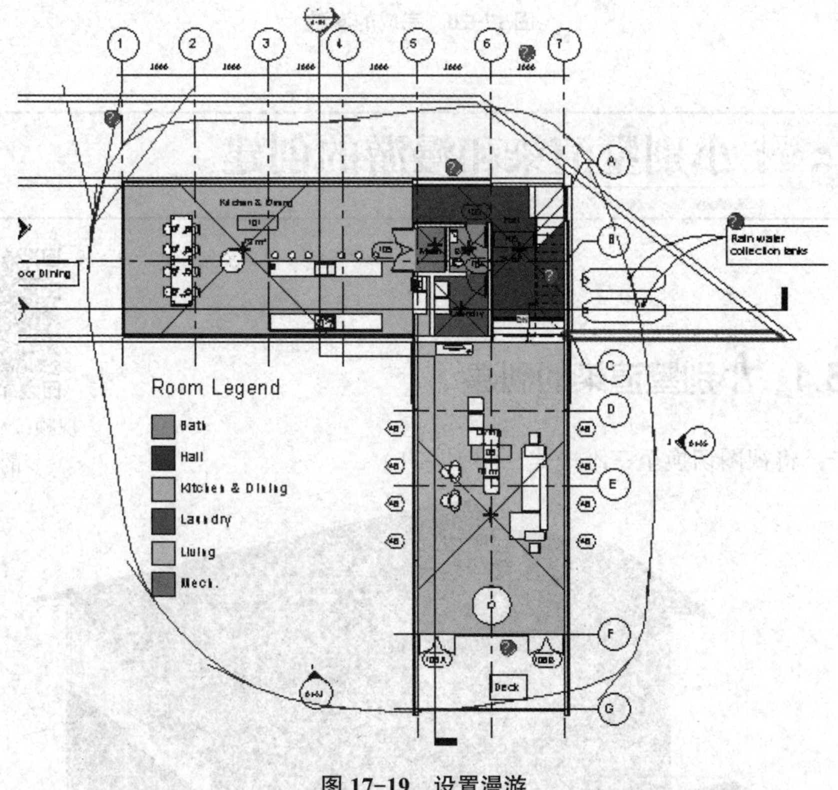

图 17–19　设置漫游

完成漫游路径后，项目浏览器中出现“漫游”项，可以看到刚刚创建的漫游名称是“漫游 1”。

在“视图控制栏”中将“漫游 1”视图的“视觉样式”替换显示为“着色”，选择渲染视口边界，单击视口四边上的控制点，按住向外拖拽，放大视口。

编辑完成后，在项目浏览器中找到已经添加好的漫游，用鼠标双击即可调用。完成的漫游如图 17–20 所示。

图 17-20 完成的漫游

17.5 小别墅渲染和漫游的创建

视频：小别墅渲染的创建

17.5.1 小别墅渲染的创建

第一步：将视图切换至三维模式（图 17-21）。

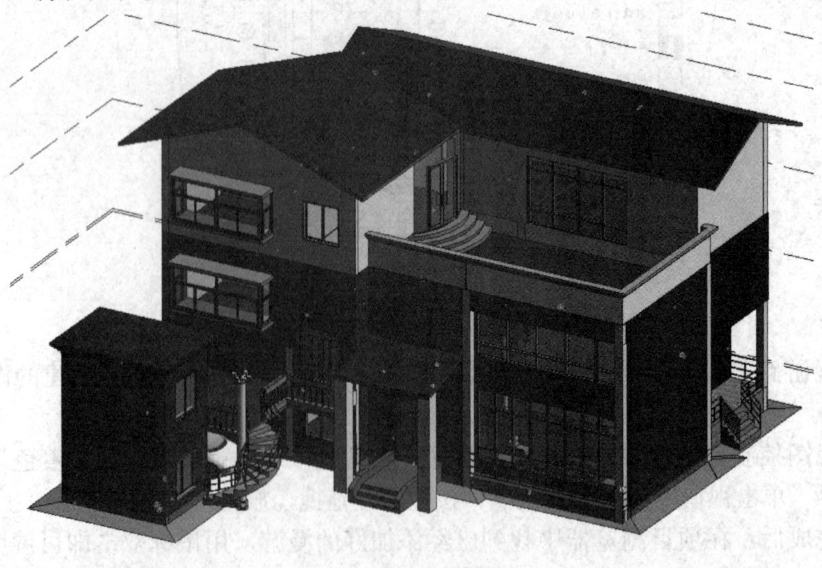

图 17-21 三维模式图

第二步：单击“视图”选项卡“演示视图”面板中的“渲染”按钮（图 17-22）。

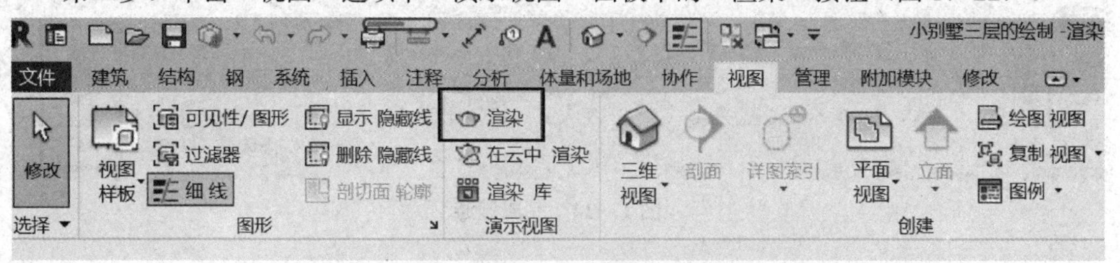

图 17-22　选择渲染模式

第三步：在“渲染”选项板中勾选“区域”复选框，单击视图区域的蓝色小点可调整渲染显示区域，编辑“照明”“背景”区域的参数，单击“渲染”按钮，表示确认（图 17-23）。

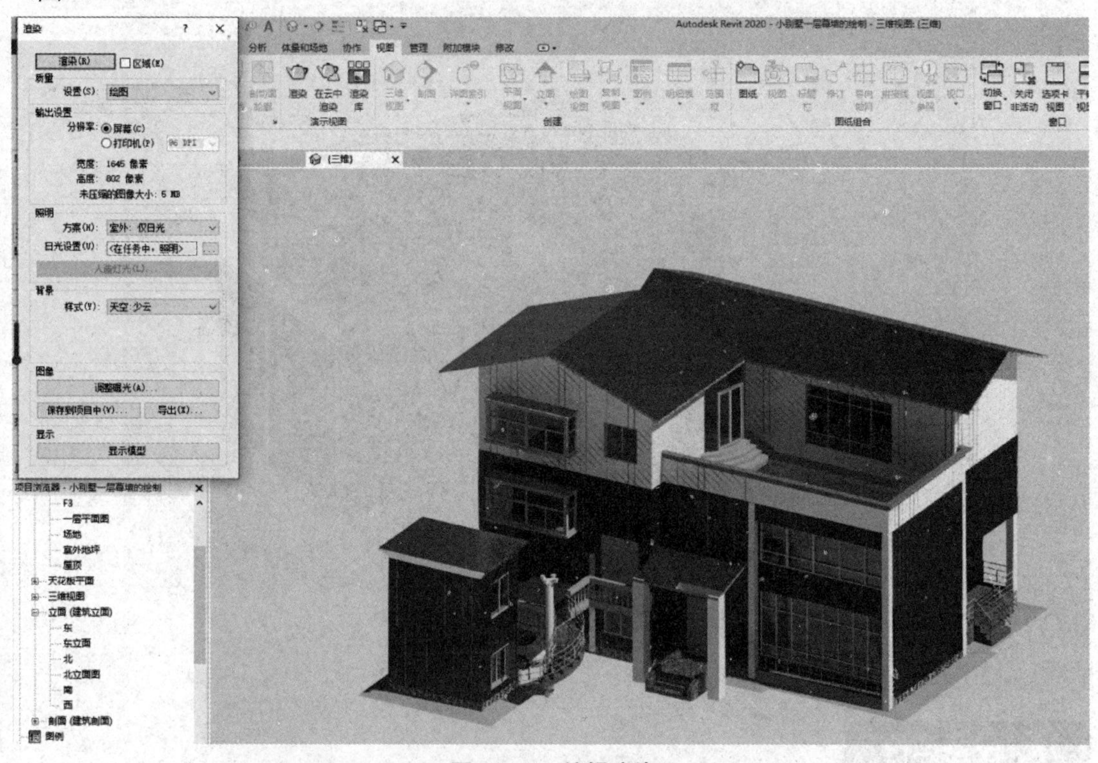

图 17-23　编辑渲染

显示“渲染进度”至 100%，结束渲染，单击“导出”按钮，保存为 JPG 格式图片。

17.5.2　小别墅漫游的创建

第一步：将视图切换至三维模式。

第二步：单击“视图”选项卡“三维视图”中的“漫游”按钮（图 17-18）。

第三步：设置漫游路径，单击“完成漫游”按钮（图 17-24）

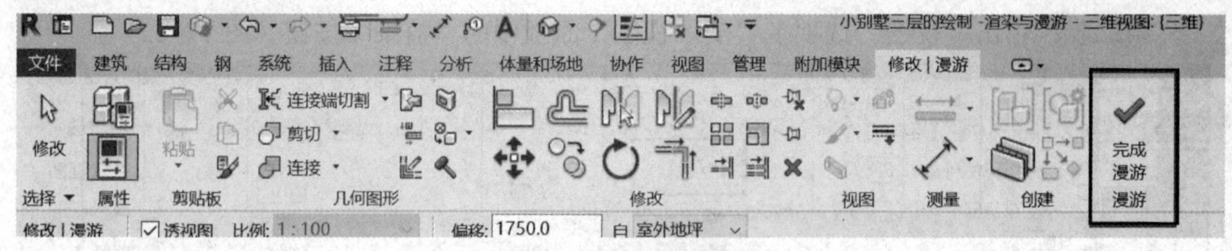

图 17-24　完成漫游

成果展示

小别墅渲染和漫游成果（图 17-25）。

图 17-25　小别墅渲染和漫游成果

任务评价

技能点	完成情况	注意事项
定义渲染		
编辑渲染		
定义漫游		
设置漫游		
编辑漫游		

通过完成上述任务，还学到了什么知识和技能？

任务拓展

综合建模

——2020 年第二期“1+X”建筑信息模型（BIM）职业技能等级考试第三题

根据以下要求和给出的图纸（图 17-26），创建模型并将结果输出。新建名为“第三题输出结果＋考生姓名”的文件夹，将本题结果文件保存至该文件夹中。

1．BIM 建模环境设置

设置项目信息：①项目发布日期：2020 年 9 月 26 日；②项目名称：别墅；③项目地址：中国北京市。

2．BIM 参数化建模

（1）根据给出的图纸创建标高、轴网、柱、墙、门、窗、楼板、屋顶、台阶模型、楼梯、散水等，阳台栏杆尺寸及类型自定。门窗需按门窗表尺寸完成，窗台自定义，未标明尺寸不做要求。

（2）主要建筑构件参数要求如下：外墙：240 mm，10 mm 厚灰色涂料、20 mm 厚泡沫保温板、200 mm 厚混凝土砌块、10 mm 厚白色涂料；内墙：240 mm，10 mm 厚白色涂料、220 mm 厚混凝土砌块、10 mm 厚白色涂料；隔墙：120 mm，120 mm 砖砌体；楼板：150 mm 厚混凝土；屋顶 200 mm 厚混凝土；柱子尺寸为 300 mm×300 mm，散水宽度为 800 mm。

3．创建图纸

（1）创建门窗明细表，门明细表要求包含：类型标记、宽度、高度、合计字段；窗明细表要求包含：类型标记、底高度、宽度、高度、合计字段。计算总数。

（2）创建项目一层平面图，创建 A3 公制图纸，将一层平面图插入，并将视图比例调整为 1 ∶ 100。

4．模型文件管理

将模型文件命名为“别墅＋考生姓名”，并保存项目文件。

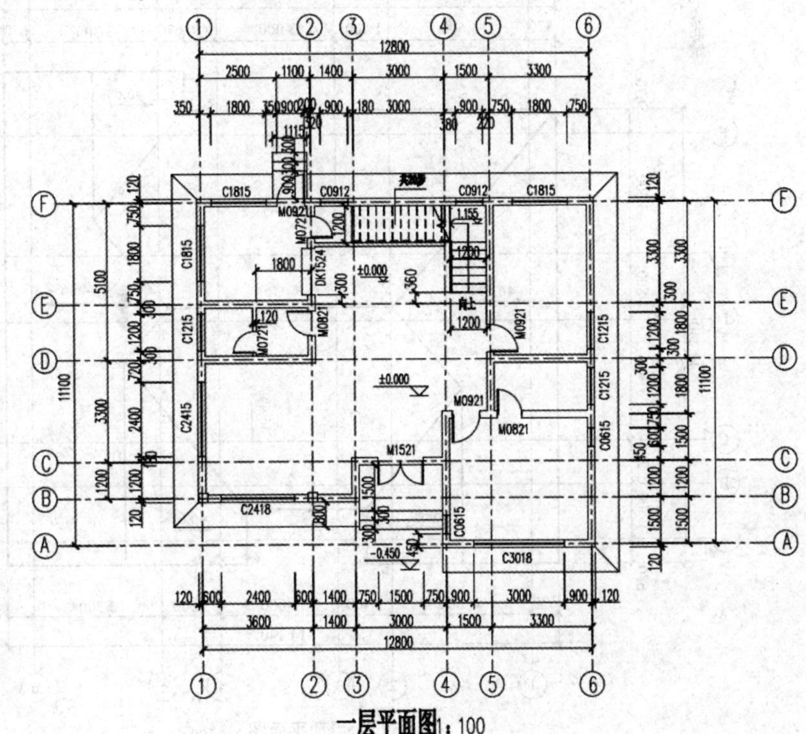

一层平面图 1：100

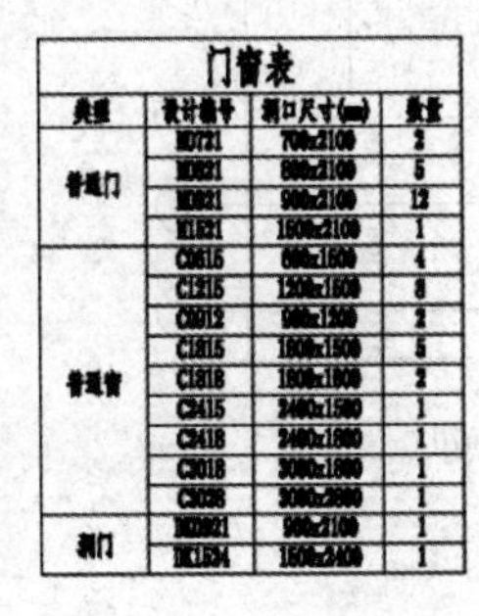

门窗表			
类型	设计编号	洞口尺寸(mm)	数量
普通门	M0721	700x2100	2
	M0821	800x2100	5
	M0921	900x2100	12
	M1521	1500x2100	1
普通窗	C0615	600x1500	4
	C1215	1200x1500	8
	C0912	900x1200	2
	C1815	1800x1500	5
	C1818	1800x1800	2
	C2415	2400x1500	1
	C2418	2400x1800	1
	C3018	3000x1800	1
	C3028	3000x2800	1
洞门	MD0921	900x2100	1
	DK1524	1500x2400	1

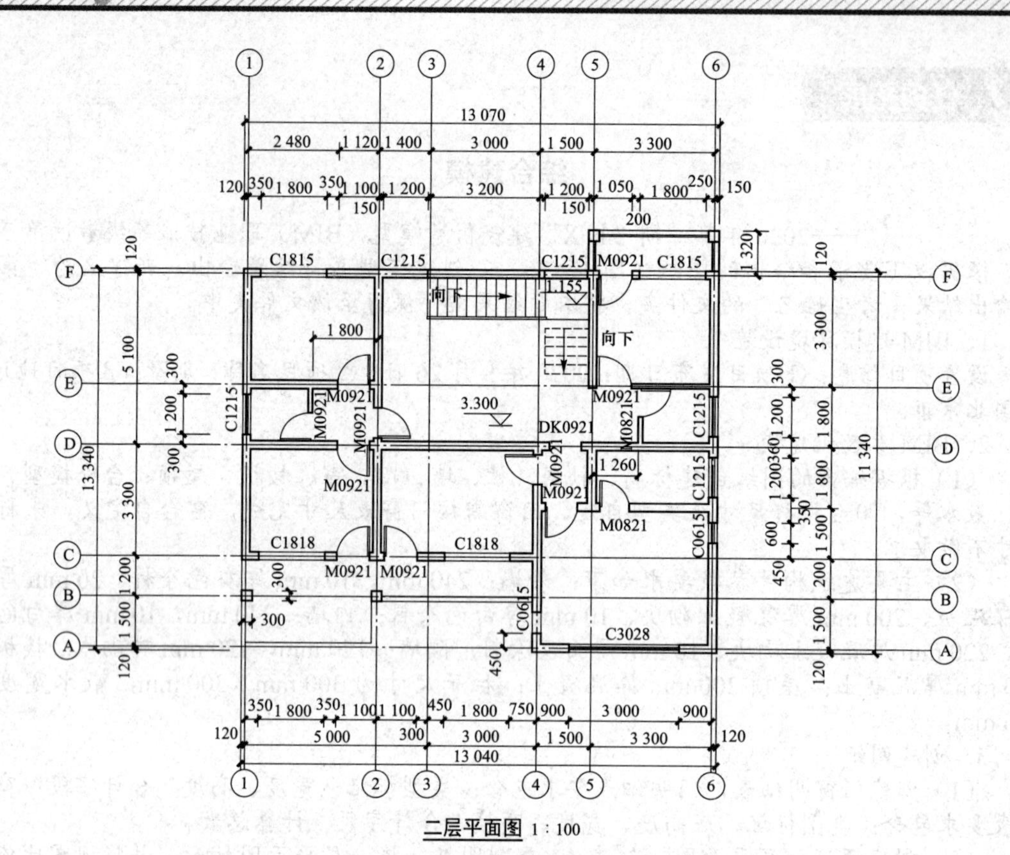

二层平面图 1：100

图 17-26　别墅图纸

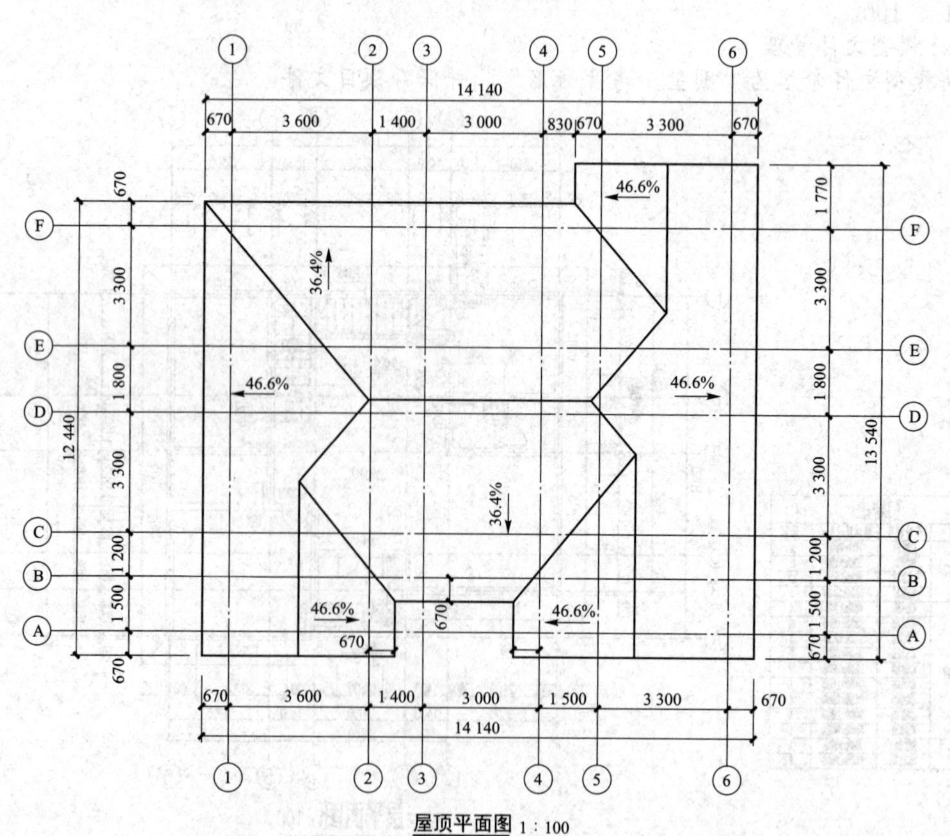

屋顶平面图 1：100

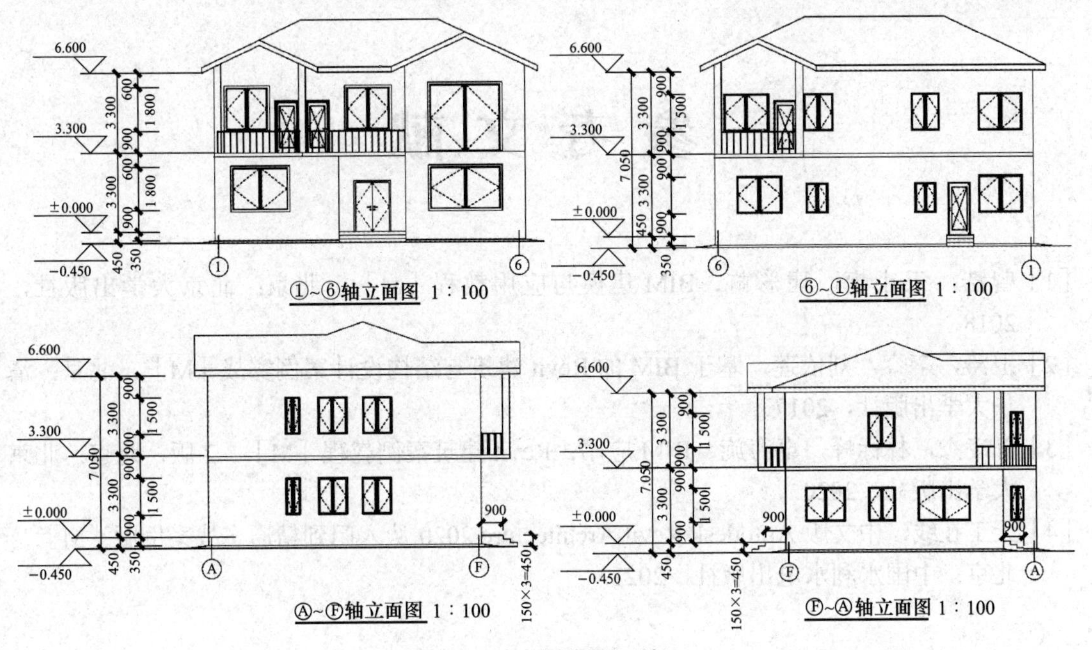

图 17-26　别墅图纸（续）

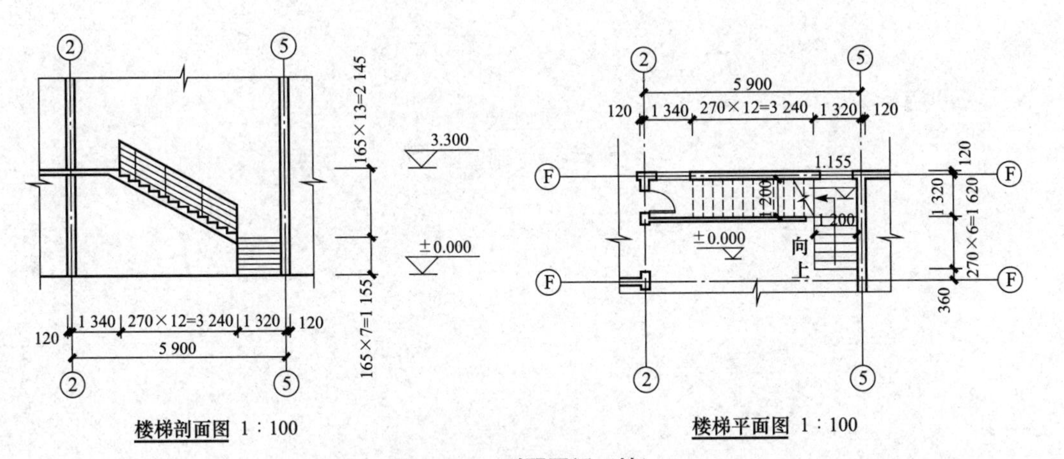

图 17-26　别墅图纸（续）

参 考 文 献

［1］曾浩，王小梅，唐彩虹．BIM 建模与应用教程［M］．北京：北京大学出版社，2018．

［2］卫涛，李容，刘依莲．基于 BIM 的 Revit 建筑与结构设计案例实战［M］．北京：清华大学出版社，2017．

［3］陈凌杰，林标峰，卓海旋．BIM 应用：Revit 建筑案例教程［M］．2 版．北京：北京大学出版社，2020．

［4］天工在线．中文版 Autodesk Revit Architecture 2020 从入门到精通实战案例版［M］．北京：中国水利水电出版社，2021．

读书笔记

读书笔记

读书笔记

读书笔记

263